普通高等学校“十二五”省部级重点规划教材

建筑材料

（第2版）

主　编　龚爱民
副主编　李东方　任淑霞
主　审　邢振贤

黄河水利出版社
·郑州·

内 容 提 要

本书为第 2 版，根据现行最新规范进行了修订，主要讲述水利水电工程、建筑工程中常用的各种材料的组成、基本性质、生产过程、技术标准、质量检验、材料选用和运输保管等基本知识，其中以材料的基本性质、技术标准、质量检验和合理选用材料为重点。全书分为 12 章，即建筑材料的基本性质、天然石料、无机胶凝材料、水泥混凝土、建筑砂浆、建筑钢材、沥青及沥青混合料、合成高分子材料、木材、墙体与屋面材料、防水材料和灌浆材料。全书依据最新现行国家标准、部颁标准及行业标准编写。

本书可作为高等学校水利水电工程、农业水利工程、土木工程等专业的教材，也可作为大专及中等专业学校相关专业教师和工程技术人员的参考用书。

图书在版编目（CIP）数据

建筑材料/龚爱民主编. —2 版. —郑州：黄河水利出版社，2013.4 （2018.1 修订重印）

普通高等学校“十二五”省部级重点规划教材

ISBN 978-7-5509-0465-1

Ⅰ. ①建… Ⅱ. ①龚… Ⅲ. ①建筑材料－高等学校－教材 Ⅳ. ①TU5

中国版本图书馆 CIP 数据核字（2013）第 086609 号

策划编辑：李洪良　电话：0371-66026352　E-mail：hongliang0013@163.com

出 版 社：黄河水利出版社

地址：河南省郑州市顺河路黄委会综合楼 14 层　　邮政编码：450003

发行单位：黄河水利出版社

发行部电话：0371-66026940、66020550、66028024、66022620（传真）

E-mail：hhslcbs@126.com

承印单位：河南承创印务有限公司

开本：787 mm×1 092 mm　1/16

印张：18.25

字数：422 千字　　印数：4 101—7 100

版次：2009 年 8 月第 1 版　　印次：2013 年 4 月第 1 次印刷

2013 年 4 月第 2 版　　2018 年 1 月第 2 次印刷

定价：36.00 元

再版前言

本书在第1版的基础上根据现行最新规范进行了修订，修订了混凝土粗、细骨料(即砂、石子)的有关技术要求；混凝土配合比设计中配制强度计算公式及标准差、混凝土水胶比计算公式中的胶砂强度取值及回归系数经验取值；混凝土强度检验评定的方法及标准，以及水泥标准稠度用水量、凝结时间、安定性检验等试验检测过程中的操作要求及控制标准等有关内容。

考虑到建筑材料试验部分已单列为试验指导书，故第2版取消附录建筑材料试验部分。

第2版全书由龚爱民担任主编，李东方、任淑霞担任副主编。各章编写分工如下：绪论、第一章由龚爱民编写，第二章、第三章由任淑霞编写，第四章、第十二章由彭玉林编写，第五章、第六章由李宏斌编写，第七章、第八章由周建萍编写，第九章、第十章、第十一章由李东方编写。另外，王福来老师、张凌老师参加了书稿整理和部分插图的绘制。

由于作者水平有限，书中缺点和不足之处在所难免，敬请读者批评指正。

编　者

2013年2月

前　言

建筑材料是一切土木建筑工程的物质基础，掌握建筑材料的基本知识和材料质量的检验方法，对于合理地使用材料非常重要。国家基本建设的快速发展促进了新技术、新工艺和新材料的应用与发展，同时也促进了材料科学的发展。本书根据水利类专业教学大纲的要求，同时结合土木类专业对建筑材料知识的基本要求，按最新现行国家标准、部颁标准及行业标准编写。

本书主要讲述水利水电工程、工业与民用建筑工程中常用的各种建筑材料的组成、生产、性质、应用及检验等方面的内容，为解决实际工程中的建筑材料问题提供一定的基本理论知识和试验技能。在内容上力求“少而精”，同时注重材料在土木工程中的应用，希望通过本书的学习，读者在合理地使用材料上达到“满足结构要求的物理力学性质，并在使用环境中保持良好的耐久性”这一基本要求。

本书为全国高等院校水利水电类精品规划教材。各章节编写分工如下：云南农业大学龚爱民编写绪论、第一章；彭玉林编写第四章、第十二章；周建萍编写第七章、第八章；李丽生编写附录；山东农业大学任淑霞编写第二章、第三章；河北农业大学李宏斌编写第五章、第六章；内蒙古农业大学李东方编写第九章、第十章、第十一章。全书由龚爱民担任主编，李东方和任淑霞担任副主编。另外，研究生赵定柱、王福来参加了书稿的整理和部分插图的绘制工作。

由于作者水平有限，书中不足之处在所难免，敬请读者批评指正。

编　者

2009 年 5 月

目　录

绪　论

建筑材料是土木建筑工程中使用的各种材料和制品的总称，是一切建筑的物质基础。广义地讲，建筑材料是指建造建筑物和构筑物的所有材料，甚至包括使用的各种原材料、半成品，如黏土、铁矿石、石灰石、生石膏等。狭义地讲，建筑材料是指直接构成建筑物和构筑物实体的材料，如混凝土、水泥、石灰、钢筋、黏土砖、玻璃等。作为建筑材料必须同时满足两个基本要求：

(1)满足建筑物和构筑物本身的技术性能要求，保证能正常使用。

(2)在其使用过程中，能抵御周围环境的影响与有害介质的侵蚀，保证建筑物和构筑物的合理使用寿命。同时也不能对周围环境产生危害。

建筑材料品种繁多、性质各异，为了方便应用，工程中常按不同的方法对建筑材料进行分类，见表0-1。

建筑材料是随着人类社会生产力的不断发展而发展的，今天在世界各地还保存了许多精美的古代建筑或建筑遗迹，从中可以看出古代劳动人民使用建筑材料的技术成就。从18 000多年前的岩洞到今天的钢筋混凝土结构，建筑材料得到蓬勃发展。今天的建筑设计更加重视建筑能耗和室内环境的舒适性要求，建筑生态节能的重要性日益突出。在欧洲，生态建筑材料已逐渐得到发展。

目前，我国已经是世界上建筑材料的最大生产国和消费国，主要建材产品水泥、平板玻璃、建筑卫生陶瓷、石材和墙体材料等产量多年居世界第一位。同时，建材产品质量不断提高，能源和原材料消耗逐年下降，各种新型建材不断涌现，建材产品不断升级换代。近年来，化学建材正成为继钢材、水泥、木材之后的我国第四大类建筑材料，年产值已达千亿元。化学建材是一种环保节能型建筑材料，一方面它可以替代木材、黏土等宝贵的天然资源；另一方面其产品的生产能耗也远远低于传统建材，通常每生产一吨材料的能耗，塑料、钢材、铝材比例为1∶4.5∶8。

新型建筑材料是用量大(墙体材料)而面广(品种最多)的材料，直接关系资源、能源、生态环境和人居环境。随着我国人民生活水平的不断提高，要求居室材料保温、隔热、隔声、防水，对健康是有益而无害的。我国新型建筑材料正加速朝人们的要求发展。大量地消耗自然资源和产生废弃物已不是发展的标志，而节省自然资源、能源，利用废弃物，使资源重复循环，保证新型建材有源源不断的原材料供给才是可持续发展之路。

建筑材料的蓬勃发展要求其实行标准化生产。标准化是现代社会化大生产的产物，也是科学管理的重要组成部分。标准化生产表明我国建筑材料生产已完成了从量到质的转变。建筑材料的技术标准是产品质量的技术依据，生产企业必须按标准生产合格产品；使用者应按标准选用材料，按规范进行工程的设计与施工，以保证工程的安全、适用、耐用、经济。同时，技术标准也是产品质量检查、验收的依据。

表 0-1　建筑材料分类

按建筑材料的化学组成分	无机材料	金属材料	黑色金属:钢、铁、不锈钢等
			有色金属:铝、铜等及其合金
		非金属材料	天然石材:砂、石及石材制品等
			烧土制品:黏土砖、瓦等
			胶凝材料及制品:石灰、石膏、水泥等
			玻璃:普通平板玻璃、特种玻璃等
			无机纤维材料
	有机材料	植物材料	木材、竹材、植物纤维等
		沥青材料	煤沥青、石油沥青及其制品等
		合成高分子塑料	塑料、涂料、合成橡胶等
	复合材料	有机与无机非金属材料	聚合物混凝土、玻璃纤维增强塑料等
		金属与无机非金属复合材料	钢筋混凝土、钢纤维混凝土等
		金属与有机非金属复合材料	PVC 钢板、有机涂层铝合金板等
按建筑材料的使用功能分	建筑结构材料	如梁、板、柱、基础、框架及其他受力构件和结构等所用的材料	目前所用的主要结构材料有砖、石、水泥混凝土及两者的复合物——钢筋混凝土和预应力钢筋混凝土
	墙体材料	如砌筑墙体所用的材料	目前我国大量采用的墙体材料为粉煤灰砌块、混凝土及加气混凝土砌块等
	建筑功能材料	负担某些建筑功能的非承重用材料	如防水材料、绝热材料、吸声和隔声材料、采光材料、装饰材料等

我国的技术标准分为国家标准、部颁标准(即行业标准)及地方标准和企业标准。技术标准的表示方法由标准名称、代号、标准号、年代号组成。国家标准代号 GB 及 GB/T(推荐标准);建设部行业标准代号 JGJ;国家建材局标准代号 JC;水利部标准代号 SL;电力行业标准代号 DL;交通部标准代号 JT。一般企业、行业标准应高于国家标准。对于建筑材料使用者,熟悉和运用建筑材料技术标准,有着十分重要的意义。

本课程是适用性很强的一门技术基础课,但又具有很强的专业性。本课程以数学、力学、物理、化学等课程为基础,为学生学习后继专业提供必要的技术基础知识,也为学生和工程技术人员解决实际工程中的建筑材料问题提供一定的基本理论知识和基本试验技能，为从事建筑材料科学研究打下基础。

本书主要讲述水利水电工程、工业与民用建筑工程等土木工程中常用的各种建筑材料的组成、生产、性质、应用及检验等方面的内容。学习应以材料的性质和合理选用为重点，了解各种材料的性质，并注意材料的成分、构造、生产过程等对其性能的影响；对于现场配制的材料，如普通混凝土、砂浆等应掌握其配合比设计的原理和方法。试验课是本课程的重要教学环节，通过试验操作及对试验结果的分析，不但可加深了解材料的性能和掌握试验方法，而且可培养科学研究能力以及严谨、求实的工作作风。

第一章 建筑材料的基本性质

【本章要点】

(1)材料的组成、结构与构造;

(2)材料的密度、表观密度和孔隙率;

(3)材料的含水率、平衡含水率和吸水率;

(4)材料的变形性质;

(5)材料的强度;

(6)材料的耐水性、抗渗性与抗冻性。

【本章重点】

(1)材料的密度、表观密度和孔隙率与散粒状材料的视密度、堆积表观密度和空隙率;

(2)材料的质量吸水率;

(3)材料的抗压强度及其测定方法;

(4)影响材料强度测定结果的主要因素。

【本章难点】

(1)材料的组成、结构、构造与材料的物理、力学性质和耐久性的关系;

(2)材料的基本物理性质和力学性质对材料的选择和使用的意义;

(3)材料耐久性评价对材料使用的意义。

第一节 概 述

建筑材料使用在不同的建筑物中,处于不同的环境,起着各种不同的作用,要求具有相应的性质。承重构件要求材料有足够的强度;保温隔热的屋顶和墙面要求材料有热容量大且不易传热的性质;挡水、蓄水或防水的建筑物要求材料有一定的抗渗性或不透水性;受水流泥沙冲刷的建筑物要求材料能抗冲耐磨。同时,建筑物在使用过程中还会长期受到环境因素的影响,如大气因素引起的热胀冷缩、干湿变化、冻融循环、化学侵蚀以及昆虫和菌类等的生物危害,因此还要求建筑材料具有与环境相适应的耐久性。

准确、合理选择和使用材料是保证建筑物经久耐用的关键,而材料的性质是选择和使用材料的重要依据,为此我们必须研究和掌握材料的有关性质。建筑材料的性质是多方面的,不同材料又具有不同的特殊性。本章重点研究和讨论建筑材料共同的、基本的物理性质和力学性质,各类材料的技术性质和特殊性质分别在以后相应的章节中讨论。

第二节　材料的组成、结构及构造

环境条件是影响材料性质的外部因素,而材料的组成、结构、构造是影响材料性质的内部原因,它们既决定材料的物理、力学性质,也决定材料的耐久性。

一、材料的组成

材料的组成是材料的化学成分,包括材料的化学组成、矿物组成和相组成。

(一)化学组成

化学组成是指构成材料的基本化学元素或化合物的种类和数量。习惯上,金属材料的化学组成以主要元素的含量来表示,无机非金属材料则以各种氧化物含量来表示。

当材料在使用过程中与周围环境及各类物质接触时,将按照化学变化规律发生作用。如混凝土的碳化、钢材的锈蚀、木材的遇火燃烧等性质,都是由构成材料的化学组成所决定的。如石灰、石膏、石灰石的主要化学成分分别为氧化钙、硫酸钙、碳酸钙,这些化学成分决定了石灰、石膏易溶于水且耐水性差,而石灰石则比较稳定。

(二)矿物组成

所谓矿物,指的是在无机非金属材料中,某些元素或化合物以特定的结合形式存在,并具有特定的物理、化学性质的组织结构。矿物组成是指组成材料的矿物种类和数量。材料中的天然石材、无机胶凝材料等,其矿物组成是决定材料性质的主要因素。水泥即使化学组成相同,如果其熟料矿物组成不同或含量不同,也会使其硬化速度、水化热、强度、耐腐蚀性等性质产生很大差异,如提高硅酸三钙含量,可制得高强度水泥;降低铝酸三钙或硅酸三钙含量、提高硅酸二钙含量,可制得水化热低的水泥(如大坝水泥)。

(三)相组成

材料中具有相同物理、化学性质的均匀部分称为相。凡由两相或两相以上物质组成的材料称为复合材料。土木工程材料大多数是多相固体,可看做复合材料。如水泥混凝土可认为是骨料颗粒(骨料相)分散在水泥浆基体(基相)中所组成的两相复合材料。两相之间的分界面称为界面,在实际建筑材料中,界面是一个很薄的薄弱区,可称为“界面相”,有许多建筑材料的破坏往往首先发生在界面。通过改变和控制原材料的品质及配合比例,可改变和控制材料的相组成,从而改善和提高材料的技术性能。如研究混凝土的配合比,就是为了改善混凝土的相组成,尽量使混凝土结构接近均匀而密实,保证其强度和耐久性。

二、材料的结构

材料的结构是指材料的微观组织状况,可分为细观结构和微观结构。

(一)细观结构(亚微观结构)

细观结构是指用光学显微镜可以观察到的材料内部结构。一般可分辨的范围是

$10^{-3} \sim 1$ mm。

材料在细观层次上的组成及其聚集状态，对其性质有着重要影响。例如水泥混凝土材料，可以分为水泥基体相、骨料分散相、界面相及孔隙等，它们的状态、数量及性质将决定水泥混凝土的物理力学性质。又如木材，可以分为木纤维、导管及髓线等，它们的分布、排列状况不同，使木材在宏观上形成年轮、弦向与径向、顺纹与横纹等性能的差别。钢铁材料在显微镜下，可以观察到铁素体晶粒、不同状态的珠光体、渗碳体及石墨等，它们是决定钢材性质的关键因素。

（二）微观结构

微观结构是指组成材料原子、分子的排列方式、结合状况等。可用高倍显微镜、电子显微镜或 X 射线衍射仪等来研究，其分辨尺寸范围在纳米（nm，10^{-6} mm）以上。材料在微观结构层次上可分为晶体、非晶体及胶体。

1. 晶体

晶体是由离子、原子或分子等质点，在空间按一定方式重复排列而成的固体，具有特定的外形。这种有规则的排列称为晶体的空间格子（晶格）；构成晶格的最基本单元，称为晶胞。晶体颗粒具有各向异性。但是在实际晶体材料中，晶粒的大小及排列方向往往是随机的，故晶体材料也可能是各向同性的。

晶体的物理力学性质，除与晶格形态有关外，还与质点间结合力有关。这种结合力称为化学键，可分为共价键、离子键、分子键及金属键。

按组成材料的晶体质点及化学键的不同，晶体可分为如下几种：

（1）原子晶体：由原子以共价键构成的晶体，如石英等。共价键的结合力很强，故原子晶体的强度高、硬度大，常为电、热的不良导体。

（2）离子晶体：由正、负离子以离子键构成的晶体。离子键的结合力也很强。离子晶体凝固时为脆硬固体，是电、热的不良导体，熔、溶时可导电。

（3）金属晶体：由金属阳离子组成晶格，自由电子运动其间，阳离子与自由电子形成金属键，如钢铁材料等。金属键的结合力也较强。金属晶体常有较好的变形性能，具有导电及传热性质。

（4）分子晶体：由分子以分子键（分子键范德华力）构成的晶体，如合成高分子材料的晶体。分子键结合力低，分子晶体具有较大的变形性能，为电、热的不良导体。

在实际材料中，晶体结构的结合键常常是比较复杂的。如硅酸盐结构是由共价键组成的 SiO_4 四面体单元，与钙、镁等离子以离子键形式结合而成。当 SiO_4 四面体单元相互联结成层状，层间由范德华力相结合时，其晶体易于被剥成片，如云母。

实际材料中的晶体都有各种晶格缺陷。主要有点缺陷、线缺陷及面缺陷三种。

（1）点缺陷：是指晶格中有空位和填隙原子。这是由于晶体内原子热运动，某些质点脱离了晶格，出现了暂时的晶格空位。晶格空位削弱了晶体材料强度，但它是材料发生固相反应的媒介。晶格间隙中嵌入的杂质原子（原子直径较小）称为填隙原子。填隙原子造成晶格畸变，使晶体强度增加、塑性降低。

(2)线缺陷(位错):是指晶体中存在多余的半平面。位错使晶面容易滑移而产生塑性变形。当晶体受力后,位错线很容易在晶粒内移动,当其移至晶粒表面时,晶粒即产生了永久变形。因此,位错是使晶体材料成为不完全弹性体的原因之一,也是影响晶体结晶生长、造成杂质在晶体中扩散并改变其性能的原因。

(3)面缺陷:晶体材料中相邻两晶粒的晶格常存在相位差,在界面处原子排列不规则,称为面缺陷。面缺陷使界面处原子滑移困难。相邻两晶粒,若其一的晶格滑移(位错在其中运动),当其至面缺陷后滑移终止,使位错不易向另一晶粒传递。因此,面缺陷使晶体材料强度提高、塑性降低。

此外,材料的性质还与晶粒大小及分布状态有关。一般晶粒越细、分布越均匀,材料的强度越高。

2. 非晶体

非晶体又称为无定形体或玻璃体。它与晶体的区别在于质点排列没有一定规律性(或仅在局部存在规律性)。非晶体没有特定的几何外形,是各向同性的,也没有固定的熔点,如石英玻璃等。

由于玻璃体凝固时没有结晶发热过程,在内部蓄积着大量内能,因此它是一种不稳定的结构,可逐渐地发生结构转化。它具有较高的化学活性,也是它能与其他物质起化学反应的原因之一。

3. 胶体

胶体是指粒径为 $10^{-6} \sim 10^{-4}$ mm 的颗粒在介质中形成的分散体系。

在胶体结构中,当对胶体的物理力学性质起决定作用的是介质时,此种胶体称为溶胶,如含水较多的水泥浆体等。溶胶有可流动的性质。

由于胶体颗粒极细,具有很大的表面积和表面能,当胶粒数量较多(胶体浓度大)时或在物理化学作用下,胶粒相互吸附凝聚而形成网状结构。此时,胶体反映出胶粒的物理力学性质,称为凝胶,如凝固后失去流动性的水泥浆体。

凝胶体中胶粒之间由范德华力结合。在搅拌、振动等剪切力的作用下,结合键很容易断裂,使凝胶变成溶胶,黏度降低,重新具有流动性。但静置一定时间后,溶胶又会慢慢地恢复成凝胶。这一转变过程可以反复多次。凝胶—溶胶这种互变的性质称为触变性。

三、材料的构造

材料的构造是指材料的宏观组织状况。如岩石的层理、木材的纹理、混凝土中的孔隙等。胶合板、夹心板等复合材料具有叠合构造。材料的性质与其构造有密切的关系,如混凝土的强度、抗渗性、抗冻性就与其孔隙率和孔隙特征密切相关。随着孔隙率的增大,表观密度减小、强度降低。含有大量分散不连通的多孔材料,常常具有良好的保温、隔热、抗冻性能。含有大量与外界连通的微孔或气孔的材料,能吸收声能,是良好的吸声材料。材料构造与结构相比,更强调了相同材料或不同材料的搭配组合关系。如混凝土的孔隙率是指在混凝土自然体积内孔隙体积所占的比例。

第三节　材料的物理性质

一、材料的密度、表观密度、孔隙率

材料的密度、表观密度、孔隙率决定于材料的组成、结构和构造。

(一)密度

密度是指材料在绝对密实状态(不包括材料孔隙在内)下单位体积的质量。材料的密度可按式(1-1)计算,即

$$\rho = \frac{m}{V} \tag{1-1}$$

式中　ρ——密度,g/cm^3;

m——材料在干燥状态下的质量,g;

V——干燥材料在绝对密实状态下的体积,或称绝对体积,cm^3。

(二)表观密度

材料在自然状态下(包括孔隙)单位体积的质量,称为材料的表观密度。材料的表观密度可按式(1-2)计算,即

$$\gamma = \frac{m}{V_0} \tag{1-2}$$

式中　γ——表观密度,g/cm^3(kg/m^3);

m——材料的质量,g(kg);

V_0——材料在自然状态下的体积,cm^3(m^3)。

材料的密度是不变的,而表观密度则随材料的含水状态不同而改变,故对测定的材料而言,其表观密度须注明含水状态。通常材料表观密度是指在气干状态(长期在空气中存放的干燥状态)下的表观密度;材料在烘干状态下测得的表观密度,称为干表观密度;材料在潮湿状态下测得的表观密度,称为湿表观密度。

(三)孔隙率

孔隙率是指材料中孔隙体积占总体积的百分比。材料的孔隙率(P)按式(1-3)计算,即

$$P = \frac{V_0 - V}{V_0} \times 100\% = (1 - \frac{\gamma}{\rho}) \times 100\% \tag{1-3}$$

密度、表观密度及孔隙率是反映材料基本物理状态的重要指标,可用来估算材料的体积和质量,以及评价材料结构(或构造)的疏密程度。

在工程实际应用中,有些材料通常是以散粒状态出现的,如砂、石子和水泥等,对散粒状材料在测定密度时,采用排液置换法测定的颗粒体积,排出了颗粒间的空隙和颗粒本身的开口孔隙,却包含了颗粒内部的闭口孔隙,其测定的颗粒体积非绝对密实体积,故计算的密度也非颗粒的真实密度,通常称此密度为散粒状材料的表观密度。

散粒状材料的表观密度通常是自然堆积状态下单位体积的质量,其体积包含了孔隙

和空隙，通常称为堆积表观密度。按散粒状材料堆积状态的不同，堆积表观密度可分为松散堆积表观密度、振实堆积表观密度和紧密堆积表观密度。

在散粒状材料中其闭口孔隙与颗粒间空隙相比可忽略不计，采用式(1-3)计算的结果是颗粒之间的空隙和开口孔隙占总体积的百分数，称为散粒状材料的空隙率。

几种常见材料的密度、表观密度及孔隙率的约值，见表1-1。

表1-1　几种常见材料的密度、表观密度及孔隙率的约值

材料	密度 ρ (g/cm^3)	表观密度 γ (kg/m^3)	孔隙率 P (%)
建筑钢	7.85	7 850	0
铝合金	2.71～2.90	2 700～2 900	0
花岗岩	2.60～2.90	2 500～2 800	0.5～1.0
石灰岩	2.45～2.75	2 200～2 600	0.5～5.0
普通黏土砖	2.50～2.80	1 500～1 800	20～40
松木	1.55	380～700	55～75
普通玻璃	2.50～2.60	2 500～2 600	0
普通混凝土	—	2 300～2 500	3～20
石油沥青	0.95～1.10	—	—
沥青混凝土	—	2 200～2 400	2～6
水泥	3.1～3.2	900～1 300(疏松堆积)	—
石英砂	2.60～2.70	1 400～1 600(疏松堆积)	—

二、材料与水有关的性质

(一)材料的亲水性与憎水性

材料能被水润湿的性质称为亲水性。具备这种性质的材料称为亲水性材料，如砖、石、木材、混凝土等。这是因为亲水性材料与水分子的亲和力大于水分子自身的内聚力。

材料不能被水润湿的性质称为憎水性。具备这种性质的材料称为憎水性材料，如石蜡、沥青、油漆、塑料等。这是因为憎水性材料与水分子的亲和力小于水分子自身的内聚力。用于防水的材料一般应是憎水性材料。

材料的亲水性与憎水性可用湿润角 θ 来说明，当材料与水接触时，在材料、水、空气三相的交点处，作沿水滴表面的切线，该切线与固体、液体接触面的夹角称为湿润角 θ。θ 愈小，表明材料愈易被水湿润。试验证明，当湿润角 $\theta \leq 90°$ 时，这种材料称为亲水性材料(见图1-1(a))；当湿润角 $\theta > 90°$ 时，这种材料称为憎水性材料(见图1-1(b))。水滴在亲水性材料表面可以铺展得较平，且能通过材料毛细管作用自动将水吸入材料内部。水滴在憎水性材料表面不能铺展平，而且水分不能渗入材料的毛细管中。

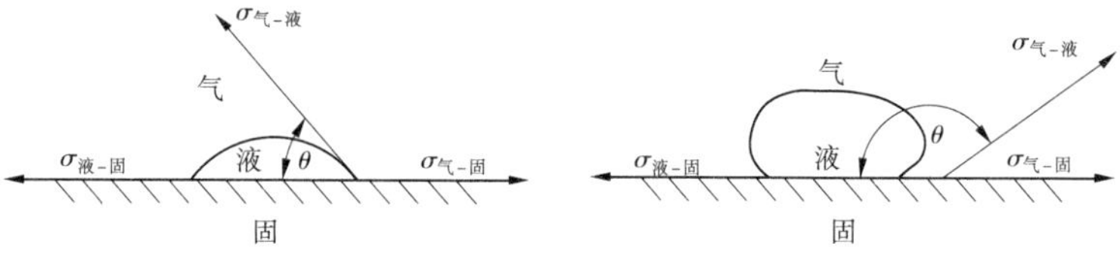

(a)亲水性材料　(b)憎水性材料

图 1-1　材料的湿润示意图

(二)材料的吸水性与吸湿性

1. 吸水性

材料浸入水中吸收水的能力称为材料的吸水性,常用质量吸水率表示。即

$$W_m = \frac{m_1 - m}{m} \times 100\% \tag{1-4}$$

式中　W_m——材料的质量吸水率(%);

m——材料干燥状态下的质量,g(kg);

m_1——材料吸水饱和状态下的质量,g(kg)。

材料的吸水性也可以用体积吸水率 W_v 表示,即材料吸入水的体积占材料自然状态体积的百分率,其与质量吸水率的关系为 $W_v = \gamma_g W_m / \rho_w$,$\gamma_g$ 为材料的干表观密度。但通常吸水率均指质量吸水率。

材料吸水率的大小主要取决于材料本身的亲水性与憎水性,但与孔隙率大小和特征也有密切关系。对亲水性材料,孔隙率越大,吸水性越强,但若是封闭孔隙,水分不易进入,粗大开口的孔隙,水分不易吸满和保留,只有具有密集微细连通而开口孔隙的材料,吸水率才特别大。但同一材料的吸水率常常是一基本固定的范围。如对于质量吸水率,密实新鲜花岗岩为0.1% ~0.7%,普通混凝土为2% ~3%,而木材常达100%。

2. 吸湿性

材料在潮湿空气中吸收水分的性质称为吸湿性,常用质量含水率表示。即

$$W_h = \frac{m_h - m}{m} \times 100\% \tag{1-5}$$

式中　W_h——材料的质量含水率(%);

m_h——材料含水时的质量,g(kg);

m——材料干燥状态下的质量,g(kg)。

在空气中,某一材料含水的多少是随环境温度和空气湿度而变化的,当较干燥的材料处于较潮湿的空气中时,便会吸收空气中的水分,而较潮湿的材料处于较干燥的空气中时,便会向空气中释放水分,前者是材料的吸湿过程,后者是材料的干燥过程。在一定的温度和湿度条件下,材料与空气湿度达到平衡时的含水率称为平衡含水率。一般亲水性强的材料、含有开口孔隙多的材料,其平衡含水率高,在空气中的质量变化也大。

一般来说,吸水性和吸湿性大均会对材料的性能产生不利影响。材料吸水或吸湿后质量增加,体积膨胀,产生变形,强度和抗冻性降低,绝热性能变差,对工程产生不利影响。例如,制作木门窗时若木材的含水率高于平衡含水率,门窗在使用过程中就会变形。但干

燥机却是利用材料的吸湿性来除湿的，某些止水条也是靠吸水发挥作用的。

三、材料与热有关的性质

（一）材料的导热性

材料传递热量的性质称为导热性。即当材料两侧存在温度差时，热量从温度高的一侧向温度低的一侧传导，常用导热系数表示材料的导热性。匀质材料的导热系数计算公式为

$$\lambda = \frac{Q\delta}{(T_1 - T_2)At} \tag{1-6}$$

式中　λ——材料的导热系数，W/(m·K)；

Q——传热量，J；

δ——材料厚度，m；

$T_1 - T_2$——材料两侧温差（$T_1 > T_2$），K；

A——传热面积，m^2；

t——传热时间，s。

导热系数越小，表明材料越不容易导热，通常将 $\lambda \leqslant 0.23$ 的材料称为绝热材料。

（二）材料的热容量与比热

材料具有受热时吸收热量，冷却时放出热量的性质。当材料温度升高（或降低）1 K 时，所吸收（或放出）的热量，称为该材料的热容量（J/K）。1 kg 材料的热容量，称为该材料的比热[J/(kg·K)]，可用式（1-7）表示，即

$$Q = CG(t_2 - t_1)$$

或

$$C = \frac{Q}{G(t_2 - t_1)} \tag{1-7}$$

式中　Q——材料吸收或放出的热量，J；

C——材料的比热，J/(kg·K)；

G——材料的质量，kg；

$t_2 - t_1$——材料受热（或冷却）前后的温度差，K。

材料的热容量对保持室内的温度稳定有很大意义。热容量高的材料能对室内温度起调节作用，使温度变化不致过快。冬季或夏季施工对材料进行加热或冷却处理时，均需考虑材料的热容量。

第四节　材料的力学性质

一、材料的变形性质

材料的变形性质，是指材料在荷载作用下发生形状及体积变化的有关性质，主要有弹性变形与塑性变形、脆性与韧性、徐变与应力松弛等。

（一）弹性变形与塑性变形

弹性变形是指在外荷作用下产生、卸荷后可以自行消失的变形。

塑性变形是指在外力去除后材料不能自行恢复到原来的形状而保留的变形，也称为残余变形。

实际上，完全的弹性材料或完全的塑性材料是不存在的。有的材料在低应力作用下，表现为弹性变形，当超过一定限度后表现为塑性变形，如建筑钢材就属于这种类型。有的材料在受力时，弹性变形和塑性变形同时发生，称为弹塑性变形，去除外力后，弹性变形得到恢复，而塑性变形则不能恢复。混凝土的受力变形就属于这种类型，通常将这种材料称为弹塑性材料。

（二）脆性与韧性

在规定的温度、湿度及加载速度条件下施加外力，根据材料在破坏前产生塑性变形显著与否，可将材料分为塑性材料和脆性材料。破坏前有显著塑性变形的材料，称为塑性材料，如低碳钢、铜、铝、沥青等。破坏前无显著塑性变形的材料，称为脆性材料，如石料、砖、混凝土等。材料呈塑性破坏或脆性破坏不是固定不变的，而是随温度、湿度、加荷速度及受力状况的不同而改变的，如沥青材料，在常温及缓慢加荷时呈塑性破坏，在低温及快速加荷时，则是脆性破坏。

材料在冲击、振动荷载作用下，能吸收较大的能量，承受很大的变形，而不发生突然破坏的性质，称为冲击韧性（亦称韧性）。材料的韧性常用冲击试验来检验。建筑钢材（软钢）、木材属于韧性材料。在桥梁、吊车梁及有抗震要求的土木工程结构中，应考虑材料的韧性。

（三）徐变与应力松弛

固体材料在外力作用下，变形随时间的延长而逐渐增长的现象，称为徐变。产生徐变的原因：对于非晶体材料，是在外力作用下产生了黏性流动；对于晶体材料，是晶格位错运动及晶体的滑移。

徐变的发展与材料应力、环境温度和湿度有关。当应力未超过某一极限值时，徐变的发展随时间延长而减小，最后材料的变形停止增长。当应力达到或超过某一极限值时，徐变的发展随时间延长而增加，最后导致材料破坏。混凝土、岩石等材料，环境温度越高、湿度越大，其徐变量越大；木材的湿度越大，徐变量越大；钢铁材料在高温下徐变特别显著。

材料在荷载作用下，当所产生的变形因受约束而不能发展时，则其应力将随时间延长而逐渐减小，这一现象称为应力松弛。应力松弛是随着荷载作用时间延长，材料内部塑性变形逐渐增大、弹性变形逐渐减小（总变形不变）而造成的。材料所受应力水平越高，应力松弛越大；温度、湿度越大，应力松弛也越大。

二、材料的强度

材料的强度是指材料抵抗外力（荷载）作用引起破坏的能力，它以材料达到破坏前所承受的应力极限值表示。按荷载作用的方式不同，分为抗拉强度、抗压强度、抗弯强度（或抗折强度）及抗剪强度等。

（一）材料强度的测定

材料强度的测定常采用破坏性试验方法来进行。即将材料制成试件，置于试验机上，按规定速度缓慢且均匀地加荷，直到试件破坏，根据破坏时的荷载值，可求得材料强度。

抗压、抗拉及抗剪强度计算公式为

$$f = P/A \tag{1-8}$$

式中　f——材料强度，MPa；

P——破坏时荷载，N；

A——试件受力断面面积，mm^2。

测定材料的抗弯强度时，可将材料制成矩形断面的小梁试件，在梁的中间加1个或2个集中荷载（见图1-2），直至破坏，并按式（1-9）或式（1-10）计算抗弯强度。

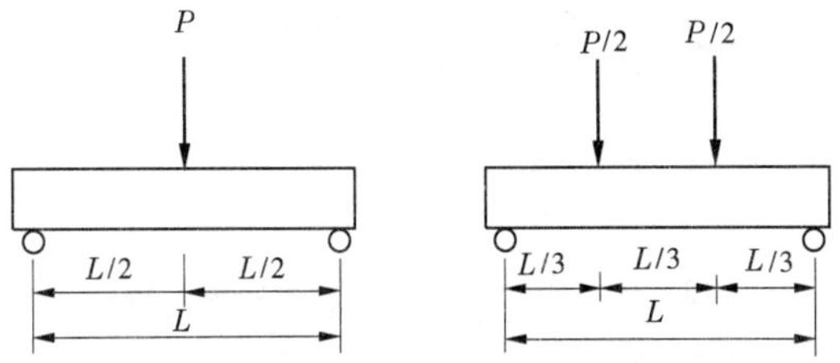

图1-2　材料抗弯强度测定示意图

当中间加1个集中荷载时，抗弯强度按式（1-9）计算，即

$$f_m = \frac{3PL}{2bh^2} \tag{1-9}$$

当在梁1/3跨度处加2个对称的集中荷载时，抗弯强度按式（1-10）计算，即

$$f_m = \frac{PL}{bh^2} \tag{1-10}$$

式中　f_m——抗弯强度，MPa；

P——破坏荷载，N；

L——梁的跨度，mm；

b、h——梁断面的宽与高，mm。

（二）影响材料强度测定结果的主要因素

材料的强度除与其组成、结构、构造有关，还与材料的测试条件有很大的关系。影响材料强度测定结果的主要因素有：①试件的形状、尺寸、表面状况；②测试时试件的温度及湿度；③试件加荷速度及试验装置情况等。

以脆性材料单轴抗压强度试验为例。研究表明，采用棱柱体或圆柱体（一般高度为边长或直径的2～3倍）试件，其抗压强度比立方体小；形状相似时，小试件的抗压强度试验值高于大试件的抗压强度试验值；试件受压面上有凸凹不平或掉角等缺损时，将引起局部应力集中而降低强度试验值。出现这种现象的原因是，试件受压时，试验机压板和试件承压面紧紧相压，接触面上产生的横向摩擦阻力制约着试件横向膨胀变形，抑制了试件的破坏，此称为环箍效应。越接近承压面，横向摩擦阻力的影响越大，距承压面$\sqrt{3}d/2$（d为试件直径或边长）以上时，摩擦阻力的影响将十分微弱。所以，高度小的试件，所得强度试验值较高，试件破坏形状呈两顶角相接的截锥体；高度较大的试件，所得强度试验值较低，试件破坏时中间为纵向裂缝，两端呈截锥体状（见图1-3（a））。若在承压面上涂以润滑剂，则由于摩擦阻力接近于零，试件横向能够自由膨胀，在垂直于加荷方向上发生拉伸变形，当其超过极限变形值时，试件呈纵向裂缝破坏，其强度值将大为降低（见图 1-3(b)）。

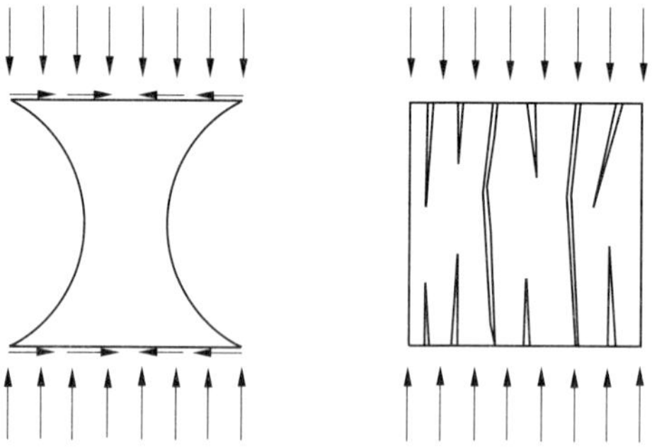

(a)有摩擦阻力影响　(b)无摩擦阻力影响

图 1-3　脆性材料立方体试件受压破坏特征

当试件尺寸较大时，横向摩擦阻力对试件的环箍作用相对较小，使强度试验值降低。同时，材料内部各种构造缺陷出现的几率，随试件体积的增加而增大，这也是大试件强度试验值偏低的一个原因。

试件形状、尺寸因素对抗拉、抗弯、抗剪强度的测定值也有类似的影响。试件尺寸较小者强度试验值较高；断面相同时，短试件比长试件的强度值高；截面形状、大小相同的梁，跨度相等时，中间加一个集中荷载（按式(1-9)）所得的强度值大于两支点间加 2 个对称集中荷载（按式(1-10)）所得的强度值。

试验时的加荷速度较快时，材料变形的增长速度落后于应力的增长速度，破坏时的强度值偏高；反之，强度试验值偏低。采用刚度大的试验机进行强度测试，所得的强度值也较高。

材料强度的试验值与试验时的温度及材料含水状况有关。一般来说，温度升高强度将降低。例如钢材及沥青材料，温度对它们的强度都有明显影响。材料中含有水分时，其强度较干燥时为低。例如含水的砖、木材及混凝土等材料，其强度显著降低。

上述各种因素对强度试验结果的影响程度与材料的种类有关。如脆性材料受试件形状、尺寸的影响大于塑性材料；沥青材料受温度的影响特别显著；砖与木材等，则应特别注意含水状况对强度试验结果的影响。

（三）材料的强度等级

材料强度的试验结果与其试验条件密切相关。为了获得可以进行对比的强度值，在进行材料强度测定时，必须严格遵照国家标准所规定的试验方法进行。按标准试验方法测定的几种常用材料的强度约值见表 1-2。

砖、混凝土等脆性材料，其抗压强度高，而抗拉强度很低（仅为抗压强度的 2% ~ 20%），抗弯及抗剪强度也较低，故脆性材料主要用于制作承受压力的构件。钢材等塑性材料的抗压强度、抗拉强度及抗弯强度大致相等，抗剪强度最低，它们既可承受压力也可承受拉力及弯矩。

表 1-2　几种常用材料的强度约值

材料	强度(MPa)		
	抗压	抗拉	抗弯
花岗岩	120.0～250.0	5.0～8.0	10.0～14.0
普通黏土砖	7.5～15.0	—	1.8～2.8
普通混凝土	7.5～60.0	1.0～4.0	1.5～6.0
松木(顺纹)	30.0～50.0	80.0～120.0	60.0～100.0
建筑钢材	230.0～600.0	230.0～600.0	

每一种材料由于品质的不同,其强度值有很大差别。为了材料生产和使用的方便,国家标准规定,材料按强度的高低划分为若干等级。对于脆性材料,主要按抗压强度划分等级,如混凝土材料有 C20、C30、…、C80 等;对于建筑钢材,按抗拉屈服强度来划分等级,如 Q215、Q235、Q345 等。

第五节　材料的耐久性

材料在使用过程中,除受到各种力的作用外,还要长期遭受所处环境中各种自然因素的破坏作用以及环境中腐蚀性介质的侵蚀。它们或单独或交互作用于材料,形成物理、化学和生物的破坏作用。材料在长期使用过程中抵抗周围各种介质的侵蚀而不破坏的性质,称为耐久性。它是土木工程材料的一种综合性质。

物理作用包括干湿变化、冷热变化、冻融变化等,这些变化会使材料体积发生收缩和膨胀,或产生内应力,造成材料内部裂缝扩展,久而久之,使材料逐渐破坏。

化学作用包括大气和环境水中的酸、碱、盐等溶液或其他有害物质对材料的侵蚀作用,以及日光、紫外线等对材料的作用,可使材料逐渐发生质变、恶化而破坏。

生物作用包括昆虫或菌类等的侵害作用,导致材料发生虫蛀、腐朽等而破坏。

另外,不同材料起主导作用的破坏因素是不同的,如砖、石、混凝土等矿物质材料,大多由于物理作用而破坏,当其处于水位变化区或水中时,也常会受到化学破坏作用。

金属材料主要是化学作用或电化学作用引起的腐蚀。

木材及其他植物纤维组成的天然有机材料,常因生物作用而破坏,如木材的虫蛀与腐朽。

沥青及高分子合成材料,在阳光、空气、热的作用下会逐渐老化,使材料变脆、开裂而逐渐破坏。

所以,建筑材料除必须满足使用要求的物理、力学性能外,还应具有足够的耐久性。用于评定土木工程材料耐久性的指标很多,常用的有如下几种。

一、耐水性

材料长期在饱和水作用下不破坏而且强度也不显著降低的性质称为耐水性。材料的

耐水性用软化系数表示。可按式(1-11)计算

$$K_{软} = \frac{f_{饱}}{f_{干}} \tag{1-11}$$

式中 $K_{软}$——材料的软化系数；

$f_{饱}$——材料在吸水饱和状态下的抗压强度，MPa；

$f_{干}$——材料在干燥状态下的抗压强度，MPa。

软化系数 $K_{软}$ 的大小表明材料在浸水饱和后强度降低的程度。一般材料吸收水分后，其内部质点间的结合力会有所减弱，强度也会有不同程度的降低。如果材料中含有某些可溶性物质(如石膏、石灰等)，则强度降低更为严重，即使是致密的花岗岩，长期浸泡在水中，强度也将下降3%左右。材料的耐水性主要与其组成成分在水中的溶解度和材料的孔隙率有关。溶解度很小或不溶的材料，软化系数一般较大，如金属材料，$K_{软}=1$；若材料可溶于水且具有较大的孔隙率，则其软化系数较小或很小，如石膏，$K_{软}=0.2\sim0.3$。

软化系数值一般为 0 ~ 1。软化系数愈大，表明材料耐水性愈好。工程上，通常将 $K_{软}\geq0.85$的材料称为耐水性材料。根据使用环境，软化系数值常成为选择材料的依据。

二、抗渗性

材料抵抗压力水渗透的性质称为抗渗性(不透水性)。

由于建筑材料一般都具有不同程度的渗透性，当材料两侧存在不同水压时，周围的腐蚀性介质即可进入材料内部，然后把所分解的产物带出材料，使材料逐渐破坏。如地下建筑、基础、压力管道、容器、水工建筑等经常受到压力水或水头差的作用，故所使用材料应具有一定的抗渗性。对于各种防水材料，则要求具有更好的抗渗性。

材料的抗渗性可用渗透系数 K 或抗渗等级 W 表示。对一些防渗、防水材料，如油毡、瓦、沥青混凝土等，常用渗透系数 K 表示其抗渗性

$$K = \frac{Q_W d}{AtH} \tag{1-12}$$

式中 K——材料的渗透系数，cm/h；

Q_W——总渗透水量，cm^3；

d——材料的厚度，cm；

A——渗水面积，cm^2；

t——渗水时间，h；

H——静水压力水头，cm。

对于建筑工程中大量使用的砂浆、混凝土等材料，其抗渗性能常用抗渗等级 W 来表示

$$W = 10H - 1 \tag{1-13}$$

式中 H——材料透水前所能承受的最大水压力，MPa。

如抗渗等级 W6、W8 分别表示材料在标准试验条件下能承受 0.6 MPa、0.8 MPa 的水压而不渗水。

所以，渗透系数愈小或抗渗等级愈高，表示材料的抗渗性愈好。

材料抗渗性的好坏，与其孔隙率和孔隙特征有关。绝对密实的材料和具有闭口孔隙的材料，或具有极细孔隙（孔径小于1 μm）的材料，实际上可以认为是不透水的。开口大孔最易渗水，故其抗渗性最差。此外，抗渗性还与材料的亲水性或憎水性有关，亲水性材料的毛细孔由于毛细作用而有利于水的渗透。

三、抗冻性

材料在吸水饱和状态下能经受多次冻融循环作用而不破坏，同时也不严重降低强度的性质称为抗冻性。

建筑材料的抗冻性用抗冻等级F表示。抗冻等级是将材料标准试件在按规定方法进行冻融循环以后，其质量损失不超过5%或强度降低不超过25%时，所能经受的最大冻融循环次数，如F50、F100等。抗冻等级愈高，材料抗冻性愈好。

当材料孔隙内充满水，且使水温下降至孔隙中的水结冰而体积膨胀（约增大9%）时，将会给孔壁造成很大的静水压（可高达100 MPa），造成孔壁开裂。而反复的冻融又会在材料的内、外层产生明显的应力差和温度差，对材料起进一步的破坏作用，结果使材料碎裂、质量损失、强度下降。冻融循环次数愈多，这种破坏作用愈严重。

抗冻性主要取决于材料内部孔隙率和孔隙特征，孔隙率小及具有封闭孔的材料其抗冻性较好。另外，抗冻性还与材料吸水饱和的程度、材料本身的强度以及冻结条件（如冻结温度、冻结速度及冻融循环作用的频繁程度）等有关。

四、耐候性

暴露于大气中的材料，经常受阳光、风、雨、露、温度变化和腐蚀气体（如二氧化硫、二氧化碳、臭氧）等因素的侵蚀，材料对这些自然侵蚀的耐受能力称为耐候性。

如在建筑工程中经常使用的各种防水材料、外墙涂料等要求具有良好的耐候性。

根据材料的使用环境和要求，其他的耐候性指标还有很多，如耐化学腐蚀性、防锈性、防霉性等。

在工程中，选用材料时必须考虑材料的耐久性问题。只有采用了耐久性良好的土木工程材料，才能保证工程的使用寿命。同时，提高材料的耐久性，要根据使用情况和工程特点采取相应的措施，如减轻环境的破坏作用、提高材料本身的密实性等以增强抵抗性，或对材料表面采取保护措施等，这对控制工程造价、保证工程长期正常使用、减少维修费用、延长工程使用寿命等，均具有十分重要的意义。

复习思考题

1-1　解释下列名词：密度、表观密度、孔隙率、空隙率、含水率、平衡含水率、吸水率、体积吸水率、质量吸水率、抗压强度、抗剪强度、抗折强度、抗拉强度、弹性变形、塑性变形、脆性、韧性、耐水性、抗渗性、抗冻性、耐久性、软化系数。

1-2　材料的密度、表观密度、视密度、堆积表观密度及孔隙率和空隙率的区别？

1-3　材料的吸水性、耐水性、抗渗性与抗冻性之间有何关系？

1-4　简述材料孔隙率及孔隙特征对材料物理、力学性质的影响。

1-5　简述影响材料抗压强度测定结果的主要因素。

1-6　简述材料结构、构造与材料的物理、力学性质和耐久性的关系。

1-7　简述脆性材料弹性变形与塑性变形的特征。

1-8　简述散粒状材料的密度、视密度和干燥堆积表观密度之间的大小关系。

1-9　称取堆积表观密度为 1 400 kg/m^3 的干砂 200 g，装入容量瓶中，再注满水称重为 500 g，已知空瓶加满水重为 370 g，求该砂的视密度和空隙率。

1-10　密度为 2.68 g/cm^3，孔隙率为 1.2% 的石灰岩，将其破碎为碎石，其堆积表观密度测定为 1 580 kg/m^3，求该石灰岩碎石的视密度和空隙率。

1-11　若某次混凝土配制过程中要求干砂 480 kg，砂子的含水率为 2%，求应称取该种砂多少 kg。

1-12　取一块标准尺寸为 240 mm × 115 mm × 53 mm 的烧结普通砖，称得质量为 2.56 kg。将其烘干后磨成细粉（粒径 $<$ 0.25 mm），并取细粉 50 g 用李氏瓶法测得体积为 19.2 mL。求该砖的密度、表观密度和孔隙率。

第二章　天然石料

【本章要点】

(1)岩石的形成分类;

(2)岩石的技术分级与技术标准;

(3)石料的物理性质;

(4)石料的力学性质;

(5)工程中常用的石材种类;

(6)工程中常用的石材制品。

【本章重点】

(1)岩石的形成分类;

(2)岩石的技术分级与技术标准;

(3)石料的力学性质;

(4)工程中常用的石材制品。

【本章难点】

(1)岩石的形成分类;

(2)常用石材的特点。

第一节　概　述

天然石料是指从天然岩石体中开采未经加工或经加工制成的块状、板状或特定形状的石材的总称。石材是人类使用历史最悠久的建筑材料之一,它具有相当高的强度、良好的耐磨性和耐久性,并且资源非常丰富,易于就地取材。因此,在大量使用钢材、钢筋混凝土和高分子材料的现代建筑中,石材的使用仍然非常普遍,在水利、道路、房屋等工程中广泛应用于砌筑、饰面等方面。

天然石料不仅可以直接用做建筑材料,而且还可以作许多材料及其制品的原材料。如石灰、水泥及玻璃等材料的主要原料就是石料,而天然砂、卵石以及人工碎石又是配制砂浆和混凝土等的原材料。还有些岩石可以用来制作绝热材料,如矿棉、岩棉、蛭石和珍珠岩等。

岩石是构成地壳的主要物质。它是由地壳的地质作用形成的固态物质,具有一定的结构构造和变化规律。岩石的性质如何,不仅取决于组成矿物的特性,还受到矿物含量、颗粒结构等因素的影响。同种岩石,由于生成条件不同,其性质也有所差异。

岩石中的造岩矿物有很多种,主要有石英、长石、云母、角闪石、辉石、橄榄石、方解石、白云石等。不同的成岩条件和造岩矿物,使各类岩石具有不同的结构和构造特征,它们对岩石的物理性质和力学性能均有很大影响。

第二节　岩石的分类

一、岩石的形成分类

岩石按地质形成条件可分为岩浆岩(火成岩)、沉积岩(水成岩)和变质岩三大类。

(一)岩浆岩

岩浆岩是由地壳深处上升的岩浆冷凝结晶而形成的岩石,其成分主要是硅酸盐矿物,是组成地壳的主要岩石。按地壳质量计,岩浆岩大约占89%,储量极大。岩浆岩根据其冷却条件不同,可分为深成岩、喷出岩和火山岩三类。

1. 深成岩

深成岩为岩浆在地壳深处,在深层覆盖层的巨大压力下缓慢均匀冷却形成的岩石。深成岩的特点是晶粒较粗、构造致密,所以其抗压强度高,孔隙率及吸水率比较小,表观密度大,抗冻性能好。在工程上常用的深成岩有花岗岩、正长岩、闪长岩和辉长岩等。

2. 喷出岩

喷出岩为熔融的岩浆喷出地壳表面迅速冷却而形成的岩石。由于岩浆喷出地壳表面时压力骤减和迅速冷却,结晶条件比较差,所以多呈隐晶质或玻璃体结构,或者是岩浆上升时已形成的粗大晶体嵌入上述两种结构中的斑状结构。具有斑状结构的岩石易遭风化。如果喷出岩凝固成很厚的岩层,其结构和性质接近深成岩。当喷出岩凝固成比较薄的岩层时,常呈多孔结构,强度和耐久性等性质低于深成岩。工程上常用的喷出岩有玄武岩、安山岩和辉绿岩等。

3. 火山岩

火山岩是火山爆发时岩浆被喷到空中急速冷却后形成的岩石。火山岩为玻璃体结构,且呈多孔构造,孔隙率大,吸水性强,表观密度小,抗冻性差。如火山灰、火山砂、浮石和凝灰岩。火山灰和火山砂可作为水泥的混合材料;浮石可作为轻混凝土的骨料;凝灰岩经加工后可作为保温墙体,磨细后可作为水泥的混合材料。

(二)沉积岩

沉积岩是地表岩石经长期风化作用、生物作用或某种火山作用后,成为碎屑颗粒状或粉尘状,经风或水的搬运,通过沉积和再造作用而形成的岩石。按地壳质量计,这类岩石仅占5%,但地表分布很广,约占地壳表面积的75%,因此开采方便,使用量大。沉积岩大部分呈层状构造,表观密度较小,孔隙率较大,吸水率大,强度较低,耐久性差,而且各层间的成分、构造、颜色及厚度都有差异。不少沉积岩具有化学活性,磨细后可作为水泥掺合料,如硅藻土、硅藻石等。沉积岩可分为机械沉积岩、化学沉积岩和生物沉积岩。

1. 机械沉积岩

机械沉积岩是各相邻岩石风化后,在流水、风力或冰川作用下搬运、逐渐沉积,在覆盖层的压力下或由自然胶结物胶结而形成的岩石。散粒状的有黏土、砂和砾石等,经自然胶结成为整体的,相应称之为页岩、砂岩和砾岩。

2. 化学沉积岩

化学沉积岩是岩石中的矿物溶解在水中,经沉淀沉积而形成的岩石。化学沉积岩常见的有石膏、菱铁矿、白云岩及部分石灰岩等。

3. 生物沉积岩

生物沉积岩是由各种有机体的残骸经沉积而形成的岩石。常见的有石灰岩、白垩、硅藻土等。

(三)变质岩

岩石由于强烈的地质活动,在高温和高压下,矿物再结晶或生成新矿物,使原来岩石的矿物成分、结构及构造发生显著的变化,而形成为一种新的岩石,这种岩石称为变质岩。变质岩大多数是结晶体,其构造、矿物成分都比岩浆岩、沉积岩更加复杂而多样。根据原岩种类,变质岩又可分为正变质岩和副变质岩。

1. 正变质岩

正变质岩原岩属于岩浆岩类经变质作用而形成的岩石。一般岩浆岩经变质后产生片状构造,建筑性能比原岩有所下降。如花岗岩变质后形成的片麻岩,易于分层剥落,耐久性能变差。

2. 副变质岩

副变质岩原岩属于沉积岩类经变质作用而形成的岩石。一般沉积岩形成变质岩后,其建筑性能有所提高,如石灰岩和白云岩变质后成为大理岩,砂岩经变质后成为石英岩,都比原来的岩石坚固耐用。

二、岩石的工程分类

(一)路用石料的技术分级

按我国现行行业标准《公路工程岩石试验规程》(JTG E41—2005)中的规定,道路建筑用天然石料按其技术性质可分为4个等级,对不同矿物组成的岩石的技术性质要求是不同的。因此,在分级之前首先应按其造岩矿物的成分、含量及组织结构来确定岩石名称,然后划分其所属的岩类。Ⅰ岩浆岩类:如花岗岩、正长岩、闪长岩、玄武岩等;Ⅱ石灰岩类:如石灰岩、白云岩、凝灰岩、泥灰岩等;Ⅲ砂岩和片岩类:如石英岩、砂岩、片麻岩、石英片麻岩等;Ⅳ砾石类。

以上各岩类按其物理、力学性质(主要为饱水状态抗压强度和磨耗率)各分为以下4个等级:1级为最坚强的岩石,2级为坚强的岩石,3级为中等强度的岩石,4级为较软的岩石。

(二)路用石料的技术标准

路用天然石料根据上述分类和分级方法,对不同岩类的各级石料的技术指标要求列于表2-1中。

表 2-1　天然石料等级和技术标准

岩石类别	主要岩石名称	石料等级	技术标准		
			极限抗压强度（饱水状态）（MPa）	磨耗率*（%）	
				洛杉矶式磨耗机试验法	狄法尔式磨耗机试验法
Ⅰ　岩浆岩类	花岗岩、玄武岩、安山岩、辉绿岩等	1	>120	<25	<4
		2	100～120	25～30	4～5
		3	80～100	30～45	5～7
		4	—	45～60	7～10
Ⅱ　石灰岩类	石灰岩、白云岩等	1	>100	<30	<5
		2	80～100	30～35	5～6
		3	60～80	35～50	6～12
		4	30～60	50～60	12～20
Ⅲ　砂岩与片岩类	石英岩、片麻岩、石英片麻岩、砂岩等	1	>100	<30	<5
		2	80～100	30～35	5～7
		3	50～80	35～45	7～10
		4	30～50	45～60	10～15
Ⅳ　砾石类	各种卵石	1	—	<20	<5
		2	—	20～30	5～7
		3	—	30～50	7～12
		4	—	50～60	12～20

注：*磨耗率应以洛杉矶式磨耗机测定结果为准，在无该机时，方可用狄法尔式磨耗机测定。

第三节　天然石料的主要技术性质

天然石料不仅可加工成各种尺寸作为水泥或沥青混凝土的骨料，而且也可以直接用做圬工结构。由于暴露在大气之中，受到各种自然因素和介质的侵蚀，所以要求石料应具备一定的技术性质，以适应不同工程建筑的技术要求。石料的技术性质主要考虑物理性质和力学性质两个方面。

一、石料的物理性质

石料的物理性质包括物理常数(如真实密度、表观密度和孔隙率)、吸水性(如吸水率、饱水率)和耐候性(耐冻性、坚固性等)。

(一)物理常数

石料的物理常数是石料矿物组成结构状态的反映,它与石料的技术性质有着密切的联系。在工程用块状石料中,最常用的物理常数主要是真实密度、表观密度和孔隙率。

1. 真实密度

石料的真实密度(简称密度)是石料在规定条件((105 ±5)℃烘干至恒重,温度 20 ℃)下,单位真实体积(不含孔隙的矿质实体的体积)的质量,可用式(2-1)表示

$$\rho_t = \frac{m_s}{V_s} \tag{2-1}$$

式中　ρ_t——石料的真实密度,g/cm^3;

m_s——石料矿质实体的质量,g;

V_s——石料矿质实体的体积,cm^3。

由于测定石料密度是在空气中称量石料质量的,所以石料中的空气质量为零,矿质实体的质量就等于石料的质量,可用式(2-2)表示

$$\rho_t = \frac{M}{V_s} \tag{2-2}$$

式中　M——石料的质量,g。

2. 表观密度

石料的表观密度是石料在规定条件下,单位体积(包括矿质实体和孔隙的体积)的质量,用ρ_h 表示。体积与质量的关系可用式(2-3)表示

$$\rho_h = \frac{m_s}{V_s + V_n + V_i} \tag{2-3}$$

式中　ρ_h——石料的表观密度,g/cm^3;

V_n、V_i——石料闭口孔隙和开口孔隙的体积,cm^3。

由于 $m_s = M$,石料的矿质实体体积和孔隙体积之和,即石料的体积(V),$V_s + V_n + V_i = V$,所以可将式(2-3)改为

$$\rho_h = \frac{m_s}{V} \tag{2-4}$$

3. 孔隙率

石料的孔隙率是指石料中的孔隙体积占其总体积的百分率,可用式(2-5)计算

$$P = \frac{V_0}{V} \times 100\% \tag{2-5}$$

式中　P——石料的孔隙率(%);

V_0——石料的孔隙(包括开口孔隙和闭口孔隙)体积,cm^3;

V——石料的总体积,cm^3。

石料的以上三个物理常数不仅反映石料的内部组成结构的状态，而且能间接地反映出石料的力学性质。尤其是石料的孔结构，会影响其所轧制成的骨料在水泥（或沥青）中对水泥浆（或沥青）的吸收、吸附等化学交互作用的程度。

（二）吸水性

石料的吸水性是指石料在规定的条件下吸收水分的能力。由于石料孔结构的差异，在不同试验条件下吸水能力不同，一般采用吸水率和饱水率两项指标表示石料的吸水性。

1. 吸水率

石料的吸水率是指在室内常温（(20 ±5)℃）和大气压条件下，石料试件最大的吸水质量占烘干（(105 ±5)℃干燥至恒重）石料试件质量的百分率，可用式(2-6)计算

$$W = \frac{m_2 - m_1}{m_1} \times 100\% \tag{2-6}$$

式中　W——石料的吸水率，%；

m_1——石料试件烘干至恒重时的质量，g；

m_2——石料试件吸水至恒重时的质量，g。

2. 饱水率

石料的饱水率是指在室内常温（(20 ±5)℃）和真空抽气（抽至真空度为残压 2.67 kPa）后的条件下，石料试件最大的吸水质量占烘干石料试件质量的百分率。

（三）耐候性

石料抵抗大自然因素作用的性能称为耐候性。评价石料耐候性的主要试验方法为抗冻性和坚固性。

1. 抗冻性

石料经自然饱水后，与外界连通的开口孔隙大部分被水充满，当温度降低时水分体积缩小，水分集聚于部分孔隙中，直至4 ℃时体积达到最小，当温度继续下降时，水的体积又逐渐胀大，少部分水迁移至其他无水的孔隙中。但是当达到0 ℃以下后，由于固态水移动困难，冰的体积继续增大，对石料孔壁周围施加冰胀应力，经多次冻融循环后，石料逐渐产生裂缝、掉边、缺角或表面松散等破坏现象。

石料的抗冻性可以采用经过规定冻融循环后的质量损失百分率表示（式(2-7)），也可采用未经冻融的石料试件抗压强度与冻融循环后石料试件抗压强度的比值（称为耐冻系数）表示（式(2-8)）。

$$Q_{fr} = \frac{m_1 - m_2}{m_1} \times 100\% \tag{2-7}$$

$$K_{fr} = \frac{f_{mo(fr)}}{f_{mo}} \tag{2-8}$$

式中　Q_{fr}——抗冻质量损失率（%）；

m_1——试验前烘干试件的质量，g；

m_2——试验后烘干试件的质量，g；

K_{fr}——石料的耐冻系数；

$f_{mo(fr)}$——未经冻融循环试验的石料试件饱水抗压强度，MPa；

f_{mo}——经若干次冻融循环试验后的石料试件饱水抗压强度,MPa。

2. 坚固性

石料的坚固性是采用硫酸钠侵蚀法来测定的。该方法是将烘干并已称量过的规则试件浸入饱和的硫酸钠溶液中20 h,取出置于(105 ±5)℃的烘箱中烘4 h,然后取出冷却至室温,这作为一个循环。如此重复若干循环,最后用蒸馏水沸煮洗净,烘干称量,与直接冻融法一样计算其质量损失率。

二、石料的力学性质

(一)抗压强度

1. 砌筑用石材的抗压强度

砌筑用石材的抗压强度由边长为70 mm的立方体试件进行测试,并以三个试件破坏强度的平均值表示。石材的强度等级由抗压强度来划分,并用符号MU和抗压强度值来表示,分为MU100、MU80、MU60、MU50、MU40、MU30、MU20、MU15、MU10九个等级。当试块为非标准尺寸时,按表2-2中的系数进行换算。

表2-2　石材强度等级换算系数

立方体边长(mm)	200	150	100	70	50
换算系数	1.43	1.28	1.14	1.00	0.86

2. 装饰用石材的抗压强度

装饰用石材的抗压强度采用边长为50 mm的立方体试件进行测试。

3. 公路工程用石材的抗压强度

公路工程用石材的抗压强度采用边长为50 mm的立方体试件或直径和高均为50 mm的圆柱体试件来测试。

(二)耐磨耗性

耐磨耗性是石料抵抗撞击、剪切和摩擦等综合作用的性能,其大小用磨耗率表示,试验方法有洛杉矶式磨耗试验和狄法尔式磨耗试验两种。

1. 洛杉矶式磨耗试验

洛杉矶式磨耗试验又称搁板式磨耗机试验。搁板式磨耗机由一个直径710 mm、长508 mm的圆鼓和鼓中一个搁板组成。试样采用不同粒径的级配粒料,质量为5 kg,装料时同时加入若干个一样大小的钢球(总质量为5 kg)。当磨耗鼓旋转时,石料除自身的相互作用外,还受到钢球的撞击作用,加速了磨耗,所以只需500 r即可明显区分出石料耐磨耗性的好坏。

2. 狄法尔式磨耗试验

狄法尔式磨耗试验又称双筒式磨耗机试验。试验时,取一定块数(100块)和一定质量(10 kg)的试样放入磨耗机中,试验机以30～33 r/min的转速旋转10 000 r。试样在磨耗机内受到摩擦、撞击和剪切的作用而被磨耗或破碎。磨耗率按式(2-9)计算

$$Q = \frac{m_1 - m_2}{m_1} \times 100\% \tag{2-9}$$

式中 Q——石料的磨耗率(%);

m_1——试验前石料试样烘干质量,g;

m_2——试验后留在 2 mm 筛上的石料试样洗净烘干后的质量,g。

我国标准规定,磨耗试验以洛杉矶式磨耗试验为标准方法,在不具备该磨耗试验条件时,才可采用狄法尔式磨耗试验代替。

磨耗率是路用石料的一个综合指标,也是评定石料等级的依据之一。

第四节 工程中常用的天然石材及制品

一、常用天然石材

(一)岩浆岩石材

1. *花岗岩*

花岗岩属于深成岩浆岩,是岩浆岩中分布最广的岩石,其主要矿物组成为长石、石英和少量云母。花岗岩按结晶颗粒大小不同,分为细粒、中粒、粗粒、斑状等不同种类,但以细粒构造性质为好。

花岗岩的表观密度为 2 500 ~ 2 800 kg/m^3,抗压强度为 120 ~ 300 MPa,莫氏硬度为 6 ~ 7,吸水率为 0.1% ~ 0.7%。花岗岩具有结构细密、性质坚硬、耐酸、耐腐、耐磨、吸水性小、抗压强度高、抗冻性强、耐久性好等特点,属高级装饰材料,一般只用于重要的大型建筑中,如宾馆、饭店、酒楼、商场、银行、影剧院、展览馆等。

花岗岩的缺点是自重大,用于装饰会增加建筑物的重量;硬度大,给开采和加工造成困难;质脆、耐火性差;某些花岗岩含有微量放射性元素,对此类花岗岩应避免用于室内。

2. *玄武岩*

玄武岩属于喷出岩,由辉石、长石组成,为细粒或斑状构造,并常存在气孔状或块状构造。玄武岩的表观密度为 2 900 ~ 3 300 kg/m^3,抗压强度为 100 ~ 300 MPa。硬度高,脆性大,加工困难,主要用于基础、桥梁等石砌体。

3. *辉长岩、闪长岩、辉绿岩*

辉长岩、闪长岩属于深成岩,辉绿岩属于浅成岩,由长石、辉石、角闪石等矿物组成,三者的表观密度为 2 800 ~ 3 000 kg/m^3,抗压强度为 100 ~ 280 MPa,耐久性及磨光性均好,呈深灰、浅灰、黑灰、灰绿、黑绿色和斑纹。可用于基础等石砌体,还可用做名贵的装饰材料。

(二)沉积岩石材

1. *石灰岩*

石灰岩俗称青石,属于沉积岩,分布极广,主要由方解石组成,常含有一定数量的白云石、菱镁矿、石英、黏土矿物等。分为密实、多孔、散粒构造,密实构造的即为普通石灰岩,常呈灰、灰白、白、黄、黑等颜色。

密实石灰岩的表观密度为2 000 ~ 2 600 kg/m³，抗压强度为20 ~ 120 MPa，莫氏硬度为3 ~ 4，吸水率为0.1% ~ 4.5%。石灰岩的强度和耐久性均不如花岗岩，硬度小，开采容易，可用于基础、墙体、挡土墙等石砌体，但不宜用于含游离二氧化碳过多或酸性较高的水中。

2. 砂岩

砂岩属于沉积岩，主要由石英组成。根据胶结物的不同可分为硅质砂岩、钙质砂岩、黏土质砂岩、铁质砂岩等。

砂岩的性能与胶结物的种类和密实程度有关。致密的硅质砂岩坚硬耐久，性能接近花岗岩，表观密度可达2 700 kg/m³，抗压强度为250 MPa，但加工较难。钙质砂岩加工较易，其强度为60 ~ 80 MPa，是砂岩中最常用的一种。铁质砂岩次于钙质砂岩，可用于次要的工程。黏土质砂岩遇水软化，不能用于水工建筑物。

各种砂岩的性能相差很大，使用时需加以区别。

3. 板岩

板岩也是一种沉积岩。形成板岩的页岩先沉积在泥土床上，后来，地球的运动使这些页岩床层层叠起，激烈的变质作用使页岩床折叠、收缩，最后变成板岩。板岩成分主要为二氧化硅。其结构表现为片状或块状，颗粒细微，通常为隐晶结构，较为密实，且大多数是定向排列，厚度均一，硬度适中，吸水率较小。其寿命一般在100年左右。

板岩的颜色多以单色为主，如灰色、黄色、绿灰色、绿色、青色、黑色、褐红色、红色、紫红色等。由于其颜色单一纯真，给人以素雅大方之感，一般不再磨光，常用于一些文化场所装饰。

（三）变质岩石材

1. 大理岩

大理岩是一种变质岩，常呈层状结构，属于中硬石材。它是石灰岩与白云岩在高温、高压作用下变质而成的。其结晶主要由方解石和白云石组成，纹理有斑、条之分。化学成分以碳酸钙为主，还含有碳酸镁、氧化钙、氧化镁及氧化硅等。

大理岩的表观密度为2 600 ~ 2 700 kg/m³，抗压强度为100 ~ 150 MPa，吸水率小于0.75%。大理石具有品种繁多、花纹多样、色泽鲜艳、石质细腻、抗压性强、吸水率小、耐腐蚀、耐磨、耐久性好、不变形等特点。浅色大理石板的装饰效果为庄重而清雅，浓艳色大理石板则显得华丽而高贵，为高级饰面材料，主要用于装饰等级要求高的建筑物的室内墙面、柱面、台面、窗台、踢脚板等处，也可用于高档卫生间、洗手间的洗漱台面及各种家具的台面等。大理岩易被酸侵蚀，一般不宜用于室外装饰。

2. 片麻岩

片麻岩属于正变质岩，常用的片麻岩由花岗岩变质而成，呈片状构造，具有各向异性。沿片理较易开采加工，在冰冻作用下易成层剥落。可用于一般土木工程的基础、勒脚等石砌体，也可用做混凝土骨料。

3. 石英岩

石英岩属于副变质岩，由硅质砂岩变质而成。结构均匀致密，耐久性与耐酸性好。但硬度大，开采、加工困难，常以不规则的块状石料应用于建筑物中。

二、常用石材制品

工程中常用的石材制品有毛石、片石、料石和石板等。

(一)毛石

岩石被爆破后直接得到的形状不规则的石块称为毛石。根据表面平整度,毛石有乱毛石和平毛石之分。乱毛石形状不规则;平毛石形状虽然不规则,但它有大致平行的两个面。土木工程中使用的毛石,一般高度应不小于 15 cm,一个方向的尺寸可达 30 ~ 40 cm。毛石的抗压强度应不低于 10 MPa,软化系数应不小于 0. 75。毛石常用来砌筑基础、勒脚、墙身、挡土墙等。

(二)片石

片石也是由爆破而得的,形状不受限制,但薄片者不得使用。一般片石的尺寸应不小于 15 cm,体积不小于 0. 01 m^3,每块质量一般在 30 kg 以上。用于圬工工程主体的片石,其抗压强度应不低于 30 MPa。用于圬工工程其他部位的片石,其抗压强度应不低于 20 MPa。片石主要用来砌筑圬工工程、护坡、护岸等。

(三)料石

料石由人工或机械开采出较规则的六面体块石,再经人工略加凿琢而成。根据其表面加工的平整程度可分为毛料石、粗料石、半细料石和细料石四种。制成长方形的称为条石,长、宽、高大致相等的称为方石,楔形的称为拱石。料石一般由致密的砂岩、石灰岩、花岗岩加工而成,用于土木工程结构物的基础、勒脚、墙体等部位。

(四)石板

石板是用致密岩石凿平或锯解而成的厚度不大的石材。对饰面用的石板或地面板,要求耐磨、耐久、无裂缝或水纹、色彩美观,一般采用花岗岩和大理岩制成。花岗岩板材主要用于土木工程的室外饰面,大理岩板材用于室内装饰。

复习思考题

2-1　岩石按地质成因可分为哪几类?

2-2　一般岩石具有哪些主要技术性质? 其技术指标是什么?

2-3　天然石料是根据什么指标划分等级的? 分几个等级?

2-4　工程中常用石材有哪几种? 它们各有何特点?

2-5　工程中常用石材制品有哪几种? 它们常用在工程中哪些部位?

第三章　无机胶凝材料

【本章要点】

(1)胶凝材料的定义及分类；

(2)石灰、石膏及水玻璃等气硬性胶凝材料的水化硬化机理、性质及用途；

(3)通用硅酸盐水泥的定义、品种及组分；

(4)水泥混合材料的分类与作用；

(5)通用硅酸盐水泥的技术要求；

(6)硅酸盐水泥的生产、熟料矿物组成及水化与凝结硬化过程等；

(7)硅酸盐水泥的特性与应用；

(8)其他品种通用硅酸盐水泥的性能特点及应用；

(9)通用水泥的选用；

(10)水泥石的腐蚀类型与机理、腐蚀原因及防止腐蚀的措施；

(11)几种其他品种水泥的性能特点及应用；

(12)水泥品种的选用、强度等级的选择及运输和储存。

【本章重点】

(1)石灰及石膏的性质和用途；

(2)通用硅酸盐水泥的品种及技术要求；

(3)硅酸盐水泥熟料的矿物组成及水化产物；

(4)硅酸盐水泥的性能特点及应用；

(5)水泥石的腐蚀类型；

(6)通用水泥的选用。

【本章难点】

(1)通用硅酸盐水泥的技术要求；

(2)硅酸盐水泥熟料的矿物组成及水化与凝结硬化过程；

(3)水泥石的腐蚀机理；

(4)通用水泥的选用。

第一节　概　述

在建筑工程中，凡是经过一系列自身的物理、化学作用，能将散粒状材料（如砂、石子和陶粒等）或块状材料（如砖、石和砌块等）黏结成为整体的材料，称为胶凝材料。

胶凝材料根据其化学组成可分为无机胶凝材料和有机胶凝材料两大类。如下所示：

- 胶凝材料
  - 有机胶凝材料：沥青、各种合成树脂
  - 无机胶凝材料
    - 气硬性：石灰、石膏、水玻璃、菱苦土等
    - 水硬性：各种水泥

有机胶凝材料是以天然的或合成的有机高分子化合物为主要成分的胶凝材料，常用的有沥青、各种合成树脂等。

无机胶凝材料是以无机化合物为主要成分的胶凝材料，根据其凝结硬化条件的不同，又可分为气硬性和水硬性两类。

气硬性胶凝材料只能在空气中硬化，也只能在空气中保持和发展其强度。常用的有石膏、石灰、水玻璃和菱苦土等，一般只适用于干燥环境中，而不宜用于潮湿环境，更不可用于水中。

水硬性胶凝材料既能在空气中还能更好地在水中硬化，保持并继续发展其强度。常用的包括各种水泥，它们既适用于干燥环境，又适用于潮湿环境或水下工程。

第二节　气硬性胶凝材料

一、石灰

石灰是人类在建筑中最早使用的胶凝材料之一，由于其原材料蕴藏丰富、分布广泛、生产工艺简单、成本低廉、使用方便，至今仍广泛应用于各种工程中。

（一）石灰的生产与分类

1. 石灰的原料

生产石灰的主要原料是以碳酸钙为主要成分的天然岩石，常用的有石灰石、白云石、白垩等。这些天然原料中常含有黏土杂质，一般要求黏土杂质控制在8%以内。生产石灰的原料除天然原料外，还利用化学工业副产品，例如，用电石（碳化钙）制取乙炔时的电石渣，其主要成分是氢氧化钙（消石灰）。

2. 石灰的生产

将石灰的原料石灰石在一定的温度下煅烧，碳酸钙将分解成为生石灰，其主要成分为氧化钙，化学反应表示如下

$$CaCO_3 \xrightarrow{900\ ℃} CaO + CO_2\uparrow$$

在石灰的实际生产中，由于石灰石致密程度、块体大小及杂质含量不同，并考虑到热量损失，为了加速碳酸钙的分解，煅烧温度常控制在1 000～1 100 ℃。若煅烧温度过低或煅烧时间不充足，则碳酸钙不能完全分解，将生成“欠火石灰”，严重降低石灰利用率；若煅烧时间过长或温度过高，将生成颜色较深、密度较大、消化缓慢、体积收缩明显的“过火石灰”，使用时会影响工程质量。

3. 石灰的分类

《建筑生石灰》（JC/T 479—1992）规定，按 MgO 含量的多少，建筑生石灰可分为钙质和镁质两类。当石灰中 MgO 含量小于或等于5%时，称为钙质石灰；当 MgO 含量大于5%

时，称为镁质石灰。将煅烧成块状的生石灰经过不同的加工方法，还可得到石灰的另外几种产品：

生石灰粉：由块状生石灰磨细而得的细粉，主要成分仍为 CaO。

消石灰：将生石灰用适量的水经消化和干燥而成的粉末，主要成分为 $Ca(OH)_2$，也称熟石灰。

石灰浆（石灰膏）：将块状生石灰用大量水（为石灰体积的 3～4 倍）消化或将消石灰粉和水拌和所得的有一定稠度的可塑性浆体，主要成分为 $Ca(OH)_2$ 和水。

石灰乳：生石灰加较多的水消化而得的白色悬浮液，主要成分为 $Ca(OH)_2$ 和水。

（二）石灰的熟化与硬化

1. 石灰的熟化

烧制成的生石灰为块状，在使用时必须加水进行熟化，使氧化钙消化成为粉状的消石灰，这一过程也称为石灰的"消化"。其化学反应式为

$$CaO + H_2O \longrightarrow Ca(OH)_2 + 64.9\ kJ$$

石灰的熟化过程会放出大量的热，熟化时体积增大 1～2.5 倍。在石灰熟化时，应注意加水速度。对活泼性好的石灰，如果加水速度过慢或加水量不足，则已消化的石灰颗粒生成的氢氧化钙包围在未消化颗粒的周围，使内部石灰不易消化，这种现象称为"过烧"；相反，对于活泼性差的石灰，如果加水的速度过快，则发热量少，水温过低，增加了未消化颗粒，这种现象称为"过冷"。

为了消除"过火石灰"的危害，石灰膏在使用之前应进行陈伏。陈伏是指石灰膏在储灰坑中放置两周以上的过程。"过火石灰"在这一期间将慢慢熟化。陈伏期间，石灰膏表面应留有一层水分，使其与空气隔绝，以免与空气中的二氧化碳发生碳化反应。

2. 石灰的硬化

石灰的硬化过程包括干燥硬化（结晶作用）和碳化硬化（碳化作用）两个同时进行的过程。

1）石灰浆的干燥硬化

由于水分的蒸发，氢氧化钙晶体从饱和溶液中析出，并产生"结晶强度"，结晶主要在石灰内部进行。但此时从溶液中析出的氢氧化钙数量不多，因此强度增长也不显著。

2）石灰浆的碳化硬化

结晶后氢氧化钙与空气中的二氧化碳作用，生成不溶解于水的碳酸钙晶体，析出的水分逐渐被蒸发，产生"碳化强度"。其化学反应式为

$$Ca(OH)_2 + CO_2 + nH_2O \xrightarrow{\text{碳化}} CaCO_3 + (n+1)H_2O$$

这个反应在没有水分的条件下无法进行；当水分过多、二氧化碳渗入量少时，碳化仅限于表层；在孔壁充水而孔内无水的条件下碳化最快。石灰碳化硬化后，密实度进一步增加，强度进一步提高。因此，碳化层越厚，石灰强度越高。

（三）石灰的技术要求和技术指标

1. 石灰的技术要求

1）有效氧化钙和氧化镁的含量

石灰中产生黏结性的有效成分是活性氧化钙（CaO）和氧化镁（MgO），它们的含量是

评价石灰质量好坏的主要指标。有效氧化钙含量是指石灰中活性的游离氧化钙占石灰试样的质量百分率;氧化镁含量是指石灰中氧化镁占石灰试样的质量百分率。

2)生石灰产浆量和未消化残渣含量

产浆量是单位质量(1 kg)的生石灰经消化后,所产石灰浆体的体积(L)。石灰产浆量愈高,则表示石灰的质量愈好。未消化残渣含量是生石灰消化后,未能消化而存留在5 mm圆孔筛上的残渣占试样的质量百分率。

3)二氧化碳(CO_2)的含量

生石灰或生石灰粉中二氧化碳含量指标,是为了控制石灰石在煅烧时“欠火”造成产品中未分解完全的碳酸盐含量。二氧化碳含量越高,即表示未分解完全的碳酸盐含量越高,则有效氧化钙和氧化镁的含量相对降低,导致影响石灰的胶结性能。

4)消石灰粉游离水含量

消石灰粉中游离水含量是指化学结合水以外的含水量。在理论上 $Ca(OH)_2$ 中结合水占24.32%,但由于消化是一个放热反应,部分水被蒸发,所以实际加水量是理论值的一倍左右。多加的水残留于氢氧化钙中,残余的水分蒸发后,留下的孔隙会加剧消石灰粉碳化现象的产生,从而影响其使用质量。

5)细度

细度与石灰的质量有密切关系,现行标准中以0.9 mm和0.125 mm筛余百分率控制。0.125 mm筛余量包括消化过程中未消化的“过烧”石灰颗粒、含有大量钙盐的石灰颗粒、“欠火”石粒或未燃尽的煤渣等。

2. 石灰的技术指标

1)建筑生石灰

根据《建筑生石灰》(JC/T 479—1992)的规定,生石灰按有效氧化钙+氧化镁含量、产浆量、未消化残渣含量和二氧化碳含量等四个项目的指标,分为优等品、一等品和合格品三个等级,各等级应满足表3-1的要求。

表3-1 建筑生石灰技术指标

项目	钙质生石灰			镁质生石灰		
	优等品	一等品	合格品	优等品	一等品	合格品
(CaO + MgO)含量(%)不小于	90	85	80	85	80	75
未消化残渣含量(5 mm圆孔筛筛余量)(%)不大于	5	10	15	5	10	15
二氧化碳含量(%)不大于	5	7	9	6	8	10
产浆量(L/kg)不小于	2.8	2.3	2.0	2.8	2.3	2.0

2)建筑生石灰粉

根据《建筑生石灰粉》(JC/T 480—1992)的规定,按有效氧化钙+氧化镁含量、二氧化碳含量和细度等三个项目的指标，将生石灰粉分为优等品、一等品和合格品三个等级，各等级应满足表 3-2 的要求。

表 3-2　建筑生石灰粉技术指标

项目		钙质生石灰粉			镁质生石灰粉		
		优等品	一等品	合格品	优等品	一等品	合格品
(CaO + MgO)含量(%)不小于		85	80	75	80	75	70
二氧化碳含量(%)不大于		7	9	11	8	10	12
细度	0.9 mm 筛筛余(%) 不大于	0.2	0.5	1.5	0.2	0.5	1.5
	0.125 mm 筛筛余(%) 不大于	7.0	12.0	18.0	7.0	12.0	18.0

3) 建筑熟石灰粉

根据《建筑熟石灰粉》(JC/T 481—1992)的规定，按氧化镁含量不同，熟石灰粉可分为钙质熟石灰粉(MgO 含量 <4%)、镁质熟石灰粉(4% ≤MgO 含量 <24%)和白云石熟石灰粉(24% ≤MgO 含量 <30%)三类。按有效氧化钙 + 氧化镁含量、游离水、体积安定性和细度等四个项目的指标，每一类分为优等品、一等品和合格品三个等级，各等级应满足表 3-3 的要求。

表 3-3　建筑消石灰粉技术指标

项目		钙质消石灰粉			镁质消石灰粉			白云石消石灰粉		
		优等品	一等品	合格品	优等品	一等品	合格品	优等品	一等品	合格品
(CaO + MgO)含量(%) 不小于		70	65	60	65	60	55	65	60	55
游离水(%)		0.4 ~2.0			0.4 ~2.0			0.4 ~2.0		
体积安定性		合格	合格	—	合格	合格	—	合格	合格	—
细度	0.9 mm 筛筛余(%) 不大于	0	0	0.5	0	0	0.5	0	0	0.5
	0.125 mm 筛筛余(%) 不大于	3	10	15	3	10	15	3	10	15

(四)石灰的性质、应用与储存

1. 石灰的性质

1) 可塑性好

生石灰熟化为水泥浆时，能形成颗粒极细(直径约为 1 μm)的呈胶体分散状态的氢氧化钙，表面吸附一层厚厚的水膜，因此具有良好的可塑性。将石灰掺入水泥砂浆中，可显著改善其可塑性。

2) 凝结硬化慢、强度低

由于空气中二氧化碳含量低，石灰浆体碳化缓慢且仅限于表层，致密的碳化层既不利于二氧化碳渗入也不利于内部水分的蒸发。因此，石灰的凝结硬化缓慢，硬化后强度低。配合比为 1∶3(石灰∶砂)的石灰砂浆，28 d 强度仅有 0.2 ~0.5 MPa。

3) 硬化时体积收缩大

石灰在硬化过程中,由于大量的游离水蒸发,引起显著的体积收缩,使硬化石灰体表面出现大量的无规则裂纹。除调成石灰乳作薄层涂刷外,石灰不宜单独使用。实际工程中常加入适量纤维状材料(如麻刀、纸筋等)或骨料(砂)来抑制石灰的收缩。

4) 耐水性差

石灰硬化缓慢,强度低。在潮湿环境条件下,未干燥硬化的石灰,由于水分无法蒸发而终止硬化。未碳化的氢氧化钙溶于水,使其强度降低甚至溃散。所以,石灰不宜在潮湿的环境中使用,也不宜单独用于建筑物基础。在石灰中加入少量的磨细粒化高炉矿渣和粉煤灰,可提高石灰的耐水性。

2. 石灰的应用

石灰在建筑工程中应用广泛,主要有以下方面。

1) 石灰乳涂料和砂浆

在熟石灰粉或石灰膏中加入过量的水,可配制成石灰乳涂料,其价格低廉、颜色洁白、施工方便,调入耐碱颜料还可使色彩丰富;调入聚乙烯醇、干酪素、氧化钙或明矾可减少涂层粉化现象,可用于内墙和天棚的刷白。

石灰膏或熟石灰粉可用于配制石灰砂浆和水泥石灰砂浆,具有很好的可塑性,主要用做砌筑砂浆和抹面砂浆。

2) 石灰土和三合土

将生石灰粉或熟石灰粉和黏土按一定比例混合,可配制成石灰土;如在石灰土中加入适量的砂、炉渣等材料即成为三合土。石灰土和三合土经夯实后可获得一定的强度和耐久性。因为石灰中氧化钙或者氢氧化钙与黏土中的二氧化硅和三氧化二铝,在有水存在条件下,反应生成具有水硬性的水化硅酸钙和水化铝酸钙,能把黏土颗粒黏结在一起,因此提高了黏土的强度和耐久性。主要应用于建筑物基础、地面垫层,还可用于路面垫层。

3) 制作硅酸盐制品

以生石灰粉或熟石灰粉与硅质材料(如粉煤灰、矿渣、砂等)为主要原材料,经配料、搅拌、成型和养护(一般采用蒸汽养护或蒸压养护)等工序,可制得硅酸盐制品。因为在蒸养或蒸压条件下,生成的主要产物为水化硅酸钙,因此得名。产品包括蒸压粉煤灰砖、蒸压灰砂砖和蒸压加气混凝土砌块,还可用于生产蒸压加气板材,主要用做墙体材料。

4) 加固地基

块状生石灰可用于加固含水的软土地基,也称为石灰桩。将块状生石灰灌入桩孔内,由于生石灰的熟化膨胀而使地基密度提高。

3. 石灰的储存

块状生石灰在放置过程中,会缓慢吸收空气中的水分而自动熟化成消石灰粉,再与空气中的二氧化碳作用生成碳酸钙,失去胶结能力。因此,储存石灰应注意防潮,储存期不宜过久。最好是将石灰运到工地立即熟化成石灰膏,把储存期变成陈伏期。由于石灰熟化过程中放出大量的热并伴随着体积膨胀,所以储存和运输生石灰时应注意安全。

二、石膏

石膏胶凝材料是以硫酸钙为主要成分的无机气硬性胶凝材料。由于石膏胶凝材料及其制品具有许多优良的性质，原料来源丰富，生产能耗较低，因而在建筑工程中得到广泛应用。目前常用的石膏胶凝材料有建筑石膏、高强石膏等。

（一）石膏的原材料、生产及品种

1. 石膏的原材料

1）天然二水石膏

天然二水石膏（$CaSO_4 \cdot 2H_2O$）又称生石膏或软石膏。它是生产石膏胶凝材料的主要原料。纯净的天然二水石膏矿石呈无色透明或白色，常因含有各种杂质而呈灰色、褐色、黄色、红色、黑色等颜色。

2）天然无水石膏

天然无水石膏（$CaSO_4$）的结构比天然二水石膏致密，质地较硬，难溶于水，又称硬石膏，一般作为生产水泥的原料。

3）工业副产石膏

工业副产石膏是指一些含有 $CaSO_4 \cdot 2H_2O$ 与 $CaSO_4$ 混合物的化工副产品及废渣，也可作为生产石膏的原料，例如磷石膏是制造磷酸时的废渣。此外，还有盐石膏、硼石膏、钛石膏等。

2. 石膏的生产及品种

生产石膏胶凝材料的主要工序是破碎、加热与磨细，随着制备方法、加热方式和温度的不同，可生产出不同性质和质量的石膏胶凝材料。

1）建筑石膏

将主要成分为二水石膏的原材料加热至 107～170 ℃时，产物为 β 型半水石膏，其化学反应式如下

$$CaSO_4 \cdot 2H_2O \xrightarrow{107 \sim 170\ ℃} \beta - CaSO_4 \cdot \frac{1}{2}H_2O + 1\frac{1}{2}H_2O$$

建筑石膏是以 β 型半水石膏为主要成分，不预加任何外加剂的粉状胶结料，主要用于制作石膏建筑制品。它的晶体较细，调制成一定稠度的浆体时需水量较大，大量水分在石膏硬化时蒸发，使石膏内部形成许多孔隙，强度较低。

2）高强石膏

若将二水石膏置于具有 0.13 MPa、124 ℃的过饱和蒸汽条件下蒸压，或置于某些盐溶液中沸煮，可获得晶粒较粗、较致密的 α 型半水石膏，即高强石膏。与建筑石膏相比，高强石膏的晶粒较粗，需水量较小，硬化后的石膏内部孔隙较少，强度较高。

（二）建筑石膏的凝结与硬化

建筑石膏加水拌和，与水发生水化反应

$$CaSO_4 \cdot \frac{1}{2}H_2O + 1\frac{1}{2}H_2O \longrightarrow CaSO_4 \cdot 2H_2O$$

当建筑石膏加水时，半水石膏迅速溶解并达到平衡状态，即饱和状态。由于半水石膏在水中的溶解度是二水石膏溶解度的 4～5 倍，故半水石膏的饱和溶液对于二水石膏来说就是过饱和溶液，因此发生了上述水化反应。二水石膏以胶体微粒形式从溶液中析出，从而破坏了半水石膏的溶解平衡，半水石膏继续溶解，达到平衡和水化。此循环过程一直进

行到所有的半水石膏都转化为二水石膏为止。在此过程进行中,最初形成的可塑性浆体中的水分由于水化和蒸发而逐渐减少,二水石膏的胶体微粒不断增多,浆体稠度逐渐增大,直到完全失去可塑性,此过程称为石膏的凝结。随着浆体变稠,胶体微粒凝聚成晶体,晶体逐渐长大、共生和相互交错,浆体开始产生强度,最后发展成具有一定强度的固体,这一过程称为石膏的硬化过程。

(三)建筑石膏的技术要求

建筑石膏为白色粉末,密度为2.60~2.75 g/cm^3,堆积密度为800~1 000 kg/m^3。按强度、细度和凝结时间分为优等品、一等品、合格品三个等级,其技术要求如表3-4所示。

表3-4　建筑石膏的技术要求

技术指标		优等品	一等品	合格品
2 h强度(MPa)	抗折强度　≥	2.5	2.1	1.8
	抗压强度　≥	4.9	3.9	2.9
细度(%)	0.2 mm方孔筛筛余　≤	5.0	10.0	15.0
凝结时间(min)	初凝时间　≥	6		
	终凝时间　≤	30		

(四)建筑石膏的性质、应用与储存

1. 建筑石膏的性质

1)凝结硬化快

建筑石膏加水拌和后,凝结硬化快,凝结时间很短,一般终凝时间不超过半小时。由于建筑石膏的初凝时间很短,无法施工,工程中常加入适量硼砂、动物胶和柠檬酸等作为缓凝剂,以延缓凝结时间满足施工要求。

2)凝结硬化时体积略膨胀

建筑石膏浆体凝结硬化时不像石灰和水泥那样出现体积收缩,反而略有膨胀,一般膨胀量为0.5%~1%。此性质使石膏制品表面光滑细腻,形体饱满,干燥时不开裂。因此,建筑石膏可用于雕塑和建筑装饰制品。

3)硬化后孔隙率高

建筑石膏的理论需水量仅为18.6%,为满足施工要求的可塑性,加水量常为60%~80%。石膏硬化后由于多余水分的蒸发,在内部形成大量毛细孔,石膏制品孔隙率可达50%~60%,表观密度为800~1 000 kg/m^3。由此,石膏制品具有以下性质:

(1)强度低。一等品建筑石膏凝结硬化1 d的强度为5~8 MPa,7 d后达到的最高强度为8~12 MPa。

(2)保温隔热和吸声性能好。硬化的建筑石膏中具有许多开口孔隙和闭口孔隙,因此其保温隔热性和吸声性能好,导热系数一般为0.121~0.205 W/(m·K)。

(3)吸湿性大,耐水性和抗冻性差。建筑石膏制品的吸湿性大,可调节室内的温湿度。但在潮湿条件下,石膏吸湿后,水分会减弱晶粒之间的吸引力,导致石膏的强度降低(软化系数为0.3~0.45)。如果长时间浸在水中,会因为二水石膏晶体的溶解,导致石膏

破坏。石膏制品吸水后受冻，由于其孔隙率大、强度低，很容易因抗冻性差遭到破坏。

4）防火性能好

建筑石膏遇火时，二水石膏中的结晶水蒸发成水蒸气，吸收大量热，可降低制品表面的温度；同时在其制品表面形成了水蒸气幕，能阻碍火势蔓延；脱水后的石膏制品隔热性能更好，形成隔热层且无有害气体产生。因此，建筑石膏制品防火性能好。

建筑石膏制品在防火的同时自身将被破坏，而且石膏制品不宜长期用于靠近65 ℃以上高温部位，以免二水石膏在此温度作用下失去结晶水，从而失去强度。

5）可加工性好

建筑石膏硬化后具有良好的可加工性能，如可钉、可锯和可刨等，因此施工方便。

2. 建筑石膏的应用

（1）可配制成石膏腻子、砂浆和涂料，用于内墙的刮腻子、抹砂浆和刷涂料。

（2）可生产墙体材料，如纸面石膏板、石膏空心板、纤维石膏板及石膏砌块等，均可用于内墙和隔墙，有些石膏板也可用做吊顶材料。

（3）可生产装饰石膏板、绝热板和吸声板等，用于室内装饰或作为内墙的内保温材料和吸声材料。

3. 建筑石膏的储存

建筑石膏在运输及储存时应注意防潮，一般储存 3 个月后，强度将降低 30% 左右。所以，储存期超过 3 个月的建筑石膏应重新进行质量检验，以确定其等级。

三、水玻璃

水玻璃俗称泡花碱，属于气硬性胶凝材料，是一种能溶于水的硅酸盐。它是由不同比例的碱金属氧化物和二氧化硅结合而成的，建筑工程中常用的是硅酸钠水玻璃（$Na_2O \cdot nSiO_2$）。

（一）水玻璃的生产

水玻璃的生产方法有湿法和干法两种。湿法是将石英砂加入氢氧化钠溶液中，进行蒸压使其直接反应生成液态水玻璃；干法是把石英砂和碳酸钠按比例混合磨细，在 1 300～1 400 ℃高温的熔炉内熔化，生成固态水玻璃。

水玻璃的模数是指硅酸钠中氧化硅和氧化钠的分子数之比，一般为 1.5～3.5。固体水玻璃在水中溶解的难易随模数而定，模数为 1 时能溶解于常温的水中，模数加大，则只能在热水中溶解；当模数大于 3 时，要在 4 个大气压以上的蒸汽中才能溶解于水。低模数水玻璃的晶体组分较多，黏结能力较差。模数越高，胶体组分相对增多，黏结能力、强度、耐酸性和耐热性越高，但难溶于水，不易稀释，不便于施工。

建筑工程中常用的为液态水玻璃，其模数为 2.6～2.8。液态水玻璃由于含有不同杂质，会呈现青灰色、绿色或微黄色，无色透明的最好。液态水玻璃可与水按任意比例混合。同一模数的液态水玻璃，其浓度越高，则密度越大，黏结力越强。

（二）水玻璃的硬化

水玻璃在空气中吸收二氧化碳，生成无定型硅酸凝胶，因干燥而逐渐硬化。反应式如下

$$Na_2O \cdot nSiO_2 + CO_2 + mH_2O = nSiO_2 \cdot mH_2O + Na_2CO_3$$

水玻璃的硬化过程十分缓慢。为了加速水玻璃的硬化，常加入适量的氟硅酸钠作为促硬剂以加速无定形硅酸凝胶的析出。反应式如下

$$2(Na_2O \cdot nSiO_2) + Na_2SiF_6 + mH_2O = 6NaF + (2n+1)SiO_2 \cdot mH_2O$$

氟硅酸钠的适宜掺量为水玻璃质量的 13% ~15%。若掺量过少，则使硬化速度缓慢，强度降低；掺量过多，会引起凝结速度过快，不便于施工，而且强度和抗渗性均降低。

（三）水玻璃的性质与应用

水玻璃有良好的黏结能力，硬化时析出的硅酸凝胶有堵塞毛细孔隙而防止水渗透的作用。水玻璃不燃烧，在高温下硅酸凝胶干燥得更加强烈，强度不降甚至有所增加。水玻璃具有很好的耐酸性能，能抵抗大多数无机酸和有机酸的作用。水玻璃在建筑工程中主要用于如下方面。

1. 涂刷材料表面，提高抗风化性能

用水玻璃浸渍或涂刷多孔材料表面，可提高其密实度、强度、耐水性和抗风化性能，如涂刷硅酸盐制品、混凝土和砖等具有良好的效果。

2. 配制耐酸和耐热砂浆和混凝土

以水玻璃为胶凝材料，与耐酸骨料可配制成耐酸砂浆和混凝土，应用于耐酸工程中；在水玻璃中加入耐热骨料可配制成耐热砂浆和混凝土，长期在高温条件下，强度也不降低。

3. 配制防水剂

以水玻璃为基料，掺入适量的两种、三种或四种矾配制成两矾、三矾或四矾防水剂。如在配制四矾防水剂时，先将明矾（钾铝矾）、蓝矾（硫酸铜）、红矾（重铬酸钾）和紫矾（铬矾）各一份加入 60 份 100 ℃水中溶解，然后将四矾水溶液放入 400 份水玻璃水溶液中，搅拌均匀即可。四矾防水剂在 1 min 内凝结，如将四矾防水剂与水泥浆混合，可用于堵塞漏洞、裂缝和局部抢修。因为凝结过快，不宜用于调配防水砂浆。

4. 加固地基

将模数为 2.5 ~3 的液态水玻璃和氯化钙溶液交替压入地基，两种溶液发生化学反应如下

$$Na_2O \cdot nSiO_2 + CaCl_2 + xH_2O \longrightarrow 2NaCl + nSiO_2 \cdot (x-1)H_2O + Ca(OH)_2$$

产物中的硅酸胶体将土壤颗粒包裹并填充其孔隙；它是一种吸水膨胀的冻状凝胶，可因吸收地下水而经常处于膨胀状态，阻止水分的渗透和使土壤固结。产物中的氢氧化钙也可与氯化钙反应生成氧氯化钙，同样也起胶结和填充孔隙的作用。

四、镁质胶凝材料

镁质胶凝材料的主要化学成分为氧化镁，是一种白色或浅黄色粉末，又称菱苦土。它是一种气硬性胶凝材料，其原材料有天然菱镁矿、蛇纹石或者从海水中提炼的菱苦土等。菱苦土的生产与石灰相近，原料中的碳酸镁经高温（750 ~850 ℃）煅烧生成氧化镁。火候适当的菱苦土密度为 3.1 ~3.4 g/cm^3，堆积密度一般为 800 ~900 kg/m^3。

（一）菱苦土的水化及特性

菱苦土直接加水拌和，生成氢氧化镁，松散无胶结能力。常用制备好的氯化镁、硫酸镁、氯化铁或硫酸亚铁等溶液拌和，其中效果最好的是氯化镁溶液。采用氯化镁溶液拌和菱苦土时，凝结硬化快，硬化后强度可达 40～60 MPa，常称为氯氧镁水泥。

硬化后的菱苦土具有一定强度；吸湿性强、耐水性差；硬化过程中体积微膨胀；硬化后呈弱碱性，对钢筋有腐蚀作用。

（二）菱苦土的应用

1. 地面材料

用菱苦土、木屑、滑石粉和石英砂等制作的地面，具有隔热、防火、无噪声、防爆及一定弹性等特点。

2. 制作平瓦、波瓦等

以玻璃纤维为加筋材料，可制成抗折强度高的玻纤波形瓦。掺入适量的粉煤灰、沸石粉等改性材料，并经过防水处理，可制成氯氧镁水泥平瓦、波瓦等。

3. 刨花板

将刨花、亚麻或其他木质纤维材料与菱苦土混合后，压制成平板，主要用于墙的复合板、隔板、屋面板等。

菱苦土运输和储存时应避光和免于受潮，并不可久存。

第三节　通用硅酸盐水泥

水泥是国民经济建设的重要材料之一，是制造混凝土、钢筋混凝土、预应力混凝土构件的最基本组成材料。水泥品种非常多，按其组成成分分类，可分为硅酸盐类水泥、铝酸盐类水泥、硫铝酸盐类水泥和铁铝酸盐类水泥等。水泥按其性能及用途可分为通用水泥、专用水泥和特性水泥三类。土木工程中最常用的是通用硅酸盐水泥。国家标准《通用硅酸盐水泥》（GB 175—2007）对其定义、分类、组分与材料、技术要求和试验方法等作出了相关的规定。

一、通用硅酸盐水泥的定义、分类及生产概况

（一）定义

通用硅酸盐水泥是指以硅酸盐水泥熟料和适量的石膏及规定的混合材料制成的水硬性胶凝材料。

（二）分类

通用硅酸盐水泥按混合材料的品种和掺量分为硅酸盐水泥、普通硅酸盐水泥、矿渣硅酸盐水泥、火山灰质硅酸盐水泥、粉煤灰硅酸盐水泥和复合硅酸盐水泥六种。各品种的组分和代号应符合表 3-5 的规定。

表 3-5　通用硅酸盐水泥的代号和组分

品种	代号	组分(质量百分数)(%)				
		熟料+石膏	粒化高炉矿渣	火山灰	粉煤灰	石灰石
硅酸盐水泥	P·Ⅰ	100	—	—	—	—
	P·Ⅱ	≥95	≤5	—	—	—
		≥95	—	—	—	≤5
普通硅酸盐水泥	P·O	≥80 且<95	>5 且≤20①			—
矿渣硅酸盐水泥	P·S·A	≥50 且<80	>20 且≤50②	—	—	—
	P·S·B	≥30 且<50②	>50 且≤70②	—	—	—
火山灰质硅酸盐水泥	P·P	≥60 且<80	—	>20 且≤40③	—	—
粉煤灰硅酸盐水泥	P·F	≥60 且<80	—	—	>20 且≤40④	—
复合硅酸盐水泥	P·C	≥50 且<80	>20 且≤50⑤			

注：①本组分材料为符合标准的活性混合材料，其中允许用不超过水泥质量 8% 且符合标准的非活性混合材料或不超过水泥质量 5% 且符合标准的窑灰代替。

②本组分材料为符合 GB/T 203 或 GB/T 18046 的活性混合材料，其中允许用不超过水泥质量 8% 且符合标准的活性混合材料或非活性混合材料或窑灰中的任一种材料代替。

③本组分材料为符合 GB/T 2847 的活性混合材料。

④本组分材料为符合 GB/T 1596 的活性混合材料。

⑤本组分材料为由两种(含两种)以上符合标准的活性混合材料或/和符合标准的非活性混合材料组成，其中允许用不超过水泥质量 8% 且符合标准的窑灰代替。掺矿渣时混合材料掺量不得与矿渣硅酸盐水泥重复。

(三)生产概况

1. 通用硅酸盐水泥的生产原料

生产通用硅酸盐水泥的原料主要是石灰质原料和黏土质原料两类。石灰质原料(如石灰石、白垩、石灰质凝灰岩等)主要提供 CaO；黏土质原料(如黏土、黏土质页岩、黄土等)主要提供 SiO_2、Al_2O_3 及少量的 Fe_2O_3。有时以上两种原料的化学组成不能满足要求，还要加入少量校正原料(如铁矿粉、黄铁矿渣、砂岩等)进行调整。

2. 通用硅酸盐水泥的生产工艺

通用硅酸盐水泥的生产工艺可以概括为“两磨一烧”，即水泥生料的配料与磨细；将生料煅烧使之部分熔融形成熟料；将熟料与适量石膏共同磨细，可制得Ⅰ型硅酸盐水泥；熟料加入石膏和不同种类的混合材料粉磨，可制得不同品种的其他通用硅酸盐水泥。其生产工艺流程如图 3-1 所示。

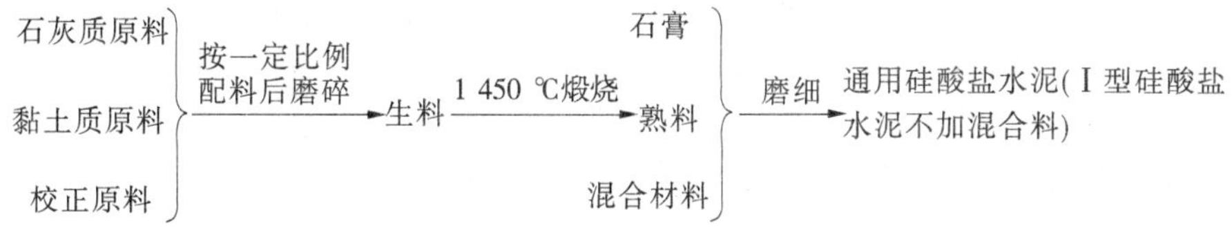

图 3-1　通用硅酸盐水泥的生产工艺流程

二、通用硅酸盐水泥的组成材料

(一)硅酸盐水泥熟料

硅酸盐水泥熟料的主要化学成分是由石灰质原料来的氧化钙(CaO),由黏土质原料来的氧化硅(SiO_2)、氧化铝(Al_2O_3)和氧化铁(Fe_2O_3)。经过高温煅烧后,以上四种化学成分化合为熟料中的主要矿物组成:硅酸三钙($3CaO \cdot SiO_2$,简式为 C_3S)、硅酸二钙($2CaO \cdot SiO_2$,简式为 C_2S)、铝酸三钙($3CaO \cdot Al_2O_3$,简式为 C_3A)和铁铝酸四钙($4CaO \cdot Al_2O_3 \cdot Fe_2O_3$,简式为 C_4AF)。

硅酸盐水泥熟料的矿物组成和含量范围如表 3-6 所示。其中硅酸三钙和硅酸二钙的总含量在 70% 以上,铝酸三钙和铁铝酸四钙的含量在 25% 左右。除主要熟料矿物外,硅酸盐水泥熟料中还含有少量的游离氧化钙、游离氧化镁和碱等,它们的总含量一般不超过水泥质量的 10%。

表 3-6　硅酸盐水泥熟料的矿物组成和含量范围

矿物组成	化学组成	常用缩写	含量(%)	矿物组成	化学组成	常用缩写	含量(%)
硅酸三钙	$3CaO \cdot SiO_2$	C_3S	37 ~ 60	铝酸三钙	$3CaO \cdot Al_2O_3$	C_3A	7 ~ 15
硅酸二钙	$2CaO \cdot SiO_2$	C_2S	15 ~ 37	铁铝酸四钙	$4CaO \cdot Al_2O_3 \cdot Fe_2O_3$	C_4AF	10 ~ 18

(二)石膏

(1)天然石膏:符合 GB/T 5483 中规定的 G 类或 M 类二级(含二级)以上的石膏或混合石膏。

(2)工业副产石膏:以硫酸钙为主要成分的工业副产物。采用前应经过试验证明对水泥性能无害。

(三)混合材料

在生产水泥时掺入的天然或人工的矿物质材料称为混合材料,其中有天然岩矿和工业废渣。在水泥熟料中掺加一定数量的混合材料,目的是改善水泥的某些性能、调节水泥的强度等级、节约水泥熟料、提高水泥产量、降低水泥成本、利用工业废渣等。

混合材料按其性能不同,可分为活性混合材料和非活性混合材料两大类,其中以活性混合材料用量最大。近年来也采用兼具有活性和非活性的窑灰。

1. 活性混合材料

所谓活性混合材料是指这类材料磨成粉末后,与石灰、石膏或硅酸盐水泥加水拌和后能发生水化反应,在常温下能生成具有水硬性的胶凝物质。符合 GB/T 203、GB/T 18046、

GB/T 1596、GB/T 2847 标准要求的粒化高炉矿渣、粒化高炉矿渣粉、粉煤灰、火山灰质混合材料都属于活性混合材料。

1）粒化高炉矿渣

粒化高炉矿渣是在高炉冶炼生铁时，为了使铁矿石易于熔融，常加入一定量的石灰石作为助熔剂。在高温下石灰石分解出的氧化钙与铁矿石中的黏土质废渣化合，生成含有硅酸盐和铝酸盐的熔融矿渣，浮在铁水的表面，这些矿渣经骤冷处理，可成为质地疏松、多孔的细小颗粒，称为粒化高炉矿渣。粒化高炉矿渣的主要化学成分为 SiO_2、Al_2O_3 和 CaO，大约占 90% 以上，另外还有少量的 MgO 和 Fe_2O_3 及其他杂质。

2）粉煤灰

粉煤灰是火力发电厂以煤粉作燃料，煤粉在锅炉中燃烧后，由收尘器从烟气中收集的灰分，它属于火山灰质混合材料的一种，为密实球形玻璃质结构，其化学成分主要是活性 SiO_2 和活性 Al_2O_3，其性质与火山灰质混合材料基本相同。

3）火山灰质混合材料

凡天然或人工的以氧化硅、氧化铝为主要成分的物质材料，本身磨细加水拌和并不硬化，但与气硬性的石灰混合后，再加水拌和，则不但能在空气中硬化，而且能在水中继续硬化的，称为火山灰质混合材料。

天然的火山灰质混合材料有火山灰、凝灰岩、浮石、沸石岩、硅藻土和硅藻石等；人工的火山灰质混合材料有烧黏土、煤矸石、粉煤灰、煤渣、页岩灰、硅质渣等。火山灰质混合材料按其活性成分及组成结构，又可分为含水硅酸质、火山玻璃质和烧黏土质混合材料。

2. 非活性混合材料

凡不具有活性或活性很低的人工或天然的矿物质材料，磨成细粉后与石灰、石膏或硅酸盐水泥加水拌和后，不能或很少生成水硬性胶凝物质的材料，称为非活性混合材料。掺加非活性混合材料的目的主要是起填充作用、增加水泥产量、降低水泥强度等级、降低水泥成本和水化热、调节水泥的某些性质等。

常用的非活性混合材料有：活性指标分别低于 GB/T 203、GB/T 18046、GB/T 1596、GB/T 2847 标准要求的粒化高炉矿渣、粒化高炉矿渣粉、粉煤灰、火山灰质混合材料；石灰石和砂岩，其中石灰石中的 Al_2O_3 含量应不大于 2.5%。

3. 窑灰

窑灰是从水泥回转窑窑尾废气中收集的粉尘，应符合 JC/T 742 的规定。窑灰的性能介于活性混合材料与非活性混合材料之间，主要组成物质是碳酸钙、脱水黏土、玻璃态物质、氧化钙，另外还有少量的熟料矿物和石膏等。

（四）助磨剂

水泥粉磨时允许加入助磨剂，其加入量应不超过水泥质量的 0.5%，助磨剂应符合 JC/T 667 的规定。

三、通用硅酸盐水泥的技术要求

（一）化学指标

通用硅酸盐水泥的化学指标应符合表 3-7 的规定。

表 3-7　通用硅酸盐水泥的化学指标

<table>
<tr><th rowspan="2">品种</th><th rowspan="2">代号</th><th colspan="5">化学指标(质量百分数)(%)</th></tr>
<tr><th>不溶物</th><th>烧失量</th><th>三氧化硫</th><th>氧化镁</th><th>氯离子</th></tr>
<tr><td rowspan="2">硅酸盐水泥</td><td>P·Ⅰ</td><td>≤0.75</td><td>≤3.0</td><td rowspan="3">≤3.5</td><td rowspan="3">≤5.0①</td><td rowspan="8">≤0.06③</td></tr>
<tr><td>P·Ⅱ</td><td>≤1.50</td><td>≤3.5</td></tr>
<tr><td>普通硅酸盐水泥</td><td>P·O</td><td>—</td><td>≤5.0</td></tr>
<tr><td rowspan="2">矿渣硅酸盐水泥</td><td>P·S·A</td><td>—</td><td>—</td><td rowspan="2">≤4.0</td><td>≤6.0②</td></tr>
<tr><td>P·S·B</td><td>—</td><td>—</td><td>—</td></tr>
<tr><td>火山灰质硅酸盐水泥</td><td>P·P</td><td>—</td><td>—</td><td rowspan="3">≤3.5</td><td rowspan="3">≤6.0②</td></tr>
<tr><td>粉煤灰硅酸盐水泥</td><td>P·F</td><td>—</td><td>—</td></tr>
<tr><td>复合硅酸盐水泥</td><td>P·C</td><td>—</td><td>—</td></tr>
</table>

注：①如果水泥压蒸试验合格，则水泥中氧化镁的含量(质量百分数)允许放宽至6.0%。

②如果水泥中氧化镁的含量(质量百分数)大于6.0%，需进行水泥压蒸安定性试验并合格。

③当有更低要求时，该指标由买卖双方确定。

(二)碱含量(选择性指标)

碱含量是指水泥中氧化钠(Na_2O)和氧化钾(K_2O)的含量。近些年来，在混凝土施工中发现了许多碱－骨料反应，即水泥中的碱和骨料中的活性二氧化硅反应，生成膨胀性的碱硅酸盐凝胶，导致混凝土开裂。因此，当使用活性骨料时，要使用低碱水泥。水泥中碱含量按 $Na_2O + 0.658K_2O$ 计算值表示。若使用活性骨料，用户要求提供低碱水泥时，水泥中的碱含量应不大于0.60%或由买卖双方协商确定。

(三)物理指标

1.凝结时间

凝结时间是水泥从加水开始，到水泥浆失去可塑性所需的时间。凝结时间分为初凝时间和终凝时间。初凝时间是从水泥加水到水泥浆开始失去塑性的时间；终凝时间是从水泥加水到水泥浆完全失去塑性的时间。

国家标准规定，水泥凝结时间用凝结时间测定仪进行测定。试样用标准稠度水泥净浆，试验温度控制在(20±3)℃，湿度>90%。硅酸盐水泥的初凝时间不小于45 min，终凝时间不大于390 min。普通硅酸盐水泥、矿渣硅酸盐水泥、火山灰质硅酸盐水泥、粉煤灰硅酸盐水泥和复合硅酸盐水泥的初凝时间不小于45 min，终凝时间不大于600 min。

水泥的凝结时间在施工中具有重要意义。初凝不宜过快是为了保证有足够的时间在初凝之前完成混凝土成型等各工序的操作；终凝不宜过迟是为了使混凝土在浇筑完毕后能尽早完成凝结硬化，以利于下一道工序及早进行。

2. 安定性

水泥的安定性是指水泥在凝结硬化过程中体积变化的均匀性。如果水泥在凝结硬化过程中产生体积均匀变化，则其安定性合格，否则为安定性不良。水泥安定性不良，会使水泥制品、混凝土构件产生膨胀性裂缝，影响工程质量，甚至引起严重的工程事故。

引起水泥安定性不良的原因有三个：

(1)熟料中游离氧化钙过多。水泥熟料中含有游离氧化钙，其中部分过烧的氧化钙在水泥凝结硬化后，会缓慢与水生成 $Ca(OH)_2$。该反应体积膨胀，使水泥石发生不均匀体积变化。

(2)熟料中游离氧化镁过多。水泥中的氧化镁在水泥凝结硬化后，会与水生成 $Mg(OH)_2$。该反应比过烧的氧化钙与水的反应更加缓慢，且体积膨胀，会在水泥硬化几个月后导致水泥石开裂。

(3)石膏掺量过多。当石膏掺量过多时，水泥硬化后，在有水存在的情况下，石膏会继续与固态的水化铝酸钙反应生成高硫型水化硫铝酸钙(即钙矾石)，体积约增大 1.5 倍，引起水泥石开裂。

国家标准规定，水泥的安定性可采用沸煮法检验。沸煮法又包括试饼法和雷氏法两种。试饼法是将标准稠度的水泥净浆做成试饼，在水中沸煮 3 h，用肉眼观察其表面是否有裂纹，用直尺检查是否有翘曲现象，两者均无的水泥称为安定性合格。雷氏法是测定水泥浆在雷氏夹中沸煮硬化后的膨胀值，其膨胀量在规定值内的为安定性合格。当试饼法和雷氏法两者结论有矛盾时，以雷氏法结论为准。

沸煮法只能检验水泥熟料中游离氧化钙过多的情况，而对游离氧化镁、石膏过量不适用。国家标准规定，在水泥生产中要严格控制游离氧化镁和石膏的含量，其中氧化镁和三氧化硫的含量在化学指标中已作定量限制。

3. 强度

水泥的强度是指水泥胶结能力的大小，这是评价水泥质量的重要指标，也是划分水泥强度等级的依据。

国家标准《水泥胶砂强度检验方法(ISO 法)》(GB/T 17671—1999)规定采用软练胶砂法测定水泥强度。该方法是由按质量计的一份水泥、三份中国 ISO 标准砂，用 0.50 的水灰比拌制的一组塑性胶砂，制成 40 mm × 40 mm × 160 mm 的试件，将试件连模一起在湿润条件下养护 24 h，脱模后在标准温度((20 ± 1)℃)的水中养护，分别测定 3 d 和 28 d 的抗压强度和抗折强度，根据测定结果对照国家标准，确定硅酸盐水泥的强度等级。

各类、各强度等级水泥的各龄期强度应不低于表 3-8 的数值，其中代号 R 表示早强型水泥。

4. 细度(选择性指标)

水泥的细度是指水泥颗粒的粗细程度，它直接影响水泥的性能和使用。水泥颗粒越细，水泥与水接触面积越大，水化越充分，水化速度越快。所以，相同矿物组成的水泥，其细度愈大，早期强度愈高，凝结速度愈快，析水量愈少。

试验研究表明，水泥颗粒粒径在 45 μm 以下，才能充分水化，在 75 μm 以上，水化则不 完全。水泥细度提高，可使水泥混凝土的强度提高，工作性能得到改善，但在空气中的

表3-8　通用硅酸盐水泥的强度指标　（单位：MPa）

品种	强度等级	抗压强度		抗折强度	
		3 d	28 d	3 d	28 d
硅酸盐水泥	42.5	17.0	42.5	3.5	6.5
	42.5R	22.0		4.0	
	52.5	23.0	52.5	4.0	7.0
	52.5R	27.0		5.0	
	62.5	28.0	62.5	5.0	8.0
	62.5R	32.0		5.5	
普通硅酸盐水泥	42.5	17.0	42.5	3.5	6.5
	42.5R	22.0		4.0	
	52.5	23.0	52.5	4.0	7.0
	52.5R	27.0		5.0	
矿渣硅酸盐水泥、火山灰质硅酸盐水泥、粉煤灰硅酸盐水泥、复合硅酸盐水泥	32.5	10.0	32.5	2.5	5.5
	32.5R	15.0		3.5	
	42.5	15.0	42.5	3.5	6.5
	42.5R	19.0		4.0	
	52.5	21.0	52.5	4.0	7.0
	52.5R	23.0		4.5	

硬化收缩性增大，使混凝土发生裂缝的可能性增加。此外，细度提高导致粉磨能耗增加，成本提高。

硅酸盐水泥和普通硅酸盐水泥的细度以比表面积表示，其比表面积不小于300 m^2/kg；矿渣硅酸盐水泥、火山灰质硅酸盐水泥、粉煤灰硅酸盐水泥和复合硅酸盐水泥的细度以筛余表示，其80 μm方孔筛筛余不大于10%或45 μm方孔筛筛余不大于30%。

5. 水泥的水化热

水泥与水接触发生水化反应时所放出的热量，称为水泥的水化热。水泥的大部分水化热在凝结硬化的初期放出，如硅酸盐水泥，1～3 d龄期内水化放热量为总热量的50%，7 d龄期为75%，6个月为83%～91%。水化热的大小和释放速率主要取决于水泥熟料的矿物组成、混合材料的种类和数量、水泥的细度、外加剂的种类、养护条件等因素。一般水泥强度等级高，水化热大；水泥颗粒细，水化速度快；掺速凝剂时，其早期水化热多。

冬季施工，水化热有利于水泥的正常凝结硬化，防止产生冻害；而大体积混凝土施工，高水化热是不利的，容易产生温度应力裂缝。

6. 密度与堆积密度

硅酸盐水泥的密度一般为3.1～3.2 g/cm^3，普通硅酸盐水泥、复合硅酸盐水泥略低，矿渣硅酸盐水泥为 2.8 ~ 3.0 g/cm^3，火山灰质硅酸盐水泥、粉煤灰硅酸盐水泥为 2.7 ~ 2.9 g/cm^3。水泥堆积密度除与矿物组成、细度有关外，主要取决于堆积的紧密程度。一般堆积密度为 900 ~ 1 200 kg/m^3，紧密状态下可达 1 600 kg/m^3。

水泥的密度、堆积密度是比较重要的两个物理指标，在进行混凝土、砂浆配合比设计和水泥储运时都必须用到。

四、通用硅酸盐水泥的水化、凝结硬化与性能

水泥与水发生的反应称为水泥的水化。通用硅酸盐水泥的水化过程及水化产物相当复杂，各种熟料矿物水化以及与混合材料的水化互有影响。

（一）硅酸盐水泥的水化

在硅酸盐水泥的水化过程中，就目前的认识，铝酸三钙立即发生水化反应，而后是硅酸三钙和铁铝酸四钙也很快水化，硅酸二钙水化最慢，生成了水化产物，并放出热量。水泥熟料单矿物水化反应式如下

$$2(3CaO \cdot SiO_2) + 6H_2O = 3CaO \cdot 2SiO_2 \cdot 3H_2O + 3Ca(OH)_2$$

$$2(2CaO \cdot SiO_2) + 4H_2O = 3CaO \cdot 2SiO_2 \cdot 3H_2O + Ca(OH)_2$$

$$3CaO \cdot Al_2O_3 + 6H_2O = 3CaO \cdot Al_2O_3 \cdot 6H_2O$$

$$4CaO \cdot Al_2O_3 \cdot Fe_2O_3 + 7H_2O = 3CaO \cdot Al_2O_3 \cdot 6H_2O + CaO \cdot Fe_2O_3 \cdot H_2O$$

水泥熟料矿物中，硅酸三钙和硅酸二钙水化产物为水化硅酸钙和氢氧化钙，水化硅酸钙不溶于水，以胶粒析出，逐渐凝聚成凝胶体（C－S－H 凝胶），氢氧化钙在溶液中很快达到饱和，以晶体析出；铝酸三钙和铁铝酸四钙水化后生成水化铝酸三钙和水化铁酸钙，水化铝酸三钙以晶体析出，水化铁酸钙以胶粒析出，而后凝聚成凝胶。

由于在硅酸盐水泥熟料中掺入了适量石膏，石膏与水化铝酸三钙反应生成了高硫型的水化硫铝酸钙（$3CaO \cdot Al_2O_3 \cdot 3CaSO_4 \cdot 31H_2O$），以针状晶体析出，也称为钙矾石。当石膏耗尽后，部分高硫型的水化硫铝酸钙晶体转化为低硫型的水化硫铝酸钙晶体（$3CaO \cdot Al_2O_3 \cdot CaSO_4 \cdot 12H_2O$）。水泥中掺入适量石膏，与铝酸三钙起反应，调节凝结时间，如不掺入石膏或石膏掺量不足，水泥会发生瞬凝现象。

各种水泥熟料矿物的水化特性见表 3-9。

表 3-9　水泥熟料矿物的水化特性

性能	硅酸三钙（C_3S）	硅酸二钙（C_2S）	铝酸三钙（C_3A）	铁铝酸四钙（C_4AF）
水化、硬化速度	快	慢	最快	快
28 d 水化热	高	低	最高	中
强度	高	早期低，后期高	低	低
耐化学侵蚀性	中	良	差	优
干缩性	中	小	大	小

由表3-9可知，水泥中各熟料矿物的含量决定着水泥某一方面的性能，当改变各熟料矿物的含量时，水泥性质即发生相应的变化。例如，提高熟料中C_3S的含量，可以制得强度较高的水泥；减少C_3A和C_3S的含量，而提高C_2S的含量，可以制得水化热低的水泥。

综上所述，硅酸盐水泥与水作用后，生成的主要水化产物有水化硅酸钙、水化铁酸钙凝胶体，氢氧化钙、水化铝酸三钙和水化硫铝酸钙晶体。在完全水化的水泥石中，水化硅酸钙凝胶约占70%，氢氧化钙晶体约占20%，高硫型水化硫铝酸钙和低硫型水化硫铝酸钙晶体约占7%。

（二）硅酸盐水泥的凝结硬化

水泥用适量的水调和后，最初形成具有可塑性的浆体，随着时间的延长，水泥浆逐渐变稠失去塑性，但尚不具有强度的过程，称为水泥的“凝结”。随后产生明显的强度并逐渐发展成为坚硬的水泥石，此过程称为水泥的“硬化”。水泥的凝结硬化是人为地划分的，实际上是一个连续而复杂的物理化学变化过程。

水泥浆体由可塑态，逐渐失去塑性，进而硬化产生强度，这样一个物理化学变化过程，从物态变化可分为四个阶段（即初始反应期、潜伏期、凝结期和硬化期）来描述。

水泥加水拌和，未水化的水泥颗粒分散在水中，成为水泥浆体（见图3-2(a)）。水泥颗粒的水化从其表面开始，水和水泥一接触，水泥颗粒表面的水泥熟料先溶解于水，然后立即与水开始反应，或水泥熟料在固态直接与水反应，形成相应的水化物，水化物溶解于水。由于各种水化物的溶解度很小，水化物的生成速度大于水化物向溶液中扩散的速度，一般在几分钟内，水泥颗粒周围的溶液成为水化物的过饱和溶液，先后析出水化硅酸钙凝胶，水化硫铝酸钙、氢氧化钙和水化铝酸三钙晶体等水化产物，包在水泥颗粒的表面。在水化初期，水化物不多，包有水化物膜层的水泥颗粒之间还是分离的，因此水泥浆具有可塑性（见图3-2(b)）。

水泥颗粒不断水化，随着水化时间的延长，新生水化物增多，使包在水泥颗粒表面的水化物膜层逐渐增厚，颗粒间的空隙逐渐缩小，而包有凝胶体的水泥颗粒则逐渐接近，以至相互接触，在接触点借助于范德华力，凝结成多孔的空间网络，形成凝聚结构（见图3-2(c)）。凝聚结构的形成，使水泥浆开始失去可塑性，也就是水泥达到初凝，但此时还不具有强度。

随着以上过程的不断进行，固态的水化物不断增多，颗粒间的接触点数目不断增加，结晶体和凝胶体互相贯穿形成的凝聚——结晶网状结构不断加强。而固相颗粒之间的空隙（毛细孔）不断减小，结构逐渐紧密，使水泥浆体完全失去可塑性，此时称为水泥的终凝，由此开始进入硬化阶段（见图3-2(d)）。

水泥的水化与凝结硬化是从水泥颗粒表面开始进行的，逐渐深入到水泥的内核。初始的水化速度较快，水化产物增长较快，水泥石的强度提高也快。由于水化产物增多，堆积在水泥颗粒周围，水分渗入水泥颗粒内部的速度和数量大大减小，水化速度也随之大为降低，多数水泥颗粒内核很难完全水化。因此，硬化的水泥石是由水化产物（凝胶体和晶体）、未水化的水泥颗粒内核、水（自由水和吸附水）和孔隙（毛细孔和凝胶孔）组成的非均质体。

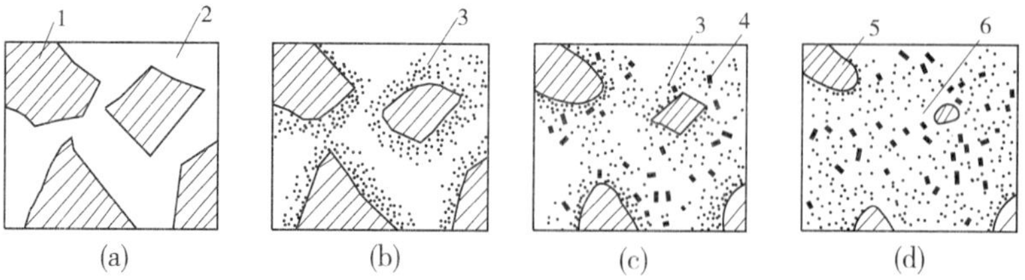

(a)分散在水中未水化的水泥颗粒;(b)在水泥颗粒表面形成水化产物膜层;
(c)膜层增厚并互相连接;(d)水化产物进一步增多,填充毛细孔隙

1—水泥颗粒;2—水;3—凝胶;4—晶体;5—未水化的水泥颗粒内核;6—毛细孔

图 3-2　水泥凝结硬化过程示意图

(三)影响水泥凝结硬化的因素

水泥的凝结硬化过程,也就是水泥强度发展的过程。为了正确使用水泥,并能在生产中采取有效措施调节水泥的性能,必须了解水泥凝结硬化的影响因素。影响水泥凝结硬化的因素,除矿物成分、细度、用水量外,还有养护时间、环境的温湿度以及石膏掺量等。

1. 水泥矿物成分的影响

水泥的矿物组成成分及各组分的比例,是影响水泥凝结硬化的最主要因素。如前面所述,不同矿物成分单独和水反应时,所表现出来的特点是不同的。如水泥中提高 C_3A 的含量,将使水泥的凝结硬化加快,同时水化热加大。一般来讲,若在水泥熟料中掺加混合材料,将使水泥的抗侵蚀性提高,水化热降低,早期强度降低。

2. 水泥细度的影响

水泥颗粒的粗细直接影响水泥的水化、凝结硬化、强度增长及水化热等。这是因为水泥颗粒越细,其总表面积越大,与水的接触面积也越多,因此水化迅速,凝结硬化也相应加快,早期强度较高。但是,水泥颗粒如果过细,易与空气中的水分及二氧化碳反应,致使水泥不宜久存,过细的水泥硬化时产生的收缩也较大,水泥磨得越细,消耗能量越多,成本也越高。

3. 石膏掺量的影响

石膏称为水泥的缓凝剂,主要用于调节水泥的凝结时间,是生产水泥不可缺少的组分。水泥熟料在不加入石膏的情况下,与水拌和会立即产生凝结,同时放出热量。其主要原因是熟料中 C_3A 很快溶于水中,生成一种具有促凝作用的铝酸钙水化物,使水泥不能正常使用。

石膏起缓凝作用的机理是:水泥在水化时,石膏很快与 C_3A 作用产生很难溶于水的水化硫铝酸钙(钙矾石),它沉淀在水泥颗粒表面形成保护膜,从而阻碍了 C_3A 的水化反应并延缓了水泥的凝结时间。

石膏的掺量太少,缓凝效果不显著,过多掺入石膏,其本身会生成一种促凝物质,反而使水泥产生快凝。适宜的石膏掺量,主要取决于水泥中 C_3A 的含量和石膏中 SO_3 的含量,同时也与水泥细度及熟料中 SO_3 的含量有关。石膏掺量一般为水泥质量的 3% ~ 5%,具体掺量应通过试验确定。若水泥中石膏掺量超过规定的限量,会引起水泥强度的降低,严重时会引起水泥安定性不良,使水泥石产生膨胀性破坏。

4. 养护条件的影响

养护环境有足够的温度和湿度，有利于水泥的水化和凝结硬化过程，从而有利于水泥的早期强度发展。如果环境十分干燥，水泥中的水分蒸发迅速，会导致水泥不能充分水化，同时硬化也将停止，严重时会使水泥石发生裂缝。通常，养护时温度升高，水泥的水化速度加快，早期强度发展也快。若在较低的温度（>0 ℃）下硬化，虽强度发展较慢，但其最终强度不受影响。当温度低于0 ℃时，水泥的水化反应停止，强度不但不会增长，甚至会因水结冰而导致水泥石结构破坏。

5. 养护龄期的影响

水泥的水化、凝结硬化是一个较长时期内不断进行的过程，随着水泥颗粒内各熟料矿物水化程度的提高，凝胶体不断增加，毛细孔不断减少，使水泥石的强度随龄期增长而增加。实践证明，水泥一般在7 d内的强度发展最快，28 d内的强度发展较快，28 d以后增长缓慢。

6. 拌和用水量的影响

在水泥用量不变的情况下，增加拌和用水量，会增加硬化水泥石中的毛细孔，降低水泥石的强度，同时延长水泥的凝结时间。所以，在实际工程中，水泥混凝土调整其流动性大小时，应在不改变水灰比的情况下，增减水泥浆的用量。为了保证混凝土的耐久性，还规定了最大水灰比和最小水泥用量。

7. 外加剂的影响

硅酸盐水泥的水化、凝结硬化受 C_3S、C_3A 的制约，凡对 C_3S 和 C_3A 的水化能产生影响的外加剂，都能改变硅酸盐水泥的水化、凝结硬化性能。如加入适量促凝剂（$CaCl_2$、Na_2SO_4 等）就能促进水泥的水化、凝结硬化，提高早期强度。相反，掺加缓凝剂（如木钙、糖蜜类等）就会延缓水泥的水化、凝结硬化，影响水泥早期强度的发展。

（四）硅酸盐水泥的特性与应用

硅酸盐水泥的特性与其应用是相适应的，硅酸盐水泥具有以下特性。

1. 凝结硬化快，强度高

由于硅酸盐水泥熟料中硅酸三钙和铝酸三钙含量高，所以硅酸盐水泥凝结硬化快，早期和后期强度高，主要用于重要结构的高强混凝土、预应力混凝土和有早强要求的混凝土工程。

2. 抗冻性好

由于硅酸盐水泥凝结硬化快，早期强度高，因此适用于寒冷地区和严寒地区遭受反复冻融的混凝土工程。

3. 耐磨性好

由于硅酸盐水泥强度高，因此耐磨性好，可应用于路面和机场跑道等混凝土工程中。

4. 抗碳化性能好

由于硅酸盐水泥凝结硬化后，水化产物中氢氧化钙浓度高，水泥石的碱度高，再加上硅酸盐水泥混凝土的密实度高，开始碳化生成的碳酸钙填充混凝土表面的孔隙，使混凝土表面更密实，有效地阻止了进一步碳化。

5. 耐腐蚀性差

由于硅酸盐水泥熟料中硅酸三钙和铝酸三钙含量高,其水化产物中易腐蚀的氢氧化钙和水化铝酸三钙含量高,因此耐腐蚀性差,不宜长期使用在含有侵蚀性介质(如软水、酸和盐)的环境中。

6. 水化热高

由于硅酸盐水泥熟料中硅酸三钙和铝酸三钙含量高,水化热高且释放集中,不宜用于大体积混凝土工程中。

7. 耐热性差

硅酸盐水泥混凝土在温度不高(100 ~ 250 ℃之间)时,尚存的游离水使水泥水化继续进行,混凝土的密实度进一步增加,强度有所提高。当温度高于 250 ℃时,水泥中的水化产物氢氧化钙分解为氧化钙,如遇到潮湿的环境,氧化钙熟化体积膨胀,使混凝土遭到破坏。当水泥受热温度约 300 ℃时,体积收缩,强度开始下降。温度达 700 ~ 1 000 ℃时,强度降低很多,甚至完全破坏。因此,硅酸盐水泥不宜应用于有耐热性要求的混凝土工程中。

(五)其他品种通用硅酸盐水泥的性能及应用

Ⅰ型硅酸盐水泥不掺混合材料,Ⅱ型硅酸盐水泥仅掺少于 5% 的混合材料,因此它的水化主要为硅酸盐水泥熟料及适量石膏与水发生的水化反应。普通硅酸盐水泥的混合材料掺量也相对较少,对水化影响不大,其性能与硅酸盐水泥接近。

其他品种通用硅酸盐水泥因混合材料掺量较大,硅酸盐水泥熟料先水化,即硅酸三钙和硅酸二钙与水反应会生成水化硅酸钙凝胶和氢氧化钙,其中的氢氧化钙再与混合材料中活性的 SiO_2 及 Al_2O_3 发生水化反应,称为“二次水化反应”。通常,掺入较多的混合材料会使水泥的水化速度减慢,对水泥的早期强度有影响。另外,发生的“二次水化反应”会降低水泥石中氢氧化钙的含量,对水泥性能会有较大影响。水泥中掺入不同的混合材料,因水化反应有一定差异,水泥性能会有较大的差别。其他品种通用硅酸盐水泥的性能及适用范围见表 3-10。

五、通用硅酸盐水泥的选用

以上六种通用硅酸盐水泥,广泛应用在我国混凝土及钢筋混凝土工程中。针对一些混凝土及钢筋混凝土工程,在选用水泥时,应考虑混凝土的工程结构特点及工程所处环境,在满足上述条件下尽量降低成本。关于通用硅酸盐水泥的选用可参考表 3-11。

六、水泥石的腐蚀与防止

(一)水泥石的腐蚀

通用硅酸盐水泥硬化后形成的水泥石,在正常的环境条件下,有较好的耐久性。但当水泥石长期处于有某些腐蚀性介质环境中时,会引起水泥石强度降低,严重的甚至引起混凝土的破坏,这种现象称为水泥石的腐蚀。

水泥石的腐蚀主要有软水腐蚀、酸性腐蚀、盐类腐蚀、强碱腐蚀等。

表3-10　其他品种通用硅酸盐水泥的性能及适用范围

品种	性能	适用范围	不适用范围
普通硅酸盐水泥	与硅酸盐水泥基本相同	与硅酸盐水泥基本相同	与硅酸盐水泥基本相同
矿渣硅酸盐水泥	早期强度较低,后期强度增长快;水化热低;耐腐蚀性较强;抗冻性较差;干缩性较大;抗碳化性能差;耐磨性较差;抗渗性差;耐热性好;湿热养护效果好	大体积混凝土工程;受侵蚀的混凝土;耐热混凝土;蒸汽养护的构件	有抗碳化要求的混凝土;有抗渗要求的混凝土;早强混凝土
火山灰质硅酸盐水泥	早期强度较低,后期强度增长快;水化热低;耐腐蚀性较强;抗冻性较差;干缩性较大;抗碳化性能差;耐磨性较差;抗渗性好;湿热养护效果好	大体积混凝土工程;受侵蚀的混凝土;抗渗混凝土;蒸汽养护的构件	有抗冻要求的混凝土;有抗碳化要求的混凝土;早强混凝土;干燥气候条件下的混凝土
粉煤灰硅酸盐水泥	早期强度较低,后期强度增长快;水化热低;耐腐蚀性较强;抗冻性较差;抗碳化性能差;耐磨性较差;抗渗性差;干缩性小;抗裂性好;湿热养护效果好	大体积混凝土工程;受侵蚀的混凝土;蒸汽养护的预制构件;承受荷载较迟的混凝土	有抗冻要求的混凝土;有抗碳化要求的混凝土;干燥气候条件下的混凝土;路面混凝土;早强混凝土
复合硅酸盐水泥	早期强度较低,后期强度增长快;水化热低;耐腐蚀性较强;抗冻性较差;抗碳化性能差;耐磨性较差;湿热养护效果好	大体积混凝土工程;受侵蚀的混凝土;蒸汽养护的预制构件	有抗冻要求的混凝土;有抗碳化要求的混凝土;干燥气候条件下的混凝土;路面混凝土

表 3-11　通用硅酸盐水泥的选用

混凝土工程特点及所处环境条件			优先选用	可以选用	不宜选用
普通混凝土	1	在普通气候环境中的混凝土	普通硅酸盐水泥	矿渣硅酸盐水泥 火山灰质硅酸盐水泥 粉煤灰硅酸盐水泥 复合硅酸盐水泥	
	2	在干燥环境中的混凝土	普通硅酸盐水泥	矿渣硅酸盐水泥 硅酸盐水泥	火山灰质硅酸盐水泥 粉煤灰硅酸盐水泥 复合硅酸盐水泥
	3	在高湿环境中或长期处于水中的混凝土	矿渣硅酸盐水泥	普通硅酸盐水泥 火山灰质硅酸盐水泥 粉煤灰硅酸盐水泥 复合硅酸盐水泥 硅酸盐水泥	
	4	厚大体积的混凝土	矿渣硅酸盐水泥 火山灰质硅酸盐水泥 粉煤灰硅酸盐水泥 复合硅酸盐水泥	普通硅酸盐水泥	硅酸盐水泥
有特殊要求的混凝土	1	要求快硬的混凝土	硅酸盐水泥	普通硅酸盐水泥	矿渣硅酸盐水泥 火山灰质硅酸盐水泥 粉煤灰硅酸盐水泥 复合硅酸盐水泥
	2	高强(大于 C60 等级)混凝土	硅酸盐水泥	普通硅酸盐水泥 矿渣硅酸盐水泥	火山灰质硅酸盐水泥 粉煤灰硅酸盐水泥
	3	严寒地区露天混凝土、寒冷地区处在水位升降范围内的混凝土	普通硅酸盐水泥	矿渣硅酸盐水泥 硅酸盐水泥	复合硅酸盐水泥 火山灰质硅酸盐水泥 粉煤灰硅酸盐水泥
	4	严寒地区处在水位升降范围内的混凝土	硅酸盐水泥	普通硅酸盐水泥	复合硅酸盐水泥 火山灰质硅酸盐水泥 粉煤灰硅酸盐水泥 矿渣硅酸盐水泥
	5	有抗渗要求的混凝土	普通硅酸盐水泥 火山灰质硅酸盐水泥	硅酸盐水泥 粉煤灰硅酸盐水泥	矿渣硅酸盐水泥
	6	有耐磨性要求的混凝土	硅酸盐水泥 普通硅酸盐水泥	矿渣硅酸盐水泥	火山灰质硅酸盐水泥 粉煤灰硅酸盐水泥

1. 软水腐蚀(溶出性侵蚀)

软水腐蚀又称淡水侵蚀或溶出性侵蚀。雨水、雪水、蒸馏水、工业冷凝水及含重碳酸盐很少的河水及湖水都属于软水。当水泥石长期与这些水分相接触时,水泥中的氢氧化钙最先溶出(每升水中能溶解氢氧化钙 1.3 g 以上)。在静水及无压力水作用下,由于周围的水易被溶出的氢氧化钙所饱和而使溶解作用停止,溶出仅限于结构的表面,所以影响不大。但是,若水泥石在流动的水中或有压力的水中,溶出的氢氧化钙将不断被冲走。由于石灰浓度的继续降低,还会引起其他水化物的分解溶解。侵蚀作用不断深入内部,使水泥空隙增大,强度逐渐下降,使水泥石结构遭受进一步破坏,以致全部溃裂。

溶出性侵蚀的强弱程度与水质的暂时硬度(每升水中重碳酸盐含量以 CaO 计为 10 mg 时,称为 1 度)有关。当水质较硬时,氢氧化钙的溶解度较小,同时水中的重碳酸盐与水泥石中的氢氧化钙反应,生成几乎不溶于水的碳酸钙,沉积在水泥石的孔隙内,不仅起到密实的作用,而且还可阻止外界水的渗入和内部氢氧化钙的溶出。其化学反应方程式为

$$Ca(OH)_2 + Ca(HCO_3)_2 = 2CaCO_3 + 2H_2O$$

在实际工程中,将与软水接触的水泥混凝土构件事先在空气中硬化一定时间,形成碳酸钙外壳,可对溶出性侵蚀起到防止作用。

2. 碳酸性腐蚀

在工业污水、地下水中常溶解有较多的二氧化碳。水中的二氧化碳与水泥石中的氢氧化钙反应,所生成的碳酸钙如继续与含碳酸的水作用,则变成易溶解于水的碳酸氢钙,由于碳酸氢钙的溶失以及水泥石中其他产物的分解,而使水泥石结构破坏。其化学反应方程式为

$$Ca(OH)_2 + CO_2 + H_2O = CaCO_3 + 2H_2O$$

$$CaCO_3 + CO_2 + H_2O \rightleftharpoons Ca(HCO_3)_2$$

碳酸钙与含碳酸的水进行的反应,是一种可逆反应。当水中的二氧化碳含量较多时,上述反应向右进行,将水泥石中微溶于水的氢氧化钙转变为易溶于水的碳酸氢钙,从而加速了溶解速度,使水泥石的孔隙增加。同时,由于氢氧化钙浓度的降低,也会引起其他水化物的分解,使腐蚀作用进一步加剧。

3. 一般酸性腐蚀

在工业废水、地下水、沼泽水中常含有一定量的无机酸和有机酸。各种酸类对水泥石均有不同程度的侵蚀作用。它们与水泥石中的氢氧化钙作用后生成的化合物,或者易溶于水,或者产生体积膨胀,导致水泥石破坏。而且由于氢氧化钙被大量消耗,引起水泥石的碱度降低,促使其他水化物大量分解,从而会引起水泥石强度的急剧下降。

各类酸中对水泥石腐蚀作用最快的是无机酸中的盐酸、氢氟酸、硝酸、硫酸等,有机酸中的醋酸、蚁酸、乳酸等。如盐酸(HCl)和硫酸(H_2SO_4)与水泥石中的氢氧化钙作用,分别生成易溶于水的氯化钙($CaCl_2$)和体积膨胀的二水石膏($CaSO_4 \cdot 2H_2O$),反应式如下

$$2HCl + Ca(OH)_2 = CaCl_2 + 2H_2O$$

$$H_2SO_4 + Ca(OH)_2 = CaSO_4 \cdot 2H_2O$$

生成的二水石膏或者在水泥石孔隙中产生膨胀破坏,或者再与水泥石中的水化铝酸

三钙作用，生成高硫型水化硫铝酸钙，其破坏性更大。

4. 强碱腐蚀

碱类溶液在浓度不大时，一般对水泥石没有大的侵蚀作用，可以认为是无害的。但铝酸盐含量较高的硅酸盐水泥在遇到强碱（NaOH、KOH）时，会受到侵蚀破坏。其化学反应式为

$$3CaO \cdot Al_2O_3 + 6NaOH = 3Na_2O \cdot Al_2O_3 + 3Ca(OH)_2$$

以上反应生成的铝酸钠易溶于水。当水泥石被 NaOH 浸透后，又在空气中干燥，水泥石中的 NaOH 会与空气中的 CO_2 作用，反应式为

$$2NaOH + CO_2 = Na_2CO_3 + H_2O$$

生成的 Na_2CO_3 在水泥石毛细孔中结晶沉积，使水泥石胀裂。

5. 硫酸盐腐蚀

绝大多数的硫酸盐（硫酸钡除外）对水泥石都有显著的侵蚀作用，这主要是由于硫酸盐与水泥石中的氢氧化钙起置换反应，生成硫酸钙（二水石膏），硫酸钙再与水泥石中固态的水化铝酸三钙作用，生成比原体积增加 1.5 倍以上的高硫型水化硫铝酸钙。

$$3CaO \cdot Al_2O_3 \cdot 6H_2O + 3(CaSO_4 \cdot 2H_2O) + 19H_2O = 3CaO \cdot Al_2O_3 \cdot 3CaSO_4 \cdot 31H_2O$$

高硫型水化硫铝酸钙体积膨胀较大（1.5～2.5 倍），对水泥石有极大的破坏作用，所以俗称“水泥杆菌”。总之，硫酸盐的腐蚀实质上是一种膨胀性化学腐蚀。

6. 镁盐腐蚀

在地下水、海水及某些工业废水中，常有氯化镁、硫酸镁等镁盐存在，这些镁盐会与水泥石中的氢氧化钙反应，生成可溶性钙盐及无胶结能力的松散物氢氧化镁，其化学反应式为

$$Ca(OH)_2 + MgCl_2 = CaCl_2 + Mg(OH)_2$$

$$Ca(OH)_2 + MgSO_4 + 2H_2O = CaSO_4 \cdot 2H_2O + Mg(OH)_2$$

因此，硫酸镁对水泥石起镁盐和硫酸盐的双重腐蚀作用。

综上所述，从结果来看，水泥石腐蚀的类型可分为两类：一类是水泥中的某些水化产物逐渐溶失；另一类是水泥的水化产物与腐蚀性介质反应，产物或是易溶于水，或是松散无胶结能力，或是结晶膨胀。

在实际工程中，由于环境介质比较复杂，单一介质对水泥石造成的腐蚀几乎不存在，而是几种腐蚀类型同时存在，相互影响。造成水泥石腐蚀的外在原因为腐蚀性介质，内在原因包括两方面：一方面是水泥石中存在着氢氧化钙和水化铝酸三钙等易腐蚀的组分，另一方面是水泥石本身不密实，内部存在很多腐蚀性介质容易进入的毛细孔通道。

（二）水泥石腐蚀的防止

实际工程中针对具体情况可采取以下防止措施。

1. 合理选择水泥品种

根据侵蚀环境特点，合理选用水泥品种。如当水泥石遭受软水侵蚀时，可选用水化物中氢氧化钙含量较少的水泥（如选用硅酸三钙含量低的水泥）；当水泥石遭受硫酸盐侵蚀时，可选用铝酸三钙含量较低的抗硫酸盐水泥，如选用掺混合材料水泥。

2. 提高水泥石密实度

提高施工质量和水泥石的密实度,也是防止水泥石腐蚀的重要措施。水泥石的密实度越高,其抗渗透能力越强,环境中的侵蚀介质越难渗入。因此,在施工中应合理选择水泥混凝土的配合比,尽量降低水灰比,改善骨料级配,掺加外加剂等,提高水泥石的密实度。另外,还可在混凝土表面进行碳化处理,使其表面进一步密实,也可减少侵蚀介质渗入内部。

3. 表面加做保护层

当侵蚀作用较强,上述防止措施不能奏效时,可在水泥石的表面加做一层耐侵蚀介质的材料,如耐酸石材、玻璃、陶瓷、沥青、涂料、塑料等。

第四节　其他品种水泥

在实际工程中,除使用通用水泥外,有时还使用特性水泥和专用水泥。

一、铝酸盐水泥

铝酸盐水泥是以石灰石和铝钒土为主要原料,经煅烧至全部或部分熔融,得到以铝酸钙为主要矿物的熟料,经磨细而成的水硬性胶凝材料,代号为 CA。铝酸盐水泥是一种硬化快、早期强度高、水化热高、耐热和耐腐蚀性能好的水泥。

根据《铝酸盐水泥》(GB 201—2000)的规定,按三氧化二铝含量,铝酸盐水泥分为四类:CA－50($50\% \leqslant Al_2O_3 < 60\%$),CA－60($60\% \leqslant Al_2O_3 < 68\%$),CA－70($68\% \leqslant Al_2O_3 < 77\%$),CA－80($77\% \leqslant Al_2O_3$)。

(一)铝酸盐水泥的矿物成分、水化与凝结硬化

铝酸盐水泥的主要矿物成分为铝酸一钙($CaO \cdot Al_2O_3$,简写为 CA)和二铝酸一钙($CaO \cdot 2Al_2O_3$,简写为 CA_2),还含有少量的硅酸二钙和其他铝酸盐矿物。

铝酸盐水泥的水化,主要是铝酸一钙的水化过程及其水化产物结晶,铝酸一钙硬化快,是铝酸盐水泥的主要强度来源。其水化受温度影响较大,在温度较低(低于 30 ℃)时,水化产物主要是水化铝酸钙(CAH_{10})和水化铝酸二钙(C_2AH_8);温度较高(在 30 ℃以上)时,水化产物主要是水化铝酸三钙(C_3AH_6)。二铝酸一钙硬化缓慢,早期强度低,而后期强度逐渐增长,具有较好的耐高温性能。整个水化过程进行迅速,并且放出大量的热。水化 5 ~7 d 以后,水化产物的数量基本不增加了。因此,铝酸盐水泥早期强度增长很快,以后强度增长相当缓慢并趋于稳定。因水化铝酸钙(CAH_{10})和水化铝酸二钙(C_2AH_8)不稳定,随着时间延长逐渐转化为强度较低的水化铝酸三钙(C_3AH_6),导致水泥石随时间延长强度下降显著。一般 5 年以上的铝酸盐水泥混凝土,其剩余强度约为其强度等级的 50% 甚至更低。

(二)铝酸盐水泥的技术要求

铝酸盐水泥的密度和堆积密度与硅酸盐水泥相近,其细度、凝结时间及各龄期强度应符合表 3-12 的要求。

表 3-12 铝酸盐水泥的技术指标

性能指标		铝酸盐水泥类型			
		CA - 50	CA - 60	CA - 70	CA - 80
细度		比表面积不小于 300 m^2/kg 或 0.045 mm 筛筛余不大于 20%			
凝结时间	初凝时间(min),不早于	30	60	30	30
	终凝时间(h),不迟于	6	18	6	6
抗压强度(MPa)	6 h	20	—	—	—
	1 d	40	20	30	25
	3 d	50	45	40	30
	28 d	—	85	—	—
抗折强度(MPa)	6 h	3.0	—	—	—
	1 d	5.5	2.5	5.0	4.0
	3 d	6.5	5.0	6.0	5.0
	28 d	—	10.0	—	—

(三)铝酸盐水泥的特性和应用

(1)铝酸盐水泥凝结硬化快,早期强度发展迅速,适用于紧急抢修工程和有早强要求的混凝土工程。

(2)铝酸盐水泥水化时,集中放出大量的水化热,1 d 放出的水化热为总热量的 70% ~ 80%,因此适用于冬季施工的混凝土工程,不宜用于大体积混凝土工程。

(3)铝酸盐水泥的水化产物中没有易受侵蚀的组分氢氧化钙,而且水泥石结构密实,因此可用于有抗渗性和抗软水、酸、盐侵蚀要求的混凝土工程中。铝酸盐水泥在碱性环境中容易腐蚀,应避免与碱性介质接触。

(4)铝酸盐水泥当温度升高(30 ℃以上)时,水化产物会发生晶型转化导致强度降低。在湿热养护条件下,强度降低更为明显。因此,铝酸盐水泥不宜用于高温施工的工程,更不适合湿热养护的混凝土工程。

(5)虽然铝酸盐水泥不宜在高温条件下施工,但是硬化的铝酸盐水泥石具有较高的耐热性。因为在高温条件下,硬化水泥石中的组分发生了固相反应形成陶瓷胚体,在 1 300 ℃时也具有较高强度。因此,铝酸盐水泥可制成使用温度达 1 300 ~ 1 400 ℃的耐热混凝土。

(6)铝酸盐水泥与硅酸盐水泥或石灰相混不但产生闪凝,而且生成高碱性的水化铝酸三钙,使混凝土开裂破坏。因此,施工时除不得与石灰和硅酸盐水泥混合外,也不得与尚未硬化的硅酸盐水泥接触使用。

二、快硬硅酸盐水泥

凡以硅酸盐水泥熟料和适量石膏磨细制成的,以 3 d 抗压强度表示强度等级的水硬性胶凝材料，称为快硬硅酸盐水泥（简称快硬水泥）。快硬水泥中通常硅酸三钙为 50% ~ 60%，铝酸三钙为 8% ~14%，二者总量应不少于 60% ~65%。为加快硬化速度，可适当增加石膏掺量和提高水泥的粉磨细度。

（一）快硬硅酸盐水泥的技术要求

快硬硅酸盐水泥的技术性质按国家标准 GB 199—1990 的规定，主要包括细度、凝结时间、安定性和强度。

（1）细度：80 μm 方孔筛筛余量不得超过 10%；比表面积应大于 300 m^2/kg。

（2）凝结时间：初凝时间不得早于 45 min，终凝时间不得迟于 10 h。

（3）定安性：沸煮法检验必须合格；熟料中氧化镁含量不得超过 5.0%，如果水泥压蒸安定性试验合格，可允许放宽到 6.0%；三氧化硫含量不超过 4.0%。

（4）强度：以 3 d 强度表示水泥的强度等级，各龄期的强度不得低于表 3-13 中的数值。

表 3-13　快硬硅酸盐水泥各龄期强度

强度等级	抗压强度（MPa）			抗折强度（MPa）		
	1 d	3 d	28 d	1 d	3 d	28 d
32.5	15.0	32.5	52.5	3.5	5.0	7.2
37.5	17.0	37.5	57.5	4.0	6.0	7.6
42.5	19.0	42.5	62.5	4.5	6.4	8.0

（二）快硬硅酸盐水泥的工程应用

快硬水泥具有早期强度较高的特点，其 3 d 抗压强度可基本达到抗压强度等级值，后期强度仍有一定增长。因此，适用于紧急抢修工程、冬季施工工程。用于制造预应力钢筋混凝土或混凝土预制构件，可提高早期强度，缩短养护期，加快周转，但不宜用于大体积混凝土工程。快硬水泥的缺点是干缩率较大，容易吸湿降低强度，储存期超过一个月，必须重新检验。

三、抗硫酸盐硅酸盐水泥

根据国家标准《抗硫酸盐硅酸盐水泥》（GB 748—2005）规定，抗硫酸盐硅酸盐水泥按抗硫酸盐侵蚀程度可分为中抗硫酸盐硅酸盐水泥和高抗硫酸盐硅酸盐水泥两类。以适当成分的硅酸盐水泥熟料，加入适量石膏磨细制成的具有抵抗中等浓度硫酸根离子侵蚀的水硬性胶凝材料，称为中抗硫酸盐硅酸盐水泥，简称中抗硫水泥，代号 P · MSR。以适当成分的硅酸盐水泥熟料，加入适量石膏磨细制成的具有抵抗较高浓度硫酸根离子侵蚀的水硬性胶凝材料，称为高抗硫酸盐硅酸盐水泥，简称高抗硫水泥，代号 P · HSR。

中抗硫水泥中 C_3S 和 C_3A 的计算含量分别不应超过 55.0% 和 5.0%。高抗硫水泥中 C_3S 和 C_3A 的计算含量分别不应超过 50.0% 和 3.0%。烧失量应小于 3.0%，水泥中 SO_3 含量应小于 2.5%。水泥比表面积不得小于 280 m^2/ kg。各龄期强度应符合标准要求。

抗硫酸盐硅酸盐水泥适用于一般受硫酸盐侵蚀的海港、水利、地下、隧涵、道路和桥梁基础等工程设施。

四、膨胀和自应力水泥

膨胀水泥是在硬化过程中不仅不产生收缩,而且具有一定膨胀性能的水泥。

按膨胀来源不同,膨胀水泥可分为硅酸盐型膨胀水泥、铝酸盐型膨胀水泥和硫铝酸盐型膨胀水泥。用硅酸盐水泥熟料、铝酸盐水泥和二水石膏按适当比例共同粉磨或分别研磨再混合均匀,可制得硅酸盐型膨胀水泥。由于水泥水化后生成钙矾石、水化氢氧化钙等水化产物,这些水化生成物的体积均大于原固相的体积,所以造成硬化水泥浆体的体积膨胀。用铝酸盐水泥熟料和二水石膏按适当比例,再加入助磨剂经过磨细,可制成铝酸盐型膨胀水泥。用中、低品位的矾土、石灰和石膏为原料,适当配合磨细后经煅烧得到以硫铝酸钙、硅酸二钙为主要矿物熟料,再配以二水石膏磨细制得的具有膨胀性的水硬性胶凝材料,称为硫铝酸盐型膨胀水泥。

按膨胀值不同,膨胀水泥可分为收缩补偿水泥和自应力水泥。收缩补偿水泥的膨胀性能较弱,膨胀时所产生压应力大致能抵消水泥干缩所引起的应力,可防止混凝土产生干缩裂缝。自应力水泥具有较强的膨胀性能,当它用于钢筋混凝土中时,使钢筋受到较大的拉应力,而使混凝土受到相应的压应力。当外界因素使混凝土结构产生拉应力时,就可被预先具有的压应力抵消或降低。这种靠水泥自身水化产生膨胀来张拉钢筋达到预应力称为自应力,混凝土中所产生的压应力数值即为自应力值。

膨胀水泥可用于防渗混凝土工程、填筑混凝土结构或构件接缝、管道接头、结构修补与加固和浇筑机器底座等。自应力水泥主要用于生产自应力钢筋混凝土压力管。

五、道路硅酸盐水泥

(一)道路硅酸盐水泥的定义

以适当成分的生料烧至部分熔融,所得以硅酸钙为主要成分和较多量的铁铝酸钙的硅酸盐熟料,称为道路硅酸盐水泥熟料。由道路硅酸盐水泥熟料、0 ~ 10% 的活性混合材料和适量石膏磨细制成的水硬性胶凝材料,称为道路硅酸盐水泥(简称道路水泥)。道路水泥熟料中铝酸三钙的含量不得大于 5.0% ,铁铝酸四钙的含量不得小于 16% 。

(二)道路硅酸盐水泥的技术要求

《道路硅酸盐水泥》(GB 13693—2005)中有关技术要求如下。

(1)氧化镁含量:不得超过 5% 。

(2)三氧化硫含量:不得超过 3.5% 。

(3)烧失量:不得大于 3.0% 。

(4)比表面积:300 ~ 450 m^2/kg。

(5)凝结时间:初凝时间不得早于 1.5 h,终凝时间不得迟于 10 h。

(6)体积安定性:用沸煮法检验必须合格。

(7)干缩率:28 d 干缩率应不大于 0.10% 。

(8)耐磨性:28 d 磨耗量应不大于 3.00 kg/m^2 。

(9)碱含量:由供需双方商定。若使用活性骨料,用户要求提供低碱水泥时,水泥中的碱含量应不超过0.60%。

(10)强度:分为32.5、42.5、52.5三个强度等级,各龄期强度值不得低于表3-14所规定数值。

表3-14　道路水泥各龄期强度

强度等级	抗压强度(MPa)		抗折强度(MPa)	
	3 d	28 d	3 d	28 d
32.5	16.0	32.5	3.5	6.5
42.5	21.0	42.5	4.0	7.0
52.5	26.0	52.5	5.0	7.5

(三)道路硅酸盐水泥的性质与应用

道路硅酸盐水泥是一种强度高特别是抗折强度高、耐磨性好、干缩性小、抗冲击性好、抗冻性和抗硫酸盐腐蚀性比较好的专用水泥。它适用于道路路面、机场跑道道面、城市广场等工程。由于道路水泥具有干缩性小、耐磨、抗冲击等特性,可减轻水泥混凝土路面的裂缝和磨耗等病害,减少维修费用,延长路面使用年限,因而可获得显著的社会效益和经济效益。

六、砌筑水泥

凡是以活性混合材料为主要原材料,加入少量的硅酸盐水泥熟料和适量石膏共同磨细制成的水硬性胶凝材料称为砌筑水泥,代号M。砌筑水泥中混合材料掺加量应大于50%,允许掺入适量的石灰石或窑灰。砌筑水泥主要用于配制砌筑砂浆和抹面砂浆,不能用于结构混凝土。

《砌筑水泥》(GB 3183—2003)主要技术要求有:0.08 mm方孔筛筛余不大于10%;初凝时间不得早于45 min,终凝时间不得迟于12 h;体积安定性用沸煮法检验必须合格,且水泥中SO_3含量不得超过4.0%;保水率应不低于80%;砌筑水泥分为12.5和22.5两个强度等级,各龄期强度值不得低于表3-15所规定数值。

表3-15　砌筑水泥各龄期强度

强度等级	抗压强度(MPa)		抗折强度(MPa)	
	7 d	28 d	7 d	28 d
12.5	7.0	12.5	1.5	3.0
22.5	10.0	22.5	2.0	4.0

七、中热硅酸盐水泥、低热硅酸盐水泥和低热矿渣硅酸盐水泥

中热硅酸盐水泥是由适当成分的硅酸盐水泥熟料加入适量石膏磨细制成的具有中等水化热的水硬性胶凝材料,简称中热水泥,代号P·MH。中热水泥熟料中硅酸三钙的含

量应不超过55%，铝酸三钙的含量应不超过6%，游离氧化钙的含量应不超过1.0%。

低热硅酸盐水泥是由适当成分的硅酸盐水泥熟料加入适量石膏磨细制成的具有低水化热的水硬性胶凝材料，简称低热水泥，代号P·LH。低热水泥熟料中硅酸二钙的含量应不低于40%，铝酸三钙的含量应不超过6%，游离氧化钙的含量应不超过1.0%。

低热矿渣硅酸盐水泥是由适当成分的硅酸盐水泥熟料加入矿渣和适量石膏磨细制成的具有低水化热的水硬性胶凝材料，简称低热矿渣水泥，代号P·SLH。矿渣掺量为水泥质量的20%～60%，允许用不超过混合材料总量50%的粒化电炉磷渣或粉煤灰代替部分高炉矿渣。铝酸三钙的含量应不超过8%，游离氧化钙的含量应不超过1.2%，氧化镁的含量不宜超过5.0%；如果水泥经压蒸安定性试验合格，则熟料中的氧化镁含量允许放宽到6.0%。

三种水泥各龄期的强度值应不低于表3-16规定的数值。

表3-16　中热水泥、低热水泥和低热矿渣水泥各龄期的强度要求

品种	强度等级	抗压强度(MPa)			抗折强度(MPa)		
		3 d	7 d	28 d	3 d	7 d	28 d
中热水泥	42.5	12.0	22.0	42.5	3.0	4.5	6.5
低热水泥	42.5	—	13.0	42.5	—	3.5	6.0
低热矿渣水泥	32.5	—	12.0	32.5	—	3.0	5.5

第五节　水泥的应用

水泥是土木工程建设中最重要的材料之一，是决定混凝土性能和价格的重要原料，在工程中，合理选用、使用、运输及储存水泥是保证工程质量、杜绝质量事故的重要措施。

一、水泥品种的选用

水泥品种应根据混凝土工程特点、所处的环境条件和施工条件等进行选择。一般可以采用六种通用硅酸盐水泥，即硅酸盐水泥、普通硅酸盐水泥、矿渣硅酸盐水泥、火山灰质硅酸盐水泥、粉煤灰硅酸盐水泥和复合硅酸盐水泥，必要时也可采用膨胀水泥、自应力水泥或快硬硅酸盐水泥等其他品种水泥。所用水泥的性能必须符合现行国家有关标准的规定。在满足工程要求的前提下，应选用价格较低的水泥品种，以节约成本。

二、水泥强度等级的选择

水泥强度等级应与混凝土的设计强度等级相适应。原则上配制高强度等级的混凝土，应选用强度等级高的水泥；配制低强度等级的混凝土，应选用强度等级低的水泥。采用强度等级高的水泥配制低强度等级混凝土时，会使水泥用量偏少，影响混凝土的和易性和耐久性，必须掺入一定数量的矿物掺合料。采用强度等级低的水泥配制高强度等级混凝土时，会使水泥用量过多，不经济而且会影响混凝土的其他技术性质。通常，混凝土强度等级为 C30 以下时，可采用强度等级为 32.5 的水泥；混凝土强度等级大于 C30 时，可采用强度等级为 42.5 以上的水泥。

三、水泥的运输和储存

水泥在运输和储存过程中不得混入杂物，应按不同品种、强度等级和出厂日期分别加以标明。水泥储存时应先存先用，对散装水泥应分库存放，而袋装水泥一般堆放高度不超过 10 袋。

水泥存放不可受潮，受潮的水泥表现为结块，凝结速度减慢，强度降低。对于结块水泥的处理方法为：有结块但无硬块时，可压碎结块后按实测强度等级使用；对部分结成硬块的，可筛除或压碎硬块后，按实测强度等级用于非重要的部位；对于大部分结块的，不能作水泥用，可作混合材料掺入水泥中，掺量不超过 25%。水泥的储存期不宜太久，常用水泥一般不超过 3 个月，因为 3 个月后水泥强度会降低 10% ~20%，6 个月后降低 15% ~30%，1 年后降低 25% ~40%，铝酸盐水泥一般不超过 2 个月。过期水泥应重新检测，按实测强度使用。

复习思考题

3-1　什么是胶凝材料、气硬性胶凝材料、水硬性胶凝材料？

3-2　建筑石灰按加工方法不同可分为哪几种？它们的主要化学成分各是什么？

3-3　什么是欠火石灰和过火石灰？它们对石灰的使用有什么影响？

3-4　试述石灰的熟化与硬化机理。

3-5　石灰硬化体本身不耐水，但为什么石灰土多年后却具有一定的耐水性？

3-6　生石膏和建筑石膏的成分是什么？石膏浆体是如何硬化的？

3-7　为什么说建筑石膏是功能性较好的建筑材料？

3-8　试述水玻璃模数与性能的关系。

3-9　水玻璃的主要性质和用途有哪些？

3-10　菱苦土具有哪些用途？

3-11　什么是通用硅酸盐水泥？都有哪些种类？

3-12　什么是活性混合材料和非活性混合材料？

3-13　硅酸盐水泥熟料由哪些矿物组成？其水化特性如何？

3-14　现有两种硅酸盐水泥熟料矿物组成如下表所示，试分析两种硅酸盐水泥的性能有何差异。

生产厂	熟料矿物组成(%)			
	硅酸三钙	硅酸二钙	铝酸三钙	铁铝酸四钙
甲厂	52	21	10	17
乙厂	45	30	7	18

3-15　简述影响硅酸盐水泥凝结硬化的因素。

3-16　硅酸盐水泥的水化产物有哪些?

3-17　试说明下列原因:①生产硅酸盐水泥时必须掺入适量石膏;②硅酸盐水泥应具有一定细度;③规定水泥的凝结时间;④硅酸盐水泥体积安定性不合格;⑤测定凝结时间和体积安定性时应使用标准稠度的水泥净浆。

3-18　简述硅酸盐水泥的特性与应用。

3-19　试述掺有混合材料水泥的共性和特性。

3-20　试分析硅酸盐水泥石腐蚀的原因及采取的防止措施。

3-21　针对下列混凝土工程及构件,选择合适的水泥品种,并说明原因:①现浇混凝土梁、板、柱;②采用蒸汽养护的混凝土预制构件;③厚大体积的混凝土工程;④有硫酸盐腐蚀的地下工程;⑤耐热混凝土工程;⑥有抗冻要求的混凝土工程;⑦紧急抢修工程;⑧在干燥环境中施工的混凝土工程;⑨路面混凝土工程。

3-22　简要回答铝酸盐水泥的特点、应用范围及应用时的注意事项。

3-23　请列举 3 ~4 种其他品种水泥,并简述各自的特点。

第四章　水泥混凝土

【本章要点】

(1)混凝土的分类与特点;
(2)水泥混凝土的组成材料;
(3)混凝土拌和物的和易性及凝结时间;
(4)硬化混凝土的强度和耐久性;
(5)混凝土的变形性能;
(6)混凝土外加剂的分类与品种;
(7)混凝土掺合料的分类与品种;
(8)混凝土的质量控制;
(9)混凝土配合比设计;
(10)其他品种水泥混凝土。

【本章重点】

(1)砂的粗细程度与颗粒级配;
(2)粗骨料的最大粒径和颗粒级配;
(3)混凝土拌和物和易性的评价方法和指标;
(4)混凝土拌和物流动性(坍落度)的选择;
(5)混凝土的立方体抗压强度及强度等级;
(6)混凝土的抗渗性、抗冻性、抗腐蚀性、抗碳化性、抗磨性、抗碱－骨料反应;
(7)减水剂、引气剂、粉煤灰、粒化高炉矿渣与硅灰的特性及应用;
(8)混凝土质量控制的主要内容及评价指标;
(9)混凝土强度的检验评定;
(10)普通混凝土配合比设计。

【本章难点】

(1)影响混凝土拌和物和易性的因素分析;
(2)影响混凝土抗压强度的因素;
(3)提高混凝土耐久性的措施;
(4)混凝土强度保证率与配制强度;
(5)混凝土施工质量管理;
(6)混凝土配合比的设计计算、试拌调整及基准配合比确定。

第一节　概　述

混凝土是指由胶凝材料、颗粒状的粗细骨料和水按适当比例配制,必要时掺入一定数量的外加剂,经拌和均匀、成型密实,并经过凝结硬化后形成的具有一定强度和耐久性的一种人造石材。

在建筑工程中,应用最广的混凝土品种是水泥混凝土。以水泥为胶凝材料,以砂、石为骨料,加水拌制均匀的具有良好塑性的混合物,称为水泥混凝土拌和物,经凝结硬化所形成的硬性结构体称为水泥硬化混凝土,简称混凝土。

混凝土是一种优良的建筑材料,它可以通过一定的施工手段浇筑成型为各种形状、尺寸的结构体;可以通过调整材料组成和配比,满足工程的不同使用需求;可以充分取用当地砂石料,以降低混凝土结构体的工程造价。随着材料性能研究的不断深入、新材料的不断涌现和工程建设的不断发展,混凝土的技术性能将日益改善,在水利工程、工业与民用建筑工程、市政工程、道路桥梁工程、海港工程等领域的应用范围将更加广阔。

第二节　混凝土的分类与特点

一、混凝土的分类

(一)按胶凝材料分类

按所用胶凝材料的种类不同,可分为水泥混凝土、沥青混凝土及聚合物混凝土等。

(二)按矿物掺合料种类分类

根据所掺用矿物掺合料种类的不同,可将混凝土分为粉煤灰混凝土、硅灰混凝土、磨细矿渣混凝土、纤维混凝土等。

(三)按性能和用途分类

按混凝土性能和用途的不同,可分为结构混凝土、保温混凝土、装饰混凝土、大体积混凝土、水工混凝土、海工混凝土、道路混凝土、防水混凝土及特种混凝土(如耐热混凝土、耐酸混凝土、防辐射混凝土等)。

(四)按表观密度分类

根据混凝土拌和物表观密度 ρ_0 的大小,常将混凝土划分为普通混凝土、重混凝土和轻混凝土三大类。

(1)普通混凝土:是指 ρ_0 介于 1 900 ~ 2 500 kg/m^3,用天然或人工的砂、石作骨料配制而成的混凝土。它广泛应用于水工隧洞、大坝、房屋及桥梁等建筑结构体中,其中常用普通混凝土的 ρ_0 一般为 2 400 kg/m^3 左右。

(2)重混凝土:是指 $\rho_0 > 2\ 500$ kg/m^3,用重晶石、钢屑等特别密实、特别重的特殊骨料配制而成的混凝土。该类混凝土主要用于防辐射工程中。

(3)轻混凝土:是指 $\rho_0 \leq 1\ 900$ kg/m^3 的混凝土,可分为轻骨料混凝土、多孔混凝土、大孔混凝土三大类型。

(五)按施工工艺分类

根据施工工艺的不同,可划分为预拌混凝土、现场搅拌混凝土、泵送混凝土、喷射混凝土、碾压混凝土、离心混凝土、真空混凝土等。

(六)按配筋方式分类

按配筋方式的不同,可分为素混凝土、钢筋混凝土、钢丝网混凝土、纤维混凝土、预应力混凝土等。

(七)按拌和物的和易性分类

按混凝土拌和物的和易性不同,可分为超干硬性混凝土、特干硬性混凝土、干硬性混凝土、半干硬性混凝土、低塑性混凝土、塑性混凝土、流动性混凝土、大流动性混凝土。

二、混凝土的特点

混凝土广泛应用于各类建设工程中,这与它的诸多优点是分不开的:

(1)原材料来源广且造价低。用量占80%左右的砂、石骨料可就地取材,开采加工运输成本低,而且随着今后再生骨料的开发利用,还可进一步降低混凝土的工程造价。

(2)具有良好的可塑性。新拌制的混凝土拌和物具有良好的可塑性,可浇筑成不同形状、尺寸的制品或结构体。

(3)可调配性好,与钢筋共同工作性好。通过改变原材料的组成和配比,可配制出不同性能的混凝土,以满足不同工程的使用要求;另外,也可与钢筋复合组成钢筋混凝土,以弥补素混凝土抗拉强度、抗折强度低的缺点,满足不同受力结构工程的需求。

(4)抗压强度高、耐久性好。硬化后的混凝土具有较高的抗压强度,抗渗性、耐水性等方面的性能也较好,运行过程中管理方便、维护费用低。

(5)施工方便。可现场浇筑成抗震性较高的整体建筑,也可以预制成各种构件再进行装配施工。

但混凝土也有一些缺点,主要体现在属脆性材料,抗拉强度低;受拉时变形能力小,易开裂;自重大等方面。

第三节　水泥混凝土的组成材料

普通混凝土的基本组成材料是水泥、水、砂和石子。其中砂、石子的含量占混凝土总体积的2/3以上,而且它们一般不与水泥发生化学反应,体积也不易变化,故在混凝土中主要起到骨架作用,抑制结构体变形,常将它们称为骨料。而水泥加水搅拌形成的水泥浆,则具有较好的流动性和黏聚性,它包裹在砂子表面并填充砂子颗粒间的空隙,形成水泥砂浆;进而水泥砂浆又包裹在石子表面并填充石子间的空隙而形成混凝土。混凝土的结构如图4-1所示。

水泥浆在硬化前主要起到了较好的润滑作用,赋予混凝土拌和物一定的流动性,以方便施工浇筑;凝结硬化后主要起到了胶结作用,将散粒状的砂、石子胶结成为一个坚实的整体。

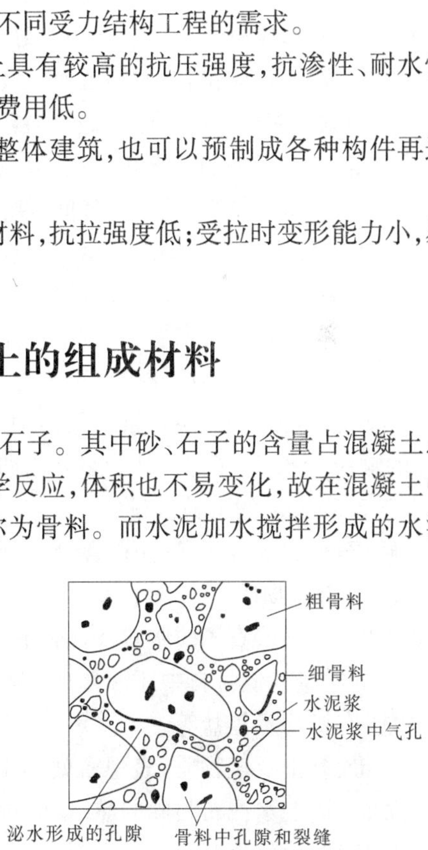

图4-1　混凝土的结构

一、细骨料与粗骨料

混凝土用骨料按粒径大小不同有细骨料和粗骨料之分。粒径小于 4.75 mm 的岩石颗粒称为细骨料，又称为砂；粒径大于 4.75 mm 的岩石颗粒称为粗骨料，又称为石子。

普通混凝土常用的细骨料有天然砂和机制砂两大类。天然砂是自然形成的，经人工开采和筛分的粒径小于 4.75 mm 的岩石颗粒，包括河砂、山砂、湖砂、淡化海砂，但不包括软质、风化的岩石颗粒。机制砂俗称人工砂，是经除土处理，由机械破碎、筛分制成的粒径小于 4.75 mm 的岩石、矿山尾矿或工业废渣颗粒。有些工程中还会用到混合砂，它是由天然砂和机制砂按一定比例组合而成的砂。

普通混凝土常用的粗骨料有卵石和碎石两种。卵石是由自然风化、水流搬运和分选、堆积形成的粒径大于 4.75 mm 的岩石颗粒。碎石是由天然岩石、卵石或矿山废石经机械破碎、筛分制成的粒径大于 4.75 mm 的岩石颗粒。

混凝土用砂、卵石、碎石的质量要求主要包括含泥量与泥块含量、有害杂质含量、粗细程度、颗粒级配及最大粒径、物理力学性质等。建设工程中混凝土及其制品用砂应符合《建设用砂》(GB/T 14684—2011)的要求。建设工程(除水工建筑物外)中混凝土及其制品用卵石、碎石应符合《建设用卵石、碎石》(GB/T 14685—2011)的要求；水工建筑物中混凝土用卵石、碎石应符合《水工混凝土施工规范》(DL/T 5144—2001)的要求。

(一)含泥量、泥块含量和石粉含量

天然砂、石子中的黏土和淤泥，以及人工砂中的石粉，因颗粒极细，易黏附在骨料表面，阻碍水泥石与骨料的胶结，降低混凝土的强度、抗渗性、抗冻性及抗冲耐磨性等，同时因混凝土单位用水量的增加而增大混凝土的干缩率。若黏土等以团块形式存在，则会在混凝土中形成薄弱部分，对其质量影响更大。

含泥量：天然砂及卵石、碎石中粒径小于 75 μm 的颗粒含量。

石粉含量：机制砂中粒径小于 75 μm 的颗粒含量。

泥块含量：砂的泥块含量是指砂中原粒径大于 1.18 mm，经水浸洗、手捏后小于 600 μm 的颗粒含量；石子的泥块含量是指卵石、碎石中原粒径大于 4.75 mm，经水浸洗、手捏后小于 2.36 mm 的颗粒含量。

砂、石子中的含泥量、泥块含量、石粉含量应分别符合表 4-1、表 4-2 的规定。

(二)有害物质

混凝土用砂、石子应坚实、清洁，不应混有草根、树叶、树枝、煤块、炉渣等杂物，以保证混凝土的质量。但骨料中还常含有一些有害物质，主要包括云母、黏土、轻物质、硫化物、硫酸盐、有机物及氯盐等。

云母、黏土及轻物质(表观密度小于 2 000 kg/m^3 的物质，如煤屑、炉渣等)会黏附在砂的表面，影响水泥石与砂的黏结，从而降低混凝土的强度和耐久性。

硫化物、硫酸盐及有机物会对水泥石产生腐蚀作用，从而影响混凝土的强度和耐久性。

氯盐(其含量以氯离子质量计)的存在，则会引起钢筋发生锈蚀。

表 4-1　砂中的含泥量、泥块含量、石粉含量

项目		GB/T 14684—2011		
		Ⅰ类	Ⅱ类	Ⅲ类
天然砂	含泥量(按质量计,%)	≤1.0	≤3.0	≤5.0
	泥块含量(按质量计,%)	0	≤1.0	≤2.0
机制砂	石粉含量(%)	≤10.0* ≤1.0▲	≤1.0* ≤3.0▲	≤10.0* ≤5.0▲
	泥块含量(按质量计,%)	0	≤1.0	≤2.0

注:1. *适用于亚甲蓝 *MB* 值≤1.4 或快速法试验合格的情况,且要求Ⅰ类砂 *MB* 值≤0.5,Ⅱ类砂 *MB* 值≤1.0,Ⅲ类砂 *MB* 值≤1.4 或合格;而▲适用于 *MB* 值>1.4 或快速法试验不合格的情况。亚甲蓝 *MB* 值是用于判定机制砂中粒径小于 75 μm 颗粒的吸附性能的指标。

2. 砂按技术要求可分为Ⅰ类、Ⅱ类、Ⅲ类。其中,Ⅰ类宜用于强度等级大于 C60 的混凝土,Ⅱ类宜用于强度等级为 C30～C60 及抗冻、抗渗或其他要求的混凝土,Ⅲ类宜用于强度等级小于 C30 的混凝土和建筑砂浆。

表 4-2　卵石、碎石中的含泥量、泥块含量

项目	GB/T 14685—2011			DL/T 5144—2001	
	Ⅰ类	Ⅱ类	Ⅲ类	D_{20}、D_{40}粒径级*	D_{80}、D_{150}(D_{120})粒径级*
含泥量(按质量计,%)	≤0.5	≤1.0	≤1.5	≤1.0	≤0.5
泥块含量(按质量计,%)	0	≤0.2	≤0.5	不允许	不允许

注:1. * D_{20}、D_{40}、D_{80}、D_{150}(D_{120})分别表示 5～20 mm(小石)、20～40 mm(中石)、40～80 mm(大石)、80～150(120) mm(特大石)粒径分级。

2. 卵石、碎石按技术要求可分为Ⅰ类、Ⅱ类、Ⅲ类,其用途要求与砂相同。

砂、石子中的有害物质含量应分别符合表 4-3、表 4-4 的规定。

表 4-3　砂中的有害物质含量

项目	GB/T 14684—2011		
	Ⅰ类	Ⅱ类	Ⅲ类
云母含量(%)	≤1.0	≤2.0	≤2.0
轻物质含量(%)	≤1.0	≤1.0	≤1.0
硫化物及硫酸盐含量(按 SO_3 质量计,%)	≤0.5	≤0.5	≤0.5
氯化物含量(以氯离子质量计,%)	≤0.01	≤0.02	≤0.06
贝壳含量(按质量计,%)▲	≤3.0	≤5.0	≤8.0
有机质含量(用比色法试验)	合格*	合格*	合格*

注:1. *当试验过程中试样上部的溶液颜色浅于标准色时,则试样有机物含量合格;当颜色深于标准色时,则应配制成水泥砂浆做进一步强度对比试验;当原试样制成的水泥砂浆强度不低于清洗有机物后试样制成的水泥砂浆强度的 95% 时,则认为有机物含量合格。

2. ▲该指标仅适用于海砂,其他砂种不作要求。

表 4-4 卵石、碎石中的有害物质含量

项目	GB/T 14685—2011			DL/T 5144—2001
	Ⅰ类	Ⅱ类	Ⅲ类	
硫化物及硫酸盐含量(按 SO_3 质量计,%)	≤0.5	≤1.0	≤1.0	≤0.5
有机质含量(用比色法试验)	合格*	合格*	合格*	浅于标准色

注:* 当试验过程中试样上部的溶液颜色浅于标准色时,则试样有机物含量合格;当颜色深于标准色时,则应配制成混凝土做进一步强度对比试验;当原试样制成的混凝土强度不低于淘洗试样制成的混凝土强度的 95% 时,则认为有机物含量合格。

当粗、细骨料中含有活性骨料时,如果混凝土中所用的水泥又含有较多的碱,就有可能发生碱-骨料反应而导致混凝土破坏,所以应对其进行碱活性检验。当判定骨料存在潜在碱-碳酸盐反应危害时,不得用作混凝土骨料;当判定骨料存在潜在碱-硅酸盐反应危害时,应控制混凝土中的含碱量不超过 3 kg/m^3,或采取能抑制碱-骨料反应的有效措施。

(三)砂的粗细程度与颗粒级配

砂子的粗细程度是指不同粒径的砂粒混合在一起后的平均粗细程度。

砂的颗粒级配是指不同粒径砂粒的搭配分布情况。从图 4-2 中各分图对比可发现:一定量的砂子中,如果砂颗粒粗细相同,则砂的空隙最大;而如果是粒径大小不同的颗粒相互搭配,则空隙就减小了。为此,要想减少砂子颗粒间的空隙,就必须由大小不同的颗粒进行搭配组合。当砂中含有较多的粗粒径砂,并以适当的中粒径砂及少量细粒径砂填充其空隙间时,则可使砂子的空隙率和总表面积均较小,即构成了良好的级配,用它配制混凝土便可节约水泥用量和提高混凝土强度。

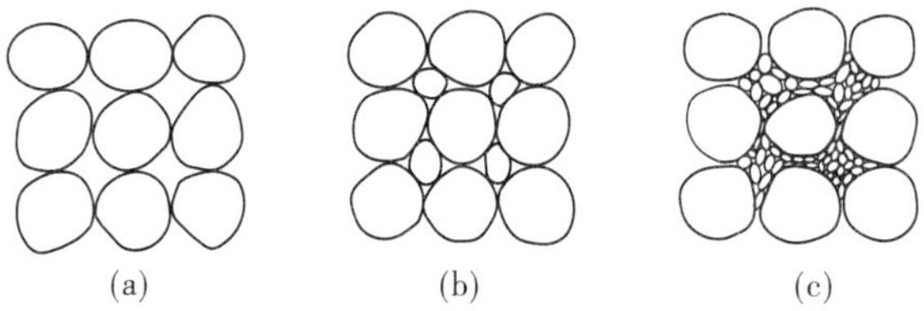

图 4-2 不同级配条件下骨料的空隙情况对比

砂的粗细程度和颗粒级配常用筛分析法进行测定,并用细度模数表示砂的粗细,用级配区表示砂的颗粒级配。

筛分析法试验时,采用一套筛孔公称直径为 5.00 mm、2.50 mm、1.25 mm、630 μm、315 μm、160 μm 的标准砂筛(即方孔筛筛孔边长为 4.75 mm、2.36 mm、1.18 mm、600 μm、300 μm、150 μm),按孔径由大到小依次从上往下放置,将取样缩分所得的 500 g 干砂倒入最上面一只筛(公称直径为 5.00 mm 的方孔筛)里并进行充分筛分,然后称得余留在各个筛上砂的筛余量 G_i。将各筛上的筛余量与底盘上的剩余量之和与筛分前的试样总量相比,若误差小于 1%,则计算出各筛上的分计筛余百分率 a_i(各筛上的筛余量占砂样总量的百分率)及累计筛余百分率 A_i(该筛及比该筛粗的所有筛的分计筛余百分率之和),计算方法见表 4-5。

表 4-5　分计筛余与累计筛余的关系

砂的公称粒径	砂筛筛孔的公称直径	方孔筛筛孔边长	筛余量 G_i (g)	分计筛余百分率 a_i (%)	累计筛余百分率 A_i (%)
5.00 mm	5.00 mm	4.75 mm	G_1	$a_1 = G_1/500 \times 100$	$A_1 = a_1$
2.50 mm	2.50 mm	2.36 mm	G_2	$a_2 = G_2/500 \times 100$	$A_2 = a_1 + a_2$
1.25 mm	1.25 mm	1.18 mm	G_3	$a_3 = G_3/500 \times 100$	$A_3 = a_1 + a_2 + a_3$
630 μm	630 μm	600 μm	G_4	$a_4 = G_4/500 \times 100$	$A_4 = a_1 + a_2 + a_3 + a_4$
315 μm	315 μm	300 μm	G_5	$a_5 = G_5/500 \times 100$	$A_5 = a_1 + a_2 + a_3 + a_4 + a_5$
160 μm	160 μm	150 μm	G_6	$a_6 = G_6/500 \times 100$	$A_6 = a_1 + a_2 + a_3 + a_4 + a_5 + a_6$
	底盘	底盘	G_7		

细度模数 μ_f（也可用 M_x 或 $F \cdot M$ 表示）按以下公式进行计算

$$\mu_f = \frac{(A_2 + A_3 + A_4 + A_5 + A_6) - 5A_1}{100 - A_1} \tag{4-1}$$

细度模数 μ_f 愈大，表示砂子愈粗。砂的粗细程度按细度模数 μ_f 分为粗、中、细、特细四级，$\mu_f = 3.7 \sim 3.1$ 为粗砂，$\mu_f = 3.0 \sim 2.3$ 为中砂，$\mu_f = 2.2 \sim 1.6$ 为细砂，$\mu_f = 1.5 \sim 0.7$ 为特细砂。

对于细砂或特细砂，还可根据《水工混凝土试验规程》（SL 352—2006）按下式计算该砂料的平均粒径 d_m

$$d_m = 0.5\left(\frac{G_2 + G_3 + G_4 + G_5 + G_6}{11G_6 + 1.3G_5 + 0.17G_4 + 0.02G_3 + 0.002\,4G_2}\right)^{1/3} \tag{4-2}$$

在相同质量条件下，细砂的总表面积大，粗砂的总表面积小，粗砂配制混凝土所需的水泥浆用量比细砂的省。但砂子过粗，拌制出的混凝土拌和物黏聚性差，易产生离析、泌水现象；砂子过细，虽然拌制出的混凝土拌和物黏聚性好，但流动性小，为满足施工要求的流动性，势必会耗费较多的水泥浆液，混凝土强度也较低。因此，混凝土用砂不宜过粗也不宜过细，以中砂为宜。按《水工混凝土施工规范》（DL/T 5144—2001）的要求配制水工混凝土时，人工砂的细度模数宜为 2.4～2.8，天然砂的细度模数宜为 2.2～3.0，当使用细度模数超过此范围的粗砂、细砂或特细砂时，应经试验论证。

应当注意的是，砂的细度模数不能反映砂的级配优劣，细度模数相同的砂，其级配不一定相同，而且还可能存在较大差异。因此，混凝土用砂除考虑细度模数外，还应同时考虑颗粒级配。

除特细砂外，砂的颗粒级配可按 600 μm 筛孔的累计筛余百分率，分成三个级配区（见表 4-6、图 4-3）。级配较好的砂，其各筛上的累计筛余百分率应处在同一级配区内（除 4.75 mm 和 600 μm 筛档外，其余各筛的累计筛余百分率可略超出界线，但各级累计筛余超出值总和应不大于 5%）。

一组砂样经过筛分析试验后，可根据各筛上的累计筛余百分率在图 4-3 中绘制出筛分曲线，并根据它来看砂的粗细，若筛分曲线超过 Ⅰ 区右下侧分界线，则表示砂子过粗；若筛分曲线超过 Ⅲ 区左上侧分界线，则表示砂子过细。

表 4-6　砂的颗粒级配区

方孔筛		累计筛余百分率（%）		
		级配区		
		Ⅰ区	Ⅱ区	Ⅲ区
4.75 mm		10～0	10～0	10～0
2.36 mm		35～5	25～0	15～0
1.18 mm		65～35	50～10	25～0
600 μm		85～71	70～41	40～16
300 μm		95～80	92～70	85～55
150 μm	天然砂	100～90	100～90	100～90
	机制砂	97～85	94～80	94～75

注：对于砂浆用砂，4.75 mm 筛孔的累计筛余百分率应为 0。

配制混凝土时宜优先选用Ⅱ区砂，当采用Ⅰ区砂时，应适当提高砂率，并保持足够的水泥用量，以满足混凝土拌和物的和易性要求；当采用Ⅲ区砂时，宜适当降低砂率，以保证混凝土的强度。配制泵送混凝土时，宜选用中砂。

如果砂的自然级配不符合级配区的要求，要采用人工级配的方法来改善，其最简单的措施就是将粗、细砂按适当比例进行试配、掺合使用。为调整级配，在不得已时也可将砂加以过筛，筛除其中过粗或过细的颗粒。

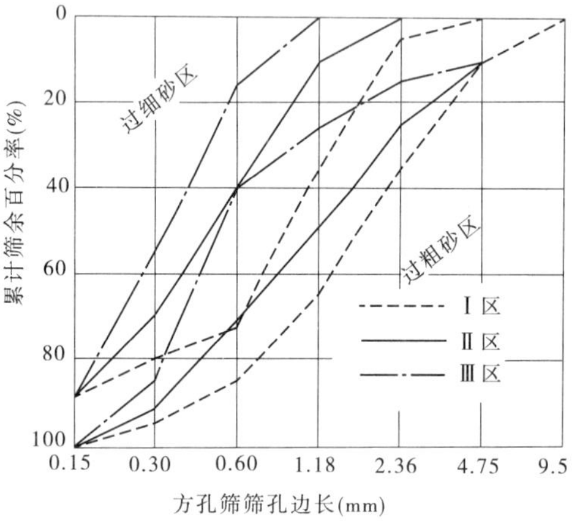

图 4-3　砂的级配区曲线

（四）石子的颗粒级配与最大粒径

1. 粗骨料的颗粒级配

粗骨料的级配原理与细骨料基本相同，也是通过筛分析试验确定，采用筛孔的公称直径为 2.50 mm、5.00 mm、10.0 mm、16.0 mm、20.0 mm、25.0 mm、31.5 mm、40.0 mm、50.0 mm、63.0 mm、80.0 mm、100.0 mm（方孔筛筛孔边长分别为 2.36 mm、4.75 mm、9.5 mm、16.0 mm、19.0 mm、26.5 mm、31.5 mm、37.5 mm、53.0 mm、63.0 mm、75.0 mm、90.0 mm）等 12 个筛子及底盘，并按需要选用相应筛号进行筛分，累计筛余百分率的计算与细骨料相同。

卵石、碎石的颗粒级配应符合表 4-7 的规定。

粗骨料的级配有连续级配和间断级配两种。连续级配是从最大粒径开始，由大到小各粒级相连，各粒级都占有适当的比例，在混凝土配合比设计过程中应优先选用连续级配。间断级配是指各粒级石子不相连，而是用小颗粒的粒级直接和大颗粒的粒级相配，抽去中间的一、二级石子，此情况可减小石子颗粒的空隙率，从而能节约水泥，但间断级配容易导致混凝土拌和物产生离析现象，而且它与骨料天然存在的级配情况不相适应，所以工程中较少应用。

表 4-7　卵石、碎石的颗粒级配范围

级配情况	公称粒级（mm）	方孔筛筛孔边长（mm）											
		2.36	4.75	9.5	16.0	19.0	26.5	31.5	37.5	53.0	63.0	75.0	90.0
		累计筛余百分率（%）											
连续粒级	5～16	95～100	85～100	30～60	0～10	0							
	5～20	95～100	90～100	40～80	—	0～10	0						
	5～25	95～100	90～100	—	30～70	—	0～5	0					
	5～31.5	95～100	90～100	70～90	—	15～45	—	0～5	0				
	5～40	—	95～100	70～90	—	30～65	—	—	0～5	0			
单粒级	5～10	95～100	80～100	0～15	0								
	10～16		95～100	80～100	0～15								
	10～20		95～100	85～100		0～15	0						
	16～25			95～100	55～70	25～40	0～10						
	16～31.5		95～100		85～100			0～10	0				
	20～40			95～100		80～100			0～10	0			
	40～80					95～100			70～100		30～60	0～10	0

对表 4-7 所示的粒级中，混凝土用粗骨料应采用连续粒级（5 mm ～ D_M）。而单粒级（$1/2D_M$ ～ D_M）宜用于组合成满足要求的连续粒级，也可与连续粒级混合使用，以改善其级配或配成较大粒度的连续粒级。

2. 粗骨料的最大粒径

粗骨料公称粒级的上限，称为该粒级的最大粒径（D_M）。

粗骨料最大粒径的选用会直接影响水泥的用量。当最大粒径增大时，骨料总表面积减小，包裹其表面所需的水泥浆量会减少（见图 4-4）。因此，从经济的角度考虑，为节约水泥，应尽量增大粗骨料的最大粒径。

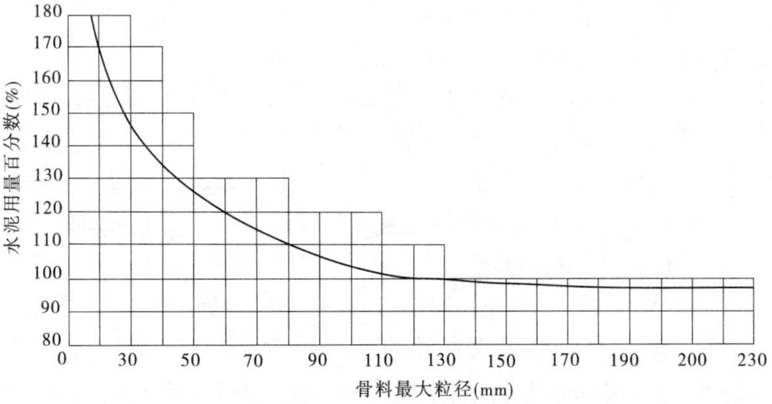

图 4-4　骨料最大粒径与水泥用量关系曲线

实践证明,当 D_M <80 mm 时,D_M 增大,水泥用量显著减小,节约水泥效果明显;当 D_M > 150 mm 时,D_M 增大,水泥用量不再显著减小。

粗骨料的最大粒径会对混凝土的强度产生影响。在水泥用量一定的情况下,混凝土的强度与 D_M 关系如图 4-5 所示。对于水泥用量较少的中、低强度混凝土,D_M 增大时,混凝土强度将增大;而对于水泥用量较多的高强度混凝土,D_M 增至 40 mm 时,混凝土强度最高,D_M > 40 mm 后混凝土强度会有所降低。

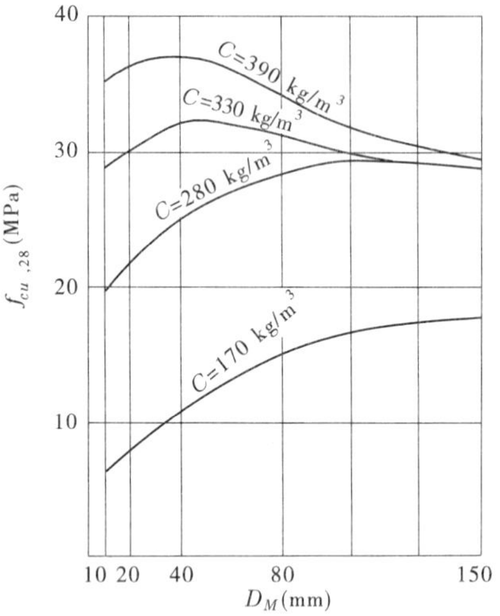

图 4-5　混凝土强度等级与骨料最大粒径关系曲线

骨料最大粒径也直接影响混凝土的耐久性。最大粒径大,则对混凝土的抗冻性、抗渗性也有不良的影响,尤其会显著降低混凝土的抗气蚀性。因此,在混凝土配合比设计时,粗骨料最大粒径 D_M 的选用应以满足混凝土性能要求为前提。如对大体积混凝土,在条件许可的情况下,在最大粒径 150 mm 范围内,应尽可能选用较大值;对高强混凝土及有抗气蚀性要求的外部混凝土,粗骨料最大粒径应不超过 40 mm;对港工混凝土,粗骨料最大粒径应不超过 80 mm。

另外,粗骨料最大粒径的选用,还应考虑混凝土结构或构件的断面尺寸、配筋情况及施工条件等的限制。

《混凝土结构工程施工质量验收规范(2011 年版)》(GB 50204—2002)规定,混凝土用的粗骨料,最大粒径 D_M 不得超过构件截面最小尺寸的 1/4,且不得超过钢筋最小净距的 3/4;对混凝土实心板,D_M 不宜超过板厚的 1/3,且不得超过 40 mm。

《水工混凝土施工规范》(DL/T 5144—2001)规定,当混凝土拌和机的容量为 0.8 ~ 1 m^3 时,D_M 不宜大于 80 mm,当拌和机的容量大于 1 m^3 时,D_M 不宜大于 150 mm;当采用常规皮带输送机运输混凝土时,D_M 不宜大于 80 mm,当采用深槽皮带、胎带机、塔带机运输混凝土时,D_M 不宜大于 150 mm。

《普通混凝土配合比设计规程》(JGJ 55—2011)及《水工混凝土配合比设计规程》(DL/T 5330—2005)规定,对泵送混凝土,粗骨料最大粒径与输送管径之比为:泵送高度在 50 m 以下时,对碎石不宜大于 1:3,对卵石不宜大于 1:2.5;泵送高度在 50 ~ 100 m 时,对碎石不宜大于 1:4,对卵石不宜大于 1:3;泵送高度在 100 m 以上时,对碎石不宜大于 1:5,对卵石不宜大于 1:4。

《混凝土泵送施工技术规程》(JGJ/T 10—2011)及《混凝土质量控制标准》(GB 50164—2011)规定,粗骨料最大粒径为 25 mm 时,泵送输送管内径应不小于 125 mm,粗骨料最大粒径为 40 mm 时,泵送输送管内径应不小于 150 mm。

3. *超径颗粒与逊径颗粒*

某一粒级粗骨料中所含大于该公称粒级上限粒径的颗粒,称为该粒级的超径颗粒;所含小于该公称粒级下限粒径的颗粒，称为该粒级的逊径颗粒。混凝土配制时，应严格控制各粒级粗骨料的超、逊径颗粒含量，《水工混凝土施工规范》(DL/T 5144—2001)规定：当用超逊径筛进行检验时，其控制标准为超径颗粒含量为0、逊径颗粒含量<2%。

(五)坚固性及压碎指标

坚固性是指骨料在自然风化和其他外界物理化学因素作用下抵抗破裂的能力。采用骨料试样经硫酸钠饱和溶液5次浸渍循环后的总质量损失百分率(%)来表示，具体应符合表4-8的规定。

表4-8　骨料的坚固性指标

骨料种类	质量损失率(%)				
	GB/T 14684—2011、GB/T 14685—2011			DL/T 5144—2001	
	Ⅰ类	Ⅱ类	Ⅲ类	有抗冻要求的混凝土	无抗冻要求的混凝土
天然砂、机制砂	≤8	≤8	≤10	≤8	≤10
卵石、碎石	≤5	≤8	≤12	≤5	≤12

压碎指标是指机制砂、卵石、碎石抵抗压碎的能力。其技术要求应符合表4-9的规定。

表4-9　机制砂、卵石、碎石的压碎指标

规范标准	骨料种类		混凝土强度等级	压碎指标(%)
GB/T 14684—2011	机制砂	Ⅰ类		≤20
		Ⅱ类		≤25
		Ⅲ类		≤30
GB/T 14685—2011	卵石	Ⅰ类		≤12
		Ⅱ类		≤14
		Ⅲ类		≤16
	碎石	Ⅰ类		≤10
		Ⅱ类		≤20
		Ⅲ类		≤30
DL/T 5144—2001	卵石		$C_{90}55 \sim C_{90}40$	≤12
			$\leq C_{90}35$	≤16
	碎石	水成岩*	$C_{90}55 \sim C_{90}40$	≤10
			$\leq C_{90}35$	≤16
		变质岩或深成的火成岩⊙	$C_{90}55 \sim C_{90}40$	≤12
			$\leq C_{90}35$	≤20
		喷出的火成岩⊙	$C_{90}55 \sim C_{90}40$	≤13
			$\leq C_{90}35$	≤30

注：1. *沉积岩、水成岩包括石灰岩、砂岩。

2. ⊙变质岩包括片麻岩、石英岩等；深成的火成岩包括花岗岩、正长岩、闪长岩和橄榄岩等；喷出的火成岩包括玄武岩、辉绿岩等。

（六）骨料的物理力学性质

1. 颗粒形状和表面特征

细骨料的颗粒形状和表面特征会影响其与水泥石间的黏结及混凝土拌和物的流动性。山砂和人工砂的颗粒形状粗糙尖锐、多棱角，与水泥石黏结较好，所拌制的混凝土强度较高，但拌和物的流动性较差；河砂、海砂，其颗粒多呈圆球形，表面光滑，与水泥石黏结较差，所拌制的混凝土强度较低，但拌和物的流动性好。

碎石和卵石的颗粒形状、表面特征及其对混凝土性质的影响与细骨料的类似。另外，粗骨料中还存在针、片状颗粒（凡卵石、碎石颗粒的长度大于该颗粒所属粒级的平均粒径2.4倍者为针状颗粒，厚度小于平均粒径0.4倍者为片状颗粒）的情况，它们会使骨料的空隙率增大，浪费水泥，而且受力后容易被折断破坏，使混凝土强度降低，为此应限制卵石、碎石中的针、片状颗粒含量不得过多，应符合表4-10的规定。对泵送混凝土而言，针、片状颗粒含量不宜大于10%。

表4-10　卵石、碎石中的针、片状颗粒含量

项目	GB/T 14685—2011			DL/T 5144—2001
	Ⅰ类	Ⅱ类	Ⅲ类	
针、片状颗粒总含量（按质量计，%）	≤5	≤10	≤15	≤15*

注：* 经试验论证，可放宽至25%。

2. 表观密度、堆积密度和空隙率

测定砂、石子的表观密度、堆积密度和空隙率，目的在于方便计算混凝土配合比和估算骨料的开采加工量、运输量。其值应符合如下规定：砂的表观密度不小于2 500 kg/m^3，松散堆积密度不小于1 400 kg/m^3，空隙率不大于44%；卵石、碎石的表观密度不小于2 600 kg/m^3，连续级配松散堆积空隙率应满足Ⅰ类≤43%、Ⅱ类≤45%、Ⅲ类≤47%。

砂、石子的表观密度反映骨料颗粒的致密程度，对骨料的品质影响较大，一般砂子的表观密度在2 600～2 700 kg/m^3。

骨料的堆积密度及空隙率与紧密程度有关，对粗骨料来说，还与其颗粒形状，针、片状颗粒含量及颗粒级配等关系较大。干砂在自然状态下的堆积密度为1 400～1 600 kg/m^3，在振实情况下的堆积密度为1 600～1 700 kg/m^3。

3. 骨料的含水状态

根据骨料开口孔隙吸水饱满程度及颗粒表面吸附水膜的情况，一般可将骨料的含水状态分为四种：干燥状态、气干状态、饱和面干状态和湿润状态，如图4-6所示。含水率等于零时称干燥状态；含水率与空气湿度相平衡时称气干状态；骨料表面干燥而内部开口孔隙吸水达饱和时称饱和面干状态；骨料不仅开口孔隙充满水，而且表面还吸附有一薄层水时称湿润状态。在混凝土配合比设计过程中，工业与民用建筑工程常以骨料干燥状态为基准，而水利水电工程常以骨料饱和面干状态为基准。

骨料中所含水分的质量占骨料烘干后质量的百分比，称为含水率ω。

饱和面干状态的骨料，其含水率就称为饱和面干吸水率ω_m（简称吸水率）。

对湿润状态的骨料，则可以饱和面干状态为基准，按式(4-3)计算其表面含水率$\omega_{表}$，

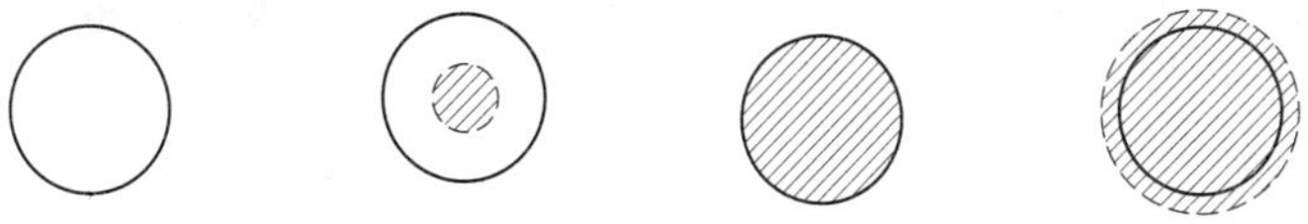

(a)干燥状态　(b)气干状态　(c)饱和面干状态　(d)湿润状态

图 4-6　骨料的含水状态

以供拌和混凝土时修正水、砂、石的用量。

$$\omega_{表} = \frac{\omega - \omega_m}{1 + \omega_m} \times 100\% \tag{4-3}$$

粗骨料的吸水率大小与颗粒的致密程度有关,粗骨料的颗粒越坚实,孔隙率越小,其品质就越好,吸水率也就越小,反之吸水率就大。若粗骨料的吸水率过大,会使混凝土的耐水性降低、抗冻性变差。所以,一般要求粗骨料的吸水率满足Ⅰ类≤1%、Ⅱ类及Ⅲ类≤2%。

4. 粗骨料的强度

为了满足所配制混凝土的强度要求,粗骨料必须具有足够的强度。

碎石的强度可用岩石的抗压强度和压碎指标值表示,当混凝土强度等级≥C60 时,应进行岩石抗压强度检验;岩石强度首先应由生产单位提供,工程中可采用压碎指标值进行质量控制。

卵石的强度可用压碎指标值表示。

岩石立方体抗压强度试验时,先将生产骨料所用的岩石加工成 50 mm×50 mm×50 mm 的立方体试件或 ϕ50 mm×50 mm 的圆柱体试件,然后置于水中浸泡 48 h,以测定水饱和状态下的抗压强度。岩石的抗压强度应比所配制混凝土的强度至少高 20%,且火成岩抗压强度应不小于 80 MPa,变质岩应不小于 60 MPa,水成岩应不小于 30 MPa。

粗骨料压碎指标测定,是将试样风干后筛除大于 19.0 mm 及小于 9.5 mm 的颗粒,并去除针、片状颗粒,取粒径为 9.5~19.0 mm 的一定量石子装入压碎指标测定仪的圆筒内,在压力机上按 1 kN/s 的速率均匀加荷到 200 kN 并稳定 5 s,卸荷后用孔径 2.36 mm 的方孔筛筛除被压碎的细粒,它的质量占试样总质量的百分数即为压碎指标值。粗骨料的压碎指标应符合表 4-9 的规定。

二、水泥

水泥是混凝土中的胶凝材料,与普通混凝土的其他组成材料相比,具有价格高、对混凝土性能影响明显的特点。为此,配制混凝土时,应恰当选择水泥,以便获得较好的技术经济效果。

(一)水泥品种的选择

配制混凝土时,应在充分了解水泥特性的基础上,结合混凝土工程特点、所处环境条件及施工工艺等来恰当选择水泥品种。

(二)水泥强度的选择

一般应结合水泥的用途、混凝土所处的环境条件等来选择适宜强度的水泥。一般来说,高强度等级的水泥适宜配制高强度等级的混凝土或对早期强度有特殊要求的混凝土;

而低强度等级的水泥，适宜配制低强度等级的混凝土或配制砌筑砂浆等。

三、混凝土拌和及养护用水

混凝土拌和用水和混凝土养护用水总称为混凝土用水，按水源可分为饮用水、地表水、地下水、再生水、混凝土企业设备洗刷水和海水等。凡符合现行国家标准《生活饮用水卫生标准》（GB 5749—2006）要求的饮用水，可不经检验直接作为混凝土用水。而地表水、地下水、再生水和混凝土企业设备洗刷水，在使用前应进行检验；当发现水受到污染和对混凝土性能有影响时，也应立即检验。

（一）混凝土拌和用水

混凝土企业设备洗刷水不宜用于预应力混凝土、装饰混凝土、加气混凝土和暴露于腐蚀环境的混凝土，不得用于使用碱活性或潜在碱活性骨料的混凝土。

海水含盐量较高，特别是较高的氯离子含量会导致混凝土中的钢筋锈蚀，使结构物破坏；而且海水会引起混凝土表面潮湿和泛霜，影响混凝土表面的质量。因此，未经处理的海水严禁用于钢筋混凝土和预应力混凝土，在无法获得水源的情况下，海水可用于素混凝土，但不宜用于装饰混凝土。

混凝土拌和用水不应有漂浮明显的油脂和泡沫，不应有明显的颜色和异味，其水质要求应符合表 4-11 的规定。另外，对于地表水、地下水、再生水的放射性还应符合现行国家标准《生活饮用水卫生标准》（GB 5749—2006）的规定。

表 4-11　混凝土拌和用水水质要求

项目	预应力混凝土	钢筋混凝土	素混凝土
pH 值	≥5.0	≥4.5	≥4.5
不溶物（mg/L）	≤2 000	≤2 000	≤5 000
可溶物（mg/L）	≤2 000	≤5 000	≤10 000
Cl^-（mg/L）*	≤500	≤1 000	≤3 500
SO_4^{2-}（mg/L）	≤600	≤2 000	≤2 700
碱含量（mg/L）⊙	≤1 500	≤1 500	≤1 500

注：1. * 对于设计使用年限为 100 年的结构混凝土，氯离子含量不得超过 500 mg/L；对于使用钢丝或经热处理钢筋的预应力混凝土，氯离子含量不得超过 350 mg/L。

2. ⊙碱含量按 $Na_2O + 0.658K_2O$ 计算值来表示。采用非碱活性骨料时，可不检验碱含量。

在进行水样检验时，其被检验水样应与饮用水样进行水泥凝结时间对比试验，对比试验的水泥初凝时间差及终凝时间差均不应大于 30 min；同时，初凝和终凝时间应符合现行国家标准《通用硅酸盐水泥》（GB 175—2007）的规定。被检验水样应与饮用水样进行水泥胶砂强度对比试验，被检验水样配制的水泥胶砂 3 d 和 28 d 强度不应低于饮用水配制的水泥胶砂 3 d 和 28 d 强度的 90%。

（二）混凝土养护用水

满足混凝土拌和用水要求即可满足混凝土养护用水要求，但混凝土养护用水要求可略低于混凝土拌和用水要求。

对硬化混凝土的养护用水，可不检验不溶物和可溶物，可不检验水泥凝结时间和水泥胶砂强度，而要重点控制 pH 值、氯离子含量、硫酸根离子含量和放射性指标等。

第四节　水泥混凝土的主要技术性质

水泥混凝土一般可划分为两个阶段与状态：凝结硬化前的塑性状态，即混凝土拌和物（或称新拌混凝土）；硬化之后的坚硬状态，即硬化混凝土（常简称混凝土）。为此，以下内容将围绕两种状态的混凝土来阐述其主要技术性质。

一、混凝土拌和物的性能

（一）和易性

1. 和易性的含义

混凝土的和易性，也称工作性，是指混凝土拌和物在一定的施工条件下易于施工操作（拌和、运输、浇筑、振捣）并获得质量均匀、成型密实的性能。混凝土拌和物的和易性是一项综合技术性质，它包括流动性、黏聚性和保水性三个方面的性能。

流动性是指混凝土拌和物在自重或机械（振捣）力作用下能产生的流动并均匀密实地填满模板的性能。流动性的大小直接影响施工的难易程度，也影响混凝土的质量，流动性过小（拌和物过稠），混凝土难以振捣，易造成内部孔隙增加；流动性过大（拌和物过稀），会分层离析，影响混凝土的均匀性。

黏聚性是指混凝土拌和物各组成材料之间有一定的黏聚力，不致在施工过程中产生分层和离析的现象。黏聚性不好的拌和物，石子和砂浆容易离析，振捣后会出现蜂窝、麻面、空洞等现象。

保水性是指混凝土拌和物具有一定的保水能力，不致在施工过程中出现严重的泌水现象。保水性差的混凝土拌和物在发生泌水的过程中，水分渗过的地方容易形成连通的孔隙，而且泌出的水分会在石子下面形成水隙，减弱水泥浆与石子的黏结能力，这些都将影响混凝土的密实性，降低混凝土的强度、抗渗性能等。

混凝土拌和物的流动性、黏聚性和保水性有其各自独立的内涵，彼此间既互相关联，又互相矛盾。流动性很大时，往往黏聚性和保水性差；适当减小流动性时，黏聚性和保水性会有所变好。所以，在某种具体条件下三个方面得到相对统一，就称混凝土拌和物获得了良好的和易性。

2. 和易性的评价方法和指标

目前，尚没有能够全面反映混凝土拌和物和易性的测定方法，通常是定量测定流动性，并辅以其他方法或直接观察（结合经验）来定性评定黏聚性和保水性，然后综合评定混凝土拌和物的和易性。

1）坍落度法与坍落扩展度法

将搅拌好的混凝土拌和物按一定方法装入圆台形坍落度筒内，并按一定方式插捣，待装满刮平后，垂直平稳地向上提起坍落度筒，量测筒高与坍落后混凝土试体最高点之间的高度差（mm），即为该混凝土拌和物的坍落度值（见图 4-7）。作为流动性指标，坍落度越大表示流动性越好。

当混凝土拌和物的坍落度大于 220 mm 时，一般加测坍落扩展度值，即用钢尺测量混凝土扩展后最终的最大直径和最小直径，在这两个直径之差小于 50 mm 的条件下，用其算术平均值作为坍落扩展度值，否则试验无效，须重做。

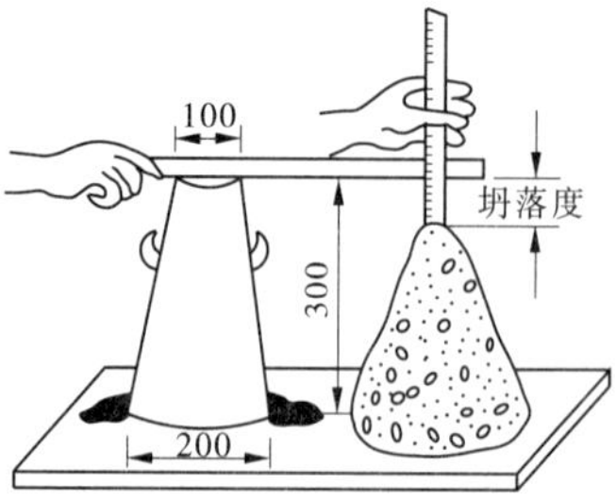

图 4-7　坍落度法试验

坍落度可以合理表示塑性或流动性混凝土拌和物的稠度（即流动性），拌和物坍落度小于 10 mm 的混凝土称为干硬性混凝土，坍落度为 10 ~ 90 mm 的混凝土称为塑性混凝土，坍落度为 100 ~ 150 mm 的混凝土称为流动性混凝土，坍落度不低于 160 mm 的混凝土称为大流动性混凝土。

在测定坍落度的同时，应观察混凝土拌和物的黏聚性及保水性，以全面地评定混凝土拌和物的和易性。

黏聚性的评价：将捣棒在已坍落的混凝土锥体侧面轻轻敲打，如果混凝土锥体逐渐下降，表示黏聚性良好；如果锥体突然倒塌、部分崩裂或石子离析，则表明黏聚性不好。对坍落度超过 220 mm 的混凝土拌和物，如果发现粗骨料在中央集堆、水泥浆从边缘析出，表示此混凝土拌和物抗离析性不好，即黏聚性较差。

保水性的评价：坍落度筒提起后，如有较多的稀浆从底部析出，混凝土锥体也因失浆而骨料外露，则表明此混凝土拌和物的保水性能不好；如无此种现象，则表示此混凝土拌和物保水性良好。

2）维勃稠度法

对于坍落度值小于 10 mm 的干硬性混凝土，常采用维勃稠度法测定拌和物的维勃稠度，以评价混凝土拌和物的稠度。

维勃稠度法适用于骨料最大粒径不超过 40 mm，维勃稠度为 5 ~ 30 s 的混凝土拌和物稠度测定。试验时，将坍落度筒放在直径为 40 mm、高度为 200 mm 圆筒中，圆筒安装在专用的振动台上，如图 4-8 所示。按坍落度试验的方法将混凝土拌和物装入坍落度筒内后再拔去坍落筒，并在混凝土锥体顶上放置一个透明圆盘，然后开动振动台并记录时间，从开始振动至透明圆盘底面被水泥浆布满瞬间，所经历的时间（以 s 计）即为混凝土拌和物的维勃稠度值（*VC* 值）。

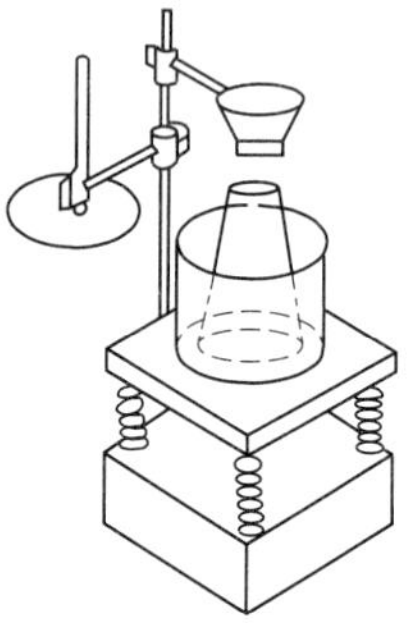

图 4-8　维勃稠度仪

塑性或流动性混凝土拌和物的坍落度等级划分、干硬性混凝土拌和物的维勃稠度等级划分，应符合《普通混凝土配合比设计规程》（JGJ 55—2011）及《混凝土质量控制标准》（GB 50164—2011）的规定（见表 4-12）。

3. 流动性（坍落度）的选择

混凝土拌和物的流动性（坍落度）应根据结构类型、构件截面大小、钢筋疏密、施工工艺和捣实方法等确定，其基本原则是：

（1）结构、构件的截面尺寸较大时，选用较小的坍落度。

表 4-12　混凝土拌和物的坍落度等级、维勃稠度等级划分

坍落度等级划分		维勃稠度等级划分	
等级	坍落度（mm）	等级	维勃稠度（s）
S_1	10～40	V_0	≥31
S_2	50～90	V_1	30～21
S_3	100～150	V_2	20～11
S_4	160～210	V_3	10～6
S_5	≥220	V_4	5～3

注：坍落度测定结果，在分级评定时，其表达取舍至临近的 10 mm。

（2）结构、构件的钢筋配置较疏时，选用较小的坍落度。

（3）机械振捣时，选用较小的坍落度；人工振捣时，选用较大的坍落度。

针对不同情况，可参照表 4-13 选用混凝土拌和物的坍落度值。

选用较大坍落度的混凝土拌和物，显然更有利于施工操作，但会伴随黏聚性和保水性变差，容易产生离析、泌水现象，而且水泥用量也会增加。为此，从技术、经济方面综合考虑，流动性（坍落度）的选用原则是，在便于施工操作并能保证混凝土振捣密实的条件下，应尽可能取用较小的坍落度，以便节约水泥并获得质量较高的混凝土。

表 4-13　混凝土的坍落度选择

规范标准	混凝土类别或施工条件	坍落度（mm）
《水工混凝土施工规范》（DL/T 5144—2001）	素混凝土或少筋混凝土	10～40
	配筋率不超过 1% 的钢筋混凝土	30～60
	配筋率超过 1% 的钢筋混凝土	50～90
《混凝土泵送施工技术规程》（JGJ/T 10—2011）	混凝土泵送高度在 50 m 以下	100～140
	混凝土泵送高度 50～100 m	150～180
	混凝土泵送高度 100～200 m	190～220
	混凝土泵送高度 200～400 m	230～260

4. 影响混凝土拌和物和易性的因素分析

影响混凝土拌和物和易性的主要因素有水泥浆用量、水泥浆稠度、含砂率、原材料种类、施工工艺等。

1）水泥浆用量（单位用水量 W）的影响

在混凝土拌和物中，水泥浆的作用是填充骨料空隙，包裹骨料形成润滑层，从而赋予拌和物流动性。

混凝土拌和物在保持水灰比不变的情况下，水泥浆用量越多，流动性越大，反之越小。但水泥浆用量过多，黏聚性及保水性变差，对强度及耐久性产生不利影响；水泥浆用量过小，黏聚性差。因此，水泥浆不能用量太少，但也不能太多，应以满足拌和物流动性、黏聚性、保水性要求为宜。

2）水泥浆稠度（水胶比 W/B 或水灰比 W/C）的影响

当水泥品种一定时，水泥浆的稠度取决于水胶比 W/B（或水灰比 W/C）的大小。水胶比（W/B）是指混凝土拌和物中用水量与胶凝材料质量（即水泥与矿物掺合料的用量之和）之比；当混凝土为不掺掺合料的普通混凝土时，即为用水量与水泥质量之比，常称为水灰比（W/C）。

当 W/B（W/C）过小时，水泥浆干稠，拌和物流动性过低，给施工造成困难。当 W/B（W/C）过大时，水泥浆稀，使拌和物的黏聚性和保水性变差，产生离析、流浆及泌水现象，并严重影响混凝土的强度和耐久性。故混凝土拌和物的水胶比 W/B（水灰比 W/C）不得过大，也不得过小，应根据混凝土强度和耐久性的要求合理选用。混凝土常用水胶比 W/B（水灰比 W/C）的取值范围为 0.40 ~ 0.80。

无论是水泥浆的用量还是水泥浆的稠度，实际上对混凝土拌和物流动性起决定作用的主要是单位体积混凝土的用水量多少，即在配制混凝土时，若所用粗、细骨料种类及比例一定，当水胶比 W/B（水灰比 W/C）在一定范围内（0.40 ~ 0.80）变动时，为获得要求的流动性，所需拌和用水量基本上是一定的，该性质称为“恒定用水量法则”或“固定用水量定则”。

混凝土配合比设计时，拌和物的用水量可参照表 4-14、表 4-15 初步选用。

表 4-14　混凝土初选用水量

（依据《普通混凝土配合比设计规程》（JGJ 55—2011））　　（单位：kg/m³）

混凝土种类	拌和物稠度		卵石最大粒径				碎石最大粒径			
	项目	指标	10 mm	20 mm	31.5 mm	40 mm	16 mm	20 mm	31.5 mm	40 mm
塑性混凝土	坍落度	10 ~ 30 mm	190	170	160	150	200	185	175	165
		35 ~ 50 mm	200	180	170	160	210	195	185	175
		55 ~ 70 mm	210	190	180	170	220	205	195	185
		75 ~ 90 mm	215	195	185	175	230	215	205	195
干硬性混凝土	维勃稠度	16 ~ 20 s	175	160		145	180	170		155
		11 ~ 15 s	180	165		150	185	175		160
		5 ~ 10 s	185	170		155	190	180		165

注：1. 本表适用于骨料含水状态为干燥状态。

2. 本表用水量系采用中砂时的取值。当采用细砂或粗砂时，用水量可增加或减少 5 ~ 10 kg/m³。

3. 掺用各种外加剂或掺合料时，用水量应相应调整。

4. 水胶比为 0.40 ~ 0.80 的混凝土可按表中数据选取用水量；当混凝土水胶比小于 0.40 时，用水量可通过试验确定。

3）含砂率（β_s）的影响

混凝土含砂率简称砂率，它是指混凝土中砂的质量占砂、石总质量的百分率。

砂率过大，骨料的空隙率及总表面积大，拌和物干稠，流动性降低；砂率过小，砂浆数量不足，流动性降低，而且会影响黏聚性和保水性。上述情况表明：砂率大小影响拌和物的和易性及水泥用量。因此，配制混凝土时砂率不宜过大，也不宜过小，应有一个合理值，即为合理砂率或称最佳砂率。

表 4-15　混凝土初选用水量

（依据《水工混凝土试验规程》（SL 352—2006）、《水工混凝土配合比设计规程》（DL/T 5330—2005））

（单位：kg/m^3）

混凝土种类	拌和物稠度		卵石最大粒径				碎石最大粒径			
	项目	指标	20 mm	40 mm	80 mm	150 mm	20 mm	40 mm	80 mm	150 mm
常态混凝土	坍落度	10 ~ 30 mm	160	140	120	105	175	155	135	120
		30 ~ 50 mm	165	145	125	110	180	160	140	125
		50 ~ 70 mm	170	150	130	115	185	165	145	130
		70 ~ 90 mm	175	155	135	120	190	170	150	135
碾压混凝土	维勃稠度	10 ~ 20 s		110	95			120	105	
		5 ~ 10 s		115	100			130	110	
		1 ~ 5 s		120	105			135	115	

注：1. 本表适用于骨料含水状态为饱和面干状态。

2. 常态混凝土是指混凝土拌和物坍落度为 10 ~ 100 mm 的混凝土；碾压混凝土是指利用振动碾振动压实的混凝土。

3. 本表适用于细度模数为 2.6 ~ 2.8 的天然中砂。当使用细砂或粗砂时，对采用坍落度控制的普通混凝土，用水量需增加或减少 3 ~ 5 kg/m^3，对采用维勃稠度控制的碾压混凝土，用水量需增加或减少 5 ~ 10 kg/m^3。

4. 采用人工砂时，用水量需增加 5 ~ 10 kg/m^3。

5. 掺入火山灰质掺合料时，用水量需增加 10 ~ 20 kg/m^3；采用Ⅰ级粉煤灰时，用水量可减少 5 ~ 10 kg/m^3。

6. 采用外加剂时，用水量应根据外加剂的减水率作适当调整，外加剂的减水率应通过试验确定。

7. 水胶比为 0.40 ~ 0.70 的混凝土可按表中数据选取用水量；对水灰比小于 0.40 的混凝土以及采用特殊成型工艺的混凝土，用水量应通过试验确定。

合理砂率是指在用水量及水泥用量一定的情况下，能使混凝土拌和物获得最大的流动性，且能保持黏聚性及保水性良好时的砂率值（见图 4-9）；或指在水灰比一定的情况下，混凝土拌和物获得所要求的流动性及良好的黏聚性和保水性，而水泥用量为最少时的砂率值（见图 4-10）。

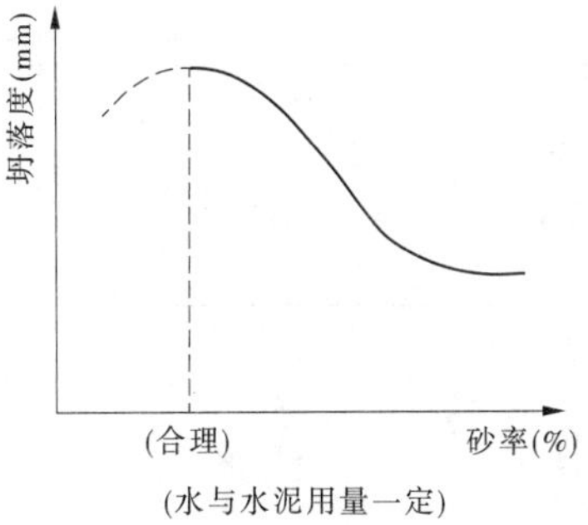

(水与水泥用量一定)

图 4-9　含砂率与坍落度间的关系曲线

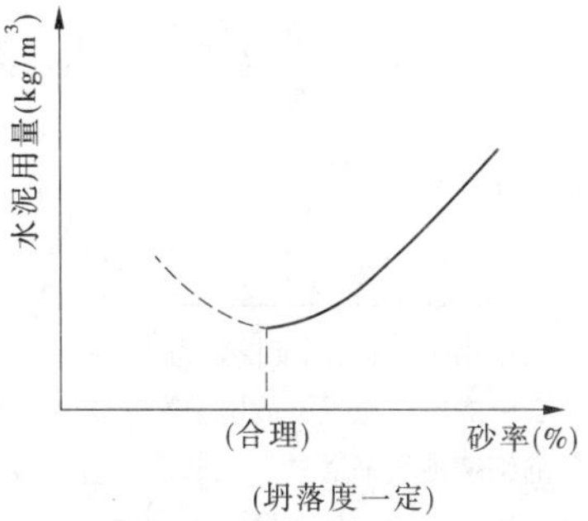

(坍落度一定)

图 4-10　含砂率与水泥用量间的关系曲线

在混凝土配合比设计过程中，合理砂率值可根据经验总结参照表 4-16、表 4-17 选取。

4）组成材料性质的影响

a. 水泥品种的影响

水泥对混凝土拌和物和易性的影响主要表现在水泥的需水性上。使用不同水泥拌制的混凝土，其和易性由好至坏：粉煤灰硅酸盐水泥→普通硅酸盐水泥、硅酸盐水泥→矿渣硅酸盐水泥（流动性大，但黏聚性差）→火山灰质硅酸盐水泥（黏聚性和保水性好，但流动性差）。

表 4-16 混凝土砂率初选表

（依据《普通混凝土配合比设计规程》(JGJ 55—2011)） (%)

水胶比(W/B)	卵石最大粒径			碎石最大粒径		
	10 mm	20 mm	40 mm	16 mm	20 mm	40 mm
0.40	26～32	25～31	24～30	30～35	29～34	27～32
0.50	30～35	29～34	28～33	33～38	32～37	30～35
0.60	33～38	32～37	31～36	36～41	35～40	33～38
0.70	36～41	35～40	34～39	39～44	38～43	36～41

注：1. 本表数值是中砂的选用砂率，对细砂或粗砂，可相应地减少或增加砂率。
2. 只用一个单粒级粗骨料配制混凝土时，砂率应适当增大。
3. 采用人工砂配制混凝土时，砂率可适当增大。
4. 坍落度为 10～60 mm 的混凝土，可根据粗骨料品种、最大公称粒径及水胶比按表中数据选取砂率；对坍落度小于 10 mm 的混凝土，其砂率应经试验确定；对坍落度大于 60 mm 的混凝土，其砂率可经试验确定，也可在表中数据的基础上，按坍落度每增大 20 mm、砂率增大 1% 的幅度予以调整。

表 4-17 混凝土砂率初选表

（依据《水工混凝土试验规程》(SL 352—2006)、《水工混凝土配合比设计规程》(DL/T 5330—2005)）

(%)

混凝土种类	水胶比(W/B)	骨料最大粒径			
		20 mm	40 mm	80 mm	150 mm
常态混凝土	0.40	36～38	30～32	24～26	20～22
	0.50	38～40	32～34	26～28	22～24
	0.60	40～42	34～36	28～30	24～26
	0.70	42～44	36～38	30～32	26～28
碾压混凝土	0.40		32～34	27～29	
	0.50		34～36	29～32	
	0.60		36～38	32～34	
	0.70		38～40	34～36	

注：1. 本表适用于卵石、细度模数为 2.6～2.8 的天然中砂拌制的混凝土。
2. 本表中的碾压混凝土适用于维勃稠度 VC 值为 5～12 s。
3. 砂的细度模数每增减 0.1，砂率相应增减 0.5%～1.0%。
4. 使用碎石时，砂率需增加 3%～5%。
5. 使用人工砂时，砂率需增加 2%～3%。
6. 掺用引气剂时，砂率可减小 2%～3%；掺用粉煤灰时，砂率可减小 1%～2%。
7. 坍落度为 10～60 mm 的混凝土，可根据粗骨料品种、最大公称粒径及水胶比按表中数据选取砂率；对坍落度小于 10 mm 的混凝土，其砂率应经试验确定；对坍落度大于 60 mm 的混凝土，其砂率可经试验确定，也可在表中数据的基础上，按坍落度每增大 20 mm 砂率增大 1% 的幅度予以调整。

b. 骨料性质的影响

品种的影响：与卵石、河砂、海砂拌制的混凝土拌和物相比，碎石、山砂及人工砂拌制的混凝土拌和物流动性较差，但黏聚性较好。

级配的影响：采用级配良好的骨料拌制混凝土，其拌和物具有较好的和易性和保水性，而且在水泥浆用量一定的情况下会提高流动性。

最大粒径的影响：当骨料用量一定时，粗骨料的 D_M 越大，则骨料的总比表面积越小，所拌制的混凝土拌和物流动性大。

c. 外加剂的影响

外加剂（如减水剂、引气剂等）对混凝土的和易性有很大的影响。少量的外加剂能使混凝土拌和物在不增加水泥用量的条件下，获得良好的和易性。

d. 掺合料的影响

掺合料的品质和掺量对混凝土拌和物的和易性影响较大。如掺入优质粉煤灰可以显著改善混凝土拌和物的和易性；但若掺入品质较差的粉煤灰，则往往会使混凝土拌和物的流动性降低。

5）拌和物存放时间及环境温度的影响

存放时间越长，水分蒸发，坍落度下降。环境温度升高，水分蒸发及水化反应加快，坍落度会相应下降。

6）施工工艺的影响

对配合比相同的混凝土拌和物来说，机械拌和时的坍落度损失大于人工拌和时的坍落度损失，且搅拌时间越长，坍落度损失越大。

5. 改善混凝土拌和物和易性的措施

（1）调节混凝土的材料组成。

①采用级配良好的砂、石料。

②选用细度模数适宜的中砂；在可能的条件下，尽量采用最大粒径较大的石子。

③选用合理砂率，在满足黏聚性及保水性的前提下，应尽可能使用较低的砂率。

④当拌和物坍落度太小时，保持水灰比不变，增加适量的水泥浆；当拌和物坍落度太大时，保持砂率不变，增加适量的砂、石。

（2）掺加各种外加剂（如减水剂、引气剂等）。

（3）提高振捣机械设备的效能。

（二）凝结时间

水泥的水化反应与凝结是混凝土拌和物产生凝结的最主要原因，另外，水灰比也会显著影响混凝土拌和物的凝结。但不同工程配制混凝土的水灰比值，与水泥凝结时间测定时的标准稠度水泥净浆的水灰比有所不同，所以说，混凝土拌和物的凝结时间与所用水泥的凝结时间有关，但与水泥的凝结时间并不一致。一般来说，在其他条件不变的情况下，混凝土所用水泥的凝结时间越长，则混凝土拌和物的凝结时间也相应较长；混凝土的水灰比值越大，则混凝土拌和物的凝结时间也较长。

混凝土拌和物的凝结时间还受到其他因素的影响，比如说，混凝土掺用缓凝剂（速凝剂）将明显延长（缩短）拌和物的凝结时间；混凝土掺用粉煤灰将延长拌和物的凝结时间；

外界环境温度高、气候干燥时,则拌和物的凝结时间会缩短。

一般通过贯入阻力法测定混凝土拌和物的凝结时间,试验时,先用 5 mm 标准筛从混凝土拌和物中筛除砂浆,待拌和均匀后按规定的方法装入到上口径 160 mm、下口径 150 mm、净高 150 mm 的砂浆试样筒中,然后每隔一定时间把贯入阻力仪的测针均匀地贯入到待测砂浆中一定深度(25 ±2) mm,测定其贯入阻力值(贯入阻力测试在 0.2 ~28 MPa 应至少进行 6 次),并绘制出贯入阻力与时间之间的关系曲线,以 3.5 MPa 和 28 MPa 画两条平行于横坐标的直线,分别与曲线相交的两个交点的横坐标即为混凝土拌和物的初凝时间和终凝时间,如图 4-11 所示。初凝时间表示施工时间的极限,终凝时间表示混凝土力学强度开始发展。

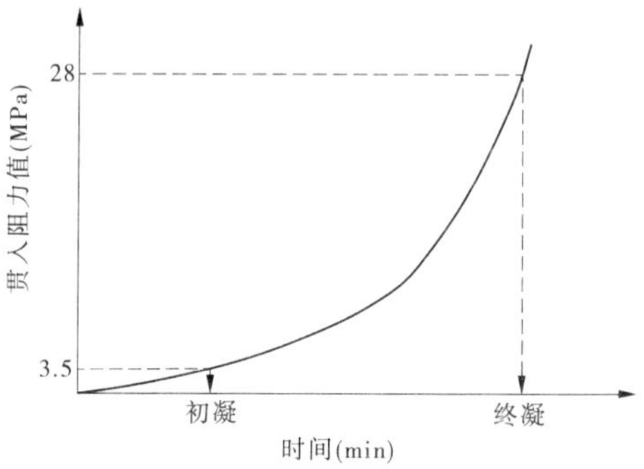

图 4-11　混凝土拌和物的凝结时间

二、硬化混凝土的性能

(一)混凝土的强度

硬化混凝土的强度有抗压强度、劈裂抗拉强度、抗弯强度、抗剪强度等几种形式,其中以抗压强度值最大。因此,混凝土较适宜用作受压为主的结构和构件。

混凝土的各种强度及耐久性往往与抗压强度有着密切联系,故工程中常将抗压强度作为混凝土结构设计的主要参数和质量评价的主要指标。

1. 混凝土的抗压强度

1)混凝土的立方体抗压强度及强度等级

《普通混凝土力学性能试验方法标准》(GB/T 50081—2002)规定,以边长为 150 mm 的立方体标准试件,在标准条件下养护至 28 d 龄期(采用标准养护室时,应控制室内温度为(20 ±2) ℃、相对湿度为 95% 以上;在没有标准养护室时,可在温度为(20 ±2) ℃的不流动的 $Ca(OH)_2$ 饱和溶液中养护),用标准试验方法测得的极限抗压强度值,称为混凝土立方体抗压强度(简称混凝土抗压强度),以 f_{cu} 或 f_{cc} 表示。

在实际工程中,也可根据粗骨料最大粒径的尺寸,选用不同尺寸的非标准试件来测定混凝土抗压强度。由于试件尺寸不同,会影响抗压强度值,故应在非标准试件测得的抗压强度基础上乘以相应的尺寸换算系数,以将其转换成标准试件的抗压强度值。采用边长为 100 mm 的立方体试件时,尺寸换算系数取 0.95;采用边长为 200 mm 的立方体试件时,尺寸换算系数取 1.05;采用边长为 300 mm 的立方体试件时,尺寸换算系数取 1.15;采用边长为 450 mm 的立方体试件时,尺寸换算系数取 1.36。

混凝土强度等级划分、评定时,不直接采用试验测得的混凝土立方体抗压强度 f_{cu},而是采用立方体抗压强度标准值 $f_{cu,k}$。依据国家标准《混凝土结构设计规范》(GB 50010—2010)的规定,所谓的立方体抗压强度标准值 $f_{cu,k}$,就是指按照标准方法制作养护的边长为 150 mm 的立方体试件,在 28 d 龄期用标准试验方法测得的具有 95% 保证率的抗压强度。规范指出，根据立方体抗压强度标准值将混凝土划分为 C10、C15、C20、C25、C30、C35、C40、C45、C50、C55、C60、C65、C70、C75 及 C80 等 15 个强度等级，“C”为混凝土强度符号，“C”后面的数字为混凝土立方体抗压强度标准值。

而对于水利枢纽工程混凝土来说，其结构复杂，所以不同工程部位有不同保证率（P）要求，如大体积混凝土一般要求 $P = 80\%$，体积较大的钢筋混凝土工程要求 $P = 85\% \sim 90\%$，薄壁结构工程要求 $P = 95\%$ 等，而且对于水工大体积混凝土而言，设计龄期一般不采用28 d，而普遍采用90 d或180 d龄期。为此水工混凝土强度等级常用 $C_{90}15$、$C_{180}20$…方式表示，其含义是保证率为 80% 情况下，90 d 龄期的立方体抗压强度标准值为 15 MPa、180 d 龄期的立方体抗压强度标准值为 20 MPa…

2）不同强度等级混凝土的适用性

在一般情况下，C10 ~ C15 多用于垫层、基础、地坪及受力不大的结构；C15 ~ C25 常用于普通混凝土结构的梁、板、柱、楼梯及屋架；C25 ~ C30 常用于大跨度结构、耐久性要求较高的结构、预制构件等；C30 以上常用于预应力钢筋混凝土结构、吊车梁及特种构件等。

3）混凝土的轴心抗压强度

在实际工程中，混凝土构件形式各异，并非都是立方体，如工民建的混凝土结构绝大部分是棱柱体或圆柱体的，为此在混凝土结构设计中，有时采用轴心抗压强度值作为计算依据。

目前，我国以 150 mm × 150 mm × 300 mm 的棱柱体试件作为混凝土轴心抗压强度的标准试件。大量试验结果表明，混凝土标准试件的轴心抗压强度与标准试件的立方体抗压强度之间有着密切的关系，《混凝土结构设计规范》（GB 50010—2010）指出可采用式（4-4）或表 4-18 来估算混凝土的轴心抗压强度标准值 f_{ck}。

$$f_{ck} = 0.88\alpha_{c1}\alpha_{c2}f_{cu,k} \tag{4-4}$$

式中　f_{ck}——混凝土轴心抗压强度标准值，MPa；

$f_{cu,k}$——混凝土立方体抗压强度标准值，MPa；

α_{c1}——棱柱体强度与立方体强度之比值，对≤C50，取 $\alpha_{c1} = 0.76$，对 C80，取 $\alpha_{c1} = 0.82$，中间按线性插值；

α_{c2}——C40 以上混凝土需考虑的脆性折减系数，对 C40，取 $\alpha_{c2} = 1.00$，对 C80，取 $\alpha_{c2} = 0.87$，中间按线性插值。

表 4-18　混凝土轴心抗压强度标准值　（单位：MPa）

混凝土强度等级	C15	C20	C25	C30	C35	C40	C45	C50	C55	C60	C65	C70	C75	C80
f_{ck}	10.0	13.4	16.7	20.1	23.4	26.8	29.6	32.4	35.5	38.5	41.5	44.5	47.4	50.2

4）影响混凝土抗压强度的因素

a. 材料组成对混凝土强度的影响

ⅰ. 水泥强度和水胶比

混凝土受力破坏时，其破坏形式有三种：其一是硬化水泥石与骨料间的分界面破坏即黏结面破坏;其二是硬化水泥石本身发生破坏;其三是骨料本身的破坏。对于强度较低的普通混凝土来说,因骨料强度往往大大超过水泥石强度和黏结面强度,常见的破坏形式是前两种,一般不会发生第三种破坏形式。

所以说,普通混凝土的强度主要取决于水泥石强度及其与骨料表面的黏结强度,而它们又取决于水泥强度和水胶比的大小,即水泥强度和水胶比是影响普通混凝土强度的主要因素。由于水泥水化时所需的结合水很少(一般只占水泥质量的23%左右),但在拌制混凝土时,为了获得必要的流动性,常需用较多的水(占胶凝材料质量的40%~80%),即采用较大的水胶比。当混凝土硬化后,多余的水分就残留在混凝土中形成水泡或蒸发后形成气孔,大大地减少了混凝土抵抗荷载的有效断面,而且可能在孔隙周围产生应力集中;同时,多余的水分产生泌水时,混凝土的微细裂隙也将增加,导致水泥石与骨料间的黏结强度降低。因此,在水泥强度等级相同的情况下,水胶比愈大,水泥石的强度愈低,与骨料黏结强度也愈小,混凝土的强度就愈低。需要指出的是,如果水胶比太小,拌和物过于干硬,在一定的捣实成型条件下,无法保证浇筑质量,混凝土中将出现较多的蜂窝、孔洞而使强度降低。混凝土强度与水胶比间的关系如图4-12所示。

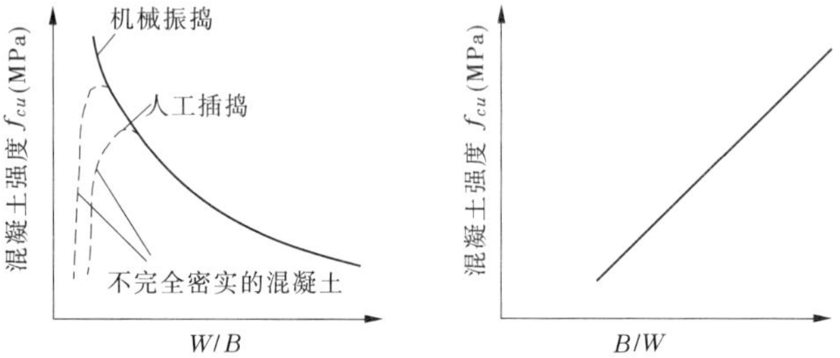

图4-12　混凝土强度与水胶比间的关系

ⅱ. 骨料的影响

当骨料级配良好、表面粗糙、砂率适当时,由于组成了坚固、密实的骨架,有利于混凝土强度的提高。当混凝土骨料中有害杂质较多,品质低,级配不好时,会降低混凝土的强度。

骨料强度也对高强度混凝土的强度产生较大影响。对于高强度混凝土来说,若选用的骨料强度较低,在混凝土破坏时是有可能三种破坏形式同时伴随发生的,所以说影响高强度混凝土强度的主要因素是水泥强度、水胶比及骨料强度。

上述两方面因素对混凝土抗压强度的影响,可用保罗米公式反映出来,即

$$f_{cu,0} = \alpha_a f_b (B/W - \alpha_b) \tag{4-5}$$

式中　$f_{cu,0}$——混凝土的配制强度,MPa;

f_b——胶凝材料28 d胶砂抗压强度值(若混凝土不掺矿物掺合料,则为水泥28 d胶砂抗压强度值f_{ce}),MPa,可实测,当无实测值时,可根据式(4-6)确定;

B/W——胶水比,即混凝土中胶凝材料与水的质量比(若混凝土不掺矿物掺合料,则为灰水比,即水泥与水的质量比);

α_a、α_b——回归系数,应通过试验由建立的胶水比与混凝土强度关系式确定,当不具备试验统计资料时,可按《普通混凝灰土配合比设计规程》(JGJ 55—

2011)的经验值选用，即骨料含水以干燥状态为基准时，若采用碎石，$\alpha_a=0.53$、$\alpha_b=0.20$，若采用卵石，$\alpha_a=0.49$、$\alpha_b=0.13$，骨料含水以饱和面干状态为基准时，则应对系数作相应修正。

$$f_b = \gamma_f \gamma_s f_{ce} \tag{4-6}$$

式中　γ_f、γ_s——粉煤灰影响系数和粒化高炉矿渣粉影响系数，可按表4-19选用；

f_{ce}——水泥28 d胶砂抗压强度值，MPa，可实测，当无实测值时，可根据式(4-7)确定。

$$f_{ce} = \gamma_c f_{ce,g} \tag{4-7}$$

式中　$f_{ce,g}$——水泥强度等级值，MPa；

γ_c——水泥强度等级值的富裕系数，可按实际统计资料确定，当缺乏实测统计资料时，也可按表4-20选用。

表4-19　粉煤灰影响系数(γ_f)和粒化高炉矿渣粉影响系数(γ_s)

掺量(%)	粉煤灰影响系数(γ_f)	粒化高炉矿渣粉影响系数(γ_s)
0	1.00	1.00
10	0.85～0.95	1.00
20	0.75～0.85	0.95～1.00
30	0.65～0.75	0.90～1.00
40	0.55～0.65	0.80～0.90
50	—	0.70～0.85

注：1. 采用Ⅰ级、Ⅱ级粉煤灰宜取上限值。

2. 采用S75级粒化高炉矿渣粉宜取下限值，采用S95级粒化高炉矿渣粉宜取上限值，采用S105级粒化高炉矿渣粉可取上限值加0.05。

3. 当超出表中的掺量时，粉煤灰和粒化高炉矿渣粉的影响系数应通过试验确定。

表4-20　水泥强度等级值的富裕系数(γ_c)

水泥强度等级值	32.5	42.5	52.5
富裕系数(γ_c)	1.12	1.16	1.10

式(4-5)的混凝土强度与胶水比间的关系式，在工程中有两个用途：可根据所用的水泥强度和水胶比估计所配制混凝土的28 d强度；也可根据要求的混凝土28 d强度，以及所选用水泥的强度来计算应采用的水胶比。

b. 养护条件对混凝土强度的影响

ⅰ. 温度及湿度

养护温度高，水泥水化速度快，混凝土强度的发展也快；反之，在低温下混凝土强度发展迟缓。当温度降到冰点以下时，水泥将停止水化，强度停止发展，而且易使硬化混凝土结构遭到破坏。因此，冬季施工时，混凝土应特别注意保温养护，防止早期受冻破坏。

水是水泥水化的必要条件。如果湿度不够，水泥水化反应不能正常进行，甚至停止水化，会严重降低混凝土强度。因此，在混凝土浇筑完毕后，应在8～12 h内进行覆盖并保湿养护;在夏季施工的混凝土,要特别注意浇水保湿。《混凝土结构工程施工质量验收规范(2011 年版)》(GB 50204—2002)规定,混凝土浇水养护的时间:对采用硅酸盐水泥、普通硅酸盐水泥或矿渣硅酸盐水泥拌制的混凝土,不得少于 7 d;对掺用缓凝型外加剂或有抗渗要求的混凝土,不得少于 14 d。

ⅱ. 龄期

龄期是指混凝土在正常养护条件下所经历的时间。混凝土的强度随龄期的增长而提高,早期显著,后期逐渐缓慢。普通硅酸盐水泥配制的混凝土,在标准养护条件下,其强度发展大致与龄期的常用对数成正比关系,其经验公式如下

$$\frac{f_{cu(n)}}{f_{cu(28)}} = \frac{\lg n}{\lg 28} \tag{4-8}$$

式中 n——养护龄期,$n \geqslant 3$ d;

$f_{cu(n)}$——混凝土 n d 龄期的抗压强度,MPa;

$f_{cu(28)}$——混凝土 28 d 龄期的抗压强度,MPa。

根据式(4-8),可根据早期强度估算混凝土 28 d 的强度;或推算 28 d 前混凝土达到某一强度所需的养护天数,如确定生产施工进度:混凝土的拆模、构件的起吊、放松预应力钢筋、制品堆放、出厂等的日期。

c. 试验条件对混凝土强度的影响

在试验条件方面、试件尺寸、试件形状、表面状态、加荷速度等均对混凝土强度测定结果产生影响。

d. 施工工艺的影响

机械化的施工操作容易保证混凝土的拌和和浇筑质量,有助于提高混凝土强度。所以,在混凝土施工时,应尽量采用机械搅拌和振捣。

另外,采用 SEC 施工法的混凝土,因可以提高水泥石与骨料间界面的黏结强度,故可提高混凝土的强度。其具体做法是,先在砂子、碎石的表面以较小水胶比的水泥浆包成一层外壳,然后将剩余水量加入进行搅拌,成为流动性较好的混凝土。

2. 混凝土的抗拉强度

混凝土属脆性材料,抗拉强度很低,只有抗压强度的 1/20 ~ 1/10,故在结构设计中,不考虑混凝土承受拉力,而是在混凝土中配以钢筋,由钢筋来承受拉力。但确定抗裂度时,须考虑抗拉强度,它是结构设计中确定混凝土抗裂度的重要指标。

混凝土抗拉强度可采用轴心抗拉法或劈裂法试验测试。常用的是劈裂法,根据所测得的破坏荷载,可依式(4-9)计算出劈裂抗拉强度。

$$f_{ts} = \frac{2F}{\pi A} = 0.637\,\frac{F}{A} \tag{4-9}$$

式中 f_{ts}——混凝土劈裂抗拉强度,MPa;

F——试件破坏荷载,N;

A——试件劈裂面面积,mm^2。

在混凝土结构设计中,可根据《混凝土结构设计规范》(GB 50010—2010)按式(4-10)或表 4-21 来选取混凝土的轴心抗拉强度标准值 f_{tk}。

$$f_{tk} = 0.88 \times 0.395 f_{cu,k}^{0.55}(1 - 1.645\delta)^{0.45}\alpha_{c2} \tag{4-10}$$

式中　f_{tk}——混凝土轴心抗拉强度标准值,MPa;

δ——混凝土立方体强度采用的变异系数,按表4-22选用;

其他符号含义同前。

表4-21　混凝土轴心抗拉强度标准值

混凝土强度等级	C15	C20	C25	C30	C35	C40	C45	C50	C55	C60	C65	C70	C75	C80
f_{tk}	1.27	1.54	1.78	2.01	2.20	2.39	2.51	2.64	2.74	2.85	2.93	2.99	3.05	3.11

表4-22　混凝土立方体强度采用的变异系数δ取值

$f_{cu,k}$	C15	C20	C25	C30	C35	C40	C45	C50	C55	C60～C80
δ	0.21	0.18	0.16	0.14	0.13	0.12	0.12	0.11	0.11	0.10

3.提高混凝土强度的措施

1)采用高强度水泥和低水胶比

在相同的配合比情况下,所用水泥的强度等级越高,混凝土的强度就越高。水胶比是影响混凝土强度的重要因素,试验证明,水胶比增加1%,则混凝土强度下降约5%。

因此,在满足混凝土拌和物和易性及最低水泥用量要求的前提下,采用低水胶比和高强度等级水泥,将可显著提高混凝土的强度和耐久性。

2)掺加混凝土外加剂和掺合料

如在混凝土中掺入减水剂,若保持流动性和水泥用量不变,则可显著减少用水量,降低水胶比,提高混凝土强度;在混凝土中掺入早强剂,可提高混凝土的早期强度;在混凝土中掺入硅粉等矿物质掺合料,可配制高强度混凝土。

3)采用湿热处理

湿热处理可分为蒸汽养护和蒸压养护两类。

蒸汽养护就是将成型后的混凝土制品放在100 ℃以下的常压蒸汽中进行养护,以加快混凝土强度发展的速度。混凝土经16～20 h的蒸汽养护后,其强度可达到标准养护条件下28 d强度的70%～80%。

蒸压养护是将混凝土在175 ℃和0.8 MPa的蒸压釜中进行养护。这种方法对掺有混合材料的水泥更为有效。

4)采用机械搅拌和振捣

混凝土施工过程中,采用机械搅拌、机械振捣成型,可在满足施工和易性要求的情况下,减少拌和用水量,降低水胶比;同时,混凝土拌和物被振捣后,它的颗粒互相靠近,并把空气排出,使混凝土内部孔隙大为减少,从而使混凝土密实度和强度大幅提高。

(二)混凝土的变形性能

混凝土的变形包括非荷载作用下的变形和荷载作用下的变形。

非荷载作用下的变形,分为混凝土的化学收缩、干湿变形及温度变形;荷载作用下的变形,分为短期荷载作用下的变形及长期荷载作用下的变形。

1. 非荷载作用下的变形

1）化学收缩（自生体积变形）

在混凝土硬化过程中，由于水泥水化产物的固体体积比反应前物质的总体积小，从而引起混凝土的收缩，称为化学收缩，也称自生体积变形。

化学收缩的特点是：收缩值较小，不能恢复，对混凝土结构没有破坏作用，但在混凝土内部可能产生微细裂缝而影响承载性能和耐久性。

2）干湿变形（物理收缩）

由混凝土周围环境湿度的变化而引起混凝土的体积变化统称为干湿变形。它表现为干缩湿胀，即混凝土在空气中散失水分时，会引起体积收缩，称为干燥收缩（简称干缩）；同时，混凝土受潮时又会发生体积膨胀，称为湿胀。

混凝土的湿胀变形量很小，一般无破坏作用。但干缩变形对混凝土危害较大，干缩能使混凝土表面产生较大的拉应力而导致开裂，从而使混凝土的抗渗、抗冻、抗侵蚀等耐久性能降低，因此在设计时应加以考虑。

实验室条件下采用 100 mm × 100 mm × 515 mm 的标准试件测得的混凝土干缩率一般可达 $(3 \sim 5) \times 10^{-4}$。而在实际工程中，结构构件的尺寸比试验时的标准试件大得多，且构件内部混凝土干燥过程也缓慢得多，所以其干缩率比上述试验值要小得多。结构设计中常采用的混凝土干缩率为 $(1.5 \sim 2.0) \times 10^{-4}$。

影响混凝土干缩率的主要因素有：

（1）水泥的用量、细度及品种。水胶比相同的情况下，水泥用量越多，混凝土干缩率越大；水泥颗粒越细，混凝土干缩率越大；采用矿渣水泥、火山灰水泥配制的混凝土，其干缩率明显大于采用普通水泥配制的混凝土。

（2）水胶比的影响。水泥用量一定时，水胶比越大，混凝土干缩率越大。

（3）骨料的影响。骨料用量少的混凝土，干缩率较大；骨料的弹性模量越小，混凝土的干缩率越大，故轻骨料混凝土的收缩比普通混凝土大得多；用吸水率大、含泥量大的骨料，混凝土的干缩率较大。

（4）施工质量的影响。在水中养护或在潮湿条件下养护可大大减小混凝土的干缩率；采用湿热处理养护，也可有效减小混凝土的干缩率。延长养护时间能推迟干缩变形的发生和发展，但影响较小。

3）温度变形

温度变形是指混凝土随着温度的变化而产生热胀冷缩变形。混凝土的温度变形系数为 $\alpha = (1 \sim 1.5) \times 10^{-5}/℃$，即温度每升降 1 ℃，则每 1 m 胀缩 0.01 ~ 0.015 mm。一般室温变化对混凝土没有太大影响，但是温度变化很大时，则会对混凝土产生严重影响；另外，混凝土的温度变形，除受温度升高或降低的影响外，还显著受到混凝土结构内部与外部的温度差影响，所以温度变形对大体积混凝土、大面积混凝土工程极为不利，易使这些混凝土造成温度裂缝。

混凝土是热的不良导体，散热较慢，在混凝土硬化初期，释放的大量水化热将在混凝土内部蓄积而使混凝土的内部温度升高，这种现象对大体积混凝土来说尤为明显，有时可使内外温差高达 50 ~ 70 ℃。较大的混凝土内外温差将使内部混凝土的体积产生较大膨胀,而外部混凝土随气温降低而收缩,致使外部混凝土产生拉应力,严重时将导致混凝土产生裂缝,即"温度裂缝"。因此,对大体积混凝土工程,必须设法采取有效措施,以减少因温度变形而引起的混凝土质量问题,如采用低热水泥,减少水泥用量,掺加缓凝剂,采用人工降温,设温度伸缩缝,以及在结构内配置温度钢筋等。

2. 荷载作用下的变形

1)在短期荷载作用下的变形(弹塑性变形)

混凝土是一种由水泥石、砂、石、游离水、气泡等组成的不均质的多组分复合材料,属弹塑性体,在受外荷载作用时既产生弹性变形,又产生塑性变形,其应力—应变关系呈曲线如图 4-13 所示。其中,卸荷后能恢复的应变 $\varepsilon_{弹}$称为弹性应变,剩余的不能恢复的应变 $\varepsilon_{塑}$则称为塑性应变。当混凝土受到重复荷载作用时,随着重复次数的增加,塑性应变也将逐渐增加,最终导致混凝土疲劳破坏。混凝土在短期荷载作用下产生变形并破坏,主要是混凝土因塑性变形的发生导致内部产生裂缝并逐步扩展的结果。

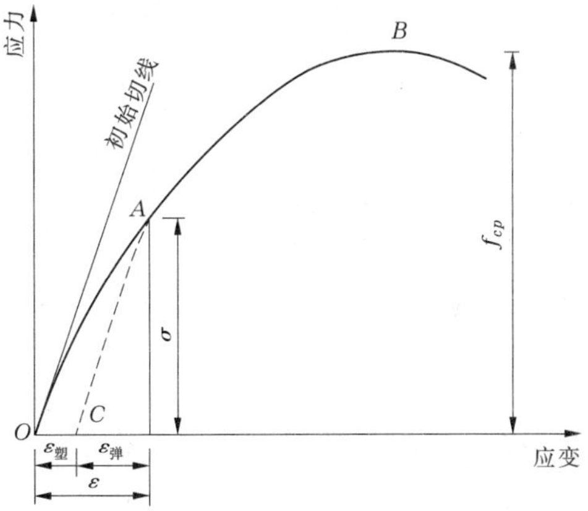

图 4-13　混凝土受压时的应力—应变曲线

在应力—应变曲线上,任一点的应力 σ 与其应变 ε 的比值,称为混凝土在该应力下的变形模量,它反映混凝土所受应力与所产生应变之间的关系。

在混凝土和钢筋混凝土结构设计中,常采用的变形模量是按标准方法测得的混凝土静力弹性模量 E_c(MPa),简称弹性模量。混凝土弹性模量与混凝土强度有密切关系,当缺乏试验资料时,根据《混凝土结构设计规范》(GB 50010—2010)按式(4-11)或表 4-23 选用。

$$E_c = \frac{10^5}{2.2 + \dfrac{34.7}{f_{cu,k}}} \tag{4-11}$$

表 4-23　混凝土弹性模量　　(单位:$\times 10^4$ MPa)

混凝土强度等级	C15	C20	C25	C30	C35	C40	C45	C50	C55	C60	C65	C70	C75	C80
E_c	2.20	2.55	2.80	3.00	3.15	3.25	3.35	3.45	3.55	3.60	3.65	3.70	3.75	3.80

注:1. 当有可靠试验数据时,弹性模量可根据实测数据确定。

2. 当混凝土中掺有大量矿物掺合料时,弹性模量可按规定龄期根据实测数据确定。

在实际工程中,不同用途的混凝土结构,对混凝土弹性模量的要求是不一样的。对于一般建筑物的混凝土结构,要求在受力时仅产生较小的变形,即须有足够的刚度,所以要求混凝土具有足够高的弹性模量;但对于水利水电工程中的混凝土防渗墙来说,为了保持混凝土防渗墙刚性体与大坝柔性体间在受力过程中的变形协调性,要求混凝土在受力时能承受较大的变形,所以要求混凝土具有较小的弹性模量。

影响混凝土弹性模量的主要因素除混凝土强度外，主要还有骨料的含量及其弹性模量、外加剂及掺合料、养护条件及龄期等。当骨料用量多、弹性模量较大时，混凝土的弹性模量较大；混凝土中掺入引气剂、黏土等，可显著降低混凝土的弹性模量；养护较好及龄期较长时，混凝土的弹性模量就较大；蒸汽养护的混凝土，弹性模量比标准养护的低。

2）在长期荷载作用下的变形（徐变）

混凝土在持续荷载作用下，除产生瞬间的弹性变形和塑性变形外，还会产生随时间增长的变形，称为徐变，如图 4-14 所示。

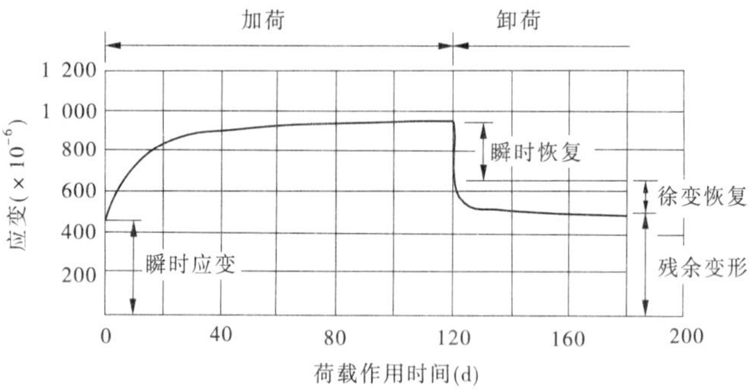

图 4-14　混凝土的徐变曲线

在加荷瞬间产生瞬时变形，随着时间的延长，又产生徐变变形。荷载初期，徐变变形增长较快，以后逐渐变慢并稳定下来。卸荷后，一部分变形瞬时恢复，其值小于在加荷瞬间产生的瞬时变形；在卸荷后的一段时间内变形还会继续恢复，称为徐变恢复；最后残存的不能恢复的变形，称为残余变形。

混凝土徐变的有利影响：可消除钢筋混凝土内的应力集中，使应力重新分配，从而使混凝土构件中局部应力得到缓和。对大体积混凝土则能消除一部分由于温度变形所产生的破坏应力。不利影响：对预应力钢筋混凝土结构，徐变会使钢筋的预加应力受到损失（预应力减小），使构件强度减小。

（三）混凝土的耐久性

混凝土抵抗介质作用并长期保持其良好的使用性能和外观完整性，从而维持混凝土结构的安全、正常使用的能力，称为混凝土的耐久性，它是一个综合性的指标。

1. 抗渗性

抗渗性是指混凝土在有压水、油等液体作用下，抵抗渗透的能力。它不仅关系到混凝土挡水防水作用，还直接影响混凝土的抗冻性和抗侵蚀性。抗渗性较差的混凝土，水分容易渗入内部，若遇冰冻或水中含有侵蚀性溶质，混凝土容易受到冻害或侵蚀破坏。

混凝土的抗渗性一般采用抗渗等级表示，也有采用相对渗透系数来表示的。抗渗等级是采用 28 d 龄期的标准试件按标准试验方法进行试验（根据水工建筑物开始承受水压力的时间，也可利用 60 d 或 90 d 龄期的试件测定抗渗等级），用每组 6 个试件中 4 个未出现渗水（即 2 个出现渗水）时的最大水压力来表示的，分为 W2、W4、W6、W8、W10、W12 六级，即表示混凝土在标准试验条件下能抵抗 0.2 MPa、0.4 MPa、0.6 MPa、0.8 MPa、1.0 MPa、1.2 MPa 的压力水而不渗水。抗渗等级≥W6 级的混凝土称为抗渗混凝土。

水工混凝土结构设计中，抗渗等级应按《水工混凝土结构设计规范》（SL 191—2008）的规定，根据混凝土结构所承受的水头、水力梯度及下游排水条件、水质条件和渗透水的危害程度等因素确定，并不应低于表4-24的规定值。

表4-24　混凝土抗渗等级的最小允许值

项次	结构类型及运用条件		抗渗等级
1	大体积混凝土结构的下游面及建筑物内部		W2
2	大体积混凝土结构的挡水面	$H<30$	W4
		$30\leqslant H<70$	W6
		$70\leqslant H<150$	W8
		$H\geqslant 150$	W10
3	素混凝土及钢筋混凝土结构构件的背水面可自由渗水者	$i<10$	W4
		$10\leqslant i<30$	W6
		$30\leqslant i<50$	W8
		$i\geqslant 50$	W10

注：1. 表中 H 为水头（m），i 为水力梯度。
2. 当结构表层设有专门可靠的防渗层时，表中规定的混凝土抗渗等级可适当降低。
3. 承受侵蚀性水作用的结构，混凝土抗渗等级应进行专门的试验研究，但不应低于W4。
4. 埋置在地基中的结构构件（如基础防渗墙等），可按照表中项次3的规定选择混凝土抗渗等级。
5. 对背水面可自由渗水的素混凝土及钢筋混凝土结构构件，当水头 H 小于10 m时，其混凝土抗渗等级可根据表中项次3降低一级。
6. 对严寒、寒冷地区且水力梯度较大的结构，其抗渗等级应按表中的规定提高一级。

混凝土的抗渗性主要与其密实度及内部孔隙的大小和构造特征有关。混凝土内部互相连通的孔隙和毛细管通路，以及由于在混凝土施工成型时，振捣不密实产生的蜂窝、孔洞都会造成混凝土渗水。渗水通道的多少主要与水泥品种、水胶比大小、外加剂及施工工艺等有关，当水泥品种一定时，水胶比愈大，混凝土抗渗性愈差（对抗渗混凝土，《普通混凝土配合比设计规程》（JGJ 55—2011）中对水胶比值作了如表4-25所示的限制）；与普通水泥相比，矿渣水泥配制的混凝土抗渗性较差，但火山灰水泥配制的混凝土抗渗性较好；掺用引气剂等外加剂，由于改变了混凝土中的孔隙结构，截断了渗水通道，故可显著提高混凝土的抗渗性；施工中加强振捣、养护也可改善混凝土的质量，从而提高其抗渗性。

表4-25　抗渗混凝土最大水胶比和最小胶凝材料用量

混凝土抗渗等级	最大水胶比		最小胶凝材料用量（kg/m^3）
	C20～C30混凝土	C30以上混凝土	
W6	0.60	0.55	320
W8～W12	0.55	0.50	
>W12	0.50	0.45	

2. 抗冻性

混凝土的抗冻性是指混凝土在吸水饱和状态下，经受多次冻融循环作用，能保持强度和外观完整性的能力。混凝土受冻融作用而破坏的原因是，混凝土中水结冰后体积膨胀并直接挤压孔壁，当膨胀压力超过混凝土的抗拉强度时，混凝土就会产生微细裂缝，反复冻融循环将使塑性变形不断积累、裂缝不断扩展，最终导致混凝土强度降低直至破坏。为此，在寒冷地区，特别是在接触水又受冻的环境下的混凝土，要求具有较高的抗冻性能。

混凝土抗冻性一般以抗冻等级表示。抗冻等级是以 28 d 龄期的标准试件在吸水饱和后于 -25 ~20 ℃的冻融液中进行反复冻融循环（保持试件中心温度（-18 ±2）~（5 ±2）℃），以达到相对动弹性模量下降至初始值的 60% 或质量损失率达 5% 中任一条件时所能承受的最大冻融循环次数来确定（通常每做 25 次冻融循环对试件检验一次）。混凝土的抗冻等级可分为 F50、F100、F150、F200、F250 和 F300 六级，分别表示混凝土能够承受反复冻融循环的次数为 50、100、150、200、250 和 300。抗冻等级≥F50 的混凝土为抗冻混凝土。

对于有抗冻要求的混凝土结构，其抗冻等级应按《水工混凝土结构设计规范》（SL 191—2008）的规定，根据气候特点、冻融循环次数、表面局部小气候条件、水分饱和程度、结构构件重要性和检修条件等参照表 4-26 选用。

影响混凝土抗冻性的因素有混凝土内部因素和环境外部因素。混凝土内部因素主要有混凝土原材料的性质、水胶比（对抗渗混凝土，《普通混凝土配合比设计规程》（JGJ 55—2011）中对水胶比值作了如表 4-27 所示的限制）、养护龄期、外加剂及混凝土结构体密实度等；环境外部因素主要是混凝土的孔隙构造特征和孔隙充水程度。

表 4-26　混凝土抗冻等级选用

项次	气候分区	严寒		寒冷		温和
	年冻融循环次数（次）	≥100	<100	≥100	<100	—
1	结构重要、受冻严重且难以检修的部位： ①水电站尾水部位、蓄能电站进出口冬季水位变化区的构件、闸门槽二期混凝土、轨道基础； ②冬季通航或受电站尾水位影响的不通航船闸的水位变化区的构件、二期混凝土； ③流速大于 25 m/s、过水、多沙或多推移质的溢洪道，深孔或其他输水部位的过水面及二期混凝土； ④冬季有水的露天钢筋混凝土压力水管、渡槽、薄壁充水闸门井	F400	F300	F300	F200	F100
2	受冻严重但有检修条件的部位： ①大体积混凝土结构上游面冬季水位变化区； ②水电站或船闸的尾水渠，引航道的挡墙、护坡； ③流速小于 25 m/s 的溢洪道、输水洞（孔）、引水系统的过水面； ④易积雪、结霜或饱和的路面、平台栏杆、挑檐、墙、板、梁、柱、墩、廊道或竖井的单薄墙壁	F300	F250	F200	F150	F50
3	受冻较重部位： ①大体积混凝土结构外露的阴面部位； ②冬季有水或易长期积雪结冰的渠系建筑物	F250	F200	F150	F150	F50

续表 4-26

项次	气候分区	严寒		寒冷		温和
	年冻融循环次数(次)	≥100	<100	≥100	<100	—
4	受冻较轻部位： ①大体积混凝土结构外露的阳面部位； ②冬季无水干燥的渠系建筑物； ③水下薄壁结构； ④流速大于 25 m/s 的水下过水面	F200	F150	F100	F100	F50
5	水下、土中及大体积内部的混凝土	F50	F50	—	—	—

注：1. 年冻融循环次数分别按一年内气温从 +3 ℃以上降至 -3 ℃以下，然后回升到 +3 ℃以上的交替次数和一年中日平均气温低于 -3 ℃期间设计预定水位的涨落次数统计，并取其中的大值。

2. 气候分区划分标准为严寒地区(累年最冷月平均气温低于或等于 -10 ℃的地区)、寒冷地区(累年最冷月平均气温高于 -10 ℃、低于或等于 -3 ℃的地区)、温和地区(累年最冷月平均气温高于 -3 ℃的地区)。

3. 冬季水位变化区指运行期内可能遇到的冬季最低水位以下 0.5 ~1 m 至冬季最高水位以上 1 m(阳面)、2 m(阴面)、4 m(水电站尾水区)的区域。

4. 阳面指冬季大多为晴天，平均每天有 4 h 阳光照射，不受山体或建筑物遮挡的表面，否则按阴面考虑。

5. 累年最冷月平均气温低于 -25 ℃地区的混凝土抗冻等级应根据具体情况研究确定。

表 4-27　抗冻混凝土最大水胶比及最小胶凝材料用量

混凝土抗冻等级	最大水胶比		最小胶凝材料用量(kg/m^3)
	无引气剂时	掺引气剂时	
F50	0.55	0.60	300
F100	0.50	0.55	320
不低于 F150	—	0.50	350

3. 抗磨性及抗气蚀性

受挟砂高速水流冲刷的溢洪道混凝土、受反复冲击动荷及循环磨损的道路路面混凝土，要求具有较高的耐磨性。混凝土的耐磨性与混凝土强度、原材料的特性及配合比等密切相关，选用坚硬耐磨的骨料与颗粒分布较宽、强度等级较高的硅酸盐水泥配制成的高强度混凝土，若经振捣密实，并保证表面平整光滑，则具有较高的耐磨性。对于有抗磨要求的混凝土，其强度等级应不低于 C35，并可采用真空作业施工，以提高其耐磨性。对于受磨损特别严重的部位，可采用耐磨性较强的材料加以防护。

对于表面凸凹不平、断面突变或急速转弯的渠道、溢洪道等结构体，当高速水流流经时会出现气蚀现象，在结构体表面产生高频、局部、具冲击性的应力而剥蚀混凝土。气蚀现象的产生与建筑物类型、水流条件等因素有关。解决气蚀问题的方法是在设计、施工及运行中消除发生气蚀的原因，并在结构体过水表面采用抗气蚀性较好的材料。对混凝土来说，提高抗气蚀性的主要途径是采用 C50 以上等级的混凝土，控制粗骨料的最大粒径不大于 20 mm，掺用硅粉和高效减水剂，严格控制施工质量，保证所浇筑混凝土结构密实、表面光滑平整。

4. 抗侵蚀性

当混凝土所处的环境水有侵蚀性时，混凝土便会遭受侵蚀，通常有软水侵蚀、硫酸盐侵蚀、镁盐侵蚀、碳酸侵蚀、一般酸类侵蚀与强碱侵蚀等。海水中的氯离子还会对钢筋起锈蚀作用，促使混凝土破坏。混凝土的抗侵蚀性与所用水泥品种、混凝土的密实程度和孔隙特征有关。

5. 混凝土的碳化

混凝土内水泥石中的 $Ca(OH)_2$ 与潮湿空气中的 CO_2 发生化学反应，生成 $CaCO_3$ 和水，使混凝土中的 $Ca(OH)_2$ 浓度降低，这种现象称为混凝土的碳化。

碳化会对混凝土产生不利影响，它减弱了对钢筋的保护作用，硬化混凝土孔隙中充满饱和的 $Ca(OH)_2$ 溶液，pH 值为 12 ~ 13，这种碱性环境中，混凝土构件中的钢筋表面能形成一层难溶的 Fe_2O_3 和 Fe_3O_4 钝化膜，对钢筋具有良好的保护作用，但是当碳化深度超过钢筋混凝土保护层时，钝化膜就遭到破坏，钢筋产生锈蚀，并由此引起混凝土体积细微膨胀，使保护层出现裂缝、剥离等破坏现象，混凝土的强度降低；此外，碳化还会引起混凝土收缩，使混凝土表面产生细微裂缝，从而使混凝土抗拉、抗折能力降低。

碳化也有有利的一面，表层混凝土碳化生成的水分有助于水泥的水化作用，而且 $CaCO_3$ 填充在水泥石的孔隙中，提高了混凝土的密实度，使混凝土的抗压强度增大，防止有害介质的侵入。

影响碳化的主要因素是二氧化碳的浓度、环境湿度、水胶比及水泥品种等。二氧化碳的浓度高，碳化速度快；环境湿度在 50% ~ 75% 时，碳化速度最快，而湿度小于 25%（干燥环境）或达到 100%（处于水中）时，碳化作用将停止；水胶比越大，碳化速度越快；矿渣水泥配制的混凝土，抗碳化能力较差。

提高混凝土抗碳化能力，可采取如下措施：

（1）合理选用水泥品种；

（2）使用减水剂，提高混凝土的密实度；

（3）采用水胶比小、单位水泥用量较大的混凝土配合比；

（4）加强混凝土浇筑振捣质量，加强养护；

（5）在混凝土表面涂刷保护层，防止二氧化碳侵入等。

6. 碱 – 骨料反应

混凝土原材料中水泥、外加剂、掺合料及水中的碱（Na_2O 或 K_2O）与活性骨料（如蛋白石、玉髓、鳞石英及结晶有缺欠的石英、隐晶石英等含活性氧化硅的骨料；含有玉髓、微晶石英的千枚岩等层状硅酸盐骨料；白云石、白云质石灰岩等碳酸盐骨料）中的活性成分反应，反应生成物吸水膨胀使混凝土产生内部应力，导致混凝土膨胀开裂，失去设计性能，这种现象统称为碱 – 活性骨料反应，简称碱 – 骨料反应。按活性骨料中有害矿物的种类不同，碱 – 骨料反应一般可分为碱 – 硅酸盐反应和碱 – 碳酸盐反应两大类。

碱 – 骨料反应速度极慢，但造成的危害极大，而且无法弥补，从外观上看，在少钢筋约束的部位多产生网状裂缝，在受钢筋约束的部位多沿主筋方向开裂，很多情况下还可看到从裂缝溢出白色或透明胶体的痕迹。

发生碱 – 骨料反应必须具备以下三个条件：

(1)混凝土中含碱量较高(水泥含碱当量($Na_2O+0.658K_2O$)百分数大于0.6%,或混凝土中含碱量超过3.0 kg/m^3)。

(2)骨料中含有相当数量活性成分。

(3)潮湿环境,有充分的水分或湿空气供应。

避免碱-骨料反应的措施有:

(1)尽量采用非活性骨料。

(2)选用低碱水泥,并严格控制混凝土中总的含碱量。

(3)在混凝土中掺入适量的粉煤灰、磨细矿渣等掺合料,可延缓或抑制混凝土的碱-骨料反应。

(4)改善混凝土的结构。如在混凝土中掺用引气剂,使其中含有大量均匀分布的微小气泡,可减小膨胀破坏作用;保证施工质量,防治因振捣不密实产生的蜂窝、麻面及因养护不当产生的干缩裂缝等,能防止水分侵入混凝土内部,从而起到制止碱-骨料反应的作用。

(5)改善混凝土的使用条件。应尽量使混凝土结构处于干燥状态,特别是要防止经常受干湿交替变化,必要时还可以在混凝土表面进行防水处理。

提高混凝土耐久性的措施有:

(1)合理选择水泥品种;

(2)严格控制混凝土的水灰比和水泥用量;

(3)选用品质良好、级配合格的骨料;

(4)掺用外加剂;

(5)保证混凝土的施工质量。

第五节　混凝土外加剂

在混凝土搅拌之前或拌制过程中加入的、用以改善新拌混凝土和(或)硬化混凝土性能的材料,称为混凝土外加剂,简称外加剂。由于工程技术的不断发展对混凝土提出了更高的要求,而且外加剂能显著改善混凝土的性能,故它在工程中应用的比例越来越大,不少国家使用掺外加剂的混凝土已占混凝土工程总用量的60%~90%,因此外加剂逐渐成为混凝土中的第五种组成成分。

一、混凝土外加剂的分类与品种

(一)外加剂的分类

混凝土外加剂种类繁多,根据《混凝土外加剂定义、分类、命名与术语》(GB/T 8075—2005),混凝土外加剂按其主要使用功能分为四类:

(1)改善混凝土拌和物流变性能的外加剂,包括各种减水剂和泵送剂等。

(2)调节混凝土凝结时间、硬化性能的外加剂,包括缓凝剂、促凝剂和速凝剂等。

(3)改善混凝土耐久性的外加剂,包括引气剂、防水剂、阻锈剂和矿物外加剂等。

(4)改善混凝土其他性能的外加剂,包括膨胀剂、防冻剂、着色剂等。

（二）常用的混凝土外加剂

1. 减水剂

减水剂是在混凝土坍落度基本相同的条件下，能减少拌和用水量的外加剂。

1）减水剂的作用机制

减水剂是一种表面活性物质，其分子由亲水基团和憎水基团两部分组成。减水剂的作用机制表现在以下三个方面：

（1）水泥加水拌和形成的水泥浆呈絮凝结构，包裹一部分拌和水，降低了流动性。但加入减水剂后，其憎水基团定向吸附于水泥颗粒表面，亲水基团指向水溶液，使水泥颗粒表面带有相同电荷，斥力作用使水泥颗粒分散，放出絮凝结构体内的游离水，从而增加混凝土拌和物的流动性。

（2）亲水基团吸附有大量极性水分子，增加水泥颗粒表面溶剂化水膜厚度，起润滑作用，改善工作性。

（3）减水剂降低表面张力，水泥颗粒更易湿润，使水化比较充分，从而提高混凝土的强度。

减水剂的作用机制见图 4-15。

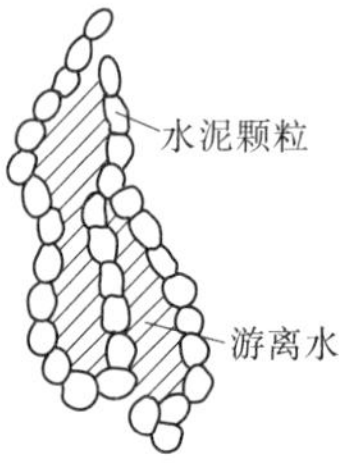

(a)未加减水剂的水泥浆的絮凝结构

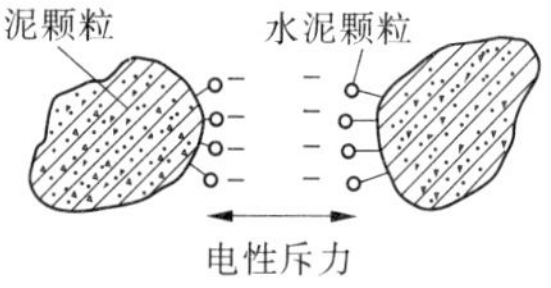

(b)减水剂使水泥颗粒分散

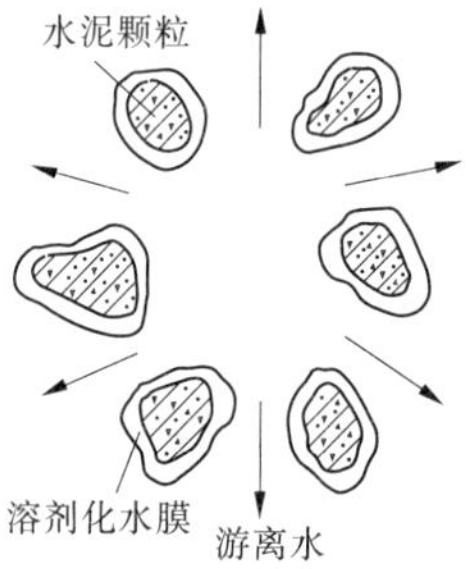

(c)减水剂使絮凝结构水泥浆中的游离水得以释放，并在水泥颗粒表面形成溶剂水膜

图 4-15　减水剂的作用机制示意图

2）减水剂的技术经济效果

根据使用条件的不同，混凝土掺用减水剂后可以产生以下三个方面的作用效果：

（1）增大流动性。在混凝土配合比不变的条件下，可增大混凝土拌和物的坍落度，且不影响混凝土的强度。

（2）节约水泥。在保持流动性及水灰比不变的条件下，可以在减少拌和水量的同时，相应减少水泥用量。

(3)提高混凝土的强度和耐久性。在保持流动性及水泥用量不变的条件下,可减少拌和用水量,从而降低水灰比,使混凝土强度和耐久性提高。

3)减水剂的种类

减水剂的种类繁多,按凝结时间可分为标准型、早强型、缓凝型三种;按是否引气可分为引气型和非引气型两种;按其化学成分和减水效果可分为普通减水剂和高效减水剂两大类型。

普通减水剂又称塑化剂,要求减水率≥5%,龄期3~7 d的混凝土的压缩强度提高10%,28 d强度提高5%以上。普通减水剂主要有木质素系减水剂、糖蜜系减水剂、羟基酸及其盐(如柠檬酸、酒石酸)等。

高效减水剂又称超塑化剂,能大幅度减少用水量和提高混凝土拌和物的和易性。要减水率≥10%,龄期1 d混凝土强度提高30%以上,3 d强度提高25%以上,7 d强度提高20%以上,28 d强度提高15%以上。高效减水剂主要有萘系高效减水剂、蒽系高效减水剂、三聚氰胺系高效减水剂、氨基磺酸盐系高效减水剂、聚羧酸系高效减水剂、脂肪族高效减水剂等。

a. 木质素系减水剂

木质素系减水剂主要成分为木质素磺酸盐或其衍生物,包括木质素磺酸钙(木钙)、木质素磺酸钠(木钠)、木质素磺酸镁(木镁)三大类。其中,木钙减水剂应用较多。

木钙减水剂是以生产纸浆或纤维浆剩余下来的亚硫酸浆废液为原料,采用石灰乳中和,经生物发酵除糖、蒸发浓缩、喷雾干燥而制得的棕黄色粉末。

木钙减水剂的适宜掺量一般为水泥质量的0.2%~0.3%,使用时应严格控制掺量,过量时会使混凝土拌和物的凝结时间显著延长,甚至几天也不会硬化。

掺用木钙减水剂时,若保持水泥用量和坍落度不变,其减水率为10%~15%,混凝土28 d抗压强度提高10%~20%;若不减水,可增大混凝土坍落度80~100 mm;若保持混凝土的抗压强度和坍落度不变,可节约水泥10%左右。

木钙减水剂对混凝土有缓凝作用,掺量过多或在低温下,其缓凝作用更为显著,而且可能使混凝土强度降低,使用时应注意。木钙减水剂还具有一定的引气作用,当木钙掺量为0.25%时,混凝土含气量可增加2%~3%,从而提高混凝土的抗渗性、抗冻性等。

木钙减水剂可用于一般混凝土工程,尤其适用于夏季混凝土施工、滑模施工、大体积混凝土和泵送混凝土施工等。木钙减水剂不宜单独用于冬季施工,在日最低气温低于5 ℃时,应与早强剂或防冻剂复合使用。木钙减水剂也不宜单独用于蒸养混凝土及预应力混凝土,以免蒸养后混凝土表面出现疏松现象。

木钙减水剂对以硬石膏为调凝剂的水泥有时会出现不适应现象,所以应通过试验验证决定是否可用。

b. 糖蜜系减水剂

糖蜜系减水剂是以制糖工业的下脚料废糖蜜作为原料,经石灰中和所得的盐类物质,或用废糖蜜发酵提取酒精后的残渣制得。主要产品有糖蜜塑化剂、甜菜糖渣减水剂及糖蜜酒精糟减水剂等,均属非离子型亲水性表面活性剂。

糖蜜系减水剂的适宜掺量为0.2%~0.3%,减水率为6%~10%,混凝土28 d强度可提高 10% ~15%。糖蜜系减水剂除有减水作用外,还有显著的缓凝作用,能使凝结时间延长 3 h 以上,并可降低水泥水化热以及提高混凝土的抗渗性、抗冻性及抗冲磨性等。糖蜜系减水剂适用于大体积混凝土工程及夏季混凝土施工等。

c. 萘系高效减水剂

萘系高效减水剂是以萘及萘的同系物为原料,经磺化、水解、缩聚、中和、干燥等加工而得的高效减水剂,化学名称为萘磺酸盐甲醛缩合物。它是我国目前使用最为广泛的高效减水剂,目前国内有数十个品种,常用的主要有 FDN、UNF、NF、JN、SN 等。

萘系减水剂的适宜掺量为水泥质量的 0.5% ~1.5%,它对水泥具有强烈的分散作用,减水率为 10% ~25%,混凝土 28 d 强度提高 20% 以上,并有早强作用。萘系减水剂对不同品种水泥的适应性较强,适用于配制流态混凝土、蒸养混凝土、抗渗混凝土、防水混凝土、自然养护预制构件混凝土、钢筋及预应力钢筋混凝土、高强度超高强度混凝土等,但存在坍落度损失较快的特点。

d. 蒽系高效减水剂

蒽系高效减水剂是以蒽油为原料,经磺化、水解缩合、中和、雾化干燥而制成的棕褐色粉末。典型产品是日本生产的 NL-1400,国产的主要有 AF 等。

蒽系高效减水剂具有高减水率、低引气量、高增强等特点,其掺量一般为 0.5% ~1.5%,最大减水率达 30%,混凝土 28 d 强度提高 30% 以上。蒽系减水剂还可改善混凝土拌和物的和易性,不易泌水、离析,故常用于配制预应力混凝土、蒸养混凝土、流态混凝土、泵送混凝土、自密实混凝土等。

蒽系高效减水剂不可与聚羧酸系高效减水剂复合使用,以免产品变性,失去减水功能。

e. 三聚氰胺系高效减水剂

三聚氰胺系高效减水剂也称为磺化三聚氰胺甲醛树脂减水剂,或称蜜胺树脂减水剂,它是由三聚氰胺、甲醛、亚硫酸钠按适当比例,在一定条件下经磺化、缩聚而得。典型产品有德国的"美尔门脱"、日本的 NL-4000,国产的主要有 SM。

SM 为非引气型高效减水剂,无缓凝作用,减水率与萘系高效减水剂相当,对混凝土增强效果较好,但掺这种减水剂的混凝土坍落度损失也较快。SM 高效减水剂适宜掺量为 0.5% ~2.0%,减水率为 20% ~27%,混凝土 28 d 强度提高 30% ~60%。SM 高效减水剂可用于配制高强混凝土、早强混凝土、流态混凝土、蒸养混凝土及耐火混凝土等。目前市场上销售的 SM 高效减水剂一般为一定浓度的溶液,使用时应注意其有效成分的含量。

由于三聚氰胺系高效减水剂生产成本较高,性能上并没有表现出明显超越萘系高效减水剂之处,所以结构混凝土工程中极少使用。

f. 氨基磺酸盐系高效减水剂

氨基磺酸盐系高效减水剂以氨基苯磺酸、苯酚、甲醛等为主要原料,也可用苯酚和尿素等原料,在一定温热含水条件下缩合而成。

氨基磺酸盐系高效减水剂在掺量较低(0.2% ~0.3%)时就具有一定的塑化效果,它不仅具有较高的减水率(达 23% ~28%),而且可有效地控制混凝土的坍落度损失,但掺量较高时也易引起过度泌水和缓凝。

将氨基磺酸盐系高效减水剂与萘系高效减水剂等进行复合，不仅可以减少泌水，改善萘系高效减水剂与水泥的适应性，而且能增强混凝土的坍落度保持性。这类高效减水剂生产成本比萘系高效减水剂高。

g. 聚羧酸系高效减水剂

聚羧酸系高效减水剂为茶色油状水溶液，与其他品种减水剂相比，具有超分散性能，且能抑制混凝土的坍落度损失，是目前国内外减水剂开发研究的重点。

聚羧酸系高效减水剂的掺量占胶凝材料的 0.80% ~1.25%，折固量仅为 0.16% ~0.25%。因其对水泥粒子的超分散性能，减水效果远远优于普通减水剂，减水率可达 20% ~35%，与粉煤灰配合使用，使得水胶比较低，适于配制中、高强度的高性能混凝土。

聚羧酸系高效减水剂与水泥等胶凝材料间有较好的适应性，对于目前常用的胶凝材料，聚羧酸系高效减水剂一般都能与之相适应。

h. 脂肪族高效减水剂

脂肪族高效减水剂主要指采用丙酮、亚硫酸盐、甲醛等合成的羰基焦醛高效减水剂，它为棕红色的溶液。由于羰基焦醛液体高效减水剂呈明显的红色，掺入混凝土中后易渗色，但这并不影响混凝土的内在和表面性能。

羰基焦醛高效减水剂原材料便宜，工艺简单（合成温度为 80 ~100 ℃），所以合成成本相对较低，而其对混凝土塑化增强方面的效果与萘系、蜜胺树脂高效减水剂相近。其引气量较低，不使混凝土过分泌水，对混凝土凝结时间影响较小。

脂肪族高效减水剂对水泥适用性广泛，具有减水率高、早强及增强效果明显、坍落度损失小等优点。适宜掺量为 1% ~2%，减水率可达 15% ~25%，在保持混凝土坍落度及强度相同的条件下，掺脂肪族高效减水剂可节约 25% ~30% 的水泥用量；掺入脂肪族高效减水剂的混凝土，7 d 强度可达到 100%，28 d 强度可提高 30% ~40%。

脂肪族高效减水剂特别适宜配制流态塑化混凝土、自然养护混凝土、蒸养混凝土、抗渗防水混凝土、抗冻混凝土、抗硫酸盐侵蚀海工混凝土、钢筋及预应力混凝土等。

i. 复合减水剂

减水剂可与引气剂、早强剂或消泡剂等复合，不同减水剂也可复合，从而制得引气减水剂、早强减水剂、缓凝减水剂等许多品种。复合减水剂常取得两种外加剂的双重效果。

不同类型外加剂复合使用时，应通过试验确定出适宜品种及掺配比例。

2. 引气剂

在混凝土搅拌过程中能引入大量均匀分布、稳定而封闭的微小气泡且能保留在硬化混凝土中的外加剂称为引气剂。

最早取得技术专利的混凝土引气剂是文沙树脂，它是木松香精制过程中的一种副产品。我国 20 世纪 50 年代研制了以松香热聚物为主要成分的引气剂，接着进行了松香皂、OP 乳化剂和 801 -2 等引气剂的研究应用工作。目前，市场上销售的引气剂主要有 PC -2 型引气剂、CON - A 型引气剂、KF 微沫剂和 SJ -1、SJ -2 引气剂等。

引气剂吸附在水—气界面上，显著降低表面张力，在搅拌力作用下产生大量气泡；引气剂分子定向排列在泡膜界面上，阻碍泡膜内水分子的移动，增加了泡膜的厚度及强度，使气泡不易破灭；水泥等微细颗粒吸附在泡膜上，水泥浆中的氢氧化钙与引气剂作用生成的钙皂沉积在泡膜壁上，也提高了泡膜稳定性。所以，加入混凝土中的引气剂能够产生均匀、稳定、封闭、互不连通的微小气泡，避免了毛细管道的形成，缓和了自由水受冻结所产生的膨胀压力，因此可改善混凝土的耐久性。

掺用引气剂将对混凝土的性能产生如下影响：

(1)改善了混凝土拌和物的和易性。在混凝土拌和物中引入的大量微小气泡，相对增加了水泥浆体积，而且引入的气泡起到如同滚珠的作用，使颗粒间摩擦力减小，从而可提高混凝土的流动性；由于水分被均匀分布在气泡表面，又显著改善了混凝土的保水性和黏聚性。

(2)提高混凝土的耐久性。由于气泡能隔断混凝土中毛细管通道，而且气泡所留下的空间对水泥石内水分结冰时所产生的膨胀压力起到一定的缓冲作用，所以引气剂是提高混凝土抗冻性和抗渗性能的有效途径。

(3)降低混凝土强度和耐磨性。由于引入大量的气泡，减小了混凝土的有效受力面积，使混凝土强度和耐磨性有所降低。当保持水灰比不变时，混凝土含气量增加1%，强度下降3% ~5%。混凝土中含气量的多少对混凝土的和易性、强度及耐久性等有很大影响，若含气量太少，不能获得引气剂的积极效果；若含气量过多，又会更多地降低混凝土强度，故应使混凝土具有适宜的含气量。一般骨料最大粒径 D_M = 20 mm 时，适宜含气量为5.5%；D_M = 40 mm 时，适宜含气量为 4.5%；D_M = 80 mm 时，适宜含气量为 3.5%；D_M = 150 mm 时，适宜含气量为3%。

引气剂与减水剂相比各有特点，减水剂比较适用于强度要求较高、水灰比较小的混凝土；而引气剂比较适用于抗冻性要求较高的混凝土，以及如水工大体积混凝土等强度要求不太高、水灰比较大的混凝土。有时为了提高混凝土的耐久性且不影响抗压强度，可将引气剂和减水剂进行复合掺用。

引气剂可用于抗渗混凝土、抗冻混凝土、抗硫酸盐侵蚀混凝土、泌水严重的混凝土、贫混凝土、轻混凝土，以及对饰面有要求的混凝土等，但引气剂不宜用于蒸养混凝土及预应力混凝土。

3. 泵送剂

泵送剂是指能改善混凝土拌和物泵送性能的外加剂。

泵送混凝土要求具有良好的流动性和在压力条件下保持较好的稳定性，即混凝土应具有坍落度大、黏聚性好、泌水率小等特点。

能改善混凝土泵送性能的外加剂有减水剂、高效减水剂、缓凝减水剂、缓凝高效减水剂、引气减水剂等，随着混凝土泵送工艺的发展，专用于泵送混凝土配制的外加剂——泵送剂得到了发展。

目前常用的泵送剂大多是复合产品，一般由以下四大组分组成：

(1)流化组分。如减水剂或高效减水剂，其作用是在不增大或略降低水灰比的情况下，能增大混凝土的流动性。一般浇筑的普通混凝土要求坍落度常为 50 ~ 70 mm，但泵送施工的混凝土要求坍落度达 120 mm 以上。

(2)引气组分。该组分的作用是在混凝土中引入大量的微小气泡，提高混凝土的流动性和保水性，减小坍落度损失，提高混凝土的抗渗性及抗冻性。

(3)缓凝组分。其作用是减小混凝土在运输及停泵过程中的坍落度损失,并降低大体积混凝土的初期水化热。

(4)其他组分。如早强组分、防冻组分等,其作用是加速模板周转,防止混凝土受冻害等。

4. 早强剂

早强剂是加速混凝土早期强度发展的外加剂。早强剂能加速水泥的水化和硬化,缩短养护期,从而达到尽早拆模,提高模板周转率,加快施工速度的目的。早强剂可在常温、低温和负温(不低于 -5 ℃)条件下加速混凝土的硬化过程,多用于冬季施工和抢修工程。

早强剂主要有无机盐类(氯盐类、磷酸盐类)、有机胺类及有机 - 无机的复合物三大类。

1)氯盐类早强剂

氯盐类早强剂主要有氯化钙、氯化钾、氯化铝及三氯化铁等,其中以氯化钙应用最广。氯化钙为白色粉末状物,其适宜掺量为水泥质量的0.5% ~1.0%,能使混凝土3 d强度提高50% ~100%,7 d强度提高20% ~40%,同时能降低混凝土中水的冰点,防止混凝土早期受冻。但应控制掺量不宜过多,否则会引起水泥速凝,不利于施工,而且会加大混凝土的收缩。

采用氯化钙作早强剂,最大的缺点是含有 Cl^-,会使钢筋锈蚀,并导致混凝土开裂,故氯化钙不宜用于钢筋混凝土中。

2)硫酸盐类早强剂

硫酸盐类早强剂主要有硫酸钠、硫代硫酸钙、硫酸铝、硫酸铝钾等,其中硫酸钠应用较多。硫酸钠为白色粉状物,一般掺量为0.5% ~2.0%,当掺量为1% ~1.5%时,达到混凝土设计强度70%的时间可缩短一半左右。

硫酸钠对钢筋无锈蚀作用,适用于不允许掺用氯盐的混凝土。但由于它与水泥水化产物中的氢氧化钙作用生成了强碱 NaOH,所以为防止碱 - 骨料反应,硫酸钠严禁用于含有活性骨料的混凝土中,同时应注意不能超量掺加,以免导致混凝土产生后期膨胀开裂破坏,并防止混凝土表面产生盐析而出现“白霜”。

3)有机胺类早强剂

有机胺类早强剂主要有三乙醇胺、三异丙醇胺等,其中早强效果以三乙醇胺为佳。

三乙醇胺为无色或淡黄色油状液体,呈碱性,能溶于水,掺量为水泥质量的0.02% ~0.05%。三乙醇胺对混凝土稍有缓凝作用,掺量过多会造成混凝土严重缓凝和混凝土强度下降,故应严格控制掺量。

我国工程上常用的早强剂以硫酸钠系外加剂为主,它一般不单独使用,而是由无水芒硝、分散剂、载体(如粉煤灰等)、激发剂等材料组成的,使用时应注意以下问题:

(1)它适用于日最低气温不低于 -5 ℃环境下的混凝土施工。

(2)由于产品中复合有载体,所以必须以干粉掺入使用,并适当延长搅拌时间,掺用时应掺加在水泥里,不得加在潮湿的砂石上,当粉剂中有结块和粗粒时,必须粉碎,通过30目筛后才能使用。

5. 速凝剂

速凝剂是指能使混凝土迅速凝结硬化的外加剂。速凝剂主要有无机盐类和有机物类两类。我国常用的速凝剂是无机盐类,主要有红星Ⅰ型、711 型、782 型等。

速凝剂掺入混凝土后,能使混凝土在 5 min 内初凝,1 h 就可产生强度,1 d 强度提高 2 ~ 3 倍,但后期强度会下降,28 d 强度为不掺时的 80% ~ 90%。速凝剂的速凝早强作用机制是,其中的主要成分铝酸钠、碳酸钠等,在碱性溶液中迅速与水泥中的石膏反应生成变成 Na_2SO_4,失去缓凝作用,从而促使 C_3A 迅速水化,并在溶液中析出其水化产物晶体,导致水泥浆迅速凝固。

红星Ⅰ型速凝剂是由铝氧熟料(主要成分为烧结铝酸钠)、碳酸钠与生石灰按 1∶1∶0. 5 的比例混合磨细而成的,一般掺量为 2. 5% ~ 4%,掺入红星Ⅰ型速凝剂可使水泥的初凝时间缩短至 2 ~ 5 min,终凝时间缩短至 5 ~ 10 min,混凝土 1 h 即可产生强度,1 d 强度为不掺时的 3 倍,但 28 d 强度仅为不掺时的 60%。

711 性速凝剂是由铝氧熟料与无水石膏按 3∶1混合磨细而成,一般掺量为 3% ~ 5%,掺入 711 型速凝剂可使水泥的初凝时间小于 5 min,终凝时间小于 10 min,同时具有早强作用,但 28 d 强度仅为不掺时的 65% 左右。

782 型速凝剂是由工业废料矾泥、铝氧熟料与生石灰按 74. 5%∶14. 5%∶11% 的比例混合磨细而成的,一般掺量为 3% ~ 6%,掺入 782 型速凝剂可使水泥的初凝时间小于 5 min,终凝时间小于 10 min,同时具有早强作用,后期强度基本不降低。

速凝剂主要用来配制喷射混凝土,以用于矿山井巷、铁路隧道、公路边坡、水工隧洞等地下工程的喷锚支护施工中,还可用于堵漏抢险工程中。

6. *缓凝剂*

缓凝剂是指能延缓混凝土凝结时间的外加剂。为了防止在气温较高或运距较长的情况下混凝土发生过早凝结失去可塑性而影响浇筑质量,以及防止出现冷缝等质量事故,常需掺入缓凝剂。缓凝剂可分为有机缓凝剂和无机缓凝剂两大类,常见的有机缓凝剂主要有:木质素磺酸盐类,如木质素磺酸钙、木质素磺酸钠、木质素磺酸镁等;多羟基碳水化合物类,如糖类及其衍生物、糖蜜及其改性物等;羟基羧酸及其盐类,如酒石酸、柠檬酸、葡萄糖酸、水杨酸等;腐殖酸类,如有机磷酸及盐类、丙烯酸类共聚物等。无机缓凝剂主要包括磷酸钠、硼砂、氧化锌、氯化锌等。

有机类缓凝剂多为表面活性剂,掺入混凝土中,能吸附在水泥颗粒表面,形成同种电荷的亲水膜,使水泥颗粒互相排斥,阻碍水泥水化产物凝聚,起到缓凝作用。而无机类缓凝剂往往是在水泥颗粒表面形成一层难溶的薄膜,对水泥颗粒的正常水化起阻碍作用,从而导致缓凝。

常用的缓凝剂是有机缓凝剂中的木钙和糖蜜,其中糖蜜的缓凝效果最好。木钙的掺量一般为水泥质量的 0. 2% ~ 0. 3%,糖蜜的掺量一般为水泥质量的 0. 1% ~ 0. 3%,它们可使混凝土的凝结时间延缓 2 ~ 4 h。掺量增大缓凝作用增强,过大掺量会导致混凝土长时间不凝结。

柠檬酸、酒石酸及酒石酸钾钠等,具有强烈的缓凝作用。当掺量为 0. 03% ~ 0. 1% 时,可使水泥的凝结时间延长几小时乃至十几小时。由于它延缓了水泥的水化作用,故可降低水泥的早期水化热,对水工大体积混凝土的施工比较有利。但掺用柠檬酸的混凝土,其拌和物的黏聚性较差,容易产生泌水现象,所以会对混凝土的抗渗性产生不利影响。

借助柠檬酸、酒石酸的缓凝作用，还可用于混凝土施工缝的处理中。一般的做法是将柠檬酸、酒石酸的溶液喷洒在新浇混凝土的表面，使之形成缓凝层，待缓凝层下面的混凝土硬化达到一定强度后，用高压水冲除缓凝层的水泥砂浆（即乳皮），使混凝土表面形成石子半露的麻面，以利于先后浇筑混凝土的层面间良好结合。

缓凝剂主要用于大体积混凝土和炎热气候下施工的混凝土，以及需长时间停放或长距离运输的混凝土。

7. 膨胀剂

在混凝土硬化过程中因化学作用能使混凝土产生一定体积膨胀的外加剂称为膨胀剂。

常用的混凝土膨胀剂有五大类，即硫铝酸钙类，如明矾石膨胀剂、CSA 膨胀剂等；氧化钙类，如石灰膨胀剂；氧化镁类，如氧化镁膨胀剂；金属类，如铁屑膨胀剂、铝粉膨胀剂等；复合膨胀剂类，如硫铝酸钙和氧化钙组成的膨胀剂。

混凝土膨胀剂主要适用于配制补偿收缩混凝土（砂浆）、填充用膨胀混凝土（砂浆）和自应力混凝土（砂浆），以减少混凝土（砂浆）的干缩裂缝，提高抗裂性和抗渗性。在不同混凝土中，膨胀剂的适宜掺量有所不同：补偿收缩混凝土中为 8% ~12%，填充用膨胀混凝土中为 10% ~15%，自应力混凝土中为 15% ~25%。

混凝土膨胀剂在工程应用中应注意以下问题：

（1）掺硫铝酸钙类膨胀剂配制的膨胀混凝土（砂浆），不得用于环境温度长期处于 80 ℃以上的工程中。

（2）掺铁屑膨胀剂的填充膨胀混凝土（砂浆），不得用于有杂散电流的工程和与铝镁材料接触的结构部位。

（3）对掺硫铝酸钙类或氧化钙类膨胀剂的混凝土，不宜同时使用氯盐类外加剂。

（4）膨胀混凝土（砂浆）宜采用机械搅拌，必须搅拌均匀，与一般混凝土（砂浆）相比，搅拌时间需延长 30 s 以上。

（5）膨胀混凝土（砂浆）必须在潮湿状态下养护 14 d 以上，或采用喷涂养护剂养护。

（6）膨胀混凝土的配合比设计与普通混凝土基本相同，计算出的水泥用量为 1 m^3 混凝土中实际水泥用量与膨胀剂用量之和，铁屑膨胀剂的用量不计入水泥用量中。

8. 防冻剂

混凝土防冻剂是指能使混凝土在负温下硬化，并在规定养护条件下达到预期性能的外加剂。

对一般混凝土来说，在低温下水泥的水化反应非常缓慢，因而水化放热和强度增长均明显减慢，特别在负温条件下，还可能出现拌和水结冰现象，对水泥的水化及混凝土的强度发展更为不利。为此，对于我国北方地区冬季施工的混凝土工程，为了保证混凝土的工程质量并加快施工进度，必须使用防冻剂，它的基本作用就是降低冰点和促进胶凝材料的水化反应，使得混凝土在低温或负温条件下仍能获得较快的强度发展。

混凝土防冻剂一般为复合外加剂，由防冻组分、早强组分、减水组分、引气组分、载体等材料组成。防冻组分可分为三大类：氯盐类（如氯化钙、氯化钠）、氯盐阻锈类（氯盐与阻锈剂复合，常用阻锈剂有亚硝酸钠、铬盐、磷酸盐等）及无氯盐类（硝酸盐、亚硝酸盐、碳酸盐、尿素、氨水、乙酸盐等)。

氯盐类防冻剂适用于无筋混凝土工程;氯盐阻锈类防冻剂适用于允许掺用氯盐的钢筋混凝土工程;无氯盐类防冻剂可用于钢筋混凝土和预应力混凝土工程,但硝酸盐、亚硝酸盐、碳酸盐类外加剂不得用于预应力混凝土及镀锌钢材或与铁接触部位的钢筋混凝土结构;含有六价铬盐、亚硝酸盐等有毒防冻剂,禁止用于饮水工程及与食品接触的工程。

目前国内混凝土防冻剂的适用气温范围为 -20 ~0 ℃,在更低的气温下施工时,应采取诸如暖棚法、综合蓄热法等其他冬季施工措施。

9. 其他外加剂

除以上所述的混凝土外加剂外,混凝土工程中的常用外加剂还有防水剂、阻锈剂、着色剂、保水剂、增稠剂及减缩剂等,这里不再一一赘述。

二、外加剂的选择和使用

在混凝土中掺用外加剂,若选择和使用不当,会造成质量事故。因此,应注意以下几方面。

(一)外加剂品种的选择

在选择外加剂时,应根据工程需要、现场的材料条件,参考有关资料,通过试验确定。

在混凝土配制过程中,应注意观察所选择的外加剂与水泥间的适应性,若两者不相适应,则经常会出现一些与所用外加剂的技术性能不相符的非正常现象,如速凝、长期不凝、大量泌水等。

(二)外加剂掺量的确定

混凝土外加剂均有适宜掺量范围,若掺量过小,往往达不到预期效果;若掺量过大,则会影响混凝土质量,甚至造成质量事故。因此,使用时应在参考产品说明书中的推荐掺量的基础上,通过试验试配来确定其最佳掺量。

三、外加剂的掺加方法

外加剂的掺量一般都很少,使用时必须保证它能均匀分散于混凝土拌和物中,为此一般不能直接加入混凝土搅拌机内。对于可溶于水的外加剂,应先配成一定浓度的溶液,随水加入搅拌机。对于不溶于水的外加剂,应与适量水泥或砂混合均匀后,再加入搅拌机内。

另外,根据外加剂掺入时间的不同,混凝土外加剂有同掺法、滞水掺入法及后掺法等三种掺加方法。

(一)同掺法

同掺法就是将外加剂与水化合均匀后,再加入到搅拌机中与其他材料一起搅拌均匀。这种方法的优点是施工方便,但由于它使混凝土一开始水化就有外加剂介入,立即被吸附到水泥颗粒表面,从而降低了外加剂在液相中的浓度。因此,效果较差,坍落度损失较大。

(二)滞水掺入法

滞水掺入法是指在混凝土拌和物已加水搅拌 1 ~3 min 后,再加入外加剂并继续搅拌至规定的时间以达到混合均匀。该法搅拌时间较长,混凝土的生产效率较低。

(三)后掺法

后掺法是指已拌和均匀的混凝土拌和物运输到浇筑地点后,才加入外加剂并再次搅拌均匀。该法是水泥水化反应进行了一段时间后才加入外加剂,从而使得液相中外加剂的浓度不会很快降低,效果比较好,坍落度损失较小。

实践证明,后掺法效果最好,能充分发挥外加剂的功能,为此在实际工程中适宜优先选用。

四、外加剂的储运保管要求

混凝土外加剂大多为表面活性物质或电解质盐类,具有较强的反应能力,敏感性较高,对混凝土性能影响很大,所以在储存和运输中应加强管理,一般应注意以下几点:

(1)失效的、不合格的外加剂,禁止使用。

(2)长期存放、质量未经检验明确的外加剂,禁止使用。

(3)不同品种、不同类别的外加剂应分别储存运输。

(4)应注意防潮、防水,避免受潮后影响功效。

(5)有毒的外加剂必须单独存放,专人管理,并不得用于饮水工程等。

(6)有强氧化性的外加剂必须进行密封储存。

第六节　混凝土矿物掺合料

在混凝土(砂浆)拌制时掺入的质量大于水泥质量5%的矿物质粉末,称为矿物掺合料,简称掺合料。在混凝土中掺入的天然矿物质粉末(如粉煤灰、硅灰)或人造矿物质粉末(如磨细天然沸石、粒化高炉矿渣粉),由于其含有活性SiO_2和$A1_2O_3$成分,会与水泥水化产物中的$Ca(OH)_2$发生二次水化反应,生成具有胶凝性质的新物质(其作用机制如以下化学反应方程式所示),从而可以起到节约水泥、改善混凝土性能、调节混凝土强度等级的功效,具有显著的技术、经济效益和环境效益。因此,掺合料已成为目前混凝土中的第六大组分而得到广泛应用。

$$xCa(OH)_2 + SiO_2 + mH_2O = xCaO \cdot SiO_2 \cdot (x+m)H_2O$$

$$yCa(OH)_2 + A1_2O_3 + nH_2O = yCaO \cdot Al_2O_3 \cdot (y+n)H_2O$$

混凝土中使用的掺合料种类很多,下面就常用的几种进行介绍。

一、粉煤灰

粉煤灰是从燃煤电厂煤粉炉烟道气体中收集到的粉末。

按其排放方式的不同,可分为干排灰和湿排灰两种。湿排灰含水量大,活性降低较多,质量不如干排灰,工程中常用的粉煤灰为干排灰。干排灰按收集方法的不同,又分为静电收尘灰和机械收尘灰两种。静电收尘灰颗粒细,质量好;机械收尘灰颗粒较粗,质量较差。按其处理方式的不同,可分为原状灰和磨细灰。未经加工的称为原状灰,经磨细处理的称为磨细灰。

按含钙量,可分为高钙灰($CaO>10\%$)和低钙灰($CaO<10\%$)。我国绝大多数电厂

排放的粉煤灰都是低钙灰。

按煤种的不同,可分为 F 类和 C 类。F 类粉煤灰是由无烟煤或烟煤煅烧收集的粉煤灰;C 类粉煤灰是由褐煤或次烟煤煅烧收集的粉煤灰,其 CaO 含量一般大于 10%。

(一)粉煤灰的技术要求

对于拌制混凝土和砂浆用的粉煤灰,一般分为Ⅰ级、Ⅱ级和Ⅲ级三个等级,《用于水泥和混凝土中的粉煤灰》(GB/T 1596—2005)及《水工混凝土掺用粉煤灰技术规范》(DL/T 5055—2007)对其技术品质作了如下要求(见表 4-28)。

表 4-28 拌制混凝土和砂浆用粉煤灰的技术要求

项目	粉煤灰种类	指标		
		Ⅰ级	Ⅱ级	Ⅲ级
细度(45 μm 方孔筛筛余)(%)	F 类及 C 类	≤12.0	≤25.0	≤45.0
需水量比(%)	F 类及 C 类	≤95.0	≤105.0	≤115.0
烧失量(%)	F 类及 C 类	≤5.0	≤8.0	≤15.0
含水量(%)	F 类及 C 类	≤1.0		
三氧化硫(%)	F 类及 C 类	≤3.0		
游离氧化钙(%)	F 类	≤1.0		
	C 类	≤4.0		
安定性(雷氏夹沸煮后增加距离)(mm)	F 类及 C 类	≤5.0		

Ⅰ级粉煤灰一般为静电收尘灰,品质最好,它适用于钢筋混凝土和跨度小于 6 m 的预应力钢筋混凝土。

Ⅱ级粉煤灰多为机械收尘灰,适用于钢筋混凝土及素混凝土。

Ⅲ级粉煤灰主要用于素混凝土,但对于设计强度等级≥C30 的素混凝土,所掺用的粉煤灰宜采用Ⅰ、Ⅱ级灰。大多数机械收尘的原状灰,其含碳量或粗颗粒含量较高,属Ⅲ级灰。

(二)粉煤灰的掺用方法与效果

粉煤灰具有形态效应、活性效应和微集料效应,可使混凝土在掺入粉煤灰后起到节约水泥和改善混凝土性能的双重效果,为此在配制大体积混凝土、抗渗结构混凝土、地下工程混凝土、水下工程混凝土、碾压混凝土、泵送混凝土、抗硫酸盐侵蚀和抗软水侵蚀混凝土、蒸养混凝土、轻骨料混凝土等时,宜掺用粉煤灰。

形态效应是指粉煤灰由其外观形貌、内部结构、表面性质、颗粒级配等物理性状所产生的效应。在高温燃烧过程中形成的粉煤灰颗粒,多数为尺寸仅几微米至几十微米的玻璃微珠,表面比较光滑,类似于球形颗粒,故掺入混凝土中能起到滚球润滑作用,从而可提高混凝土拌和物的流动性或减少拌和用水量。

活性效应是指粉煤灰中的活性成分所产生的化学效应。粉煤灰的化学成分主要有 SiO_2、Al_2O_3 和 Fe_2O_3 等,其中 SiO_2 和 Al_2O_3 的含量一般在 60% 以上,具有较强的火山灰活性,加入到混凝土中可吸收 $Ca(OH)_2$ 生成水化硅酸钙凝胶和水化铝酸钙晶体,成为胶凝材料的一部分,从而起到增强作用。同时,粉煤灰代替了部分水泥将有效降低水化热,可防止大体积混凝土产生温度裂缝。

微集料效应是指粉煤灰中的微细颗粒均匀分布在水泥浆内，并且长时间内以固体微粒形态存在，故可填充空隙和毛细孔，以改善混凝土的孔隙结构、增大结构体密实度，从而可以明显提高混凝土的抗渗性和抗化学侵蚀能力。

根据使用条件和方法不同，混凝土掺用粉煤灰的方法有等量取代法、外加法、超量取代法三种。

1. 等量取代法

掺入混凝土中的粉煤灰取代等质量的水泥时，称为等量取代法。此时，可节约水泥并可减少混凝土发热量。资料表明，粉煤灰取代 20% 的水泥时，可使 7 d 水化热降低约 11%，取代 30% 水泥时可降低 25%。同时，可以改善混凝土和易性，提高混凝土抗渗性。但由于粉煤灰活性降低，混凝土早期及 28 d 龄期强度降低，但随着龄期的延长，掺粉煤灰混凝土的强度可逐步赶上基准混凝土（不掺粉煤灰的混凝土）。这种方法主要适用于掺加Ⅰ级粉煤灰配制大体积混凝土。

2. 外加法

外加法又称粉煤灰代砂法，它是指所掺入的粉煤灰代替同体积的砂。此时，由于在保持水泥用量不变的条件下掺入了粉煤灰，使得混凝土中胶凝材料的总用量增大，为此混凝土拌和物的黏聚性和保水性将显著优于基准混凝土，同时混凝土的强度也将高于基准混凝土，抗渗性等有所改善。

3. 超量取代法

超量取代法是掺入的粉煤灰数量大于所取代水泥的数量，即一部分粉煤灰代替等质量的水泥，另一部分粉煤灰代替同体积的砂。该法的目的是增加混凝土中胶凝材料的用量，减小水胶比，以补偿粉煤灰取代水泥而造成的混凝土强度降低。

在混凝土中掺用粉煤灰可获得较好的技术、经济效果，但也会使混凝土的抗碳化能力降低，不利于防止钢筋锈蚀；同时因混凝土早期强度较低，抗冻性相对较差。为此，钢筋混凝土在掺用粉煤灰的同时往往还会掺用阻锈剂，低温条件下的粉煤灰混凝土适宜同时掺入早强剂或防冻剂。这种在混凝土中同时掺用掺合料和外加剂的掺配技术，称为“双掺技术”。

二、硅灰

硅灰又称为硅粉或凝聚硅灰，它是在冶炼硅铁合金或工业硅时，通过烟道排出的硅蒸气氧化后，经收尘器收集得到的无定形二氧化硅为主要成分的产品，即将高纯度的石英、焦炭投到电弧炉内，在 2 000 ℃温度下冶炼过程中，石英被还原成硅的同时，有 10% ~ 15% 的硅化为蒸气，在烟道内随气流上升遇氧结合成一氧化硅（SiO）气体，逸出炉外时，SiO 遇冷空气后进一步氧化成二氧化硅（SiO_2），最后冷凝成极微细的颗粒，这种 SiO_2 颗粒，日本称为“活性硅”，法国称为“硅尘”，其他多数国家称为“冷凝硅烟灰”，我国则常称为“硅灰”或“硅粉”。

（一）硅灰的技术要求

为使硅灰具有较好的活性，其物理性能、化学性能及胶砂性能应符合《高强高性能混凝土用矿物外加剂》（GB/T 18736—2002）的规定，如表 4-29 所示。

表 4-29　硅灰的技术要求

项目		指标
物理性能	比表面积（m^2/kg）	≥15 000
	含水率（%）	≤3.0
化学性能	SiO_2（%）	≥85
	Cl^-（%）	≤0.02
	烧失量（%）	≤6
胶砂性能	需水量比（%）	≤125
	28 d 活性指数（%）	≥85

注：28 d 活性指数是指由 70% 检验水泥和 30% 掺合料配制的受检胶砂试件与由 100% 检验水泥配制的基准胶砂试件，在标准养护条件下养护至 28 d 龄期的抗压强度之比。

（二）硅灰的作用效果与应用

硅灰掺入混凝土中，可以获得较好的技术效果，被广泛应用于各类工程中。

1. 改善混凝土拌和物的和易性

将硅灰加入混凝土中，可显著改善拌和物的黏聚性和保水性，使混凝土完全不离析、几乎不泌水，所以它适宜配制高流态混凝土、泵送混凝土及水下浇筑混凝土等。但由于硅粉颗粒极细，比表面积大，其需水量远高于普通水泥的需水量，所以混凝土的流动性会因加入硅灰而降低，所以为了保持混凝土的流动性，必须与高效减水剂联合使用才能取得良好的效果。

在普通水泥浆液中掺入 5% ~10% 的硅灰后，浆液的稳定性可明显提高，不易泌水，故可用于基础灌浆工程中以提高浆液的可灌性。

2. 提高混凝土强度

硅灰加入到混凝土中，其极细的球状小颗粒将填充于水泥颗粒空隙之中，改善水泥颗粒级配和粒径分布，使水泥浆体密实；而且硅灰具有很高的活性，它与水泥水化产物中的 $Ca(OH)_2$ 发生二次水化反应生成水化硅酸钙凝胶体，又可填塞毛细管通道，使大孔和连通孔减少，水泥石结构体更加密实，可显著提高混凝土强度，故常可采用掺入硅灰来配制高强混凝土。实践证明，在选用品质优良的粗细骨料、高强度等级水泥及掺入适量高效减水剂的情况下，在混凝土中掺用 10% ~15% 的硅灰，可配制出 C100 的超高强混凝土。

为保证硅灰在混凝土中能充分地分散均匀，当硅灰的掺量增多时，高效减水剂的掺量也应相应增加，否则混凝土强度不会提高。

3. 改善混凝土的孔隙结构，提高混凝土的耐久性

混凝土中掺入硅灰后，虽然水泥石的总孔隙与不掺时基本相同，但其大孔隙减少，微细孔隙增加，水泥石的孔隙结构得以显著改善，故可提高混凝土的耐久性。

当硅灰掺量为 4% ~6% 时，可有效抑制混凝土的碱 - 骨料反应；当掺量达 10% ~20% 时，混凝土的抗渗性可提高到 W20 以上，抗冻性也明显提高。

由于混凝土孔隙结构的改善、抗渗性能的提高，可明显降低混凝土渗透性及减少游离 $Ca(OH)_2$ 的含量，有效抵抗 SO_4^{2-}、Cl^- 等的渗透，减少 Cl^- 侵入混凝土后腐蚀钢筋产生顺筋裂缝，从而提高混凝土的抗侵蚀性。所以，硅灰可用于有抗侵蚀性要求的混凝土工程中。

采用硅灰混凝土护面，可显著提高混凝土结构体的抗磨和抗气蚀性能，减小混凝土的损坏，延长其寿命，故它广泛用于水工建筑物中的抗冲刷部位和高速公路路面工程中。

4. 减小混凝土的回弹量，提高喷射混凝土的施工性能

普通喷射混凝土的回弹量较大，喷射施工时有 30% ~40% 的混凝土产生回落，既造成原材料的浪费，又影响施工进度。若在混凝土中掺入 3% ~5% 的硅灰，能够显著提高混凝土的凝聚性和黏附性，使喷射混凝土的回弹量减少 10% 以上，增大喷射混凝土的一次成型厚度，缩短工期，故硅灰也常用于喷射混凝土施工中。

当然，也应注意硅灰混凝土易产生塑性开裂和早期收缩，所以施工过程中必须加强早期养护，特别在高气温、低湿度、高风速情况下浇筑硅粉混凝土时，更应注意采取防范措施。

三、粒化高炉矿渣粉

以粒化高炉矿渣为主要原料，可掺加少量石膏磨制成一定细度的粉体，称为粒化高炉矿渣粉，简称矿渣粉。

作为原材料的粒化高炉矿渣是炼铁过程中产生的工业副产品。在冶炼过程中，氧化铁在高温下还原成金属铁，并将矿石中的 SiO_2、Al_2O_3 等杂质与石灰等化合成矿渣使之与铁水分离，这些熔融状态的矿渣经过急速冷却后形成了粒化高炉矿渣。与粉煤灰、硅灰相比，粒化高炉矿渣还需要通过一个粉磨过程，将其磨成细粉后，达到相当细度且符合相应活性指数的粉体，再作为混凝土的矿物掺合料使用，故也常将其称为超细矿渣粉或超细粒化高炉矿渣粉。

（一）粒化高炉矿渣粉的技术要求

《用于水泥和混凝土中的粒化高炉矿渣粉》（GB/T 18046—2008）对粒化高炉矿渣粉的技术指标作了如表 4-30 的规定。

表 4-30　粒化高炉矿渣粉的技术要求

项目		级别		
		S105	S95	S75
密度（g/cm^3）		≥2.8		
比表面积（m^2/kg）		≥500	≥400	≥300
活性指数（%）	7 d	≥95	≥75	≥55
	28 d	≥105	≥95	≥75
流动度比（%）		≥95		
含水量（%）		≤1.0		
SO_3（%）		≤4.0		
Cl^-（%）		≤0.06		
烧失量（%）		≤3.0		
玻璃体含量（%）		≥85		
放射性		合格		

（二）粒化高炉矿渣粉的作用效果与应用

粒化高炉矿渣粉应用于混凝土中，改善了混凝土结构中“水泥水化产物（或二次水化

产物)中的空隙”的薄弱环节(或部位),从而使混凝土的拌和物性能、力学性能和长期耐久性能等得以显著改善。

1. 改善混凝土的孔隙结构,提高混凝土的耐久性

掺入粒化高炉矿渣粉,可改善混凝土细微颗粒的级配,即改善粉体材料在混凝土中的粒度分布,产生密实堆积填充效应,使混凝土的孔隙结构优化,即大孔数量减少,小孔数量增加,平均孔径降低,分布更为合理;空隙率降低,特别是水泥水化产物之间的空隙大大减小,使混凝土的结构更为密实。

由于混凝土密实度提高、孔隙结构改善,使得掺粒化高炉矿渣粉的混凝土有相当好的抗渗性和抗冻性。

试验表明,掺入粒化高炉矿渣粉的混凝土,会产生适度的体积微膨胀,在钢筋和骨料的约束下,可产生一定的预压应力,以抵消混凝土在硬化过程中因体积收缩而产生的拉应力,并补偿部分水化热引起的温度应力,从而减少或避免了混凝土裂缝的产生,即混凝土的抗裂性显著提高。

粒化高炉矿渣粉中含有丰富的活性 SiO_2 等成分,能够与水泥水化产物中的 $Ca(OH)_2$ 进行二次水化反应,从而降低了混凝土硬化结构体中水泥胶体与 SO_4^{2-} 反应生成钙矾石的机会,一定程度上抑制了 SO_4^{2-} 等的侵蚀破坏。另外,粒化高炉矿渣粉的掺用减少了水泥用量,即减少了水泥中引入的碱含量,从而降低了混凝土发生碱－骨料反应的破坏可能性。

2. 改善混凝土拌和物的和易性

由于粒化高炉矿渣粉是细微球状体,其表面光滑,且性能稳定,在混凝土中能够起到滚球润滑作用,减小了摩擦阻力,有效地改善了混凝土拌和物的和易性,特别是流动性提高,泌水量显著降低,故适用于配制泵送混凝土。

3. 提高混凝土的强度

混凝土中掺入粒化高炉矿渣粉,改善了混凝土的微结构,增加了结构体密实度;同时粒化高炉矿渣粉中含有丰富的活性 SiO_2 等,能够与水泥水化产物 $Ca(OH)_2$ 发生二次水化反应,生成密实度更高的硅酸凝胶,故可提高混凝土的强度,适用于配制高强混凝土。

实践证明,要配制 C50 混凝土,采用目前的水泥就有相当大的难度。但若掺加粒化高炉矿渣粉及高效减水剂,便可配制出 C60 以上的高强度等级混凝土。

但应注意的是,若粒化高炉矿渣粉的掺量过大(超过50%),混凝土 28 d 强度将会降低,为此必须确定其最佳掺量。确定粒化高炉矿渣粉的最佳掺量,应符合以下两点:①必须满足各类工程和各种施工工艺的要求;②必须满足混凝土的和易性、凝结时间和强度的要求。

4. 降低混凝土的水泥用量和水化热

试验证明,在混凝土强度一定的情况下,掺加粒化高炉矿渣粉可大幅降低水泥用量,同时可减小水化热释放量和推迟峰值的出现时间。所以,粒化高炉矿渣粉可用于大体积混凝土,以防止温度裂缝的产生。

粒化高炉矿渣粉的生产成本低于水泥,使用其作为掺合料可以获得显著的技术、经济效益。根据国内外经验,使用粒化高炉矿渣粉掺合料配制高强或超高强混凝土是行之有效的、比较经济实用的技术途径,是当今混凝土技术发展的趋势之一。

四、其他掺合料

除上述几种掺合料外，可用作混凝土掺合料的还有天然火山灰质材料和某些工业副产品，如火山灰、钢渣粉、磷矿渣等。

钢渣粉是利用炼钢厂的副产品——钢渣，经磨细加工所得，具有较高的潜在活性，可作为混凝土的独立组分来改善混凝土的有关性能。钢渣粉的矿物组成取决于钢渣的碱度：低碱度钢渣中主要成分为 Fe_2O_3，并固溶有 MnO、CaO；在高碱度钢渣中以 MgO、FeO、MnO 组成的固溶体为主。由于在磨细的钢渣粉矿物组成中，C_3S 和 C_2S 的含量都比较高，所以可取代部分水泥用以配制混凝土，以节约生产成本。但是由于钢渣粉存在一定量的 $f-CaO$，会导致混凝土发生体积膨胀，引起安定性不良，产生危害，所以使用时应当首先进行安定性检验，钢渣粉的技术要求详见《用于水泥和混凝土中的钢渣粉》（GB/T 20491—2006），此处不再赘述。钢渣粉可以提高混凝土的流动性，延长混凝土的初凝与终凝时间，当按常用掺量 20% 掺入时，与基准混凝土相比，掺加钢渣粉的混凝土拌和物初始坍落度增大 10～20 mm，同时坍落度损失明显降低。钢渣粉混凝土的各项力学性能优于普通混凝土，尤其是混凝土的抗弯强度和劈拉强度有明显改善，用其代替部分粗骨料配制的混凝土还具有良好的耐磨性，所以钢渣粉适用于道路混凝土工程中。单掺钢渣粉对混凝土 28 d 强度影响较小，后期强度增长较快，而早期强度会有所降低。但钢渣与矿渣复合粉在碱性激发剂的作用下与单掺钢渣粉混凝土相比，早期抗压强度明显提高，后期则基本相当。因此，可通过钢渣与矿渣复合粉掺加少量碱性激发剂共同作用来改善混凝土的早期强度。

磷矿渣是采用粒化电炉法生产黄磷时所排放出的水淬磷酸盐类工业废渣，通常每制取 1 t 黄磷就能产生 8～10 t 的磷矿渣，由于磷矿渣是一种工业废渣，且其中所含的磷和氟会造成一定的环境污染，因此综合利用磷矿渣在经济和环保方面有着重要意义。磷矿渣主要由微晶玻璃体组成，其内部结构是畸变的硅酸盐网络，是含钙量比较低的熔体在水淬时形成的特殊结构，将它作为掺合料用于配制混凝土，具有如下优点：①磷矿渣掺入混凝土后，可大幅度减少水泥水化热，使混凝土热峰值出现时间推迟，温升小，是避免或减少大体积混凝土温度裂缝的有效措施；②磷矿渣内 MgO 含量较高，掺入混凝土后使其具有微膨胀性，可补偿混凝土收缩变形；③磷矿渣混凝土后期强度高，且强度增长快；④磷矿渣混凝土抗拉强度高，极限拉伸值大，耐久性好；⑤磷矿渣对混凝土有较大的缓凝作用，能降低施工强度，可避免施工冷缝的出现，保证混凝土上下浇筑层结合完好；⑥磷矿渣混凝土性能价格比优越，生产成本低，按取代水泥率 20% 计，每立方米混凝土生产成本可降低 8～10 元，具有很高的经济价值。

第七节　混凝土的质量控制

一、混凝土质量控制的主要内容及评价指标

混凝土的质量控制是保证混凝土结构工程质量的一项非常重要的工作。在实际工程

中,由于原材料、施工条件以及试验条件等许多复杂因素的影响,混凝土的质量总会产生波动。引起混凝土质量波动的因素有正常因素和异常因素两大类:正常因素是不可避免的微小变化的因素,如砂、石材料质量的微小变化,称量时的微小误差等,这些是不可避免也不易克服的因素,它们引起的质量波动一般较小,称为正常波动;异常因素是不正常的变化因素,如原材料的称量错误等,这些是可以避免和克服的因素,它们引起的质量波动一般较大,称为异常波动。混凝土质量控制的目的就是及时发现和排除异常波动,使混凝土的质量处于正常波动状态。

混凝土的质量是通过其性能来表达的,如混凝土的强度、坍落度等。这些性能在正常稳定连续生产的情况下,其数量指标可用随机变量描述,因此可用数理统计方法来控制、检验和评定其质量。在混凝土的各项质量指标中,混凝土的抗压强度与其他性能有较好的相关性,即混凝土抗压强度的波动既反映了混凝土强度的变异,又能较好地反映混凝土质量的波动情况。因此,通常以混凝土抗压强度作为评定和控制混凝土质量的指标。

混凝土的质量控制包括初步控制、生产控制和合格控制三个方面。

(一)初步控制

初步控制是指在混凝土生产之前,对混凝土的原材料、配合比和施工工艺进行的控制。它包括对水泥、砂、石、外加剂和掺合料等原材料的性能进行必要的检验和评定,根据施工条件确定合理的流动性,并进行混凝土的配合比设计;然后,按设计的混凝土配合比进行试生产,通过试生产确定施工工艺参数,并取得足够的强度试验数据,经过统计分析后,确定在正常生产条件下混凝土强度的平均值和标准差,作为进行生产控制的参数。

(二)生产控制

生产控制是指在混凝土生产过程中,根据混凝土强度、原材料性能和工艺参数的实测数据,借助质量控制图等质量控制工具,采取必要措施对生产过程加以控制,保证混凝土的强度维持在稳定的正常状态。它包括控制材料称量、搅拌、运输、浇筑、振捣和养护等项内容。

(三)合格控制

合格控制是指混凝土强度的验收评定。混凝土强度的验收评定采用抽样检验,根据设计对混凝土强度的要求和抽样检验的原则划分验收批、确定分批取样数、确定验收规则等。

二、混凝土强度波动规律与统计参数

(一)混凝土强度的波动规律

在正常施工条件下,同一种混凝土的强度值总是波动的。实践证明,对某种混凝土进行随机取样测试强度,则强度分布曲线接近于正态分布,如图 4-16 所示。其概率密度函数 $\varphi(f)$ 为

$$\varphi(f) = \frac{1}{\sigma\sqrt{2\pi}} e^{-\frac{(f-m_{f_{cu}})^2}{2\sigma^2}} \tag{4-12}$$

式中 f——混凝土强度值;

$m_{f_{cu}}$——混凝土强度总体的平均值;

σ——混凝土强度总体的标准差。

令随机变量 $t=\frac{f-m_{f_{cu}}}{\sigma}$，可将一般正态分布转换为标准正态分布，如图 4-17 所示。此种分布是正态分布中 $m_{f_{cu}}=0,\sigma=1$ 的一种特例，其概率密度函数为

$$\varphi(t)=\frac{1}{\sqrt{2\pi}}e^{-\frac{t^2}{2}} \tag{4-13}$$

式中　t——概率度。

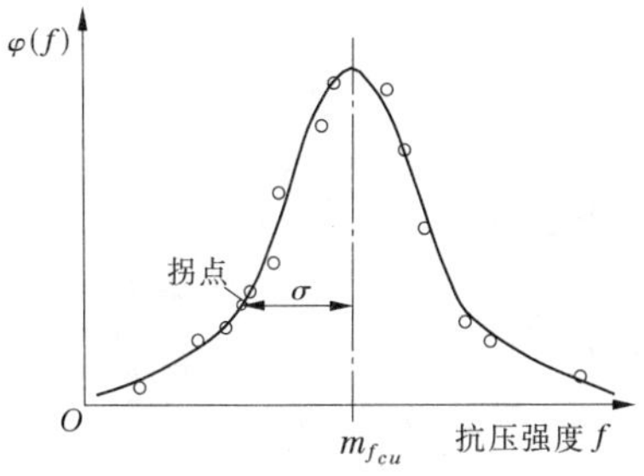

图 4-16　正态分布曲线

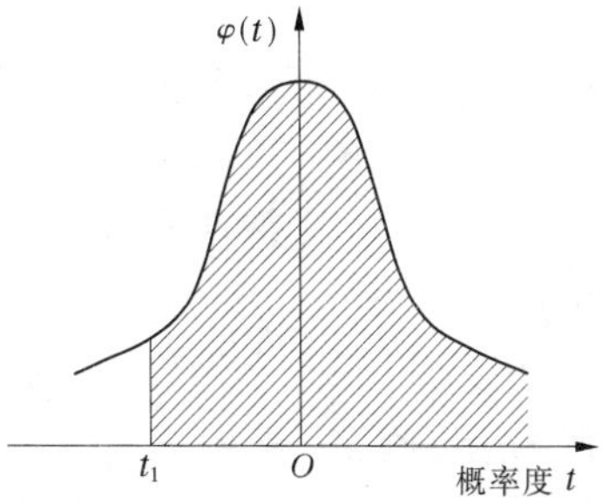

图 4-17　标准正态分布曲线

在标准正态分布曲线上，大于等于 t_1 所出现的概率 $P(t)$ 可由式(4-14)计算，它相当于图 4-17中的阴影部分面积。不同的 t 值所对应的 $P(t)$ 值，可从数理统计学书中查得，现摘录一部分列于表 4-31。

$$P(t)=\int_{t_1}^{+\infty}\varphi(t)\,dt=\frac{1}{\sqrt{2\pi}}\int_{t_1}^{+\infty}e^{-\frac{t^2}{2}}dt \tag{4-14}$$

表 4-31　不同 t 值的 $P(t)$ 值

t	3.00	2.00	1.00	0	−0.50	−0.84	−1.00	−1.28	−1.645	−2.00	−3.00
$P(t)$(%)	0.1	2.3	15.9	50.0	69.0	80.0	84.1	90.0	95.0	97.7	99.9

(二)混凝土的质量均匀性及强度统计参数

为了确定混凝土强度总体的分布特征，需借助数理统计的方法，从混凝土总体中抽出一部分混凝土(称为“样本”)制成试件，测得一批(n 组)强度试验数据，计算出下列统计参数：

(1)平均强度 $m_{f_{cu}}$

$$m_{f_{cu}}=\frac{1}{n}\sum_{i=1}^{n}f_{cu,i} \tag{4-15}$$

(2)标准差 σ

$$\sigma=\sqrt{\frac{1}{n-1}\left(\sum_{i=1}^{n}f_{cu,i}^2-nm_{f_{cu}}^2\right)} \tag{4-16}$$

式中　σ——混凝土强度标准差，精确到 0.1 MPa；

$f_{cu,i}$——统计周期内第 i 组混凝土立方体试件的抗压强度值，精确到 0.1 MPa；

$m_{f_{cu}}$——统计周期内 n 组混凝土立方体试件的抗压强度的平均值，精确到 0.1 MPa；

n——统计周期内相同强度等级混凝土的试件组数，该值不得少于 30 组。

(3)离差系数(或称变异系数)C_v

$$C_v = \frac{\sigma}{m_{f_{cu}}} \tag{4-17}$$

混凝土强度标准差 σ 或离差系数 C_v 是决定强度分布特性的重要参数。σ 值愈大(或 C_v 愈大)，强度分布曲线愈矮而宽，强度离散性愈大，质量愈不均匀，如图 4-18 所示。在施工质量控制中，可将 σ(或 C_v)作为评定混凝土均匀性的指标。

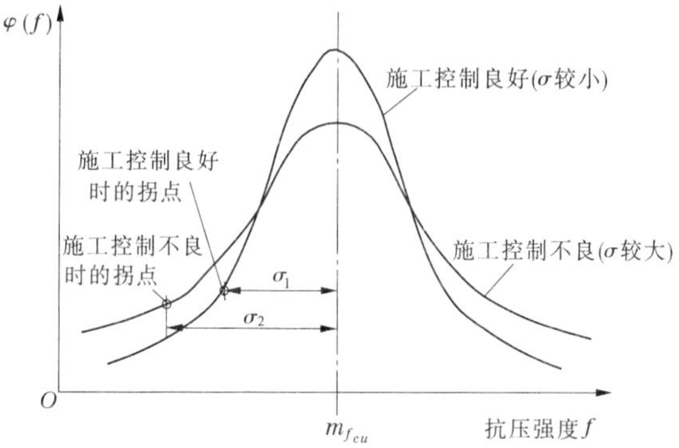

图 4-18　标准差 σ 不同的强度分布曲线

水利水电工程混凝土的施工依据《水工混凝土施工规范》(DL/T 5144—2001)，按 σ 大小及试件强度值不低于强度标准值的百分率(P)，将混凝土的生产质量水平划分为四级(见表 4-32)。

表 4-32　混凝土生产质量水平

(依据《水工混凝土施工规范》(DL/T 5144—2001))

评定指标		质量等级			
		优秀	良好	一般	差
不同强度等级下的混凝土强度标准差 σ(MPa)	≤C_{90}20	<3.0	3.0～3.5	3.5～4.5	>4.5
	C_{90}20～C_{90}35	<3.5	3.5～4.0	4.0～5.0	>5.0
	>C_{90}35	<4.0	4.0～4.5	4.5～5.5	>5.5
强度不低于强度标准值的百分率 P(%)		≥90		≥80	<80

《混凝土质量控制标准》(GB 50164—2011)对建设工程的普通混凝土质量控制作出了相关规定：混凝土工程宜采用预拌混凝土，其强度标准差 σ 宜符合表 4-33 的规定。

表 4-33　混凝土生产管理水平

(依据《混凝土质量控制标准》(GB 50164—2011))

生产场所	强度标准差		
	<C20	C20～C40	≥C45
预拌混凝土搅拌站、预制混凝土构件厂	≤3.0	≤3.5	≤4.0
施工现场搅拌站	≤3.5	≤4.0	≤4.5

三、混凝土强度保证率与配制强度

(一)混凝土强度保证率

混凝土强度保证率是指混凝土强度总体中，大于等于设计强度的强度值出现的概率

$P(\%)$。可用正态分布曲线上的阴影部分面积来表示(见图4-19)。不同类型的工程对混凝土强度保证率的要求不同。

混凝土强度保证率的计算,可根据混凝土设计强度 $f_{cu,k}$、强度平均值 $m_{f_{cu}}$、标准差 σ 或离差系数 C_v 按式(4-18)计算出概率度 t

$$t = \frac{f_{cu,k} - m_{f_{cu}}}{\sigma} = \frac{f_{cu,k} - m_{f_{cu}}}{C_v m_{f_{cu}}} \qquad (4\text{-}18)$$

由概率度 t 查表4-31,即可求得该混凝土的强度保证率 $P(\%)$。

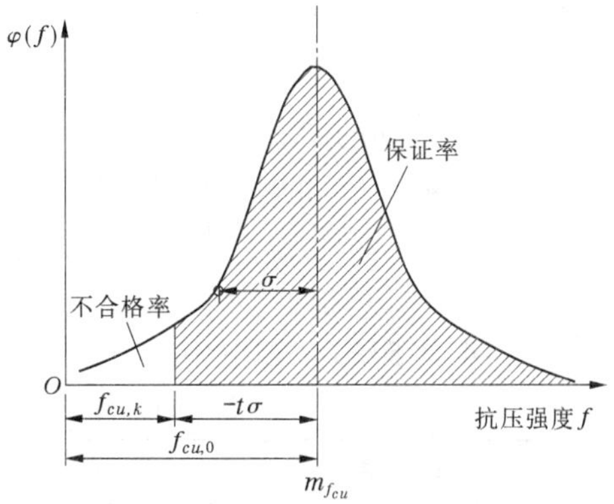

图4-19　混凝土强度保证率

(二)混凝土配制强度

工程中配制混凝土时,如果所配制的混凝土强度 $f_{cu,0}$ 等于设计强度 $f_{cu,k}$,这时其强度保证率仅为50%。因此,为了保证普通混凝土工程具有设计所要求的95%强度保证率,则在进行混凝土配合比设计时,必须使混凝土的配制强度大于设计强度。对于强度等级已知的混凝土,配制强度应按式(4-19)或式(4-20)计算。

当混凝土的设计强度等级<C60时

$$f_{cu,0} \geqslant f_{cu,k} - t\sigma \qquad (4\text{-}19)$$

当混凝土的设计强度等级≥C60时

$$f_{cu,0} \geqslant 1.15 f_{cu,k} \qquad (4\text{-}20)$$

式中　$f_{cu,0}$——混凝土配制强度,MPa;

$f_{cu,k}$——混凝土设计强度等级(即混凝土立方体抗压强度标准值),MPa;

σ——混凝土强度标准差,MPa;

t——概率度,根据设计要求的保证率确定,对于工业与民用建筑及一般构筑物所采用的普通混凝土,设计龄期一般采用28 d,则要求强度保证率 $P=95\%$,此时概率度 $t=-1.645$,对于水工混凝土,设计龄期则常采用90 d或180 d,其强度保证率 P 应符合设计要求,概率度 t 对应地从表4-31中取用。

混凝土强度标准差 σ,应按下列规定确定:

(1)当具有1~3个月的同一品种、同一强度等级混凝土的强度资料,且试件组数不少于30组时,其混凝土强度标准差 σ 应按式(4-16)进行计算,且应符合以下规定:

①工业与民用建筑及一般构筑物所采用的普通混凝土:对于强度等级不大于C30的混凝土,当混凝土强度标准差计算值不小于3.0 MPa时,应按式(4-16)计算结果取值;当混凝土强度标准差计算值小于3.0 MPa时,应取3.0 MPa。对于强度等级大于C30且小于C60的混凝土,当混凝土强度标准差计算值不小于4.0 MPa时,应按式(4-16)计算结果取值;当混凝土强度标准差计算值小于4.0 MPa时,应取4.0 MPa。

②水利水电工程水工混凝土:对于强度等级不大于C25的混凝土,当混凝土强度标准差计算值不小于2.5 MPa时,应按式(4-16)计算结果取值;当混凝土强度标准差计算值小于2.5 MPa时,应取2.5 MPa。对于强度等级不小于C30的混凝土,当混凝土强度标准

差计算值不小于 3.0 MPa 时,应按式(4-16)计算结果取值;当混凝土强度标准差计算值小于 3.0 MPa 时,应取 3.0 MPa。

(2)当无近期的同一品种、同一强度等级混凝土的强度资料时,计算配制强度用的标准差 σ 可按相关规范的规定取用:对于工业与民用建筑及一般构筑物所采用的普通混凝土,可根据《普通混凝土配合比设计规程》(JGJ 55—2011)按表 4-34 选取;对于水利水电工程水工混凝土,可根据《水工混凝土试验规程》(SL 352—2006)、《水工混凝土配合比设计规程》(DL/T 5330—2005)按表 4-35 选取。

表 4-34　普通混凝土强度标准差 σ 选用值

混凝土强度标准值	≤C20	C25 ~ C45	C50 ~ C55
σ(MPa)	4.0	5.0	6.0

表 4-35　水工混凝土强度标准差 σ 选用值

混凝土抗压强度标准值(MPa)	≤15	20 ~ 25	30 ~ 35	40 ~ 45	50
σ(MPa)	3.5	4.0	4.5	5.0	5.5

四、混凝土施工质量管理图

混凝土强度的质量控制要以实测的强度数据为基础,利用质量管理图进行控制。质量管理图是混凝土生产过程质量控制的有力工具,它以横坐标表示浇筑时间或试验编号,用纵坐标表示强度试验值,并以配制强度 $f_{cu,0}$ 作为中心线,以 $(f_{cu,0}-2\sigma, f_{cu,0}+2\sigma)$ 区间的上下界线作为上下警戒线,以 $(f_{cu,0}-3\sigma, f_{cu,0}+3\sigma)$ 区间的上下界线作为上下控制线,即得到混凝土施工质量管理图(见图 4-20),施工时可用它来区分混凝土质量的正常波动和异常波动,从而判明生产过程是否处于稳定状态。

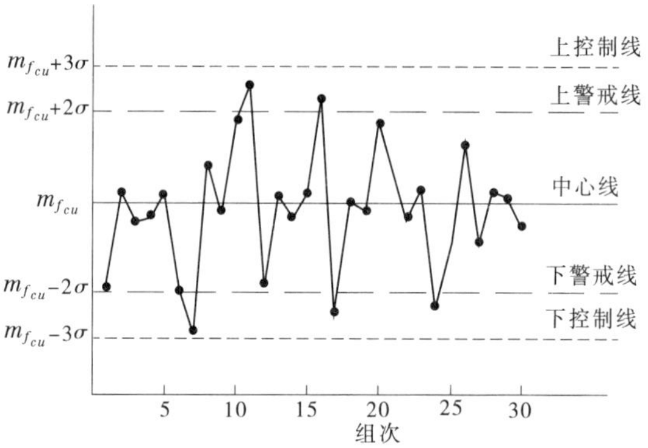

图 4-20　混凝土施工质量管理图

生产实践证明,当混凝土施工处于统计控制状态时,由正常原因造成的混凝土强度波动服从正态分布,混凝土强度的特征值在区间 $(f_{cu,0}-2\sigma, f_{cu,0}+2\sigma)$ 和 $(f_{cu,0}-3\sigma, f_{cu,0}+3\sigma)$ 范围内的概率分别为 95.45% 和 99.73%。混凝土强度值落在区间 $(f_{cu,0}-2\sigma, f_{cu,0}+2\sigma)$ 和 $(f_{cu,0}-3\sigma, f_{cu,0}+3\sigma)$ 之外的事件,显然都是小概率事件,而小概率事件在一次试验中是几乎不可能发生的,若发生此种事件,说明生产过程中必存在某种异常原因,应及时查明和排除;而若强度值全部落在上下控制线内,且其排列和分布是随机的,那么就认为生产过程处于稳定状态,无异常情况。

在具体施工过程中,依据混凝土浇筑时间或试验顺序依次将抗压强度试验值点入图中(见图4-20),根据质量管理图内点子的分布和走势情况,可以推断生产情况是否正常。在正常生产的情况下,点子是在靠近中心线的两边分布的,靠近中心线的点子多些,远离中心线的点子少些。如果连续一批点子显著地偏离中心线一方,则说明施工中产生了系统性的变动因素,混凝土强度总体已有所变化;如果一群点子自高向低(或自低向高)逐渐变动,则表面混凝土强度总体在逐渐改变;如果连续出现点子超出了控制线(特别是下控制线)的情况,说明混凝土质量已有问题,应立即查明原因,加以解决。

混凝土强度的质量是以28 d龄期标准试件的强度为准,而28 d强度又不能为生产控制提供质量信息,因此通常采用水胶比分析、早期推定混凝土强度等快速试验的方法,间接推定混凝土28 d的强度,以便及时获得混凝土强度的信息,进行必要的调整,保证混凝土的质量符合设计要求。

五、混凝土强度的检验评定

硬化混凝土的质量控制,主要是检验混凝土的抗压强度,并应分批进行检验评定。一个检验批的混凝土应由强度等级相同、试验龄期相同、生产工艺条件和配合比基本相同的混凝土组成,具体宜根据《混凝土强度检验评定标准》(GB/T 50107—2010)规定的检验评定方法要求制订检验批的划分方案和相应的取样计划。

混凝土强度检验评定分为统计方法和非统计方法两种。对大批量、连续生产混凝土的强度应按统计方法评定,对小批量或零星生产混凝土的强度应按非统计方法评定。

(一)统计方法评定

(1)当连续生产的混凝土,生产条件在较长时间内保持一致,且同一品种、同一强度等级混凝土的强度变异性保持稳定时,应由连续的3组试件组成一个检验批,其强度应同时符合下列规定

$$\left.\begin{aligned} m_{f_{cu}} &\geq f_{cu,k} + 0.7\sigma_0 \\ f_{cu,\min} &\geq f_{cu,k} - 0.7\sigma_0 \end{aligned}\right\} \tag{4-21}$$

同时

$$f_{cu,\min} \geq 0.85 f_{cu,k}\text{(混凝土强度等级} \leq \text{C20 时)} \tag{4-22}$$

$$f_{cu,\min} \geq 0.90 f_{cu,k}\text{(混凝土强度等级} > \text{C20 时)} \tag{4-23}$$

检验批混凝土立方体抗压强度的标准偏差σ_0,应按式(4-24)计算

$$\sigma_0 = \sqrt{\frac{1}{n-1}\left(\sum_{i=1}^{n} f_{cu,i}^2 - n m_{f_{cu}}^2\right)} \tag{4-24}$$

式中　$m_{f_{cu}}$——同一检验批混凝土立方体抗压强度的平均值,MPa,精确到0.1 MPa;

$f_{cu,\min}$——同一检验批混凝土立方体抗压强度的最小值,MPa,精确到0.1 MPa;

$f_{cu,k}$——混凝土立方体抗压强度标准值,MPa,精确到0.1 MPa;

σ_0——检验批混凝土立方体抗压强度的标准差,MPa,精确到0.1 MPa,当检验批混凝土强度标准差σ_0计算值小于2.5 MPa时,应取2.5 MPa;

$f_{cu,i}$——前一检验期内同一品种、同一强度等级的第i组混凝土试件的立方体抗压强度代表值,MPa,精确到0.1 MPa,该检验期不应少于60 d,也不得大于90 d;

n——前一检验期内的样本容量,在该期间内样本容量不应少于45组。

(2)其他情况下,当样本容量不少于 10 组时,其强度应同时满足下列要求

$$\left.\begin{array}{l} m_{f_{cu}} \geqslant f_{cu,k} + \lambda_1 S_{f_{cu}} \\ f_{cu,\min} \geqslant \lambda_2 f_{cu,k} \end{array}\right\} \tag{4-25}$$

同一检验批混凝土立方体抗压强度的标准差 $S_{f_{cu}}$ 应按式(4-26)计算

$$S_{f_{cu}} = \sqrt{\frac{1}{n-1}\left(\sum_{i=1}^{n} f_{cu,i}^2 - n m_{f_{cu}}^2\right)} \tag{4-26}$$

式中　$S_{f_{cu}}$——同一检验批混凝土立方体抗压强度的标准差,MPa,精确到 0.1 MPa,当检验批混凝土强度标准差 $S_{f_{cu}}$ 计算值小于 2.5 MPa 时,应取 2.5 MPa;

λ_1、λ_2——合格评定系数,按表 4-36 取用;

n——本检验期内的样本容量。

表 4-36　混凝土强度的合格评定系数

合格评定系数	试件组数		
	10 ~ 14	15 ~ 19	≥20
λ_1	1.15	1.05	0.95
λ_2	0.90	0.85	

(二)非统计方法评定

当用于评定的样本容量小于 10 组时,应采用非统计方法评定混凝土强度。

按非统计方法评定混凝土强度时,其强度应同时满足下列规定

$$\left.\begin{array}{l} m_{f_{cu}} \geqslant \lambda_3 f_{cu,k} \\ f_{cu,\min} \geqslant \lambda_4 f_{cu,k} \end{array}\right\} \tag{4-27}$$

式中　λ_3、λ_4——合格评定系数,按表 4-37 取用。

表 4-37　混凝土强度的非统计法合格评定系数

合格评定系数	混凝土强度等级	
	< C60	≥C60
λ_3	1.15	1.10
λ_4	0.95	

(三)混凝土强度的合格性评定

当检验结果能满足上述规定时,则该批混凝土强度应评定为合格;当不能满足上述规定时,该批混凝土强度应评定为不合格。

对评定为不合格批的混凝土,可按国家现行的有关标准进行处理。

第八节　混凝土配合比设计

混凝土的性能取决于混凝土的组成材料、配合比和施工质量。混凝土的配合比是指混凝土中各组成材料用量之间的比例关系。混凝土配合比的表示方法有两种:一种是以

1 m^3 混凝土中各组成材料的质量表示，如水泥(C)300 kg、水(W)180 kg、砂(S)720 kg、石子(G)1 200 kg；另一种表示方法是以各组成材料相互间的质量比例来表示(以水泥质量为1)，例如 $C:S:G=1:2.4:4.0$，$W/C=0.60$。

混凝土配合比除影响混凝土的性能外，还影响工程造价。因此，良好的配合比是制备优质而经济的混凝土的基本条件，在进行配合比设计时，必须根据本工程的设计要求、施工工艺及原材料等基本资料进行计算和试验，而其他工程的混凝土配合比只能作为参考。

一、混凝土配合比设计的基本要求及参数

(一)混凝土配合比设计的基本要求

通过配合比设计用于工程中的混凝土，须满足以下四方面的基本要求：

(1)工作性。混凝土拌和物应具有与施工条件相适应的和易性，便于施工时浇筑振捣密实，并能保证混凝土的均匀性。

(2)强度。浇筑后的混凝土经养护至规定龄期，应达到设计要求的强度。

(3)耐久性。硬化后的混凝土应具有与工程环境条件相适应的耐久性，如抗渗性、抗冻性、抗侵蚀性等。

(4)经济性。在满足上述三方面要求的前提下，混凝土各种组成材料的配合比应经济合理，尽量降低成本。

(二)混凝土配合比设计的三大基本参数

混凝土的组成材料确定后，混凝土配合比的设计就是根据混凝土性能的要求，确定混凝土设计所必需的三个关键参数——水灰比、砂率和单位用水量。这三大基本参数与混凝土的各项性能密切相关。其中，水灰比对混凝土的强度和耐久性起决定作用，砂率对混凝土拌和物的黏聚性和保水性有很大影响，单位用水量是影响混凝土拌和物流动性的最主要因素。在配合比设计中只要正确地确定这三个参数，就能设计出经济合理的混凝土配合比，这三大参数的具体确定原则标示于图4-21中。

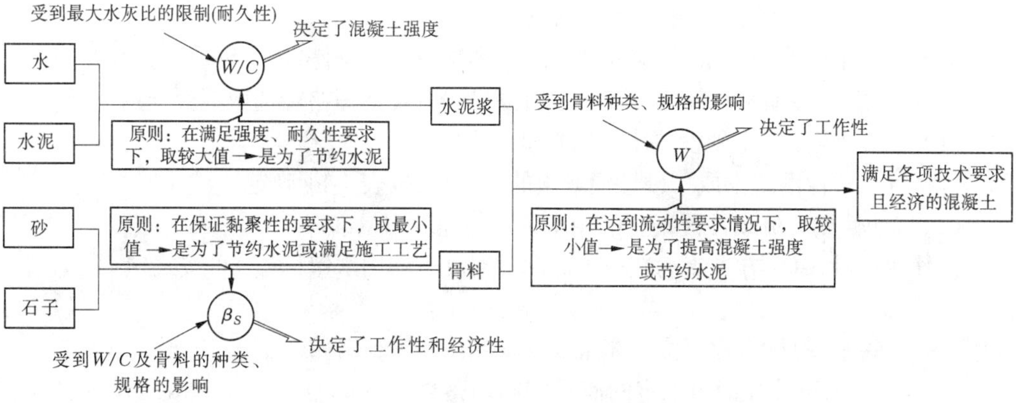

图4-21　混凝土配合比参数关系

二、水泥混凝土配合比设计的方法及步骤

混凝土配合比设计包括配合比的理论计算、实验室条件下的试配与调整及施工工地

的换算调整等环节，具体步骤详见图 4-22。

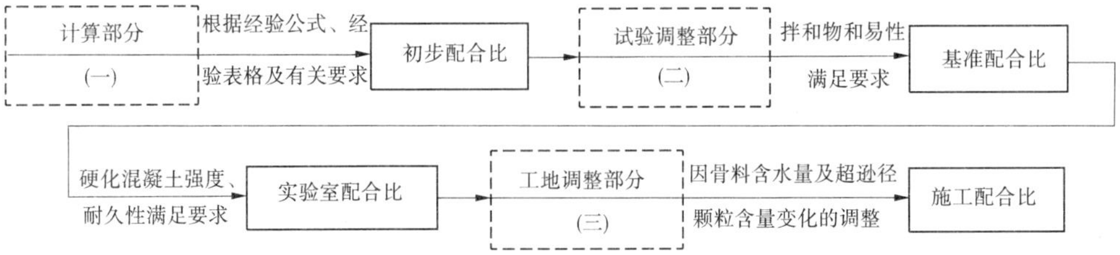

图 4-22　混凝土配合比设计步骤

工业与民用建筑及一般构筑物所采用的普通混凝土，其配合比设计依据《普通混凝土配合比设计规程》(JGJ 55—2011)进行；对于水利水电工程水工混凝土，其配合比设计依据《水工混凝土试验规程》(SL 352—2006)、《水工混凝土配合比设计规程》(DL/T 5330—2005)进行。本节内容主要结合《普通混凝土配合比设计规程》(JGJ 55—2011)的要求对普通混凝土的配合比设计过程进行详细阐述。

(一)初步配合比的计算

1. 确定配制强度 $f_{cu,0}$

对于设计强度等级已知的混凝土，其配制强度按式(4-19)或式(4-20)确定。

2. 确定水胶比(W/B)

(1)根据所计算的配制强度，按式(4-5)计算满足设计强度等级要求的水胶比。

(2)对有抗渗、抗冻等耐久性要求的混凝土，还应根据表 4-25 和表 4-27，考虑对应的最大水胶比要求。

(3)在满足强度、耐久性要求的基础上，还应根据混凝土结构所处的环境条件，复核水胶比是否满足《混凝土结构设计规范》(GB 50100—2010)所提出的最大水胶比限制要求(见表 4-38)。若根据(1)、(2)步初步确定的水胶比大于表 4-38 规定的最大水胶比，应取表 4-38 规定的最大水胶比作为混凝土初步配合比的水胶比。

3. 确定单位用水量(m_W)和外加剂用量(m_a)

确定混凝土单位用水量时，应先考虑工程类型与施工条件，确定混凝土拌和物的适宜流动性；再根据混凝土的水灰比、流动性及骨料种类、规格等初步选取混凝土用水量。

(1)塑性混凝土或干硬性混凝土用水量的确定。

每立方米塑性混凝土或干硬性混凝土的用水量，按表 4-14 确定。

(2)流动性或大流动性混凝土的用水量及外加剂用量确定。

掺外加剂时，每立方米流动性或大流动性混凝土的用水量(m_{Wa})可按式(4-28)计算

$$m_{Wa} = m_W(1 - \beta) \tag{4-28}$$

式中　m_{Wa}——计算配合比每立方米混凝土的用水量，kg；

m_W——未掺外加剂时推定的满足实际坍落度要求的每立方米混凝土用水量，kg，以表 4-14 中 90 mm 坍落度的用水量为基础，按每增大 20 mm 坍落度相应增加 5 kg 用水量来计算，当坍落度增大到 180 mm 以上时，随坍落度相应增加的用水量可减少；

β——外加剂的减水率(%)，应经混凝土试验确定。

每立方米混凝土中外加剂用量(m_a)应按式(4-29)计算

$$m_a = m_b(1 - \beta_a) \tag{4-29}$$

式中　m_a——计算配合比每立方米混凝土中的外加剂用量,kg;

m_b——计算配合比每立方米混凝土中的胶凝材料用量,kg,按式(4-30)确定;

β_a——外加剂掺量(%),应经混凝土试验确定。

表4-38　结构混凝土材料的耐久性基本要求

<table>
<tr><th>环境类别</th><th>条件</th><th>最大水胶比</th><th>最低强度等级</th><th>最大氯离子含量(%)</th><th>最大碱含量(kg/m³)</th></tr>
<tr><td>一</td><td>·室内干燥环境;
·无侵蚀性静水浸没环境</td><td>0.60</td><td>C20</td><td>0.30</td><td>不限制</td></tr>
<tr><td>二a</td><td>·室内潮湿环境;
·非严寒和非寒冷地区的露天环境;
·非严寒和非寒冷地区与无侵蚀性的水或土壤直接接触的环境;
·严寒和寒冷地区的冰冻线以下与无侵蚀性的水或土壤直接接触的环境</td><td>0.55</td><td>C25</td><td>0.20</td><td rowspan="4">3.0</td></tr>
<tr><td>二b</td><td>·干湿交替环境;
·水位频繁变动环境;
·严寒和寒冷地区的露天环境;
·严寒和寒冷地区冰冻线以上与无侵蚀性的水或土壤直接接触的环境</td><td>0.50(0.55)</td><td>C30(C25)</td><td>0.15</td></tr>
<tr><td>三a</td><td>·严寒和寒冷地区冬季水位变动区环境;
·受除冰盐影响环境;
·海风环境</td><td>0.45(0.50)</td><td>C35(C30)</td><td>0.15</td></tr>
<tr><td>三b</td><td>·盐渍土环境;
·受除冰盐作用环境;
·海岸环境</td><td>0.40</td><td>C40</td><td>0.10</td></tr>
</table>

注:1. 室内潮湿环境是指构件表面经常处于结露或湿润状态的环境。

2. 严寒和寒冷地区的划分应符合现行国家标准《民用建筑热工设计规范》(GB 50176—93)的有关规定。

3. 海岸环境和海风环境宜根据当地情况,考虑主导风向及结构所处迎风、背风部位等因素的影响,由调查研究和工程经验确定。

4. 受除冰盐影响环境是指受到除冰盐盐雾影响的环境,受除冰盐作用环境是指被除冰盐溶液溅射的环境以及使用除冰盐地区的汽车房、停车楼等建筑。

5. 素混凝土构件的水胶比及最低混凝土强度等级的要求可适当放松。

6. 有可靠工程经验时,二类环境中的最低混凝土强度等级可降低一个等级。

7. 处于严寒和寒冷地区二b、三a类环境中的混凝土应使用引气剂,并可采用括号中的有关参数。

8. 氯离子含量系指其占胶凝材料总量的百分比。

9. 预应力构件混凝土中的最大氯离子含量为0.06%,其最低混凝土强度等级宜按表中的规定提高两个等级。

10. 当使用非碱活性骨料时,对混凝土中的碱含量可不作限制。

4. 计算胶凝材料用量(m_b)、矿物掺合料用量(m_f)、水泥用量(m_C)

(1)每立方米混凝土的胶凝材料用量(m_b)应按式(4-30)计算,并应进行试拌调整,在满足拌和物性能的情况下,取经济合理的胶凝材料用量。

$$m_b = \frac{m_{Wa}}{W/B} \tag{4-30}$$

式中　m_b——计算配合比每立方米混凝土中的胶凝材料用量,kg,除配制≤C15 混凝土外,混凝土的最小胶凝材料用量应符合表 4-39 的规定,对抗渗混凝土、抗冻混凝土,其最小胶凝材料用量还应分别符合表 4-25、表 4-27 的规定;

W/B——混凝土水胶比。

表 4-39　混凝土的最小胶凝材料用量

最大水胶比	最小胶凝材料用量(kg/m^3)		
	素混凝土	钢筋混凝土	预应力混凝土
0.60	250	280	300
0.55	280	300	300
0.50	320		
≤0.45	330		

(2)每立方米混凝土的矿物掺合料用量(m_f)应按式(4-31)计算

$$m_f = m_b \beta_f \tag{4-31}$$

式中　m_f——计算配合比每立方米混凝土中的矿物掺合料用量,kg;

β_f——矿物掺合料掺量,应通过试验确定,采用硅酸盐水泥或普通硅酸盐水泥时,钢筋混凝土及抗冻混凝土中矿物掺合料最大掺量宜符合表 4-40 的规定,预应力混凝土中矿物掺合料最大掺量宜符合表 4-41 的规定,对基础大体积混凝土,粉煤灰、粒化高炉矿渣粉和复合掺合料的最大掺量可增加 5%,采用掺量大于 30% 的 C 类粉煤灰的混凝土,应以实际使用的水泥和粉煤灰掺量进行安定性试验。

(3)每立方米混凝土的水泥用量(m_C)应按式(4-32)计算

$$m_C = m_b - m_f \tag{4-32}$$

式中　m_C——计算配合比每立方米混凝土中的水泥用量,kg。

5. 初步估计含砂率(β_S)

混凝土的砂率应根据骨料技术指标、混凝土拌和物性能和施工要求,参考既有历史资料确定。

在无历史经验资料时,对于坍落度为 10～60 mm 的混凝土,其砂率可根据骨料种类、规格及混凝土的水胶比,参考表 4-16 选用,对坍落度小于 10 mm 的混凝土,其砂率应经试验确定,对坍落度大于 60 mm 的混凝土,其砂率可经试验确定,也可在表 4-16 的基础上,按坍落度每增大 20 mm 砂率增大 1% 的幅度予以调整。

表 4-40　钢筋混凝土及抗冻混凝土中矿物掺合料最大掺量

矿物掺合料种类	水胶比	最大掺量(%)	
		采用硅酸盐水泥时	采用普通硅酸盐水泥时
粉煤灰	≤0.40	45	35
	>0.40	40	30
粒化高炉矿渣粉	≤0.40	65	55
	>0.40	55	45
钢渣粉	—	30	20
磷渣粉	—	30	20
硅灰	—	10	10
复合掺合料	≤0.40	65(60)	55(50)
	>0.40	55(50)	45(40)

注:1. 采用其他通用硅酸盐水泥时,宜将水泥混合材掺量20%以上的部分计入矿物掺合料。
2. 复合掺合料各组分的掺量不宜超过单掺时的最大掺量。
3. 在混合使用两种或两种以上矿物掺合料时,矿物掺合料总掺量应符合表中复合掺合料的规定。
4. 括号中的有关参数适用于抗冻混凝土。

表 4-41　预应力混凝土中矿物掺合料最大掺量

矿物掺合料种类	水胶比	最大掺量(%)	
		采用硅酸盐水泥时	采用普通硅酸盐水泥时
粉煤灰	≤0.40	35	30
	>0.40	25	20
粒化高炉矿渣粉	≤0.40	55	45
	>0.40	45	35
钢渣粉	—	20	10
磷渣粉	—	20	10
硅灰	—	10	10
复合掺合料	≤0.40	55	45
	>0.40	45	35

注:1. 采用其他通用硅酸盐水泥时,宜将水泥混合材掺量20%以上的部分计入矿物掺合料。
2. 复合掺合料各组分的掺量不宜超过单掺时的最大掺量。
3. 在混合使用两种或两种以上矿物掺合料时,矿物掺合料总掺量应符合表中复合掺合料的规定。

6. 计算砂、石用量(m_S、m_G)

砂、石的用量可用质量法或体积法计算确定。

1)质量法(也称假定表观密度法)

根据经验,在原材料稳定的情况下,混凝土拌和物的表观密度接近一个固定值。因此,可假定每立方米混凝土拌和物的质量为 m_{cp}(即表观密度),按式(4-33)计算砂、石的用量。

$$\left.\begin{aligned} &m_W + m_C + m_f + m_a + m_S + m_G = m_{cp} \\ &\beta_S = \frac{m_S}{m_S + m_G} \times 100\% \end{aligned}\right\} \tag{4-33}$$

式中 m_W、m_C、m_f、m_a、m_S、m_G——计算配合比每立方米混凝土中水、水泥、矿物掺合料、外加剂、砂、石的用量,kg;

m_{cp}——每立方米混凝土拌和物的假定质量,其值可取 2 350 ~2 450 kg/m³,具体可参考表 4-42;

β_S——砂率(%)。

表 4-42 混凝土拌和物质量假定值

混凝土种类	石子最大粒径				
	20 mm	40 mm	80 mm	120 mm	150 mm
普通混凝土(kg/m³)	2 380	2 400	2 430	2 450	2 460
引气混凝土(kg/m³)	2 280(5.5%)	2 320(4.5%)	2 350(3.5%)	2 380(3.0%)	2 390(3.0%)

注:1. 本表适用于骨料表观密度 2 600 ~2 650 kg/m³ 的混凝土。

2. 骨料表观密度每增减 100 kg/m³,混凝土拌和物质量相应增减 60 kg/m³;混凝土含气量每增减 1%,拌和物质量相应增减 1%。

3. 表中括弧内的数字为引气混凝土的含气量。

2)体积法(也称绝对体积法)

假定 1 m³ 混凝土拌和物中各组成材料的绝对体积和所含空气的体积之和,恰好等于 1 m³,则可按式(4-34)计算砂、石的用量。

$$\left.\begin{aligned} &\frac{m_W}{\rho_W} + \frac{m_C}{\rho_C} + \frac{m_f}{\rho_f} + \frac{m_S}{\rho_{S0}} + \frac{m_G}{\rho_{G0}} + 0.01\alpha = 1 \\ &\beta_S = \frac{m_S}{m_S + m_G} \times 100\% \end{aligned}\right\} \tag{4-34}$$

式中 ρ_W——水的密度,可取 1 000 kg/m³;

ρ_C——水泥的密度,可按现行国家标准《水泥密度测定方法》(GB/T 208—94)测定,也可取 2 900 ~3 100 kg/m³;

ρ_f——矿物掺合料的密度,kg/m³,可按现行国家标准《水泥密度测定方法》(GB/T 208—94)测定;

ρ_{S0}、ρ_{G0}——砂、石的表观密度,kg/m³,应按现行国家标准《建设用砂》(GB/T 14684—2011)、《建设用卵石、碎石》(GB/T 14685—2011)测定;

α——混凝土含气量百分数,在不使用引气剂或引气型外加剂时,α 可取为 1。

通过以上步骤可求出 1 m³ 混凝土中水、水泥、矿物掺合料、砂和石子的用量,即混凝土初步配合比。上述计算的配合比是利用经验公式和经验资料得到的,因此不一定符合实际情况,必须通过试配、调整,使混凝土的各项性能符合技术要求,最后确定混凝土的配合比。

（二）配合比的试配、调整与确定

混凝土配合比的试配与调整分为拌和物的和易性调整、硬化混凝土的强度及耐久性调整。

1. 试拌调整，检查混凝土拌和物的和易性，得到基准配合比

按初步配合比称取20～25 L混凝土代表物所需的各组成材料进行试配（粗骨料最大公称粒径≤31.5 mm时，混凝土试配的最小搅拌量为20 L；粗骨料最大公称粒径为40 mm时，混凝土试配的最小搅拌量为25 L。当采用搅拌机进行试配搅拌时，搅拌量还不应小于搅拌机公称容量的1/4且不大于搅拌机公称容量），混凝土拌和均匀后应测定其流动性，并检查其黏聚性和保水性。

如果流动性不满足要求，或黏聚性和保水性不好，则应在保持水胶比不变的条件下，相应调整用水量或砂率。

当流动性低于要求时，可保持水胶比不变，在适宜范围内适当增加外加剂用量或适当增加水泥浆用量（一般坍落度每增减10 mm，需增加水泥浆用量1%～2%）；当流动性太大时，可保持砂率不变，适当增加砂、石用量。

如出现含砂不足，黏聚性和保水性不良，可适当增大砂率；反之，应适当减小砂率。

每次调整均应试拌，直到混凝土拌和物的和易性符合设计和施工要求，即得到基准配合比（m_W'、m_C'、m_f'、m_a'、m_S'、m_G'），以供混凝土强度、耐久性检验试验用。

2. 检验硬化混凝土的强度及耐久性，得到实验室配合比

经试拌调整试验得到的混凝土基准配合比，其水灰比不一定选用恰当，其结果是硬化混凝土的强度和耐久性不一定符合设计要求，因此必须检验混凝土的强度和耐久性。

1）试件成型

一般采用三个不同的配合比进行试件成型：其中一个为基准配合比；另外两个配合比的水胶比，应较基准配合比分别增加和减少0.05，其用水量应该与基准配合比相同，砂率值可分别增加和减少1%，外加剂掺量也可作减少和增加的微调。进行混凝土强度及耐久性试验的试件成型时，混凝土拌和物的性能应满足设计和施工的要求（当不同水胶比的混凝土拌和物坍落度或维勃稠度与要求值的差超过允许偏差时，可通过增减用水量进行适当调整）。

每个配合比的混凝土应至少制作一组试件，标准养护至设计龄期后进行强度试验（在没有特殊规定的情况下，混凝土强度试件在28 d龄期进行抗压试验；当规定采用60 d或90 d等其他龄期的设计强度时，混凝土强度试件则在相应龄期进行抗压试验）。

若所设计的混凝土对抗渗、抗冻等其他方面还有特殊要求，还应成型抗渗、抗冻等试件，并按《普通混凝土配合比设计规程》（JGJ 55—2011）的有关规定进行相应检验试验。

2）配合比的调整与确定

根据三组不同配合比的混凝土强度试验结果，宜通过绘制强度与胶水比的线性关系图或用插值法确定略大于配制强度（$f_{cu,0}$）所对应的胶水比（B/W）′，并按下列原则确定每立方米混凝土的材料用量：

（1）用水量（m_{W0}'）及外加剂用量（m_{a0}'）。应在基准配合比用水量的基础上，根据确定的水胶比进行调整。

(2)胶凝材料用量(m'_{b0})。由用水量(m'_{W0})乘以经试验确定的胶水比(B/W)′计算确定。在此基础上可进一步确定水泥用量(m'_{C0})和矿物掺合料用量(m'_{f0})。

(3)砂、石用量(m'_{S0}、m'_{G0})。在基准配合比中的砂、石用量的基础上,应根据用水量和胶凝材料用量进行调整。

3)混凝土配合比的校正

混凝土的配合比经试配、调整确定后,还应根据实测的混凝土表观密度($\rho_{c,t}$),按以下方法作必要的校正:

(1)首先,根据以上确定的材料用量计算混凝土的表观密度计算值($\rho_{c,c}$)

$$\rho_{c,c} = m'_{W0} + m'_{C0} + m'_{f0} + m'_{a0} + m'_{S0} + m'_{G0} \tag{4-35}$$

(2)计算混凝土配合比校正系数(δ)

$$\delta = \frac{\rho_{c,t}}{\rho_{c,c}} \tag{4-36}$$

(3)将混凝土表现密度的实测值($\rho_{c,t}$)与表观密度计算值($\rho_{c,c}$)进行比较,当$\rho_{c,t}$与$\rho_{c,c}$之差的绝对值不超过$\rho_{c,c}$的2%时,混凝土的配合比不需校正,以上调整确定的配合比即为确定的设计配合比(即实验室配合比);当二者之差的绝对值超过2%时,应将以上调整确定的配合比中每项材料用量均乘以校正系数(δ),即得确定的设计配合比(即实验室配合比)。

通过上述环节调整、校正确定的实验室配合比(m'_{W0}、、m'_{C0}、m'_{f0}、m'_{a0}、m'_{S0}、m'_{G0}),即可满足混凝土和易性、强度等的设计要求。

(三)施工配合比的计算

实验室确定的配合比是在室内标准条件下通过试验获得的。而在施工工地现场,砂、石等原材料的含水状态、级配等会发生变化,气候条件、混凝土运输及结构物浇筑条件等也会变化,为保证混凝土质量,应根据条件变化对实验室配合比进行换算和调整,得出施工配合比,以供现场施工配制混凝土使用。施工现场的换算、调整,其目的是确保实验室配合比能够在施工中得以准确、有效地执行。

1.骨料含水量变化时的换算、调整

实验室确定配合比时,若砂、石的含水以干燥状态为基准,则施工时应扣除砂、石中的全部含水量;若以饱和面干状态为基准,则应扣除砂、石的表面含水量或补足其达到饱和面干状态所需吸收的水量。同时,相应地调整砂、石用量。

假设工地砂、石料的实测含水率(或表面含水率)分别为ω_S、ω_G,则按式(4-37)将混凝土实验室配合比换算为施工配合比。

$$\left.\begin{aligned} m_{C0} &= m'_{C0} \\ m_{f0} &= m'_{f0} \\ m_{a0} &= m'_{a0} \\ m_{S0} &= m'_{S0}(1+\omega_S) \\ m_{G0} &= m'_{G0}(1+\omega_G) \\ m_{W0} &= m'_{W0} - m'_{S0}\omega_S - m'_{G0}\omega_G \end{aligned}\right\} \tag{4-37}$$

2. 骨料含超、逊径颗粒时的换算、调整

当某级骨料含有超径颗粒时，则将其计入上一粒级，并增加本粒级用量；当含有逊径颗粒时，则将其计入下一粒级，并增加本粒级用量。各粒级骨料的换算、调整量可按式(4-38)计算。

校正量 =（本级超径量 + 本级逊径量）-（下一级超径量 + 上一级逊径量）　　(4-38)

三、混凝土配合比设计实例

某用于非严寒和非寒冷地区室外环境的现浇钢筋混凝土梁，混凝土设计强度等级为C30，施工要求坍落度为35～50 mm，施工单位无该种混凝土的历史统计资料，该混凝土采用统计法评定。所用的原材料情况如下。

水泥：42.5级普通水泥，实测28 d抗压强度为42.7 MPa，密度 $\rho_C = 3\ 100\ kg/m^3$；

砂：级配合格、$\mu_f = 2.7$ 的中砂，表观密度 $\rho_{S0} = 2\ 650\ kg/m^3$；

石子：5～20 mm的碎石，表观密度 $\rho_{G0} = 2\ 720\ kg/m^3$。

试求：该混凝土的设计配合比；若施工现场砂的含水率为 $\omega_S = 3\%$，碎石的含水率为 $\omega_G = 1\%$，请换算施工配合比。

（一）混凝土初步配合比的计算确定

1. 配制强度($f_{cu,0}$)的确定

$$f_{cu,0} = f_{cu,k} + 1.645\sigma$$

由于施工单位无该种混凝土的历史统计资料，故混凝土强度标准差按表4-34选取为 $\sigma = 5.0$ MPa，则

$$f_{cu,0} = 30 + 1.645 \times 5.0 = 38.2(\text{MPa})$$

2. 初步确定水胶比(W/B)

该混凝土为不掺矿物掺合料的普通混凝土，所用水泥28 d实测抗压强度 $f_{ce} = 42.7$ MPa，则胶凝材料28 d胶砂抗压强度为

$$f_b = \gamma_f \gamma_s f_{ce} = 1.0 \times 1.0 \times 42.7 = 42.7(\text{MPa})$$

按骨料含水以干燥状态为基准进行设计。粗骨料为碎石，选取保罗米公式的回归系数为：$\alpha_a = 0.53$，$\alpha_b = 0.20$，则满足混凝土设计强度要求的水胶比为

$$W/B = \frac{\alpha_a \cdot f_{ce}}{f_{cu,0} + \alpha_a \cdot \alpha_b \cdot f_{ce}} = \frac{0.53 \times 42.7}{38.2 + 0.53 \times 0.20 \times 42.7} = 0.53$$

该钢筋混凝土梁在非严寒和非寒冷地区室外环境中使用，由表4-38查得允许的最大水胶比为0.55，故初步取定水胶比为0.53。

3. 初步确定单位用水量(m_W)

根据混凝土坍落度为35～50 mm、砂子为中砂、石子为5～20 mm的碎石，查表4-14，可选取单位用水量 $m_W = 195$ kg。

4. 计算水泥用量(m_C)

胶凝材料用量 $m_b = \frac{m_W}{W/B} = \frac{195}{0.53} = 368(\text{kg})$，因混凝土未掺矿物掺合料，则水泥用量 $m_C = m_b = 368$ kg。

由表 4-39 知，计算水泥用量 368 kg 满足最小胶凝材料用量的要求。

5. 初步估计砂率(β_S)

查表 4-16，$W/B=0.53$、碎石最大粒径为 $D_M=20$ mm 时，可取砂率 $\beta_S=36\%$。

6. 计算砂、石用量(m_S、m_G)

由于已测得水泥的密度和砂、石的表观密度，故宜按体积法求解砂、石用量。

取混凝土拌和物的含气量 $\alpha=1$，则

$$\left.\begin{aligned}&\frac{195}{1\ 000}+\frac{368}{3\ 100}+\frac{m_S}{2\ 650}+\frac{m_G}{2\ 720}+0.01\times1=1\\&\beta_S=\frac{m_S}{m_S+m_G}\times100\%=36\%\end{aligned}\right\}$$

解上述联立方程组得：$m_S=658$ kg，$m_G=1\ 170$ kg。

因此，经计算得该混凝土的初步配合比(1 m^3 混凝土中各组成材料的用量)为

$$m_W=195\ \text{kg},m_C=368\ \text{kg},m_S=658\ \text{kg},m_G=1\ 170\ \text{kg}$$

或各材料的用量比例为 $m_C:m_W:m_S:m_G=1:0.53:1.79:3.18$。

(二)试拌调整，确定基准配合比

按计算配合比试拌 20 L 混凝土，各材料用量为

水泥	$0.02\ m^3\times368\ kg/m^3=7.36(kg)$
水	$0.02\ m^3\times195\ kg/m^3=3.90(kg)$
砂	$0.02\ m^3\times658\ kg/m^3=13.16(kg)$
碎石	$0.02\ m^3\times1\ 170\ kg/m^3=23.40(kg)$

拌和均匀后，测得坍落度为 25 mm，低于施工要求的坍落度(35 ~ 50 mm)，增加水泥浆量 5%，测得坍落度为 42 mm，且混凝土拌和物的黏聚性和保水性良好，实测其表观密度为 2 378 kg/m^3。

经调整后各项材料用量为：水泥 7.73 kg、水 4.10 kg、砂 13.16 kg、碎石 23.40 kg，其总量为 48.39 kg，则基准配合比为

$$m'_C=380\ \text{kg},m'_W=210\ \text{kg},m'_S=647\ \text{kg},m'_G=1\ 150\ \text{kg}$$

即 $m'_C:m'_W:m'_S:m'_G=1:0.53:1.70:3.03$。

(三)检验强度，确定实验室配合比

以基准配合比为基础，采用 0.48、0.53 和 0.58 三个不同水胶比，配制三种不同配合比的混凝土并分别制作强度试验的标准试件。其中，水胶比为 0.48 和 0.58 的配合比也应经和易性调整，保证满足施工要求的和易性。测定它们的表观密度、28 d 抗压强度等指标，汇总于表 4-43 中。

由表 4-43 的结果可得，$f_{cu,0}$对应的胶水比为 $B/W=1.850$，即 $W/B=0.54$(可用线性关系图或插值法求得)。因此，调整后的配合比为：水泥 378 kg、水 203 kg、砂 647 kg、石子 1 150 kg。

由以上定出的配合比，还需根据混凝土的实测表观密度 $\rho_{c,t}$和计算表观密度 $\rho_{c,c}$进行校正。按调整后的配合比拌和混凝土实测得表现密度 $\rho_{c,t}=2\ 395\ kg/m^3$、计算表观密度 $\rho_{c,c}=2\ 378\ kg/m^3$，则校正系数 δ 为

$$\delta = \frac{\rho_{c,t}}{\rho_{c,c}} = \frac{2\ 395}{2\ 378} = 1.007$$

表 4-43　混凝土性能指标实测结果

编号	水灰比	胶水比	各组成材料用量(kg)				混凝土实测性能指标		
			水泥	水	砂	石	坍落度(mm)	表观密度(kg/m^3)	$f_{cu,28}$(MPa)
1	0.48	2.084	8.54	4.10	13.16	23.40	40	2 380	47.8
2	0.53	1.887	7.73	4.10	13.16	23.40	42	2 378	40.2
3	0.58	1.724	7.07	4.10	13.16	23.40	43	2 372	34.0

由于$\frac{|\rho_{c,t}-\rho_{c,c}|}{\rho_{c,c}} = \frac{|2\ 395-2\ 378|}{2\ 378} = 0.7\% < 2\%$，所以以上配合比不必校正即可作为实验室配合比：$m'_{C0}=378$ kg、$m'_{W0}=203$ kg、$m'_{S0}=647$ kg、$m'_{G0}=1\ 150$ kg，或按各组成材料的用量比例表示为：$m'_{C0}:m'_{W0}:m'_{S0}:m'_{G0}=1:0.54:1.71:3.04$。

(四)计算现场施工配合比

将实验室配合比换算为现场施工配合比时，用水量应扣除砂、石所含的水量；砂、石用量则应增加砂、石所含的水量部分，即施工配合比为

$$m_{C0} = m'_{C0} = 378\ \text{kg}$$

$$m_{S0} = m'_{S0}(1+\omega_S) = 647\times(1+3\%) = 666(\text{kg})$$

$$m_{G0} = m'_{G0}(1+\omega_G) = 1\ 150\times(1+1\%) = 1\ 162(\text{kg})$$

$$m_{W0} = m'_{W0} - m'_{S0}\omega_S - m'_{G0}\omega_G = 203 - 647\times3\% - 1\ 150\times1\% = 172(\text{kg})$$

四、掺减水剂的混凝土配合比设计

在普通混凝土中掺用减水剂，一般有如下几种考虑：

(1)增大混凝土拌和物的流动性且不影响混凝土的强度；

(2)节约水泥，且保持混凝土拌和物的和易性及水灰比不变；

(3)提高混凝土的强度和耐久性，且保持拌和物的和易性及水泥用量不变。

无论按上述情况的哪一种方式使用，掺减水剂的混凝土配合比设计均以基准混凝土(指未掺减水剂的混凝土)配合比(假定为 m_W、m_C、m_S、m_G)为基础，进行适当调整而获得。

(一)以提高混凝土拌和物的流动性为主要目的时的配合比设计

在保持基准混凝土配合比不变的情况下，掺入减水剂使混凝土拌和物的流动性增大，但其黏聚性和保水性一般会有所变差(随减水剂的品种差异而不同)。为使拌和物的黏聚性和保水性良好，可适当调整砂率，并保持砂、石总用量不变。同时，其他材料用量与基准混凝土相同，即得该情况下掺减水剂混凝土中各种材料的用量。

上述计算结果，再经试拌调整，即可确定出设计配合比。

(二)以节约水泥为主要目的时的配合比设计

若基准混凝土的含砂率为 β_S，实测混凝土表观密度为 ρ_t，所用减水剂的掺量为 β_a

(%)(一般以占水泥质量的百分数计),减水剂的减水率为β(%)。取水灰比(W/C)及砂率(β_S)不变,则每立方米掺减水剂混凝土中各组成材料的用量水泥(m_{C1})、水(m_{W1})、砂(m_{S1})、石子(m_{G1})及减水剂(m_a)的用量按下列各式进行计算

$$\left.\begin{aligned}
m_{W1} &= m_W(1-\beta)\\
m_{C1} &= \frac{m_{W1}}{W/C}\\
m_a &= m_{C1}\beta_a\\
m_{S1}+m_{G1} &= \rho_t-(m_{W1}+m_{C1}+m_a)\\
m_{S1} &= \beta_S(m_{S1}+m_{G1})\\
m_{G1} &= (1-\beta_S)(m_{S1}+m_{G1})
\end{aligned}\right\}$$

上述计算结果,经试拌调整后即得设计配合比。

(三)以提高混凝土强度和耐久性为主要目的时的配合比设计

若混凝土配合比参数如前所述,取掺减水剂的混凝土拌和物在流动性不变的情况下保持水泥用量不变,则可降低水灰比。由于此时拌和物的黏聚性和保水性得到改善,故可适当降低砂率,若确定砂率为β'_S,则此情况下每立方米掺减水剂混凝土中各组成材料的用量为

$$\left.\begin{aligned}
m_{C1} &= m_C\\
m_a &= m_{C1}\beta_a\\
m_{W1} &= m_W(1-\beta)\\
m_{S1}+m_{G1} &= \rho_t-(m_{W1}+m_{C1}+m_a)\\
m_{S1} &= \beta'_S(m_{S1}+m_{G1})\\
m_{G1} &= (1-\beta'_S)(m_{S1}+m_{G1})
\end{aligned}\right\}$$

上述计算结果,经试拌调整后即得设计配合比。

五、粉煤灰混凝土配合比设计

混凝土中掺用粉煤灰的方法有等量取代法、超量取代法和外加法。

当混凝土超强较大或配制大体积混凝土时,可采用等量取代法(粉煤灰取代水泥百分率f不得超过表4-44中的限值);当为了在节约水泥的同时保持混凝土28 d强度基本不变时,可采用超量取代法(超量系数δ_f按表4-45选用);当主要为改善混凝土拌和物的和易性时,可采用外加法。

粉煤灰混凝土的配合比设计可依据《粉煤灰混凝土应用技术规范》(GBJ 146—90)进行,一般以普通混凝土的基准配合比为基础,按绝对体积法计算。若普通混凝土按理论计算所得初步配合比进行试配,并经和易性调整后所得的基准配合比为m'_W、m'_C、m'_S、m'_G,则掺粉煤灰的混凝土配合比按如下方法计算。

(一)等量取代法的配合比计算

(1)选定与基准混凝土相同或稍低的水灰比W/C。

(2)根据选定的粉煤灰取代水泥量百分率(f)和基准混凝土水泥用量(m'_C),按下式

计算粉煤灰用量(m_F)和粉煤灰混凝土中的水泥用量(m_{C1})

$$m_F = m'_C f$$

$$m_{C1} = m'_C - m_F = m'_C(1 - f)$$

表 4-44　取代水泥百分率 f 的最大限量

混凝土种类	粉煤灰取代水泥百分率 f 的最大限量(%)			
	硅酸盐水泥	普通硅酸盐水泥	矿渣硅酸盐水泥	火山灰质硅酸盐水泥
预应力钢筋混凝土	25	15	10	—
钢筋混凝土 高强度混凝土 高抗冻融性混凝土 蒸养混凝土	30	25	20	15
中、低强度混凝土 泵送混凝土 大体积混凝土 水下混凝土 地下混凝土 压浆混凝土	50	40	30	20
碾压混凝土	65	55	45	35

注:当钢筋混凝土中钢筋保护层厚度小于 5 cm 时,粉煤灰取代水泥的最大限量应比表中的规定相应减少 5%。

表 4-45　粉煤灰的超量系数 δ_f

粉煤灰等级	Ⅰ	Ⅱ	Ⅲ
超量系数 δ_f	1.1~1.4	1.3~1.7	1.5~2.0

(3)粉煤灰混凝土的用水量(m_{W1})按下式计算

$$m_{W1} = (m_{C1} + m_F) \cdot W/C$$

(4)水泥和粉煤灰的浆体体积(V_P)应按下式计算

$$V_p = \frac{m_{C1}}{\rho_C} + \frac{m_F}{\rho_F} + \frac{m_{W1}}{\rho_W}$$

式中　ρ_C、ρ_F、ρ_W——水泥的密度、粉煤灰的密度和水的密度,kg/m^3。

(5)砂、石的总体积(V_A)按下式计算

$$V_A = 1 - 0.01\alpha - V_p$$

式中　α——混凝土含气量百分数。

(6)选用与基准混凝土相同或稍低的砂率 β_S,则砂、石的用量(m_{S1}、m_{G1})按下式计算

$$m_{S1} = V_A \rho_{S0} \beta_S$$

$$m_{G1} = V_A \rho_{S0}(1 - \beta_S)$$

式中　ρ_{S0}、ρ_{G0}——砂、石的表观密度,kg/m^3。

(7)等量取代粉煤灰混凝土的各种材料用量为 m_{C1}、m_F、m_{W1}、m_{S1}、m_{G1}。

（二）超量取代法的配合比计算

（1）选取粉煤灰取代水泥百分率(f)和超量系数(δ_f)，然后对混凝土各组成材料用量进行计算调整。

（2）粉煤灰取代水泥量(m_{F_c})、总掺量(m_F)、超量部分质量(m_{F_e})及超量部分的体积(V_{F_e})应按下式计算

$$m_{F_c} = m'_C f$$

$$m_F = \delta_f m_{F_c}$$

$$m_{F_e} = (\delta_f - 1) m_{F_c}$$

$$V_{F_e} = \frac{m_{F_e}}{\rho_F} = \frac{(\delta_f - 1) m_{F_c}}{\rho_F}$$

式中　δ_f——粉煤灰的超量系数，是指粉煤灰总掺量与粉煤灰取代水泥量的比值。

（3）水泥的质量(m_{C1})按下式计算

$$m_{C1} = m'_C - m_{F_c} = m'_C(1 - f)$$

（4）在基准混凝土的砂用量中，扣除与超量部分粉煤灰体积相同的砂重，即可得到调整后的砂用量(m_{S1})

$$m_{S1} = m'_S - V_{F_e}\rho_{S0} = m'_S - \frac{(\delta_f - 1) m_{F_e}}{\rho_F}\rho_{S0} = m'_S - \frac{(\delta_f - 1) m'_C f}{\rho_F}\rho_{S0}$$

（5）粉煤灰混凝土中水及石子的用量(m_{W1}、m_{G1})与基准混凝土的相同，即

$$m_{W1} = m'_W$$

$$m_{G1} = m'_G$$

（6）超量取代粉煤灰混凝土的各种材料用量为 m_{C1}、m_F、m_{S1}、m_{G1}、m_{W1}。

（三）外加法的配合比计算

（1）选定外加粉煤灰掺入率(f_m)，然后对混凝土各组成材料用量进行计算调整。

（2）外加粉煤灰的质量(m_{F_m})及体积(V_{F_m})应按下式计算

$$m_{F_m} = m'_C f_m$$

$$V_{F_m} = \frac{m_{F_m}}{\rho_F}$$

（3）在基准混凝土的砂用量中，扣除与外加粉煤灰体积相同的砂重，即可得到调整后的砂用量(m_{S1})

$$m_{S1} = m'_S - V_{F_m}\rho_{S0} = m'_S - \frac{m_{F_m}}{\rho_F}\rho_{S0}$$

（4）粉煤灰混凝土中水、水泥及石子的用量(m_{W1}、m_{C1}、m_{G1})与基准混凝土的相同，即

$$m_{W1} = m'_W$$

$$m_{C1} = m'_C$$

$$m_{G1} = m'_G$$

（5）外加粉煤灰混凝土的各种材料用量为 m_{C1}、m_{F_m}、m_{S1}、m_{G1}、m_{W1}。

针对以上三种情况所计算得到的粉煤灰混凝土配合比，应通过试配，在保证设计所需

和易性的基础上，进行配合比的调整。

根据试配调整，提出粉煤灰混凝土的实验室配合比。

第九节　其他品种水泥混凝土

一、轻混凝土

轻混凝土是指干表观密度不大于 1 950 kg/m^3 的混凝土，其表观密度及导热系数小，具有轻质、高强、保温、吸声、抗震性能好等优点，主要用于工业及民用建筑和各种保温工程中，对高层建筑和超高层建筑的兴起与发展起到促进作用，是一种很有发展前途的新型混凝土。

轻混凝土按原材料和生产方法的不同分为轻骨料混凝土、多孔混凝土和大孔混凝土。

（一）轻骨料混凝土

用轻粗骨料、轻细骨料（或普通砂）、水泥和水配制而成的轻混凝土，称为轻骨料混凝土。常用的轻骨料有浮石、陶粒、膨胀珍珠岩等，轻粗骨料的粒径大于 5 mm、堆积密度小于 1 000 kg/m^3；轻细骨料的粒径小于 5 mm、堆积密度小于 1 200 kg/m^3。

与普通混凝土相比，轻骨料混凝土具有孔隙率大、弹性模量低、导热系数小等特点，故其抗冻性、抗震性、保温性能均较好。但其强度相对较低，依据立方体抗压强度标准值可将轻骨料混凝土划分为 LC5. 0、LC7. 5、LC10、LC15、LC20、LC25、LC30、LC35、LC40、LC45、LC50、LC55、LC60 十三个强度等。

（二）多孔混凝土

多孔混凝土是一种不用骨料的轻混凝土，其内部均匀分布有大量细小封闭的气孔，孔隙率极大，一般可达混凝土总体积的 85% 左右。按形成气孔的方法不同，多孔混凝土可分为加气混凝土和泡沫混凝土两类。

1. *加气混凝土*

加气混凝土是由含钙材料（水泥、石灰）、含硅材料（粉煤灰、矿渣、石英砂等）和加气剂（常采用铝粉，它与含钙材料中的氢氧化钙反应放出氢气，形成气泡，从而使料浆形成多孔结构）为原料，经磨细、配料、搅拌、浇筑、发泡、切割和压蒸养护等工序所制成。

加气混凝土的孔隙率大，表观密度小（为 300 ~ 1 200 kg/m^3），强度低（抗压强度为 0. 5 ~ 1. 5 MPa），保温性能好，吸水率大，抗冻性差，一般常制作成条板或砌块，以用作屋面板材料和墙体材料。用加气混凝土制作的混凝土多孔砖，作为一种新型墙体材料被广泛应用，并已逐步成为黏土实心砖的替代材料。

2. *泡沫混凝土*

泡沫混凝土是将水泥浆（也可加入适量磨细的石英砂、粉煤灰、矿渣等硅质材料）和泡沫剂（常采用将氢氧化钠水溶液加入到由碱∶水∶松香 = 1∶2∶4配制的松香粉中，再与熔化的骨胶或皮胶等胶液搅拌均匀而制成的松香胶泡沫剂）强力搅拌均匀，成型后经蒸养或压蒸养护所形成。

泡沫混凝土的表观密度为 300 ~ 500 kg/m^3，抗压强度为 0. 5 ~ 0. 7 MPa，一般在现场直接浇筑,用于屋面保温层或沥青路面的排水基层。泡沫混凝土宜采用蒸汽养护或压蒸养护,当采用自然条件养护时,水泥强度等级不宜低于 32.5 级,否则混凝土强度太低。

(三)大孔混凝土

大孔混凝土是以水泥、粒径相近的粗骨料和水,有时加入外加剂所配制成的不含细骨料的轻混凝土,也常称为无砂大孔混凝土。按所用骨料的种类不同,可分为普通大孔混凝土和轻骨料大孔混凝土。

大孔混凝土的导热系数小,保温性能好,适用于墙体材料。其中,普通大孔混凝土的表观密度一般为 1 500 ~1 950 kg/m^3,抗压强度为 3.5 ~10 MPa,故多用于承重及保温的外墙体;轻骨料大孔混凝土的表观密度一般为 500 ~1 500 kg/m^3,抗压强度为 1.5 ~7.5 MPa,适用于非承重墙体。

大孔混凝土还可用作生产生态植草混凝土,以用于护坡绿化等工程中。另外,它还被用在水工建筑物的暗式排水中。

二、高强混凝土

强度等级≥C60 的混凝土称为高强混凝土,其中≥C100 的混凝土又称为超高强混凝土。

高强混凝土具有以下特点:

(1)抗压强度高、变形小,能适应大跨度结构、重载受压构件及高层结构。

(2)在受力相同的条件下采用高强混凝土,能减小混凝土结构断面尺寸,从而减轻结构自重、降低材料用量。

(3)高强混凝土结构致密坚硬,耐久性好。

(4)高强混凝土的抗拉、抗剪强度随抗压强度的提高而有所增大,但拉压比、剪压比会有所减小。

(5)与普通混凝土相比,高强混凝土的脆性较高,容易出现早期开裂,故使用时应引起充分注意。

从总体看,高强混凝土的优点是非常显著的,它既适应于现代工程结构向着大跨度、重承载、高耸立等方向发展的需要,也有利于节约资源和能源,所以被广泛用于混凝土桩基、高层建筑物框架、预应力轨枕、桥梁、大跨度薄壳结构等工程中。随着社会的不断发展、技术的不断进步,对高强混凝土的研究成为混凝土技术发展的主攻方向之一,其用途将进一步拓展。

配制高强混凝土的途径很多,但常采用的技术措施主要有以下几方面:

(1)提高混凝土结构体密实度。如采用高强度等级水泥、掺用高效减水剂可大幅度降低水灰比值,同时掺加优质掺合料(如硅灰、超细粉煤灰等)并加强施工振捣,便可有效提高混凝土的密实度,从而提高混凝土强度。

(2)采用品质优良、强度较高的骨料。配制高强度混凝土应选用级配良好、致密坚硬、强度较高的硬质骨料,其粗骨料最大粒径 D_M 要比普通混凝土的小,C60 级的高强混凝土,D_M 应不大于 31.5 mm,>C60 的高强混凝土,D_M 应不大于 25 mm,并应严格控制针片状颗粒含量不大于 5.0%、含泥量不大于 0.5%、泥块含量不大于 0.2%;细骨料宜采用中砂，且细度模数 μ_f 宜大于 2.6，含泥量不应大于 2.0%、泥块含量不应大于 0.5%。

(3)优化混凝土配合比。高强度混凝土配合比设计时，须选用高强度等级的优质水泥，其每立方米混凝土中水泥用量不应大于 550 kg，水泥和矿物掺合料的总量不应大于 600 kg；水灰比值宜小于 0.35；除泵送高强混凝土外，应尽量采用较低的砂率 β_S 配制高强混凝土，一般以控制在 24% ~28% 为宜。

三、高性能混凝土

随着水泥的问世及混凝土技术的不断发展，混凝土被广泛应用于工程建设的各个领域，特别是在受力结构体中已基本成为一种不可或缺的建筑材料，所以长期以来，如何提高混凝土强度便作为混凝土技术发展的核心问题备受关注。

但是由于工程建筑物所处环境的复杂性，使得混凝土单靠具有较高的强度将不足以满足工程使用要求，例如受到侵蚀性介质作用时，高强混凝土仍然面临受到侵蚀破坏乃至结构失效等危险；采用高水泥用量配制的高强混凝土，往往具有脆性大、收缩和徐变大等有害的副作用。另外，为了保护环境、降低施工劳动强度，从施工技术角度对混凝土拌和物的工作性提出了泵送、免振、自流平等更高的要求。为此，与传统的强调混凝土高强化相比，对于具有混凝土结构所要求的各项力学性能，且具有高工作性、高耐久性和高体积稳定性的混凝土，即高性能混凝土，作为今后混凝土发展的主流方向将更为科学、合理。

工程中的混凝土结构，若受到多种劣化因素的综合作用，则宜采用高性能混凝土。高性能混凝土必须具有设计要求的强度等级，在设计使用年限内必须满足结构承载和正常使用功能；同时高性能混凝土还须针对混凝土结构所处环境和预定功能进行耐久性设计，应选用适当的水泥品种、矿物微细粉，并采用高效减水剂，且应满足水胶比不大于 0.38、混凝土中可溶性碱总含量小于 3.0 kg/m^3、300 次冻融循环后相对动弹性模量大于 80% 等方面中的一种或几种技术要求。

四、泵送混凝土

泵送混凝土是指拌和物的坍落度不小于 100 mm，并采用泵送施工的混凝土。泵送混凝土具有水平运输与垂直运输连续完成、施工效率高、劳力消耗低、有利于保护环境等特点，在大面积连续作业的混凝土浇筑现场、施工场地狭窄及地形复杂的工程施工中常被采用。

泵送混凝土对原材料的基本要求是：水泥宜选用硅酸盐水泥、普通硅酸盐水泥、矿渣硅酸盐水泥和粉煤灰硅酸盐水泥，不宜采用火山灰质硅酸盐水泥；粗骨料应采用连续级配，针片状颗粒含量不宜大于 10%，粗骨料最大粒径与输送管径之比应满足“第三节　水泥混凝土的组成材料”所列的相关规定要求；细骨料宜采用中砂，通过 0.315 mm 筛孔的砂不应少于 15%。泵送混凝土应掺用泵送剂或减水剂，并宜掺适量的粉煤灰，其质量应符合现行相关标准的有关规定。

泵送混凝土的配合比，除须满足混凝土设计强度和耐久性的要求外，尚应使混凝土满足可泵性要求，具体设计时应根据混凝土原材料、混凝土运输距离、混凝土泵与混凝土输送管径、泵送距离、气温等具体施工条件进行试配，必要时还应通过试泵送加以确定。设计过程中应符合以下基本规定：泵送混凝土的水灰比宜为 0.4～0.6；砂率宜为 38%～45%；最小水泥用量宜为 300 kg/m³；掺用引气剂型外加剂的泵送混凝土，其含气量不宜大于 4%。

五、碾压混凝土

碾压混凝土是 20 世纪 70 年代末发展起来的新型混凝土，因其采用碾压方式进行施工而得名。它是以适宜干稠的混凝土拌和物，薄层铺筑，用振动碾碾压密实的混凝土。

与普通混凝土相比，碾压混凝土具有施工速度快、养护周期短、劳力消耗省、水泥用量低、温控措施简单、生产成本低等显著优势，故广泛用于水工大坝、交通、市政、港口码头、堤坝加固与改造等工程中。

（一）碾压混凝土的原材料

1. 水泥

凡符合国家标准的硅酸盐系列水泥均可用于碾压混凝土。

碾压混凝土中使用的水泥品种及其强度等级应与掺合料的品质、掺量一起经技术经济论证后确定。重要的大体积建筑物的内部混凝土，应使用强度等级为 32.5 级及以上的低热（中热）硅酸盐水泥或普通硅酸盐水泥；一般建筑物及临时工程的内部混凝土，可选用掺混合材料的 32.5 级的水泥。我国已建水工碾压混凝土工程，大多使用强度等级为 32.5 级或 42.5 级的普通硅酸盐水泥或硅酸盐水泥。

2. 掺合料

碾压混凝土所用的掺合料一般宜选用活性掺合料，如粉煤灰、粒化高炉矿渣以及火山灰或其他火山灰质材料等，所选用掺合料的品种及掺量应考虑所用水泥中已掺有混合材料的状况。当缺乏活性掺合料时，经试验论证，也可以掺用适量的非活性掺合料。

3. 骨料

人工骨料及天然骨料均可用于碾压混凝土，如两者经济指标相差不大，宜优先选用人工骨料。

不得使用刚筛洗的骨料拌制碾压混凝土，若细骨料含水率 >6%，应采取脱水措施；天然砂的细度模数宜控制在 2.0～3.0，人工砂的细度模数宜控制在 2.2～2.9；天然砂的含泥量（$d<80$ μm 的颗粒）应不大于 5%；人工砂中含有一定量的石粉（$d<160$ μm 的颗粒）可改善拌和物的工作性，增进混凝土的密实性，提高混凝土的强度，其含量宜控制在 10%～22%，具体最佳石粉含量应通过试验确定。由于碾压混凝土拌和物易发生粗骨料分离，所以为了提高拌和物的抗分离性，粗骨料不宜采用间断级配，最大粒径一般不超过 80 mm，并应适当降低最大粒径级在粗骨料中所占的比例。

4. 外加剂

碾压混凝土一般都需掺适量的缓凝减水剂，在严寒地区还应考虑掺用引气剂以提高混凝土的抗冻性。对所选用的外加剂，必须进行其对水泥和掺合料的适应性试验。

（二）碾压混凝土拌和物的工作性

碾压混凝土拌和物的工作性包括工作度、可塑性、易密性及稳定性几个方面。

工作度是指混凝土拌和物的干硬程度；可塑性是指拌和物在外力作用下能够发生塑性流动并充满模型的性质；易密性是指在振动碾等压实机械的作用下，混凝土拌和物中的空气易于排出，使混凝土充分密实的性质；稳定性是指混凝土拌和物不易发生粗骨料分离及不易泌水的性质。

碾压混凝土拌和物的工作度，采用维勃稠度值（*VC* 值）表示。*VC* 值愈大，拌和物愈干硬，可塑性愈差，空气含量大且不易排出，混凝土拌和物不易被压实，施工过程中粗骨料还容易发生分离；*VC* 值过小，拌和物透气性较差，在碾压过程中气泡不易通过碾压层排出，拌和物也不易碾压密实。因此，*VC* 值既不能过大也不能过小，根据国内工程施工经验，施工现场混凝土拌和物的 *VC* 值控制在 5 ~ 15 s 比较合适，考虑到运输过程、不同气温条件及骨料的吸水率等因素对拌和物的 *VC* 值的影响，搅拌机出机口的 *VC* 值宜选择 5 ~ 12 s。

（三）碾压混凝土的配合比要求

1. 水胶比

碾压混凝土的水胶比，根据所用材料、技术要求等的不同会有所差异，应根据设计提出的混凝土强度和耐久性要求进行试验确定，其值宜小于 0. 70。国内工程所使用的水胶比一般为 0. 50 ~ 0. 70。

2. 砂率

应通过试验选取最佳砂率值，即混凝土拌和后具有较好的抗分离性，并达到施工要求的 *VC* 值及胶凝材料用量最少时的砂率。

使用天然砂石料时，三级配碾压混凝土的砂率宜为 28% ~ 32%，二级配时宜为 32% ~ 37%；使用人工砂石料时，砂率应增加 3% ~ 6%。

3. 单位用水量

单位用水量可根据施工要求的工作度（*VC* 值）、骨料的种类及最大粒径、砂率等选取。在满足可碾性要求的情况下，通常取用较小的单位用水量，以节约水泥和掺合料。对于三级配碾压混凝土，单位用水量宜为 70 ~ 110 kg/m^3。

4. 胶凝材料用量

胶凝材料用量低于 120 kg/m^3 时，硬化混凝土的抗渗性能较差，故大体积永久建筑物碾压混凝土的胶凝材料用量不宜低于 130 kg/m^3。

5. 掺合料掺量

掺合料的掺量应综合考虑水泥、掺合料和砂子品质等因素，并通过试验确定，宜取 30% ~ 65%。当掺量超过 65% 时，应做专门试验论证。

六、喷射混凝土

采用压缩空气喷射施工的混凝土称为喷射混凝土。它主要用于地下工程的围岩支护、边坡及基坑的加固等工程中。

喷射混凝土的原材料及配合比要求如下：

（1）水泥：应优先选用硅酸盐水泥或普通硅酸盐水泥；也可选用矿渣水泥或火山灰水泥，强度等级不低于 42. 5 级。

（2）砂：应采用坚硬洁净的中、粗砂，细度模数 μ_f 宜为 2. 5 ~ 3. 0，平均粒径为 0. 35 ~

0.5 cm。含水率宜控制在5% ~7%。

(3)石子:最大粒径 D_M 不宜大于15 mm,保证输料管路的畅通,并减少回弹。当采用碱性速凝剂时,不得使用碱活性骨料。

(4)水:与一般混凝土对水的要求相同。

(5)速凝剂:所选用的速凝剂应做与水泥的相容性试验。掺入速凝剂的喷射混凝土,初凝时间应不大于5 min,终凝时间应不大于10 min。

(6)工程中所用各种喷射混凝土的常用配比如表4-47所示。

表4-47 各种喷射混凝土的配比要求

喷射混凝土种类	水泥与砂石质量比	水灰比	砂率(%)
干喷混凝土	1:(4.0~4.5)	0.40~0.45	45~55
湿喷混凝土	1:(3.5~4.0)	0.42~0.50	50~60
水泥裹砂喷射混凝土	1:(4.0~4.5)	0.40~0.52	55~70
钢纤维喷射混凝土	1:(3.0~4.0)	0.40~0.45	50~60

七、纤维混凝土

纤维混凝土是以普通混凝土为基材,将短而细的分散性纤维均匀地散布混合在普通混凝土中制成。

根据所掺用纤维性能的不同,纤维混凝土可分为以下两类:

(1)纤维增强混凝土。这种混凝土配制采用高强高弹性模量的纤维(即弹性模量高于水泥基体的纤维),如钢纤维、碳纤维、玻璃纤维、石棉等,它们能显著提高混凝土的抗拉强度。

(2)纤维增韧防裂混凝土。这种混凝土配制采用低弹性模量高塑性纤维(即弹性模量低于水泥基体的纤维),如聚丙烯纤维、聚乙烯纤维、尼龙纤维及绝大多数植物纤维,它们虽对混凝土抗拉强度影响不大,但能显著提高其冲击韧性。

在水泥基体中加入纤维,主要起到以下几方面的作用:

(1)阻裂。纤维的掺入,可以阻止水泥基体中原有缺陷(微裂缝)的扩展并有效延缓新裂缝的出现。

(2)抗拉。在使用高弹性模量纤维的前提下,可以起到提高水泥基体抗拉强度的作用。

(3)抗冲击。纤维能提高水泥基体的抗变形能力,从而改善其韧性和抗冲击性能。

(4)防渗。纤维可以提高水泥基体的密实性,阻止外界水分侵入。

(5)耐久。纤维可改善水泥基体的抗冻、抗疲劳等性能,提高其耐久性。

(6)美观。纤维可改善混凝土的表观形态,使其更加致密、细腻、平整、美观。

由以上分析可知,纤维混凝土的物理力学性能显著优于普通混凝土,以钢纤维为例,抗压强度可提高15% ~25%,抗拉强度可提高30% ~50%,抗折强度可提高50% ~100%,韧性可提高10~50倍,抗冲击强度可提高2~9倍,耐磨性及耐疲劳性也有明显增强。

目前,纤维混凝土已广泛应用于道路路面、桥面、飞机场跑道、隧洞衬砌及有抗冲刷、抗气蚀要求的水工混凝土中。

八、绿色混凝土

随着社会生产力和经济高速发展，材料生产和使用过程中资源过度开发和废弃及其造成的环境污染和生态破坏，与地球资源、地球环境容量的有限性以及地球生态系统的安全性之间出现尖锐的矛盾，对社会经济的可持续发展和人类自身的生存构成严重的障碍和威胁。因此，认识资源、环境与材料的关系，开展绿色材料及其相关理论的研究，从而实现材料科学与技术的可持续发展，是历史发展的必然，也是材料科学的进步。在这样的背景条件下，具有环境协调性和自适应特性的绿色混凝土应运而生。

绿色混凝土的环境协调性是指对资源和能源消耗少、对环境污染小和循环再生利用率高。绿色混凝土的自适应性是指具有满意的使用性能，能够改善环境，具有感知、调节和修复等机敏特性。

绿色混凝土作为绿色建材的一个分支，自20世纪90年代以来，国内外科技工作者开展了广泛深入的研究，其涉及的研究范围主要包括绿色高性能混凝土、再生骨料混凝土、环保型混凝土和机敏混凝土等。

绿色高性能混凝土具有的主要特征是：①更多地节约熟料水泥，减小环境污染；②更多地掺加以工业废渣为主的活性掺合料；③更大地发挥高性能优势，减小水泥和混凝土的用量。

再生骨料混凝土是指用废混凝土、废砖块等加工后作为骨料或骨料的一部分，与水泥砂浆拌和而制得的混凝土。

环保型混凝土是指能够改善、美化环境，对人类与自然的协调具有积极作用的混凝土。

机敏混凝土是指具有感知、调节和修复功能的混凝土，它是通过在传统的混凝土组分中复合特殊的功能组分而制备的具有智能特性的混凝土。机敏混凝土是信息科学和材料科学相结合的产物，其目标不仅仅是将混凝土作为具有优良力学性能的建筑材料，而且更注重混凝土与自然的融合和适应性。

从总体上说，绿色混凝土的显著特点是：①降低水泥用量，大量利用工业废料；②比传统混凝土材料有更良好的力学性能和耐久性；③具有与自然环境的协调性，减轻对环境的负荷，实现非再生性资源的可循环使用，节省能源，以及有害物质的“零排放”；④能够为人类提供温和、舒适、便捷和安全的生存环境。

复习思考题

4-1　普通混凝土的组成材料有哪些？在混凝土凝结硬化前后各起什么作用？

4-2　骨料的颗粒级配是什么含义？选用级配良好的骨料配制混凝土有何意义？骨料级配良好的标准是什么？

4-3　什么是混凝土拌和物的和易性？如何进行试验分析评价？

4-4　影响混凝土拌和物和易性的因素有哪些？影响规律如何？

4-5　若混凝土拌和物的黏聚性和保水性不好，可用什么措施来进行解决？

4-6　当混凝土拌和物出现下列情况时，各应作如何调整？①坍落度太小；②坍落度太大，且伴有泌水现象；③插捣难，黏聚性差，有泌水现象，且易产生崩塌现象。

4-7　何谓合理砂率？采用合理砂率配制混凝土有何技术、经济意义？

4-8　影响混凝土强度的因素有哪些？采用哪些措施可提高混凝土强度？

4-9　引起混凝土变形的因素有哪些？采用什么措施可减小混凝土的变形？

4-10　什么是混凝土的耐久性？提高混凝土耐久性的方法措施有哪些？

4-11　抗渗性大小对混凝土耐久性的其他方面有何影响？可以采用哪些措施来提高混凝土的抗渗性？

4-12　什么是减水剂？简述减水剂的作用机制和掺入减水剂的技术经济效果。

4-13　常用的早强剂有哪些？试评价其优缺点。

4-14　什么是引气剂？引气剂对混凝土性能有何影响？主要用于哪些工程中？

4-15　粉煤灰混凝土中粉煤灰的掺用方法有哪几种？其作用效果如何？

4-16　什么是混凝土强度保证率？如何计算混凝土配制强度？

4-17　简述混凝土质量控制的方法。

4-18　工程中对所使用的混凝土有哪些基本要求？混凝土配合比设计时需要确定的三大参数是什么？如何确定？

4-19　什么是混凝土初步配合比、基准配合比、实验室配合比？

4-20　现有甲、乙两种砂，各取干砂样500 g做筛分试验，其结果如表4-48所示。

表4-48　筛分试验结果

筛孔公称直径		5.00 mm	2.50 mm	1.25 mm	630 μm	315 μm	160 μm	底盘
筛余量(g)	甲砂	0	0	50	100	150	150	50
	乙砂	50	150	100	100	75	25	0

(1)试计算两种砂的细度模数，评价其粗细和颗粒级配情况；

(2)若将两种砂混合掺配成$\mu_f=2.7$的中砂，请问甲、乙两种砂各应占多少？

4-21　现浇框架结构梁，混凝土设计强度等级C25，施工要求坍落度30～50 mm，施工单位无历史统计资料。采用原材料为：普通硅酸盐水泥强度等级为42.5级，$\rho_C=3\ 000$ kg/m^3；天然河砂$\mu_f=2.6$，$\rho_{S0}=2\ 600$ kg/m^3；卵石$D_M=20$ mm，$\rho_{G0}=2\ 650$ kg/m^3；自来水。试计算初步配合比。

4-22　某混凝土试拌调整后，各材料用量分别为：水泥3.1 kg、水1.86 kg、砂6.24 kg、碎石12.84 kg，并测得拌和物表观密度为2 450 kg/m^3。试求1 m^{3}混凝土的各材料实际用量。若施工现场砂的含水率为$\omega_S=4\%$，石子的含水率为$\omega_G=1\%$，试求其施工配合比。

4-23　某工地施工现场采用的混凝土施工配合比为：水泥312 kg、水130 kg、砂710 kg、碎石1 300 kg，采用的32.5级普通硅酸盐水泥，其实测28 d抗压强度为35.5 MPa，砂的含水率为$\omega_S=3\%$，碎石的含水率为$\omega_G=1.5\%$，若混凝土强度标准差为4 MPa，请问该配合比能否满足混凝土设计强度等级C20的要求。

第五章　建筑砂浆

【本章要点】

(1)建筑砂浆的分类;
(2)建筑砂浆的组成材料;
(3)建筑砂浆的主要技术性质;
(4)硬化砂浆的技术性质;
(5)建筑砂浆的配合比设计;
(6)抹面砂浆及其他砂浆;
(7)预拌砂浆(商品砂浆);
(8)预拌砂浆的发展现状。

【本章重点】

(1)建筑砂浆的主要组成材料;
(2)新拌砂浆的流动性与保水性;
(3)建筑砂浆的强度和强度等级;
(4)砂浆的配制强度与配合比;
(5)预拌砂浆(商品砂浆)的应用。

【本章难点】

(1)建筑砂浆的流动性的选择;
(2)影响砂浆抗压强度的主要因素。

第一节　概　述

建筑砂浆是由无机胶凝材料、细骨料和水等材料按适当比例配制而成的。为了改善砂浆的和易性,常掺入适量的外加剂和掺合料。砂浆按胶凝材料的不同,可分为水泥砂浆、石灰砂浆、聚合物砂浆和混合砂浆等。混合砂浆可分为水泥石灰混合砂浆、水泥黏土砂浆和水泥粉煤灰砂浆等。

砂浆在建筑工程中是用量大、用途广泛的一种建筑材料,主要用于砌筑、抹面、装饰、修补,以及粘贴贴面。建筑砂浆按用途可分为砌筑砂浆、抹面砂浆、装饰砂浆和特种砂浆(如绝热砂浆、防水砂浆、耐酸砂浆等)。

近年来,随着我国墙体材料改革和建筑节能工作的深入,各种新型墙体材料替代传统普通黏土砖而大量使用,对建筑砂浆的质量和技术性能提出了更高的要求,传统的砂浆已不能满足使用要求。预拌砂浆、干粉砂浆、专用砂浆、自流平砂浆等应运而生,我国自20世纪90年代开始研究应用,且使用量逐年快速增长。

建筑砂浆与混凝土的差别仅限于不含粗骨料,可以说是无粗骨料的混凝土。因此,有关混凝土性质的规律,如和易性、强度和耐久性等的基本理论和要求原则上也适用于砂浆。但砂浆为薄层铺筑或粉刷,基底材料各自不同,并且在房屋建筑中大多是涂铺在多孔而吸水的基底上的,由于这些应用上的特点,对砂浆性质的要求及影响因素又与混凝土不尽相同。施工工艺和施工条件的差异,对砂浆也提出了与混凝土不尽相同的技术要求。合理选择和使用砂浆,对保证工程质量、降低工程造价具有重要意义。

土木工程中,要求砌筑砂浆具有如下性质:

(1)新拌砂浆应具有良好的和易性。

(2)硬化砂浆应具有一定的强度、良好的黏结力等力学性质。

(3)硬化砂浆应具有良好的耐久性。

通过本章的学习,要求掌握砌筑砂浆的原材料选择原则和配合比设计方法以及新拌砂浆的和易性与硬化砂浆的强度、黏结力。了解抹面砂浆、装饰砂浆的基本知识。

第二节　建筑砂浆的组成材料

建筑砂浆是将砖、石、砌块等黏结成为砌体的砂浆。它起着胶结块材和传递荷载的作用,是砌体的重要组成部分。

建筑砂浆的主要组成材料有水泥、细骨料、掺合料、外加剂、水等。

一、水泥

(一)水泥的品种

普通水泥、矿渣水泥、粉煤灰水泥、火山灰水泥、复合水泥等常用品种水泥都可以用来配制建筑砂浆。砌筑水泥是专门用来配制砌筑砂浆和内墙抹面砂浆的少熟料水泥,强度低,配制的砂浆具有较好的和易性。建筑砂浆水泥品种的选择与混凝土相同。另外,对于一些有特殊用途的砂浆,如:用于预制构件的接头、接缝或用于结构加固、修补裂缝等的砂浆,应采用膨胀水泥;装饰砂浆应采用白水泥、彩色水泥等。

(二)强度等级

应根据砂浆强度等级选择水泥的强度等级。为了合理地利用资源、节约材料,配制砂浆时尽量选用低强度等级水泥和砌筑水泥。在配制砌筑砂浆时,所选择水泥强度等级一般为砂浆强度等级的 3 ~ 5 倍。但水泥砂浆采用的水泥强度等级不宜大于 32. 5 级,水泥混合砂浆采用的水泥强度等级不宜大于 42. 5 级。如果水泥强度等级过高,可适当掺入掺合料。不同品种的水泥,不得混合使用。

(三)水泥用量

水泥砂浆中水泥用量不宜小于 200 kg/m^3,水泥混合砂浆中水泥和掺合料总量应为 300 ~ 350 kg/m^3。

二、细骨料

配制砂浆的细骨料最常用的是天然砂。砂应符合混凝土用砂的技术性质要求。由于砂浆层较薄,砂的最大粒径应有所限制,理论上不应超过砂浆层厚度的 1/4 ~ 1/5,例如:

砖砌体用砂浆宜选用中砂，最大粒径以不大于 2.5 mm 为宜；石砌体用砂浆宜选用粗砂，砂的最大粒径以不大于 5.0 mm 为宜；光滑的抹面及勾缝的砂浆宜采用细砂，其最大粒径以不大于 1.2 mm 为宜。用于装饰的砂浆，还可采用彩砂、石渣等。

砂子中的含泥量对砂浆的和易性、强度、变形性和耐久性均有影响。为保证砂浆的质量，尤其是在配制高强度砂浆时，应选用洁净的砂。因此，对砂的含泥量应予以限制：对强度等级为 M2.5 以上的砌筑砂浆，含泥量不应超过 5%；对强度等级为 M2.5 的砂浆，含泥量不应超过 10%。

当细骨料采用人工砂、细炉渣、细矿渣等时，应根据经验并经试验，确定其技术指标要求。

三、掺合料

当采用高强度等级水泥配制低强度等级砂浆时，因水泥用量较少，砂浆易产生分层、离析及泌水。在施工现场为改善砂浆的和易性、节约胶凝材料用量、降低砂浆成本，在配制砂浆时可掺入磨细生石灰、石灰膏、石膏、粉煤灰、黏土膏、电石膏等材料作为掺合料。

粉煤灰、生石灰等掺合料的要求应符合相应的规定，掺量可经试验确定。所用生石灰须先熟化成石灰膏，熟化时间不得少于 7 d，陈伏两周以上为宜；如用磨细生石灰粉，其熟化时间不得少于 2 d，否则会因过火石灰颗粒熟化缓慢、体积膨胀，使已经硬化的砂浆产生鼓泡、崩裂现象。沉淀池中储存的石灰膏，应采取防止干燥、冻结和污染的措施。严禁使用脱水硬化的石灰膏。消石灰粉不得直接使用于砂浆中。对于磨细后细度符合要求的生石灰粉，不需要加工淋灰，可直接使用。

采用黏土或亚黏土制备黏土膏时，宜用搅拌机加水搅拌，通过孔径不大于 3 mm × 3 mm的网过筛，使黏土膏达到所需细度，以保证其塑化效果。

四、外加剂

为了改善新拌砂浆的和易性与硬化后砂浆的各种性能或赋予砂浆某些特殊性能，常在砂浆中掺入适量外加剂。例如：为了改善砂浆和易性，提高砂浆的抗裂性、抗冻性及保温性，可掺入微沫剂、减水剂等外加剂；为了增强砂浆的防水性和抗渗性，可掺入防水剂等；为了增强砂浆的保温隔热性能，除选用轻质细骨料外，还可掺入引气剂提高砂浆的孔隙率。混凝土中使用的外加剂，对砂浆也具有相应的作用。应通过试验确定外加剂的品种和掺量。外加剂加入后应充分搅拌使其均匀分散，以防产生不良影响。用于砂浆的外加剂又称为砂浆剂，近年已生产出许多满足不同用途的专用砂浆剂。使用外加剂，不用再掺加石灰膏等掺合料就可获得良好的工作性能，还可以节约能源，保护自然资源。

五、聚合物

在许多特殊的场合可采用聚合物作为砂浆的胶凝材料，由于聚合物为链型或体型高分子化合物，且黏性好，在砂浆中可呈膜状大面积分布。因此，可提高砂浆的黏结性、韧性和抗冲击性，同时也有利于提高砂浆的抗渗、抗碳化等耐久性能，但是可能会使砂浆的抗压强度降低。常用的聚合物有聚醋酸乙烯酯、甲基纤维素醚、聚乙烯醇、聚酯树脂、环氧树脂等。

六、水

拌和砂浆用水与混凝土拌和用水的要求相同,应选用无有害杂质的洁净水。

第三节　建筑砂浆的主要技术性质

砂浆与混凝土相比,只是在组成上没有粗骨料,因此砂浆的搅拌时间、使用时间对砂浆的强度有影响:砂浆搅拌要均匀,时间不能太短,也不宜过长,一般要求搅拌时间不得少于 90 s(自全部材料装入搅拌筒到出料)。掺外加剂时,砂浆机械搅拌时间不得少于 240 s,亦不宜超过 360 s。砂浆应随拌随用,必须在 4 h 内使用完毕,不得使用过夜砂浆。试验资料表明:5 MPa 强度的过夜砂浆,捣碎加水制成试块,经 28 d 标准养护,强度只能达到 3 MPa;2. 5 MPa 强度的过夜砂浆,捣碎加水制成试块,经 28 d 标准养护,强度只能达到 1. 4 MPa。

一、新拌砂浆的和易性

新拌砂浆与新拌混凝土一样,必须具备良好的和易性。和易性良好的砂浆,不仅在运输和施工过程中不易产生分层、析水现象,而且容易在砖石基底上铺成均匀的薄层,并能与基底紧密黏结,从而既便于施工操作、提高工效,又能保证施工质量。

砂浆的和易性包括流动性和保水性两个方面。

(一)流动性

流动性又称稠度,是指砂浆在自重或外力作用下流动的性能。流动性用“沉入度”表示,用砂浆稠度仪测定。沉入度是指以质量为 300 g、顶角为 30°的圆锥体,在 10 s 内沉入砂浆的深度(mm)。沉入度愈大,说明砂浆的流动性愈高。

无论是采用手工操作,还是机械喷涂施工,都要求砂浆具有一定的流动性。

砂浆的流动性与许多因素有关。胶凝材料的用量,用水量,砂粒粗细、形状、级配,以及砂浆的搅拌时间、放置时间,环境的温度、湿度等都会影响砂浆的流动性。砂浆流动性的选择与砌体材料及施工天气情况有关。对于多孔吸水的砌体材料和干热的天气,要求砂浆的流动性大些;相反,对于密实不吸水的材料和湿冷的天气,可要求流动性小些。一般情况可参考表 5-1 选择砂浆的流动性。

表 5-1　建筑砂浆的流动性　　(单位:mm)

砌体种类	干燥气候	寒冷气候	抹灰工程	机械施工
烧结普通黏土砖砌体	80 ~ 90	70 ~ 80	准备层	80 ~ 90
普通混凝土空心砌块	60 ~ 70	50 ~ 60	底层	70 ~ 80
轻骨料混凝土砌块	70 ~ 90	60 ~ 80	面层	70 ~ 80
石砌体	40 ~ 50	30 ~ 40	石膏浆面层	—

(二)保水性

砂浆的保水性是指新拌砂浆保持水分的能力,也表示砂浆中各组成材料不易分离的性质。保水性不好的砂浆,在施工过程中容易出现泌水和分层离析现象,砌筑时水分易被基面所吸收,砂浆变得干涩,难以铺摊均匀,使砌体的砂浆饱满度降低。同时,也影响胶凝材料的正常硬化,不但降低砂浆本身的强度,而且使砂浆与砌体材料的黏结不牢,致使砌体质量不良。因此,为了保证砌体的质量,要求砂浆具有良好的保水性。

砂浆的保水性常用分层度筒测定,并以分层度(单位为 mm)表示。将搅拌均匀的砂浆,先测其沉入度,装入分层度测定仪,静置 30 min 后,去掉上部 200 mm 厚的砂浆,再测其剩余部分砂浆的沉入度,先后两次沉入度的差值称为分层度。保水性良好的砂浆其分层度是较小的。砂浆的分层度以 10 ~ 20 mm 为宜,不应大于 30 mm。分层度大的砂浆,容易产生离析,不便于施工;分层度接近于零的砂浆,其保水性太强,在砂浆硬化过程中容易产生干缩裂缝。

砂浆保水性的优劣与材料组成有关。如果砂浆中砂和水的用量过多,胶凝材料不足,则砂浆的保水性就不好。若掺入适量的石灰膏、黏土膏或粉状工业废料(如粉煤灰等)保水性良好的无机掺合料,则砂浆保水性可得到显著改善。如果砂子过粗,易于下沉,使水上浮,也容易分层离析。在砂浆中掺入有机塑化剂,可以有效地改善砂浆的流动性和保水性,其原理及效果均与它们在混凝土中的作用相似。外加剂的品种和掺量应通过物理力学性能试验确定。

二、硬化砂浆的技术性质

硬化后的砂浆应具有一定的抗压强度、黏结强度、耐久性及工程所要求的其他技术性质。试验结果表明,黏结强度、耐久性均与抗压强度有一定的相关关系,抗压强度提高,黏结强度和耐久性随之提高。抗压强度试验简单准确,故在工程实践中以抗压强度作为砂浆的主要技术指标。

(一)强度和强度等级

砂浆强度是以边长为 70.7 mm 的立方体试块,按标准条件养护至 28 d 测得的抗压强度值确定的。

砌筑砂浆强度等级分为 M20、M15、M10、M7.5、M5 和 M2.5 六个等级。

影响砂浆抗压强度的因素较多,其组成材料的种类也较多,因此很难用简单的公式准确地计算出其抗压强度。在实际工作中,多根据具体的组成材料,采用试配的办法经过试验来确定其抗压强度。对于普通水泥配制的砂浆可参考下列公式计算其抗压强度。

(1)用于不吸水底面(如密实的石材)的砂浆的强度,与混凝土相似,主要取决于水泥强度和水灰比。其计算公式为

$$f_{m,0} = Af_{ce}\left(\frac{C}{W} - B\right) \tag{5-1}$$

式中 $f_{m,0}$——砂浆 28 d 的抗压强度,N/mm^2 或 MPa;

f_{ce}——水泥实测抗压强度,N/mm^2 或 MPa;

C/W——灰水比;

A、B——系数，可根据试验资料统计确定。

（2）用于吸水底面（如砖或其他多孔材料）时，即使砂浆用水量不同，但因砂浆具有保水性能，经过底面吸水后，保留在砂浆中的水分几乎是相同的。因此，砂浆的强度主要取决于水泥强度等级及水泥用量，而与水灰比没有关系。其计算公式为

$$f_{m,0} = \alpha f_{ce} Q_c / 1\ 000 + \beta \tag{5-2}$$

式中　$f_{m,0}$——砂浆 28 d 的抗压强度，N/mm^2 或 MPa；

f_{ce}——水泥实测抗压强度，N/mm^2 或 MPa；

Q_c——每立方米砂浆的水泥用量，kg；

α、β——砂浆的特征系数，其中 $\alpha = 3.03$，$\beta = -15.09$，各地区也可用本地区试验资料确定 α、β 值，统计用试验组数不得少于 30 组。

（3）砂浆强度的选择。在一般建筑工程中，砖混多层住宅采用 M5 或 M10 砂浆，办公楼、教学楼及多层商店工程多采用 M2.5 ~ M10 砂浆，平房宿舍、商店等工程多采用 M2.5 ~ M5.0砂浆，食堂、仓库、锅炉房、变电室、地下室、工业厂房及烟囱等多采用 M2.5 ~ M10 砂浆，检查井、雨水井、化粪池等可采用 M5.0 砂浆。

（二）黏结力

砖石砌体是靠砂浆把许多块状的砖石材料黏结成为一坚固整体的，因此要求砂浆对砖石必须有一定的黏结力。一般情况下，砂浆的抗压强度越高，其黏结力也越大。此外，砂浆的黏结力与砖石表面状态、清洁程度、湿润情况以及施工养护条件等都有密切关系。如砌砖要事先浇水湿润，表面不沾泥土，就可以提高砂浆与砖之间的黏结力，保证墙体的质量。

砌筑砂浆的黏结力，直接关系到砌体的抗震性能和变形性能，可通过砌体抗剪强度试验测评。试验表明，水泥砂浆中掺入石灰膏等掺加料，虽然能改善和易性，但会降低黏结强度。而掺入聚合物的水泥砂浆，其黏结强度会明显提高，所以砂浆外加剂中常含有聚合物组分。我国古代在石灰砂浆中掺入糯米汁、黄米汁，也是为了提高砂浆的黏结力。

聚合物砂浆与普通砂浆相比，具有抗拉强度高、拉压弹性模量低、干缩变形小、抗冻、抗渗、抗冲耐磨、与混凝土黏结强度高，并且具有一定的弹性、抗裂性能高的特点。对解决砌体裂缝、渗漏、空鼓、脱落等质量通病非常有利。

三、砂浆的变形与耐久性

（一）砂浆的变形性能

砂浆在承受荷载或温度和湿度发生变化时，均会发生变形，如果变形过大或不均匀，会降低砌体及面层质量，引起沉降或开裂。砂浆在承受荷载或在温度变化时，会产生变形。抹面砂浆在空气中也容易产生收缩等变形，变形过大也会使面层产生裂纹或剥离等质量问题。因此，要求砂浆具有较小的变形性。

砂浆变形性的影响因素很多，如胶凝材料的种类和用量，用水量，细骨料的种类、级配和质量以及外部环境条件等。

1. 结构变形对砂浆变形的影响

砂浆属于刚性材料，墙体结构变形会引起砂浆裂缝。当地基不均匀沉降、横墙间距过

大、砖墙转角应力集中处未加钢筋、门窗洞口过大、变形缝设置不当等使墙体因强度、刚度、稳定性不足而产生结构变形，超出砂浆允许变形值时，砂浆层将开裂。

2. 温度变化对砂浆变形的影响

温度变化导致建筑材料膨胀或收缩，但不同材质有不同的温度系数和变形应力。热膨胀在界面产生温度应力，一旦温度应力大于砂浆的抗拉强度，将使材料发生相对位移，导致砂浆产生裂缝。例如，外墙水泥砂浆大部分暴露在阳光下，砂浆层温度有可能会大大地超过气温，甚至高出室外温度 1 倍以上，加上日照时间变化及寒冬酷暑温差的变化，产生的温度应力较大，使外墙水泥砂浆产生温度收缩裂缝。虽然温度应力产生的裂缝较为细小，但如此反复裂纹就会不断扩大。

3. 湿度变化对砂浆变形的影响

外墙抹面砂浆长期裸露在空气中，往往因湿度的变化而膨胀或收缩。湿度引起的变形与水泥砂浆的含水量变化和干缩率有关。由湿度引起的变形中，膨胀值是其收缩值的 1/9。水泥砂浆的干缩速率是一条逆降的曲线，初期干缩迅速，时间长会逐渐减缓。这种收缩是不可逆的，而湿度变化造成的收缩是一种干湿循环的可逆过程。当收缩应力大于砂浆的抗拉强度时，砂浆必然产生裂缝。

在砌筑工程中，不同砌体材料的吸水性差异很大。而砌体材料的含水率高低引起的干缩率不同，含水率越大，干燥收缩越大。砌筑砂浆若保水性不良，用水量较多，砂浆的干燥收缩也会增大。砌筑砂浆的干缩变形系数与砌体材料的不同，在界面上会产生拉应力，引起砂浆开裂，降低抗剪强度和抗震性能。

在实际工程中，可通过掺加抗裂性材料，提高砂浆的塑性和韧性，来改善砂浆的变形性能。如配制聚合物水泥砂浆、阻裂纤维水泥砂浆（以水泥砂浆为基体，以非连续的短纤维或者连续的长纤维为增强材料所组成的水泥基复合材料）、膨胀类材料抗裂砂浆等。

（二）耐久性

硬化后的砂浆要与砌体一起承受周围介质的物理化学作用，因而砂浆应具有一定的耐久性。试验证明，砂浆的耐久性随抗压强度的增大而提高，即它们之间存在一定的相关性。砂浆应与基底材料有良好的黏结力、较小的收缩变形。对防水砂浆或直接受水和受冻融作用的砌体，砂浆还应有抗渗性和抗冻性的要求。在砂浆配制中除控制水灰比外，常加入外加剂来改善抗渗和抗冻性能，如掺入减水剂、引气剂及防水剂等，并通过改进施工工艺，填塞砂浆的微孔和毛细孔，增加砂浆的密度。

具有抗冻性要求的砂浆，经过多次冻融试验后，质量损失率不得大于 5%，抗压强度损失率不得大于 25%。

四、砂浆的表观密度

砂浆的表观密度是指砂浆拌和物在捣实后的单位体积的质量，以此确定每立方米砂浆拌和物中各组成材料的实际用量。水泥砂浆的表观密度不应小于 1 900 kg/m^3，水泥混合砂浆的表观密度不应小于 1 800 kg/m^3。

第四节　建筑砂浆的配合比

一、砌筑砂浆配合比设计

砌筑砂浆要根据工程类型及砌筑部位的设计要求来确定砂浆的品种和强度等级，再按所要求的砂浆强度等级确定其配合比。

确定砂浆配合比时，一般情况下可以查阅有关手册或资料来选择，也可以通过计算来确定。如需计算，应先确定水泥、石灰膏和砂的用量，然后再加入适量的水进行搅拌，达到施工所需的稠度。但无论采用哪种方法，都应通过试验调整及验证后才能使用。

根据《砌筑砂浆配合比设计规程》(JGJ 98—2000)的规定，水泥混合砂浆配合比计算步骤如下所述。

(一)砂浆的配制强度

为保证砂浆具有95%的强度保证率，砂浆的配制强度可按下式确定

$$f_{m,0}=f_{m,k}+0.645\sigma_0 \tag{5-3}$$

式中　$f_{m,0}$——砂浆的试配强度，MPa，精确至0.1 MPa；

$f_{m,k}$——砂浆的设计强度(即砂浆抗压强度平均值)，MPa；

σ_0——砂浆现场强度标准差，MPa，精确至0.01 MPa。

砂浆现场强度标准差应通过有关资料统计得出，当不具有近期统计资料时，其砂浆现场强度标准差σ可按表5-2取用。

表5-2　砂浆强度标准差σ选用值　(单位:MPa)

施工水平	砂浆强度等级					
	M2.5	M5.0	M7.5	M10.0	M15.0	M20
优良	0.50	1.00	1.50	2.00	3.00	4.00
一般	0.62	1.25	1.88	2.50	3.75	5.00
较差	0.75	1.50	2.25	3.00	4.50	6.00

(二)计算水泥用量(Q_c)

每立方米砂浆中的水泥用量，应按下式计算

$$Q_c=\frac{1\,000(f_{m,0}-\beta)}{\alpha f_{ce}} \tag{5-4}$$

式中　Q_c——每立方米砂浆的水泥用量，kg；

$f_{m,0}$——砂浆的试配强度，MPa；

f_{ce}——水泥的实测强度，MPa，精确至0.1 MPa；

α、β——砂浆的特征系数，$\alpha=3.03$，$\beta=-15.09$。

在无法取得水泥的实测强度值时，可按下式计算f_{ce}

$$f_{ce}=\gamma_c f_{ce,k} \tag{5-5}$$

式中　$f_{ce,k}$——水泥商品强度等级对应的强度值，MPa；

γ_c——水泥强度等级值的富裕系数，该值应按实际统计资料确定，无统计资料时 γ_c 取 1.0。

当计算出每立方米水泥砂浆中的水泥用量不足 200 kg 时，应按 200 kg 采用。

(三)计算掺加料用量 Q_D

水泥混合砂浆的掺加料用量应按下式计算

$$Q_D = Q_A - Q_c \tag{5-6}$$

式中 Q_D——每立方米砂浆的掺加料用量，kg；

Q_c——每立方米砂浆的水泥用量，kg；

Q_A——每立方米砂浆中胶结料和掺加料的总量，kg，一般应为 300 ~ 350 kg，若砂较细，含泥较多，可用小值，反之应选用较大值，当计算中水泥用量已超过 350 kg 时，则不必再掺入掺加料，直接使用纯水泥砂浆即可。

石灰膏不同稠度时，其用量应乘以表 5-3 所示的换算系数进行换算。石灰膏、黏土膏和电石膏试配时的稠度，应为(120 ±5) mm。

表 5-3　石灰膏不同稠度时的换算系数

石灰膏稠度(mm)	120	110	100	90	80	70	60	50	40	30
换算系数	1.00	0.99	0.97	0.95	0.93	0.92	0.90	0.88	0.87	0.86

(四)砂的用量(Q_s)

砂浆中的砂子用量，应以干燥状态(含水率小于 0.5%)的堆积密度值为计算值，单位以 kg/m^3 计。

(五)水用量(Q_W)

砂浆中的用水量，按砂浆稠度等要求，可根据经验或按表 5-4 选用。

表 5-4　砂浆中用水量选用值

砂浆品种	混合砂浆	水泥砂浆
用水量(kg/m^3)	260 ~ 300	270 ~ 330

注：1. 混合砂浆中的用水量，不包括石灰膏或黏土膏中的水。

2. 当采用细砂或粗砂时，用水量分别取上限或下限。

3. 稠度小于 70 mm 时，用水量可小于下限。

4. 施工现场气候炎热或干燥季节，可酌量增大用水量。

(六)配合比试配、调整与确定

同混凝土配合比设计一样，无论是查表还是通过计算所得到的砂浆初步配合比，都需经过试配，然后进行必要的调整，最后选定符合强度要求的且水泥用量较少的砂浆配合比。试配时应采用工程中实际使用的材料，其搅拌方法应与生产时使用的方法相同。

试配分两步进行：

(1)试拌调整。按计算配合比进行试拌，测定其拌和物的稠度和分层度。若不能满足要求，则应调整用水量或掺加料，直到符合要求为止。此稠度和分层度符合要求的配合比即为砂浆基准配合比。

(2)强度校核。砂浆强度试验至少应采用 3 个不同的配合比，其中 1 个为按上述试拌调整所得出的基准配合比，另外2个配合比的水泥用量按基准配合比分别增加及减少10%。在保证稠度和分层度合格的条件下，可将用水量或掺合料用量作相应调整。然后按国家标准《建筑砂浆基本性能试验方法》(JGJ 70—90)的规定分别成型试件，测定砂浆强度，并选定符合强度要求的且水泥用量较少的砂浆配合比。

砂浆配合比确定后，当原材料有变更时，其配合比必须重新通过试验确定。

二、水泥砂浆配合比选用

根据使用及工程实践，供试配的水泥砂浆配合比可按表5-5选用。

表5-5 供试配的水泥砂浆配合比

强度等级	砂浆水泥用量(kg/m^3)	砂浆砂用量(kg/m^3)	砂浆用水量(kg/m^3)
M2.5～M5.0	200～230	砂子的堆积表观密度值(1 450 kg/m^3 左右)	270～330
M7.5～M10	220～280		
M15	280～340		
M20	340～400		

注：1. 此表水泥强度等级为32.5级，大于32.5级水泥用量宜取下限。
2. 根据施工水平合理选择水泥用量。
3. 当采用细砂或粗砂时，用水量分别取上限或下限。
4. 稠度小于70 mm时，用水量可小于下限。
5. 施工现场气候炎热或干燥季节，可酌情增加用水量。
6. 试配强度应按式(5-1)计算。

三、砌筑砂浆配合比计算实例

【例5-1】 要求设计用于砌筑砖墙的M7.5级、稠度为70～100 mm的水泥石灰混合砂浆配合比。原材料的主要参数：水泥为32.5级普通硅酸盐水泥；砂子为中砂，干松散堆积密度为1 450 kg/m^3，含水率为2%；石灰膏稠度为110 mm；企业施工水平一般。

解：(1)计算试配强度 $f_{m,0}$

$$f_{m,0} = f_{m,k} + 0.645\sigma_0$$

式中，$f_{m,k}=7.5$ MPa，$\sigma_0 = 1.88$ MPa(查表5-2)，则

$$f_{m,0} = 7.5 + 0.645 \times 1.88 \approx 8.7(\text{MPa})$$

(2)计算水泥用量 Q_c

$$Q_c = \frac{1\,000(f_{m,0} - \beta)}{\alpha f_{ce}}$$

式中，$f_{m,0} = 8.7$ MPa，$\alpha = 3.03$，$\beta = -15.09$，$f_{ce} = \gamma_c f_{ce,k} = 1.0 \times 32.5 = 32.5(\text{MPa})$，则

$$Q_c = \frac{1\,000 \times (8.7 + 15.09)}{3.03 \times 32.5} = 242(\text{kg/m}^3)$$

(3)计算石灰膏用量 Q_D

$$Q_D = Q_A - Q_c$$

选取 $Q_A = 330\ \text{kg/m}^3$，则

$$Q_D = 330 - 242 = 88(\text{kg/m}^3)$$

石灰膏稠度 110 mm 换算成 120 mm(查表 5-3),得

$$88 \times 0.99 = 87(\mathrm{kg/m^3})$$

(4)根据砂子堆积密度和含水率,计算用砂量 Q_s

$$Q_s = 1\,450 \times (1 + 0.02) = 1\,479(\mathrm{kg/m^3})$$

(5)选择用水量 Q_W。根据表 5-4,选择用水量 $Q_W = 300\ \mathrm{kg/m^3}$。

(6)砂浆试配时各材料的用量比例为:

水泥:石灰膏:砂:水 = 242:87:1 479:300 = 1:0.36:6.11:1.24

经试配、调整,最后确定施工所用的砂浆配合比。

第五节　其他砂浆

这里主要介绍抹面砂浆、特种砂浆、预拌砂浆(商品砂浆)。

一、抹面砂浆

抹面砂浆是指涂抹在建筑物或建筑构件表面,起保护基层、增加美观作用的砂浆。根据抹面砂浆功能的不同,一般可将抹面砂浆分为普通抹面砂浆、装饰砂浆、防水砂浆等。

通常,土木工程对抹面砂浆的强度要求并不高,但要求其具有良好的和易性,容易抹成均匀平整的薄层,便于施工,并要具有较强的黏结力,砂浆层要能与底面黏结牢固、长期不开裂或脱落。

抹面砂浆的组成材料与砌筑砂浆基本上是相同的。但为了提高砂浆的黏结能力,一般抹面砂浆比砌筑砂浆所用的胶凝材料要多,有时还需要加入有机聚合物,以便在提高砂浆与基层黏结力的同时,增加硬化砂浆的柔韧性,减少开裂,避免空鼓或脱落。

由于抹面砂浆的暴露面积较大,很容易产生干缩,有时需加入一些纤维材料,以增强其抗拉强度,减少干缩和开裂。砂浆常用的纤维材料有麻刀、纸筋、玻璃纤维等。另外,为了使砂浆具有某些功能需要选用特殊骨料或掺合料。

(一)普通抹面砂浆

普通抹面砂浆对建筑物和墙体起保护作用。它可以抵抗风、雨、雪等自然环境对建筑物的侵蚀,并提高建筑物的耐久性。经过砂浆抹面的墙面或其他构件的表面可以达到平整、光洁和美观的效果。

抹面砂浆通常分为两层或三层进行施工。各层抹灰要求不同,所以每层所选用的砂浆也不一样。底层抹灰的作用是使砂浆与底面能牢固黏结。因此,要求砂浆具有良好的和易性和较高的黏结力,其保水性要好,否则水分就容易被底面材料吸掉而影响砂浆的黏结力。底层表面粗糙些有利于与砂浆的黏结。中层抹灰主要是为了找平,有时可省去不用。面层抹灰要达到平整美观的表面效果。

用于砖墙的底层抹灰,多用石灰砂浆;用于混凝土墙、梁、柱、顶板等的底层抹灰,多用混合砂浆。用于中层的抹灰多用混合砂浆或石灰砂浆。用于面层的抹灰多用混合砂浆、麻刀石灰灰浆或纸筋石灰灰浆。在容易碰撞或潮湿的地方,应采用水泥砂浆,如墙裙、踢脚板、地面、雨篷、窗台以及水池、水井等处,一般多用 1:2.5 水泥砂浆。在硅酸盐砌块墙

面上做抹面砂浆或粘贴饰面材料时，最好在砂浆层内夹一层事先固定好的钢丝网，以免日久后发生剥落现象。普通抹面砂浆的参考配合比见表 5-6。

表 5-6 普通抹面砂浆参考配合比

材料	体积配合比	材料	体积配合比
水泥∶砂	1∶2 ~ 1∶3	石灰∶石膏∶砂	1∶0.4∶2 ~ 1∶2∶4
石灰∶砂	1∶2 ~ 1∶4	石灰∶黏土∶砂	1∶1∶4 ~ 1∶1∶8
水泥∶石灰∶砂	1∶1∶6 ~ 1∶2∶9	石灰膏∶麻刀	100∶1.3 ~ 100∶2.5(质量比)

(二)装饰砂浆

粉刷在建筑物内外表面，具有美观装饰效果的抹面砂浆称为装饰砂浆。装饰砂浆的底层和中层抹灰与普通抹面砂浆基本相同。装饰砂浆的面层则要选用具有一定颜色的胶凝材料和骨料，并采用特殊的施工操作工艺，使表面呈现出各种不同的色彩、质地、线条与花纹等装饰效果。

装饰砂浆所采用的胶凝材料有普通水泥、矿渣水泥、火山灰水泥和白水泥、彩色水泥，或是在常用水泥中掺加耐碱矿物颜料配成彩色水泥砂浆。骨料除普通河砂外，常采用色彩鲜艳的大理石、花岗石等色石或细石碴，有时也采用玻璃或陶瓷碎粒。

外墙面的装饰砂浆有如下的常用工艺做法。

(1)拉毛：先用 1∶3的水泥砂浆做底层，再用 1∶(0.5 ~0.3)∶(0.5 ~ 1)的水泥石灰砂浆做面层，在砂浆尚未凝结之前，用抹刀将表面拍拉成凹凸不平的形状。

(2)水刷石：用颗粒细小(约 5 mm)的石碴所拌成的砂浆做面层，在水泥初始凝固时，即喷水冲刷表面，使其石碴半露而不脱落。水刷石多用于建筑物的外墙装饰，具有一定的质感，经久耐用。施工分三层进行，首先用 1∶3 水泥砂浆做底层，约 12 mm 厚，然后用水泥浆做 1 mm 厚黏结层，再用 1∶1.25 水泥 2 号石子浆或 1∶1.5 水泥 3 号石子浆罩面，约 11 mm 厚。

(3)水磨石：用普通水泥、白色水泥或彩色水泥拌和各种色彩的大理石石碴做面层，硬化后用机械磨平抛光表面。施工程序是先用 1∶3 水泥砂浆做底层，厚约 12 mm，再做 1 mm厚水泥浆黏结层，最后用 1∶2.5 水泥 2 号石子或 3 号石子罩面(按要求配色)，面层厚 8 ~10 mm，待硬化后进行抛光处理。水磨石多用于地面装饰，可事先设计图案和色彩，抛光后更具有艺术效果。其除可用做地面外，还可预制做成楼梯踏步、窗台板、柱面、墙裙、踢脚板和地面板等多种建筑构件。水磨石一般都用于室内。

(4)干粘石：在水泥浆面层的整个表面上，黏结粒径 5 mm 以下的彩色石碴小石子、彩色玻璃碎粒，要求石碴黏结牢固不脱落。干粘石的装饰效果与水刷石相同，而且避免了湿作业，施工效率高，也节约材料。

(5)斩假石：又称为剁假石，制作情况与水刷石基本相同。在水泥浆硬化后，用斧刃将表面剁毛并露出石碴。斩假石表面具有粗面花岗岩的效果。

装饰砂浆还可采取喷涂、弹涂、辊压等新工艺方法，可做成丰富多彩、多种多样的装饰面层。装饰砂浆操作方便、施工效率高、成本低、耐久性好，目前仍具有一定的使用范围。

（三）防水砂浆

制作防水层的砂浆叫做防水砂浆。砂浆防水层又叫刚性防水层。这种防水层仅适用于不受振动和具有一定刚度的混凝土或砖石砌体工程。对于变形较大或可能发生不均匀沉陷的建筑物，都不宜采用刚性防水层。

防水砂浆可以用普通水泥砂浆来制作，也可以在水泥砂浆中掺入防水剂来提高砂浆的抗渗能力。常用的防水剂有氯化物金属盐类防水剂和金属皂类防水剂等。氯化物金属盐类防水剂，主要有氯化钙、氯化铝和水按一定比例配成的有色液体。其配合比大致为氯化铝∶氯化钙∶水 = 1∶10∶11，掺加量一般为水泥质量的 3% ~5% 。这种防水剂掺入水泥砂浆中，能在凝结硬化过程中生成不透水的复盐，起促进结构密实的作用，从而提高砂浆的抗渗性能，一般可使用在水池和其他地下建筑物。金属皂类防水剂是由硬脂酸、氨水、氢氧化钾（或碳酸钠）和水按一定比例混合加热皂化而成的。这种防水剂主要是起填充微细孔隙和堵塞毛细管的作用，掺加量为水泥质量的 3% 左右。防水砂浆的配合比，一般采用水泥∶砂 = 1∶（2.5 ~3），水灰比应为 0.5 ~0.55。水泥应选用32.5 MPa 以上的普通硅酸盐水泥，砂子最好使用中砂。

防水砂浆的施工对操作技术要求很高，配制防水砂浆时先把水泥和砂干拌均匀后，再把称量好的防水剂溶于拌和水中与水泥、砂搅拌均匀后即可使用。涂抹时，每层厚度为 5 mm左右，共涂抹 4 ~5 层，厚 20 ~30 mm。在涂抹前先在润湿清洁的底面上抹一层纯水泥浆，然后抹一层 5 mm 厚的防水砂浆，在初凝前用木抹子压实一遍，第二、三、四层都是同样的操作方法，最后一层要进行压光，抹完后要加强养护。总之，刚性防水层必须保证砂浆的密实性，对施工操作要求高，否则难以获得理想的防水效果。

二、特种砂浆

（一）聚合物水泥砂浆

聚合物砂浆是一种以有机高分子材料替代部分水泥，并和水泥共同作为胶凝材料的砂浆。常用的聚合物有聚醋酸乙烯、乙烯共聚物乳液、丙烯酸脂共聚乳液、丁苯橡胶乳液等。掺配一定比例的聚合物可克服普通砂浆收缩大、脆性大、黏结强度不高的通病，使砂浆塑性变形能力和黏结强度提高，抗裂效果也明显提高。但使用聚合物砂浆时应注意以下问题：

（1）聚合物掺量越大，砂浆抗压强度下降越多，但不同的聚合物配出的砂浆强度有一定差异。以聚醋酸乙烯为例，钱晓倩研究表明：掺量为水泥的 10% ~15% 时，水灰比为 0.4 左右时，聚合物水泥砂浆抗压强度比不加聚合物的砂浆抗压强度下降 30% ~40% ，但抗拉强度和黏结强度均有提高，变形模量下降 30% 以上。

（2）在水泥砂浆中，水泥水化需要潮湿环境，而聚合物需要干燥环境以失水凝聚成膜。因此，对聚合物砂浆的养护必须既让水泥充分水化又保证聚合物成膜，也就是说，早期宜潮湿养护，后期宜适度干燥。

（3）聚合物砂浆提高了砂浆的黏聚性和保水性，延长了凝结时间。施工时可以减少砌筑和抹灰时的掉灰现象。在基层较干燥、吸水性较强或高温季节施工时，可延长施工操作时间。但对于在垂直立面或非吸水性基面施工来说，易产生坠挂现象。因此，需适当减小水灰比，或添加适量早强剂。

（二）保温砂浆

保温砂浆（绝热砂浆）是以水泥、石灰膏、石膏等胶凝材料与膨胀珍珠岩砂、膨胀蛭石、火山渣或浮石砂、陶砂及聚苯乙烯颗粒等轻质多孔骨料按一定比例配制成的砂浆，其具有轻质、保温的特性。常用的保温砂浆有水泥膨胀珍珠岩砂浆、水泥膨胀蛭石砂浆、水泥石灰膨胀蛭石砂浆、聚苯颗粒保温砂浆等。保温砂浆具有轻质和良好的绝热性能，其导热系数为 0.07 ~0.1 W /(m · K)。

水泥膨胀珍珠岩砂浆用 32.5 级普通水泥配制时，其体积比为水泥∶膨胀珍珠岩砂 = 1∶(5 ~12)，水灰比为 1.5 ~2.0，导热系数为 0.067 ~0.074 W /(m · K)，可用于砖及混凝土内墙表面抹灰或喷涂。水泥石灰膨胀蛭石砂浆是以体积比为水泥∶石灰膏∶膨胀蛭石 = 1∶1∶(5 ~8)配制而成的，其导热系数为 0.076 ~0.105 W /(m · K)，可用于平屋顶保温层及顶棚、内墙抹灰。

聚苯颗粒保温砂浆是将废弃的聚苯乙烯塑料加工破碎成 0.5 ~4.0 mm 的颗粒，作为轻骨料来配制外墙保温砂浆。砂浆层包括保温层、抗裂保护层和抗渗保护层（或面层是抗裂、抗渗二合一的砂浆层）。其中，ZL 胶粉聚苯颗粒保温材料及技术在 1998 年就被建设部列入国家级工法，是目前广泛认可的外墙保温技术。该施工工艺简单，可以减小劳动强度，提高生产效率，能避免空鼓、脱落、开裂等现象的发生，并且造价低。

（三）吸声砂浆

由轻骨料配制成的保温砂浆，一般具有良好的吸声性能，故也可作吸声砂浆用。另外，还可用水泥、石膏、砂、锯末配制成吸声砂浆。若在石灰、石膏砂浆中掺入玻璃纤维、矿棉等松软纤维材料也能获得吸声效果。吸声砂浆用于有吸声要求的室内墙壁和顶棚的抹灰。

（四）耐腐蚀砂浆

1. 耐碱砂浆

使用 42.5 级以上的普通硅酸盐水泥（水泥熟料中铝酸三钙含量应小于 9%），细骨料可采用耐碱、密实的石灰岩类（石灰岩、白云岩、大理岩等）、火成岩类（辉绿岩、花岗岩等）制成的砂和粉料，也可采用石英质的普通砂。耐碱砂浆可耐一定温度和浓度下的氢氧化钠和铝酸钠溶液的腐蚀，以及任何浓度的氨水、碳酸钠、碱性气体和粉尘等的腐蚀。

2. 水玻璃类耐酸砂浆

在水玻璃和氟硅酸钠配制的耐酸胶结料中，掺入适量由石英岩、花岗岩、铸石等制成的粉末及细骨料可拌制成耐酸砂浆。耐酸砂浆常用做内衬材料、耐酸地面和耐酸容器的内壁防护层。在某些有酸雨腐蚀的地区，建筑物的外墙装修也应采用耐酸砂浆。

3. 硫磺砂浆

硫磺砂浆是以硫磺为胶结料，加入填料、增韧剂，经加热熬制而成的。其采用石英粉、辉绿岩粉、安山岩粉作为耐酸粉料和细骨料。硫磺砂浆具有良好的耐腐蚀性能，几乎能耐大部分有机酸、无机酸、中性和酸性盐的腐蚀，对乳酸亦有很强的耐腐蚀能力。

（五）防辐射砂浆

在水泥砂浆中掺入重晶石粉、重晶石砂可配制成具有防 X 射线和 γ 射线能力的砂浆。其配合比一般为水泥∶重晶石粉∶重晶石砂 =1∶0.25∶(4~5)。在水泥浆中掺入硼砂、硼酸等可配制成具有防中子射线的砂浆。厚重密实、不易开裂的砂浆可阻止地基中土壤或岩石里的氡(具有放射性的惰性气体)向室内迁移扩散。

(六)自流平砂浆

《地面用水泥基自流平砂浆》(JC/T 985—2005)规定,地面用水泥基自流平砂浆是由水泥基胶凝材料、细骨料、填料及添加剂等组成的,与水(或乳液)搅拌后具有流动性或稍加辅助性摊铺就能流动找平的地面用材料。地坪和地面常采用自流平砂浆。

自流平砂浆的特点是:①适用于各种不同基面;②快速硬化、快速干燥,可连续施工;③提高工作进度、缩短工期;④与基底黏结好,不分层、不开裂、不空鼓;⑤具有低收缩率、高抗压强度和良好的耐磨损性。

自流平砂浆的关键技术是:①掺用合适的外加剂;②严格控制砂的级配和颗粒形态;③选择合适的水泥和掺合料。

自流平砂浆施工简单、质量可靠,可降低劳动强度。自流平砂浆地坪施工后,为快速交付使用,通常不做养护或养护时间极短。

良好的自流平砂浆可使地坪或地面平整细腻、无须打磨、无尘土污染,省料、省工、省时;施工方便、无需高技能工人,施工快速、高效。当自流平砂浆作为基层时,平整的基面确保地材施工的精确度及平整性。使用自流平砂浆后可确保地材在使用时受力均匀,不会在某些部位产生局部受力造成过多磨损及拉扯,延长地材的使用寿命;可提供坚实基面,与地面面层材料有可靠的黏结。

三、预拌砂浆(商品砂浆)

预拌砂浆(商品砂浆)是指由专业生产厂家生产的,用于一般工业与民用建筑工程的砂浆。传统的建筑用砂浆都是在施工现场拌制的,这种现场拌制的砂浆由于受条件的限制,计量准确度低、质量稳定性差、收缩性大、黏结强度低、抗渗性差、易剥落,是建筑工程粉刷开裂、起壳、渗漏等质量问题发生的主要原因,另外还会造成浪费和施工环境的污染。同时,随着人们生活水平的提高,这种现场拌制的砂浆也无法满足人们日益增长的各类需求。针对现场拌制砂浆的这些缺点,建筑业逐步形成了集中拌制、规模化生产、用专用运输机械运输的商品建筑砂浆。商品建筑砂浆按产品形式可分为湿拌砂浆和干拌砂浆两种。

(一)预拌砂浆的技术优势

预拌砂浆具有品质优良、质量稳定、施工便捷、品种多样、环保性好等诸多优点,相对传统意义上的砂浆而言,其主要优势如下所述。

1. 品种多样的预拌砂浆能满足人们的各种要求

近年来,随着人们生活水平的提高和建筑业的发展,人们对住房的建筑质量、房屋美观和居住舒适度等提出了很高的要求。经济的快速发展和人们对环保及健康居住的进一步认识,必将促进建筑技术和新型建筑材料的发展。在建筑砂浆方面,质感丰富、品质优良、施工便捷、品种多样、环保性好的预拌砂浆代替传统砂浆已成为必然。

2. 预拌砂浆是一种绿色环保型建材

预拌砂浆的生产是大规模集中生产。规模生产不仅原材料损耗低、浪费少、可节约水泥和砂石，还可以大量利用矿渣、炉渣、粉煤灰等工业废料，既减少了对资源的破坏，又有利于解决排渣企业的可持续发展问题。

3. 定量包装的干拌砂浆，便于运输、存放和施工

施工单位可根据施工要求和使用量定量采购，一方面解决了城市建筑施工现场狭窄的难题，另一方面消除了施工现场各种原材料堆积如山的状况，减少了原材料在运输过程中造成的飞灰撒漏现象，减小了粉尘、物料、废水对周围环境的污染和对城市市容的影响，促进了文明施工。

4. 预拌砂浆较好地解决了材料之间性能的协调问题

不同材料一起使用时，性能相互协调是一个十分重要的问题，否则会影响材料原有功能的发挥。例如，小型普通混凝土空心砌块与使用的砌筑砂浆、抹面砂浆性能，尤其是其干燥收缩率一定要趋于一致，否则温度、湿度变化时，也会产生收缩裂缝，导致墙体开裂或失去承重与围护结构的功能。

此外，使用预拌砂浆还可以提高劳动生产率，降低工人的劳动强度和改善工人的劳动条件。

（二）预拌砂浆的分类

预拌砂浆按生产的搅拌形式不同可分为干拌砂浆与湿拌砂浆两种，按使用功能不同可分为预拌砂浆和特种预拌砂浆两种，按用途不同可分为预拌砌筑砂浆、预拌抹灰砂浆、预拌地面砂浆及其他具有特殊性能的预拌砂浆，按照胶凝材料的种类不同可分为水泥砂浆和石膏砂浆。

用于预拌砂浆标记的符号，应根据其分类及使用材料的不同按下列规定使用：DM——干拌砂浆，DMM——干拌砌筑砂浆，DPM——干拌抹灰砂浆，DSM——干拌地面砂浆，WM ——湿拌砂浆，WMM——湿拌砌筑砂浆，WPM——湿拌抹灰砂浆，WSM——湿拌地面砂浆。

（三）预拌砂浆对原材料的要求

预拌砂浆所用的材料，不得对环境有污染且不得对人体有害，其相关指标应符合《建筑材料放射性核素限量》（GB 6566—2001）的有关规定。

1. 水泥

（1）除预拌地面砂浆外，预拌砂浆宜选用硅酸盐水泥、普通硅酸盐水泥和矿渣硅酸盐水泥，并应符合相应标准的规定。对于预拌地面砂浆，应采用硅酸盐水泥、普通水泥。

（2）水泥进货应具有质量证明文件。水泥进厂时应按批量取样复验，合格后方可使用。

（3）选用水泥时，应考虑到水泥出厂后活性（强度）将随时间有所下降而对干拌砂浆成品保存期的影响，必须保证干拌砂浆成品在保存期内强度符合相应等级的要求。

2. 骨料

（1）预拌砂浆用砂应符合相关规定，且砂的最大粒径应通过 5 mm 筛孔。采用天然砂，宜选用中砂。抹灰砂浆所用砂的最大粒径应通过 2.5 mm 筛孔。人工砂及混合砂应

符合相应的技术规程。

(2)砂应保持洁净,按批量取样检验,合格后方可使用。

(3)砂进厂时应具有质量证明文件。应按不同品种、规格进行堆放,不得混杂。在其装卸及存储过程中,应采取措施,使砂颗粒级配均匀,保持洁净,严禁混入影响砂浆性能的有害物质。

3. 矿物掺合料

(1)用于预拌砂浆的粉煤灰应符合《用于水泥和混凝土中的粉煤灰》(GB 1596—2005)的规定,粉煤灰的质量不低于Ⅱ级。

(2)粉煤灰或其他矿物掺合料进厂时,应具有质量证明文件,并按有关规定取样复验,合格后方可使用,其掺量应符合有关规定并通过试验确定。其他掺合料在使用前需进行试验验证,能满足要求方可使用。

(3)高钙粉煤灰应经试验合格后方可使用,并应加强对游离氧化钙含量的检测。

(4)粉煤灰或其他矿物掺合料进厂时,应按不同品种、等级分别存储在专用的仓罐内,并作好明显标记,防止受潮和混入杂物。

4. 外加剂

(1)保水增稠外加剂必须经过省级以上的产品鉴定(或评估),并经试验合格后方可使用;用于砌筑砂浆的保水增稠材料,必须经过砌体力学性能验证。

(2)每批外加剂进厂时应具有质量证明文件,并符合相关标准的规定。有机塑化剂应有砌体强度的形式检验报告,即掺加有机外加剂的预拌砌筑砂浆应提供砌体强度形式检验报告。

(3)对进厂外加剂应按批进行复验,复验项目应包括相关规程规定的预拌砂浆质量指标,并同时符合有关标准的规定,复验合格后方可使用。

(4)具有防水、抗冻、早强、抗裂和抗渗等作用的外加剂的使用应通过试验确定。预拌防水砂浆中的防水剂应符合《砂浆、混凝土防水剂》(JC 474—2008)中的规定。

(5)外加剂应保持均质,不得含有有害砂浆耐久性的物质。

(6)湿拌砂浆所用外加剂应具有增稠、缓凝双重作用,即能改善砂浆的保水性能和调节砂浆的凝结时间。

5. 对材料用量的要求

(1)干拌外墙抹灰砂浆的水泥质量不宜少于物料总质量的15%,湿拌外墙抹灰砂浆的水泥用量不宜少于250 kg/m^3。地面面层砂浆的水泥质量不宜少于物料总质量的18%,且水泥用量不宜少于300 kg/m^3,宜采用硅酸盐水泥或普通硅酸盐水泥,矿物掺合料掺量不宜大于水泥质量的15%。

(2)湿拌外墙抹灰砂浆水泥用量不宜少于250 kg/m^3,地面面层砂浆水泥用量不宜少于300 kg/m^3。

(3)预拌砂浆应通过试配确定配合比。当砂浆的组成材料有变更时,其配合比应重新确定。

(4)生产厂家应根据试验结果,明确干拌砂浆加水量范围。

（四）干拌砂浆

干拌砂浆又称砂浆干拌（混）料、干粉砂浆，是指由专业生产厂家生产、经干燥筛分处理的细骨料与无机胶结料、矿物掺合料和外加剂按一定比例混合而成的一种颗粒状或粉状混合物。在施工现场按使用说明加水搅拌即成为砂浆拌和物。产品的包装形式可分为散装或袋装。干拌砂浆包括水泥砂浆和石膏砂浆。

干拌砌筑砂浆的等级有 DMM30、DMM25、DMM20、DMM15、DMM10、DMM7.5、DMM 5.0。用于混凝土小型空心砌块的砌筑砂浆用 Mb 标记，其等级有 Mb5.0、Mb10、Mb15、Mb20、Mb25、Mb30 等。

干拌抹灰砂浆有 DPM20、DPM15、DPM10、DPM7.5、DPM5.0 等 5 个等级。

干拌地面砂浆有 DSM25、DSM20、DSM15 等 3 个等级。

干拌砂浆所用的骨料必须经干燥处理，干燥后含水率应小于 1%。骨料应采用分级筛分，按不同粒级等级分别储存在筒仓内。砂浆干拌料必须采用机械强制搅拌混合，确保各组分混合均匀一致。品种更换时，混合及输送设备必须清理干净。原材料和生产条件发生变化时，应及时调整配合比。干拌砂浆的表观密度：水泥砂浆不应小于 1 900 kg/m^3，水泥混合砂浆不应小于 1 800 kg/m^3；稠度为 50 ~ 80 mm；分层度为 10 ~ 30 mm。

干拌砂浆分袋装和散装两种。储存期不宜超过 3 个月，超过 3 个月的干拌砂浆在使用前必须重新检验，合格方可使用。

现场搅拌时，干拌砂浆及用水量均以质量计量，除水外不得添加其他成分。干拌砂浆应采用机械搅拌，搅拌时间应符合包装袋或送货单标明的规定。搅拌时间的确定应保证砂浆的均匀性。砂浆应随拌随用，搅拌均匀。

（五）湿拌砂浆

湿拌砂浆是指由水泥、砂、保水增稠材料、水、粉煤灰或其他矿物掺合料和外加剂等组分按一定比例，经计量、拌制后，用搅拌输送车运至使用地妥善存储，并在规定时间内使用完毕的砂浆拌和物，包括砌筑砂浆、抹灰砂浆和地面砂浆等。

1. 湿拌砂浆的等级

湿拌砌筑砂浆的等级有 WMM30、WMM25、WMM20、WMM15、WMM10、WMM7.5、WMM5.0 等 7 个。

湿拌抹灰砂浆的强度等级有 WPM20、WPM15、WPM10、WPM7.5、WPM5.0 等 5 个。

湿拌地面砂浆的强度等级有 WSM25、WSM20、WSM15 等 3 个。

2. 湿拌砂浆的生产（搅拌）和运输

湿拌砂浆的搅拌应采用全自动计算机控制的固定式搅拌机，砂浆搅拌时间不宜少于 2 min。湿拌砂浆的生产中应测定砂的含水率，依据检测结果及时调整用水量和用砂量。

湿拌砂浆的运输应采用搅拌运输车。在装料及运输过程中，应保持搅拌运输车筒体按一定速度旋转，使砂浆运至储存地点后，不离析、不分层，组分不发生变化，并能保证施工所必需的稠度。严禁在运输和卸料过程中加水。湿拌砂浆在搅拌车中运输的延续时间应符合规定：当气温为 5 ~ 35 ℃时，运输延续时间应不大于 150 min；其他情况应不大于 120 min。

湿拌砂浆的稠度应符合技术要求，见表 5-7。

表 5-7　湿拌砂浆稠度的选用规定　（单位：mm）

砌筑工程			抹灰工程		
砌体种类	干燥气候或多孔砌块	寒冷气候或密实砌块	施工方法	机械施工	手工施工
砖砌体	80～100	60～80	准备层	90～100	100～110
混凝土砌块砌体	70～90	50～70	底层	80～90	70～80
石砌体	30～50	20～30	面层	70～80	90～100

（六）特种预拌砂浆

特种预拌砂浆是指具抗渗、抗裂、高黏结和装饰等特殊功能的预拌砂浆，包括预拌防水砂浆、预拌耐磨砂浆、预拌自流平砂浆、预拌保温砂浆等。

（七）预拌砂浆发展现状

预拌砂浆由于采用专业化生产，产品的质量得到充分保证。对各种新型墙体材料还可以“量身订做”专用砂浆，如混凝土界面处理剂、瓷砖黏结剂、内外墙建筑腻子等已广泛使用。随着住宅产业化的进程，人们对住宅质量的要求不断提高，环保节能意识不断加强，以及新型墙体材料的广泛使用，这些都必将带动预拌砂浆的发展。国内很多地区已经执行国家有关规定，禁止现场拌制砂浆。预拌砂浆替代现场拌制砂浆，有利于提高砌体、抹灰、修补、镶贴工程的质量，改善砂浆现场的施工条件。建筑业的蓬勃发展，为预拌砂浆提供了巨大的应用市场。据统计，仅房屋建筑这一项全国城市每年最少需要使用砂浆3.5亿t。除房屋工程外，还有市政工程、住宅小区道路、绿化工程、家庭装修等也大量使用砂浆。

预拌砂浆（主要是干拌砂浆）的生产研究在国外开展得比较早，干拌砂浆在发达国家已是一项成熟技术和产品，特别是在欧洲，如德国、奥地利、芬兰等国家早已把干拌砂浆作为主要的砂浆类建材，俄罗斯、法国、瑞典、匈牙利、波兰等国家的产量也逐年成倍增长。国外的干拌砂浆，产量大、品种多、应用范围广、技术含量高，加工精度也相当高。干拌砂浆在亚洲的发展也十分迅速，新加坡、韩国、日本等国家相继建立了干拌砂浆生产厂，生产的抹灰砂浆、墙面砂浆、砌筑砂浆、自流平砂浆、防火砂浆、彩色墙面砂浆等都已成功投放市场，占据砂浆市场的很大份额。

我国对干拌砂浆的研究和生产起步较晚，发展较快。我国推广干拌砂浆始于20世纪80年代，上海、北京首先开始干拌砂浆的研究工作，到90年代开始建干拌砂浆工厂，2000年后，非黏土制品替代普通黏土烧结砖，国内干混砂浆得到蓬勃发展。国家出台了相应的产业导向政策、标准、规范，从而使干混料产品进入了工程应用阶段。截至2005年底，全国2万t规模以上的干拌砂浆生产企业有131家，设计生产能力1 854万t，实际生产406.62万t。除上海外，全国干混砂浆生产使用的产品还是以特种砂浆为主，北京地区砂浆生产以外墙外保温体系配套砂浆最多，广州砂浆生产以防水砂浆为主，上海特种砂浆生产以界面砂浆最多。干拌砂浆生产使用量的多少，除受当地气候影响外，更多的还与所在地区推广的建筑结构体系有关。

2007 年 6 月 6 日，建设部、商务部、质检总局、环保总局等六部委联合下发了《关于在部分城市限期禁止现场搅拌砂浆工作的通知》(以下简称《通知》)。禁止在城市施工现场搅拌砂浆是提高散装水泥使用量的一项重要措施，也是保证建筑工程质量、提高建筑施工现代化水平、实现资源综合利用、促进文明施工的一项重要技术手段。《通知》要求全国 127 个城市要分期(第一批从 2007 年 9 月 1 日起，第二批从 2008 年 7 月 1 日起，第三批从 2009 年 7 月 1 日起)分批开展禁止在施工现场使用水泥搅拌砂浆。工程中使用预拌砂浆(含干拌砂浆和湿拌砂浆)。其他城市根据各地具体情况提出禁止在施工现场使用水泥搅拌砂浆的具体时间表。

干拌砂浆在我国形成产业化生产的时间较短，作为一个新型建材类工业产业，我国干拌砂浆的实际生产量与它的潜在用量严重失衡。由于受区域运输的经济性限制，各种类型的干拌砂浆生产厂将在全国各地设立，干拌砂浆必将在我国得到广泛应用和大力发展。

复习思考题

5-1　简述对砌筑砂浆原材料的主要技术要求。

5-2　砌筑砂浆的主要技术性质包括哪几个方面？各用什么技术指标表示？

5-3　影响砂浆和易性的因素主要有哪些？如何改善砂浆的保水性？

5-4　影响砂浆强度的因素有哪些？砂浆的强度等级有哪几个？其适用范围如何？

5-5　什么是预拌砂浆？预拌砂浆的特点有哪些？

5-6　某工程需配制用于砌筑粉煤灰砌块的 M10 等级的水泥石灰混合砂浆，稠度为 80～100 mm。采用 42.5 级普通硅酸盐水泥；含水率为 2% 的中砂，干松散堆积密度为 1 500 kg/m^3；石灰膏稠度 110 mm；企业施工水平一般。试计算该砂浆的配合比。

第六章　建筑钢材

【本章要点】

(1)我国建筑钢材发展现状;

(2)钢结构对建筑钢材的要求;

(3)建筑钢材的特点;

(4)建筑钢材的分类;

(5)建筑钢材的力学性能和工艺性能;

(6)建筑钢材的技术标准与选用;

(7)钢材的腐蚀与防护。

【本章重点】

(1)普通碳素结构钢和低合金高强度结构钢;

(2)钢材的化学成分及其对钢材性能的影响;

(3)建筑钢材的力学性能、工艺性能和现行国家标准或规范对钢材的性能及技术要求;

(4)钢材的锈蚀成因与防护方法。

【本章难点】

(1)普通碳素结构钢和低合金高强度结构钢的性能;

(2)现行国家标准或规范对钢材的性能及技术要求。

第一节　概　述

建筑钢材是重要的建筑材料。它主要指用于钢结构中的各种型材和用于钢筋混凝土结构中的各种钢筋、钢丝等。由于钢材在工厂生产中有较严格的工艺控制,因此质量通常能够得到保证。

一、我国建筑钢材发展现状

建筑用钢是我国钢材消费的最主要行业,占钢材总消费量的55%左右。我国正处于工业化时期,固定资产投资较高,基础设施规模较大。同时,我国城镇化水平不断提高,对建筑钢材的需求量较大。我国建筑业的持续增长,促进了建筑钢材生产的快速增长,以建筑用钢的主要产品钢筋和盘条为例:2007 年我国共生产钢筋 1.01 亿 t,同比增长 16.8%;共生产盘条 8 038.2 万 t,同比增长 13.8%。我国建筑钢材产能过剩,建筑钢材出口增速加快:2007 年我国共出口钢筋 590.39 万 t,同比增长 57.91%;共出口盘条 623.78 万 t,同比增长 12.31%。

早在 1996 年我国钢产量已经是世界第一,1998 年是世界消费量第一,2001 年后是世界进口第一。国际钢铁协会提供的数字显示:我国消费增长现在是世界第一,美国是第二,日本是第三,这个第一比第二和第三加在一起还要多。2006 年我国成为世界第一钢材出口大国。建筑用钢属于低附加值、高能耗、高污染产品,钢铁产品的大量出口,不符合以满足国内需求为主的发展方向,增加了我国降低能耗、减少排污的目标实现的难度,国内资源、能源、运力、环境等也难以支撑。虽然我国成为钢材出口国,但我国的高附加值钢材供给不足,部分品种依靠进口的局面还没有彻底改变。

在我国消费钢材最多的是房屋建筑,民用房地产用钢量占总建筑钢材消费量的 60% 以上,基础设施建设占 20%,工业厂房等建筑占 15% 左右。我国房屋建筑用的钢材比英国一年的钢材产量还要多。2007 年,全国商品房施工面积 23.59 亿 m^2,同比增长 21.1%,进一步加大了建筑钢材的需求量。据预测,2010 年全国钢材的消费量将达 3.1 亿 t。但是中国的矿石只能维持 1 亿 t,还有 2 亿 t 矿石必须依靠进口。

随着 2008 年奥运场馆的建设,我国的建筑钢材发展进入一个新的阶段。我国自主研发了 Q460E、GJ345D、Q345C、Q420C 等高强度钢材,实现了奥运场馆所用钢材的完全国产化。例如,国家体育馆"鸟巢"外部钢结构的钢材用量为 4.2 万 t,整个工程的总用钢量,包括混凝土中的钢材、螺纹钢等达到 11 万 t,是地地道道的"中国造";国家游泳中心"水立方"所用的需要耐酸、耐氟、耐腐蚀的高级彩涂钢材等。一个个奥运场馆成为我国建筑钢材发展成就的标志,表明我国钢材不仅在生产数量上远居世界第一,而且在品种、质量上也有了极大的提高。

现在我国社会发展对钢的需求由要求更多地满足数量供给,开始转到了要求有更高的品种和质量水平,以适应建筑业走向现代化的客观要求。

二、钢结构对建筑钢材的要求

建筑钢结构是近年来发展很快的一个行业,特别是在高层钢结构、轻钢厂房钢结构、塔桅钢结构、大型公共建筑的网架结构等方面,发展十分迅速。21 世纪,钢结构应用将成为中国建筑业重点发展的行业。过去由于钢材匮乏,一般工业与民用建筑多是砖混或钢筋混凝土结构,国家限制钢结构的广泛应用。随着我国建筑钢材业的快速发展,逐步改变着钢材供不应求的局面,我国的钢结构技术政策也从限制使用改为积极合理地推广应用。钢结构作为绿色环保的建筑结构为国家、社会所认同,钢结构应用领域不断在扩大。特别是在高层重型钢结构(超高层建筑)、空间大跨度钢结构(飞机库、体育馆等)、轻型钢结构(厂房、仓库)、钢—混结合结构、住宅钢结构五大方面,充分发挥了钢材作为最好的结构材料的功能,满足了重载、高耸、大跨、轻型的结构要求。

钢结构建筑对钢材的质量、品种、规格和功能有特定的要求。钢结构用钢基本上是 Q235、Q345、Q420 级别,包括钢板、型钢和钢管,主要品种有:

(1)钢板——中厚板、镀薄卷板、彩色涂层卷板;

(2)型钢——工字钢、槽钢、角钢、热轧 H 型钢、焊接 H 型钢、冷弯型钢(C 型钢、Z 型钢、矩型管、方管);

(3)钢管——焊管(直缝管和螺旋管)及无缝钢管。

钢结构的发展趋势是以中厚板为主,H 型钢、冷弯型钢、钢管(无缝、焊接)、彩色涂层卷板需求增加，大中型角钢、工字钢、槽钢用量减少，特别是热轧 H 型钢的生产对钢结构发展起了推动作用。

建筑钢结构用钢材数量不多，还不到钢材产量的 2%。建筑钢结构还处于发展阶段，因此与工业发达国家相比，在钢材品种规格、强度级别、设计安全度储备、钢结构制作安装等存在一定差距。钢结构今后应研究高强度钢材，大大提高其屈服点强度。此外，要轧制新品种的型钢，如 H 型钢（又称宽翼缘型钢）和 T 型钢以及压型钢板等，以适应大跨度结构和超高层建筑的需要。

三、建筑钢材的特点

钢材的特点是：强度高、自重轻、刚度大，特别适宜用于建造大跨度和超高、超重型的建筑物；材料匀质性和各向同性好，属于理想弹性体，最符合一般工程力学的基本假定；材料塑性、韧性好，可有较大变形，能很好地承受动力荷载；易于加工和装配，建筑工期短（钢结构的施工速度一般为混凝土结构施工速度的 2～3 倍）；工业化程度高，便于机械制造，集约化生产，可进行机械化程度高的专业化安装；加工精度高、安装方便，效率高、质量易于保证，可焊接和铆接，焊接组装后的整体性、密闭性好。其缺点是耐火性和耐腐性较差，维护费用高，为此现在已经研制和使用耐火钢、耐候钢，以弥补其不足。

本章主要讲述建筑工程中常用的两类钢材：普通碳素结构钢和低合金高强度结构钢；概述钢的冶炼、加工及分类方法；重点掌握建筑钢材的力学性能、工艺性能及现行国家标准或规范对钢材的性能及技术要求；阐述钢的化学成分，所含合金元素等对钢材的性能、质量的影响；介绍钢结构及钢筋混凝土结构采用的主要钢材品种及特点，如何正确地选材，合理地用材，以及钢材的锈蚀成因与防护方法。

由于建筑钢材主要用做结构材料，钢材的性能对结构的安全起着决定性作用。因此，应对各种钢材的性能有充分的了解，以便在设计和施工中合理地选择和使用，以及严格检验其质量。

第二节 钢的冶炼及分类

一、钢的冶炼

钢是由生铁冶炼而成的。生铁的冶炼过程是：将铁矿石、熔剂（石灰石）、燃料（焦炭）置于高炉中，约在 1 750 ℃高温下，石灰石与铁矿石中的硅、锰、硫、磷等经过化学反应，生成铁渣，浮于铁水表面。铁渣和铁水分别从出渣口和出铁口放出，铁渣排出时用水急冷得水淬矿渣；排出的生铁中含有碳、硫、磷、锰等杂质。生铁又分为炼钢生铁（白口铁）和铸造生铁（灰口铁）。生铁硬而脆、无塑性和韧性，不能焊接、锻造、轧制。

炼钢的过程就是将生铁进行精炼，使碳的含量降低到一定的限度，同时把其他杂质的含量也降低到允许范围内。将生铁（及废钢）在熔融状态下进行氧化，除去过多的碳及杂质即得钢液。钢液在氧化过程中，会含有较多 FeO，故在冶炼后期进行脱氧处理，然后浇铸成合格的钢锭。所以，在理论上凡含碳量在 2% 以下，含有害杂质较少的 Fe－C 合金可称为钢。

根据炼钢设备的不同,常用的炼钢方法有空气转炉法、氧气转炉法、平炉法、电炉法。采用的炼钢方法不同,除掉杂质的程度就不同,所得钢的质量也有差别。目前,国内主要有转炉钢、平炉钢和电炉钢三种钢材。

(一)空气转炉炼钢法

空气转炉炼钢法是以熔融状态的铁水为原料,在转炉底部或侧面吹入高压热空气,使杂质在空气中氧化而被除去。其缺点是在吹炼过程中,易混入空气中的氮、氢等有害气体,且熔炼时间短,化学成分难以精确控制。这种钢质量较差,虽然成本较低、生产效率高,现在国内已基本不采用。

(二)氧气转炉炼钢法

氧气转炉炼钢法是以熔融铁水为原料,用纯氧代替空气,由炉顶向转炉内吹入高压氧气,能有效地除去磷、硫等杂质,使钢的质量显著提高。氧气转炉钢纯洁度稍高,杂质较少,质量和加工性能都不及平炉钢,但成本低,生产效率高,常用来炼制优质碳素钢和合金钢。

(三)平炉炼钢法

平炉炼钢法以固体或液体生铁、铁矿石或废钢为原料,以煤气或重油为燃料进行冶炼。平炉钢由于熔炼时间长,化学成分可以精确控制,杂质含量少,成品质量高,化学成分稳定(偏析度小),力学性能可靠。其缺点是能耗大、成本高、冶炼周期长。

(四)电炉炼钢法

电炉炼钢法是以生铁或废钢为原料,利用电能迅速加热,进行高温冶炼的。其熔炼温度高,而且温度可以自由调节,清除杂质容易。因此,电炉钢的质量最好,但成本高。电炉炼钢法主要用于冶炼优质碳素钢及特殊合金钢。

我国的建筑钢材主要是用氧气转炉炼钢法进行冶炼的。

在钢锭冷却过程中,由于钢内某些元素在铁的液相中的溶解度高于固相,使这些元素向凝固较迟的钢锭中心集中,导致化学成分在钢锭截面上分布不均匀,这种现象称为化学偏析,其中尤以硫、磷最为严重。偏析现象对钢的质量有很大影响。

钢在熔炼过程中不可避免地产生部分氧化铁并残留在钢水中,降低了钢的质量,因此在铸锭过程中要进行脱氧处理。由于钢的脱氧方法对钢材性能和应用影响较大,必须引起重视。目前采用的脱氧剂有锰、硅、铝、钛等。由于脱氧方法和脱氧程度不同,钢材的性能也就不同。因此,钢材又按脱氧程度可分为沸腾钢、镇静钢、半镇静钢、特殊镇静钢。

沸腾钢是一种脱氧不完全的钢材,钢液含氧量较高,当钢水注入钢锭模后,碳氧反应产生大量气体,造成钢液呈沸腾状态而得名。沸腾钢内部杂质多,偏析较严重,力学性能不均匀,钢中气体含量较多,韧性低、冷脆和时效敏感性较大,焊接性能较差,故不适用于制造承受冲击荷载、在低温下工作的焊接结构和其他重要结构,但钢材成本低。

镇静钢是脱氧完全的钢,钢液在注锭前用锰铁、硅铁和铝等进行充分脱氧,钢液在钢锭模中较平静,不产生沸腾状态,故得名为镇静钢。镇静钢的优点是化学成分均匀,所以各部分的机械性能也均匀,焊接性能和塑性良好、抗腐蚀性较强。但表面质量较差,有集中缩孔,成本也较高。

半镇静钢是加入适量的锰铁、硅铁,铝只作为脱氧剂,脱氧程度介于沸腾钢和镇静钢之间。

特殊镇静钢在钢中应含有足够的形成细晶粒结构的元素。

二、钢材的生产方法

钢材是钢锭、钢坯或钢材通过压力加工制成我们所需要的各种形状、尺寸和性能的材料。钢材根据断面形状的不同,一般分为型材、板材、管材和金属制品四大类 。为了便于组织钢材的生产、订货供应和搞好经营管理工作,又分为重轨、轻轨、大型型钢、中型型钢、小型型钢、冷弯型钢、优质型钢、线材、中厚钢板、薄钢板、电工用硅钢片、带钢、无缝钢管、焊接钢管、金属制品等品种。

大部分钢材的生产加工都是通过压力加工,使被加工的钢(坯、锭等)产生塑性变形。根据钢材加工温度不同可以分为冷加工和热加工两种。钢材的主要加工方法有以下几种:

(1)轧制。它是将金属坯料通过一对旋转轧辊的间隙(各种形状),因受轧辊的压缩使材料截面减小、长度增加的压力加工方法。这是生产钢材最常用的生产方式,主要用来生产型材、板材、管材。轧制分冷轧、热轧。

(2)锻造。它是利用锻锤的往复冲击力或压力机的压力使坯料改变成我们所需的形状和尺寸的一种压力加工方法。锻造一般分为自由锻和模锻,常用于生产大型材、开坯等截面尺寸较大的材料。

(3)拉拔。它是将已经轧制的金属坯料(型、管、制品等)通过模孔拉拔成截面减小、长度增加的加工方法,大多用做冷加工。

(4)挤压。它是将金属放在密闭的挤压筒内,一端施加压力,使金属从规定的模孔中挤出而得到的有不同形状和尺寸的成品的加工方法,多用于生产有色金属材料。

钢材的产品一般分为型材、板材、线材和管材等。型材包括钢结构用的角钢、工字钢、槽钢、方钢、吊车轨、钢板桩等;板材包括用于建造房屋、桥梁及建筑机械的中、厚钢板,用于屋面、墙面、楼板等的薄钢板;线材包括钢筋混凝土和预应力混凝土用的钢筋、钢丝和钢绞线等;管材包括钢桁架和供水、供气(汽)管线等。

三、钢的分类

钢的品种繁多,分类方法也很多,通常有按化学成分、质量、用途等分类方法。钢的分类见表 6-1。

(一)按化学成分分类

(1)碳素钢:它是铁和碳的合金。其中除铁和碳外,还含有硅、锰、磷和硫等元素。

按含碳量不同可分为低碳钢(含碳量小于 0.25%)、中碳钢(含碳量为 0.25% ~ 0.60%)和高碳钢(含碳量大于 0.60%)三类。含碳量小于 0.04%的钢称为工业纯铁。

低碳钢又称软钢,易于加工(如锻造、焊接和切削),常用于制造链条、铆钉、螺栓、轴等。

中碳钢用于制造重压锻件、车轴、钢轨等。

表 6-1　钢的分类

分类方法	类别		特性
按化学成分分类	碳素钢	低碳钢	含碳量小于 0.25%
		中碳钢	含碳量为 0.25% ~0.60%
		高碳钢	含碳量大于 0.60%
	合金钢	低合金钢	合金元素总含量小于 5%
		中合金钢	合金元素总含量为 5% ~10%
		高合金钢	合金元素总含量大于 10%
按脱氧程度分类	沸腾钢		脱氧不完全,硫、磷等杂质偏析较严重,代号为“F”
	镇静钢		脱氧完全,同时去硫,代号为“Z”
	半镇静钢		脱氧程度介于沸腾钢和镇静钢之间,代号为“b”
	特殊镇静钢		比镇静钢脱氧程度还要充分、彻底,代号为“TZ”
按质量分类	普通钢		含硫量不大于 0.055% ~0.065%,含磷量不大于 0.045% ~0.085%
	优质钢		含硫量不大于 0.03% ~0.045%,含磷量不大于 0.035% ~0.045%
	高级优质钢		含硫量不大于 0.02% ~0.03%,含磷量不大于 0.027% ~0.035%
按用途分类	结构钢		工程结构构件用钢、机械制造用钢
	工具钢		各种刀具、量具及模具用钢
	特殊钢		具有特殊物理、化学或机械性能的钢,如不锈钢、耐热钢、耐酸钢、耐磨钢、磁性钢等

高碳钢常称工具钢,可以淬硬和回火。锤、撬棍等由含碳量 0.75% 的钢制造；切削工具(如钻头、丝攻、铰刀等)由含碳量 0.90% ~1.00% 的钢制造。

(2)合金钢:它是含有一种或多种适量合金元素的钢种,具有特殊的性能。按合金元素总含量不同可分为低合金钢(合金总量小于 5%)、中合金钢(合金总量为 5% ~10%)、高合金钢(合金总量大于 10%)。建筑工程常使用低合金钢。普通低合金钢是在低碳普碳钢的基础上加入少量合金元素(如硅、钙、钛、铌、硼和稀土元素等,其总量一般不超过 3%),而获得较好综合性能的钢种。

(二)按用途分类

(1)结构钢:按用途不同分为建造用钢和机械用钢两类。建造用钢用于建造锅炉、船舶、桥梁、厂房和其他建筑物。机械用钢用于制造机器或机械零件。

(2)工具钢:用于制造各种工具的高碳钢和中碳钢,包括碳素工具钢、合金工具钢和高速工具钢等。

(3) 特殊钢:具有特殊的物理和化学性能的特殊用途钢,包括不锈耐酸钢、耐热钢、电热合金和磁性材料等。

目前,建筑工程中常用的钢种是普通碳素结构钢和普通低合金结构钢。

四、钢材的化学成分及其对钢材性能的影响

钢材中除主要化学成分铁(Fe)外,还含有少量的碳(C)、硅(Si)、锰(Mn)、磷(P)、硫(S)、氧(O)、氮(N)、钛(Ti)、钒(V)等元素,这些元素虽然含量少,但对钢材性能有很大影响。

(一)碳

碳是决定钢材性能的最重要元素。当钢中含碳量在0.8%以下时,随着含碳量的增加,钢材的强度和硬度提高,而塑性和韧性降低;但当含碳量在1.0%以上时,随着含碳量的增加,钢材的强度反而下降。随着含碳量的增加,钢材的焊接性能变差(含碳量大于0.3%的钢材,可焊性显著下降),冷脆性和时效敏感性增大,耐大气锈蚀性下降,一般工程所用碳素钢均为低碳钢,即含碳量小于0.25%。工程所用低合金钢,其含碳量小于0.52%。

(二)硅

硅作为脱氧剂而存在于钢中,是钢中的有益元素,是低合金钢的主加元素。硅含量较低(小于1.0%)时,能提高钢材的强度,而对塑性和韧性无明显影响。

(三)锰

锰是炼钢时用来脱氧去硫而存在于钢中的,是钢中的有益元素。锰具有很强的脱氧去硫能力,能消除或减轻氧、硫所引起的热脆性,大大改善钢材的热加工性能,同时能提高钢材的强度和硬度。锰是我国低合金结构钢中的主要合金元素。

(四)磷

磷是钢中很有害的元素。随着磷含量的增加,钢材的强度、屈强比、硬度均提高,而塑性和韧性显著降低。特别是温度愈低,对塑性和韧性的影响愈大,显著加大钢材的冷脆性。磷也使钢材的可焊性显著降低。但磷可提高钢材的耐磨性和耐蚀性,故在低合金钢中可配合其他元素作为合金元素使用。

(五)硫

硫是钢中很有害的元素。硫的存在会加大钢材的热脆性,降低钢材的各种机械性能,也使钢材的可焊性、冲击韧性、耐疲劳性和抗腐蚀性等均降低。

(六)氧

氧是钢中的有害元素。随着氧含量的增加,钢材的强度有所提高,但塑性特别是韧性显著降低,可焊性变差。氧的存在会造成钢材的热脆性。

(七)氮

氮对钢材性能的影响与碳、磷相似,随着氮含量的增加,钢材的强度提高,塑性特别是韧性显著降低,可焊性变差,冷脆性加剧。氮在铝、铌、钒等元素的配合下可以减小其不利影响,改善钢材性能,可作为低合金钢的合金元素使用。

(八)钛

钛是强脱氧剂。钛能显著提高强度,改善韧性、可焊性,但稍降低塑性。钛是常用的微量合金元素。

（九）钒

钒是弱脱氧剂。钒加入钢中可减弱碳和氮的不利影响，有效地提高强度，但有时也会增加焊接淬硬倾向。钒也是常用的微量合金元素。

第三节　建筑钢材的力学性能和工艺性能

钢材在建筑结构中主要承受拉力、压力、弯曲、冲击等外力作用。施工中还经常对钢材进行冷弯或焊接等加工。因此，钢材的力学性能和工艺性能既是设计和施工人员选用钢材的主要依据，也是生产钢材、控制材质、检验质量的重要参数。

一、钢材的力学性能

钢材的力学性能主要包括拉伸性能、塑性、冲击韧性、耐疲劳性和硬度等。

（一）拉伸性能

拉伸是建筑钢材的主要受力形式，所以拉伸性能是表示钢材性能和选用钢材的重要指标。

将低碳钢（软钢）制成一定规格的试件，进行拉伸试验，可以绘出如图 6-1 所示的应力—应变关系曲线。从图 6-1 中可以看出，低碳钢受拉至拉断，经历了四个阶段：弹性阶段（*OA*）、屈服阶段（*AB*）、强化阶段（*BC*）和颈缩阶段（*CD*）。

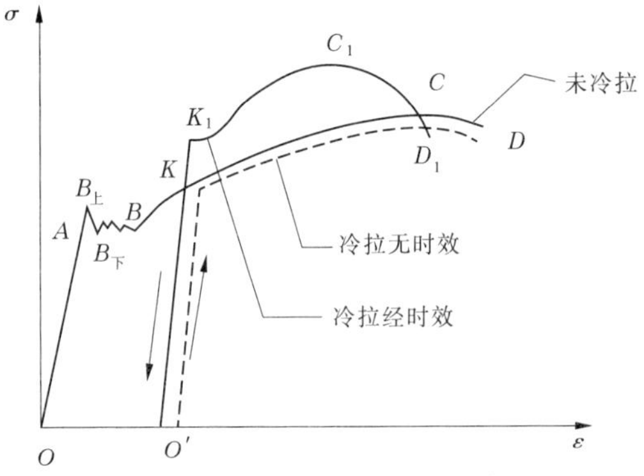

图 6-1　低碳钢受拉的应力—应变曲线

1. 弹性阶段

曲线中 *OA* 段是一条直线，应力与应变成正比。如卸去外力，试件能恢复原来的形状，这种性质即为弹性，此阶段的变形为弹性变形。与 *A* 点对应的应力称为弹性极限，以 σ_p 表示。应力与应变的比值为常数，即弹性模量 E，$E=\sigma/\varepsilon$。弹性模量反映钢材抵抗弹性变形的能力，是钢材在受力条件下计算结构变形的重要指标。

2. 屈服阶段

应力超过 *A* 点后，应力与应变不再成正比关系，开始出现塑性变形。应力的增长滞后于应变的增长，当应力达 $B_{上}$ 点后（上屈服点），瞬时下降至 $B_{下}$ 点（下屈服点），变形迅速增加，而此时外力则大致在恒定的位置上波动，直到 *B* 点，这就是所谓的“屈服现象”，似乎钢材不能承受外力而屈服，所以 *AB* 段称为屈服阶段。与 $B_{下}$ 点（此点较稳定、易测定）对应的应力称为屈服点（屈服强度），用 σ_s 表示。

钢材受力大于屈服点后，会出现较大的塑性变形，已不能满足使用要求，因此屈服强度是设计上钢材强度取值的依据，是工程结构计算中非常重要的一个参数。

3. 强化阶段

当应力超过屈服强度后，由于钢材内部组织中的晶格发生畸变，阻止了晶格进一步滑移，钢材得到强化，所以钢材抵抗塑性变形的能力又重新提高，*BC* 呈上升曲线，称为强化阶段。对应于最高点 *C* 的应力值（σ_b）称为极限抗拉强度，简称抗拉强度。

显然，σ_b 是钢材受拉时所能承受的最大应力值。屈服强度和抗拉强度之比（即屈强比 $=\sigma_s/\sigma_b$）能反映钢材的利用率和结构的安全可靠程度。屈强比越小，其结构的安全可靠程度越高，但屈强比过小，又说明钢材强度的利用率偏低，造成钢材浪费。一般碳素钢屈强比为 0.6～0.65，低合金结构钢为 0.65～0.75，合金结构钢为 0.84～0.86。建筑结构钢合理的屈强比一般为 0.60～0.75。

4. 颈缩阶段

试件受力达到最高点 *C* 点后，其抵抗变形的能力明显降低，变形迅速发展，应力逐渐下降，试件被拉长，在有杂质或缺陷处，断面急剧缩小，直到断裂，故 *CD* 段称为颈缩阶段。

中碳钢与高碳钢（硬钢）的拉伸曲线与低碳钢不同，屈服现象不明显，难以测定屈服点，则规定产生残余变形为原标距长度的 0.2% 时所对应的应力值，作为硬钢的屈服强度，也称条件屈服点，用 $\sigma_{0.2}$ 表示。如图 6-2 所示。

（二）塑性

建筑钢材应具有很好的塑性。钢材的塑性通常用伸长率和断面收缩率表示。将拉断后的试件拼合起来，测定出标距范围内的长度 L_1（mm），其与试件原标距 L_0（mm）之差为塑性变形值，塑性变形值与 L_0 之比称为伸长率（δ），如图 6-3 所示。伸长率（δ）按下式计算

$$\delta = \frac{L_1 - L_0}{L_0} \times 100\% \tag{6-1}$$

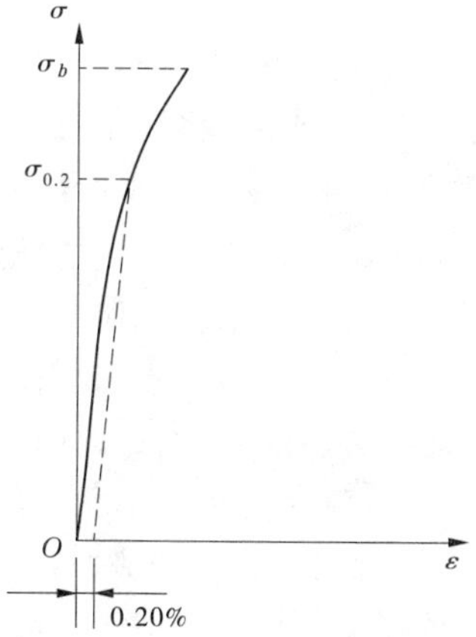

图 6-2　中碳钢、高碳钢的应力—应变图

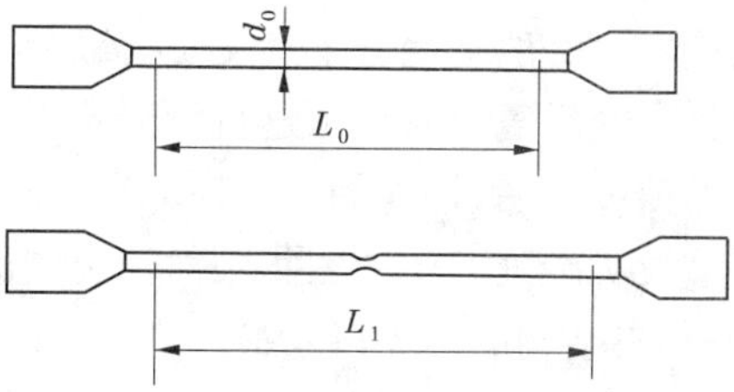

图 6-3　钢材的伸长率

伸长率是衡量钢材塑性的一个重要指标，δ 越大说明钢材的塑性越好。而一定的塑性变形能力，可保证应力重新分布，避免应力集中，从而使钢材用于结构的安全性越大。

塑性变形在试件标距内的分布是不均匀的，颈缩处的变形最大，离颈缩部位越远其变形越小。所以，原标距与直径之比越小，则颈缩处伸长值在整个伸长值中的比重越大，计算出来的 δ 值就越大。通常以 δ_5 和 δ_{10} 分别表示 $L_0 = 5d_0$ 和 $L_0 = 10d_0$ 时的伸长率。对于同一种钢材，其 $\delta_5 > \delta_{10}$。

（三）冲击韧性

冲击韧性是指钢材抵抗冲击荷载而不被破坏的能力。钢材的冲击韧性是用有刻槽（V 形缺口）的标准试件，在冲击试验机的一次摆锤冲击下，以破坏后缺口处单位面积上所消耗的功（J/cm^2）来表示的，其符号为 α_k。试验时将试件放置在固定支座上，然后以摆锤冲击试件刻槽的背面，使试件承受冲击弯曲而断裂。α_k 值越大，冲击韧性越好。对于经常受较大冲击荷载作用的结构，要选用 α_k 值大的钢材。

影响钢材冲击韧性的因素很多，如化学成分、内部组织状态、冶炼和轧制质量、冷作及时效、环境温度等。

同一种钢材的冲击韧性常随温度的下降而降低。试验表明，冲击韧性在温度降低开始时下降平缓，当达到某一温度范围时，突然下降很多呈脆性，这种现象称为钢材的冷脆性，这时的温度称为脆性临界温度。它的数值越低，钢材的低温冲击韧性越好。因此，在负温下使用的结构，设计时必须考虑钢材的冷脆性，应选用脆性转变温度低于最低使用温度的钢材，并满足规范规定的 -20 ℃或 -40 ℃条件下冲击韧性指标的要求。

钢材的化学成分、晶粒度对冲击韧性有很大影响。此外，冶炼或加工时形成的微裂隙以及晶界析出物等，都会使冲击韧性显著降低。因此，对一切承受动荷载并可能在负温下工作的钢材，都必须做冲击韧性试验。

钢材随时间的延长而表现出强度提高、塑性和冲击韧性下降，这种现象称为时效。因时效而导致性能改变的程度称为时效敏感性。时效敏感性越大的钢材，经过时效后，其冲击韧性和塑性的降低越显著。对于承受动荷载的结构物，应选用时效敏感性较小的钢材。

（四）耐疲劳性

钢材在交变荷载的反复作用下，往往在最大应力远小于其抗拉强度时就发生破坏，这种现象称为钢材的疲劳性。疲劳破坏的危险应力用疲劳强度（或称疲劳极限）来表示，它是指疲劳试验时试件在交变应力作用下，在规定的周期基数内不发生断裂所能承受的最大应力。一般把钢材承受交变荷载 $10^6 \sim 10^7$ 次时不发生破坏的最大应力作为疲劳强度。设计承受反复荷载且须进行疲劳验算的结构时，应了解所用钢材的疲劳极限。

研究证明，钢材的疲劳破坏是拉应力引起的，首先在局部开始形成微细裂纹，其后由于裂纹尖端处产生应力集中而使裂纹迅速扩展直至钢材断裂。因此，钢材的内部成分的偏析、夹杂物的多少以及最大应力处的表面光洁程度、加工损伤等，都是影响钢材疲劳强度的因素。疲劳破坏经常是突然发生的，因而具有很大的危险性，往往造成严重事故。

（五）硬度

硬度是指金属材料在表面局部体积内，抵抗硬物压入表面的能力，亦即材料表面抵抗塑性变形的能力。测定钢材硬度采用压入法，即以一定的静荷载（压力），把一定的压头压在金属表面，然后测定压痕的面积或深度来确定硬度。测定钢材硬度的方法按压头或压力不同，有布氏法、洛氏法和维氏硬度法等三种，常用的硬度指标为布氏硬度（HB）和洛氏硬度（HR）。

1. 布氏硬度

布氏硬度试验是按规定选择一个直径为 D（mm）的淬硬钢球或硬质合金球，以一定荷载 P（N）将其压入试件表面，持续至规定时间后卸去荷载，测定试件表面上的压痕直径 d（mm），根据计算或查表确定单位面积上所承受的平均应力值，即压痕面积除荷载，其值作为硬度指标（无量纲），称为布氏硬度，代号为 HB。

材料的硬度值实际上是材料弹性、塑性、变形强化率、强度和韧性等一系列性能的综合反映。布氏硬度法比较准确，但压痕较大，不宜用于成品检验。

2. 洛氏硬度

洛氏硬度试验是将金刚石圆锥体或钢球等压头，按一定试验力压入试件表面，以压头压入试件的深度来表示硬度值（无量纲），称为洛氏硬度，代号为 HR。

洛氏硬度法的压痕小，所以常用于判断工件的热处理效果。

各类钢材的 HB 值与抗拉强度之间有一定的相关关系。材料的强度越高，塑性变形抵抗力越强，硬度值也就越大。由试验得出，其抗拉强度与布氏硬度的经验关系式如下：

当 $HB<175$ 时，$\sigma_b\approx 0.36HB$；

当 $HB>175$ 时，$\sigma_b\approx 0.35HB$。

根据这一关系，可以直接在钢结构上测出钢材的 HB 值，并估算该钢材的 σ_b。

二、钢材的工艺性能

良好的工艺性能，可以保证钢材顺利通过各种加工，而使钢材制品的质量不受影响。冷弯、冷拉、冷拔及焊接性能均是建筑钢材的重要工艺性能。

（一）冷弯性能

冷弯性能是指钢材在常温下承受弯曲变形的能力。钢材的冷弯性能指标是以试件弯曲的角度（α）及弯心直径与试件厚度（或直径）a 的比值（d/a）来表示的。

钢材的冷弯试验是通过直径（或厚度）为 a 的试件，采用标准规定的弯心直径 d（$d=na$），弯曲到规定的弯曲角（180°或 90°）时，试件的弯曲处不发生裂缝、裂断或起层，即认为冷弯性能合格。钢材弯曲时的弯曲角度愈大，弯心直径愈小，则表示其冷弯性能愈好。图 6-4 为弯曲时不同弯心直径的钢材冷弯试验。

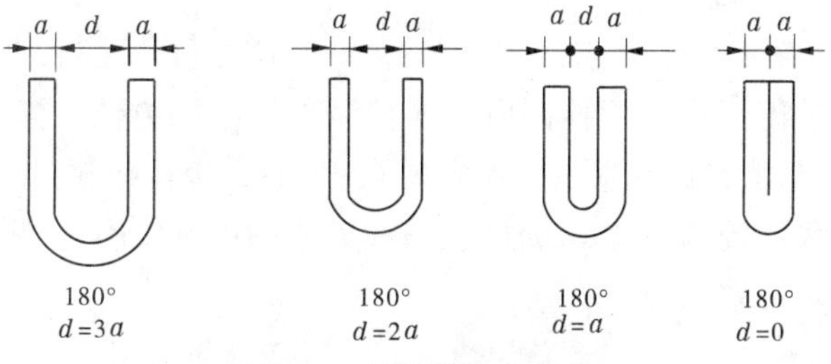

图 6-4　钢材的冷弯试验

通过冷弯试验更有助于暴露钢材的某些内在缺陷。与伸长率相比,冷弯是对钢材塑性更严格的检验,它能揭示钢材是否存在内部组织不均匀、内应力和夹杂物等缺陷,冷弯试验对焊接质量也是一种严格的检验,能揭示焊件在受弯表面是否存在未熔合、微裂纹及夹杂物等缺陷。

(二)焊接性能

在建筑工程中,各种型钢、钢板、钢筋及预埋件等需用焊接加工。钢结构有90%以上是焊接结构。焊接的质量取决于焊接工艺、焊接材料及钢的焊接性能。

钢材的可焊性是指钢材是否适应通常的焊接方法与工艺的性能。可焊性好的钢材易于用一般焊接方法和工艺施焊,焊口处不易形成裂纹、气孔、夹渣等缺陷,焊接后钢材的力学性能,特别是强度不低于原有钢材,硬脆倾向小。钢材可焊性能的好坏,主要取决于钢的化学成分。含碳量高将增加焊接接头的硬脆性,含碳量小于0.25%的碳素钢具有良好的可焊性。

焊接时由于在很短时间内达到很高的温度,基体金属局部熔化的体积很小,故冷却速度很快,因此在焊接处必然产生剧烈的膨胀和收缩,易产生变形、内应力和内部组织的变化,因而形成焊接缺陷。焊缝金属的缺陷主要有裂纹、气孔、夹杂物等。基体金属热影响区的缺陷主要有裂纹、晶粒粗大和析出脆化(碳、氮等原子在焊接过程中形成碳化物和氮化物,于缺陷处析出,使晶格畸变加剧所引起的脆化)。由于焊接件在使用过程中所要求的主要力学性能是强度、塑性、韧性和耐疲劳性,因此对性能最有影响的缺陷是裂纹、缺口、塑性和韧性的下降。

焊接质量的检验方法主要有取样试件试验和原位非破损检测两类。

钢筋焊接应注意的问题是:冷拉钢筋的焊接应在冷拉之前进行;钢筋焊接之前,焊接部位应清除铁锈、熔渣、油污等;应尽量避免不同国家的进口钢筋之间或进口钢筋与国产钢筋之间的焊接。

(三)冷加工性能及时效处理

1. 冷加工强化处理

将钢材在常温下进行冷加工(如冷拉、冷拔或冷轧),使之产生塑性变形,从而提高其屈服强度,但钢材的塑性、韧性及弹性模量则会降低,这个过程称为冷加工强化处理。

1)冷拉

冷拉是将热轧钢筋用冷拉设备加力进行张拉,使之伸长。钢材经冷拉后屈服强度可提高20%~30%,同时增加钢筋长度(4%~10%),可节约钢材10%~20%,钢材经冷拉后屈服阶段缩短,伸长率降低,材质变硬。

实际冷拉时,应通过试验确定冷拉控制参数。冷拉参数的控制,直接关系到冷拉效果和钢材质量。钢筋的冷拉可采用控制应力或控制冷拉率的方法。当采用控制应力方法时,在控制应力下的最大冷拉率应满足规定要求,当最大冷拉率超过规定要求时,应进行力学性能检验。当采用控制冷拉率方法时,冷拉率必须由试验确定,测定冷拉率时钢筋的冷拉应力应满足规定要求。

2)冷拔

冷拔是将光面圆钢筋通过硬质合金拔丝模孔强行拉拔,每次拉拔断面缩小应在10%

以下。钢筋在冷拔过程中，不仅受拉，同时还受到挤压作用，因而冷拔的作用比纯冷拉作用强烈。经过一次或多次冷拔后的钢筋，表面光洁度高，屈服强度提高40% ~60%，但塑性大大降低，具有硬钢的性质。

建筑工地或预制构件厂钢筋混凝土施工中常利用这一原理，对钢筋或低碳钢盘条按一定制度进行冷拉或冷拔加工，以提高其屈服强度。

目前常用的冷轧带肋钢筋、冷拉钢筋及预应力高强冷拔钢丝等，也同样是利用这一原理进行加工的产品。由于屈服强度提高，从而达到节约钢材的目的。

2. 时效

钢材经冷加工后，在常温下存放15 ~20 d或加热至100 ~200 ℃，保持2 h左右，其屈服强度、抗拉强度及硬度进一步提高，而塑性及韧性继续降低，这种现象称为时效。前者称为自然时效，后者称为人工时效。

钢材经冷加工及时效处理后，其性质变化的规律，可明显地在应力—应变图上得到反映，如图6-1所示。图中$OABCD$为未经冷拉和时效试件的$\sigma \sim \varepsilon$曲线。当试件冷拉至超过屈服强度的任意一点K时，卸去荷载，此时由于试件已产生塑性变形，曲线将沿KO'下降，KO'大致与AO平行。如立即再拉伸，则$\sigma \sim \varepsilon$曲线将成为$O'KCD$（虚线），屈服强度由B点提高到K点。但如在K点卸荷后进行时效处理，然后再拉伸，则$\sigma \sim \varepsilon$曲线将成为$O'K_1C_1D_1$。这表明冷拉时效以后，屈服强度和抗拉强度均得到提高，但塑性和韧性则相应降低。

（四）钢材的热处理

热处理是将钢材按一定规则加热、保温和冷却，以改变其组织，从而获得所需要的性能的一种工艺措施。它是对钢材的调质处理。建筑钢材一般只在生产厂完成热处理工艺。在施工现场，有时须对焊接件进行热处理。

钢材的热处理通常有以下几种基本方法。

1. 淬火

将钢材加热至723 ℃以上某一温度，并保持一定时间后，迅速置于水中或机油中冷却，这个过程称为钢材的淬火处理。钢材经淬火后，强度和硬度提高，脆性增大，塑性和韧性明显降低。

2. 回火

将淬火后的钢材重新加热到723 ℃以下某一温度范围、保温一定时间后再缓慢地或较快地冷却至室温，这一过程称为回火处理。回火可消除钢材淬火时产生的内应力，使其硬度降低，恢复塑性和韧性。按回火温度不同，又可分为高温回火（500 ~650 ℃）、中温回火（300 ~500 ℃）和低温回火（150 ~300 ℃）三种。回火温度愈高，钢材硬度下降愈多，塑性和韧性恢复愈好。若钢材淬火后随即进行高温回火处理，则称调质处理，其目的是使钢材的强度、塑性、韧性等性能均得以改善。

3. 退火

退火是指将钢材加热至723 ℃以上某一温度，保持相当时间后，就在退火炉中缓慢冷却。退火能消除钢材中的内应力,细化晶粒、均匀组织,使钢材硬度降低,塑性和韧性提高,从而达到改善性能的目的。

4. 正火

正火是将钢材加热到723 ℃以上某一温度,并保持相当长时间,然后在空气中缓慢冷却,则可得到均匀细小的显微组织。钢材正火后强度和硬度提高,塑性较退火为小。

(五)化学热处理

化学热处理是对钢材表面进行的热处理,将钢件放到含有某些活性原子(如碳、氮、铬等)的化学介质中,通过加热、保温、冷却等方法,使介质中的某些原子渗入到钢件的表层,从而达到改变钢件表层的化学成分,使钢件表层具有某种特殊的性能的目的。常用的方法有渗碳法、氮化法、氰化法等。

1. 渗碳法

将碳原子渗入钢件表层,使表面具有高的硬度($HR = 60 \sim 65$)和耐磨性,而中心仍保持高的韧性,常用于耐磨并受冲击的零件,如轮、齿轮、轴、活塞销等。

2. 渗氮法

将氮原子渗入钢件表层,提高钢件表层的硬度、耐磨性、耐蚀性,常用于重要的螺栓、螺母、销钉等零件。

3. 氰化法

将碳和氮原子同时渗入钢件表层,提高钢件表层的硬度和耐磨性,适用于低碳钢、中碳钢或合金钢零件,也可用于高速钢刀具。

4. 发黑法

将金属零件放在很浓的碱和氧化剂溶液中加热氧化,使金属零件表面生成一层带有磁性的四氧化三铁薄膜,可以防锈、增加金属表面美观和光泽、消除淬火过程中的应力,常用于低碳钢、低碳合金工具钢。由于材料和其他因素的影响,发黑层的薄膜颜色有蓝黑色、黑色、红棕色、棕褐色等,其厚度为0.6~0.8 μm。

第四节 建筑钢材的技术标准与选用

建筑工程用钢有钢结构用钢和钢筋混凝土结构用钢两类,前者主要采用型钢和钢板,后者主要采用钢筋和钢丝。

一、钢结构用钢

钢结构是指由钢板、型钢、钢管、钢绳、钢束等钢材,用焊接、铆接、螺栓或胶等连接而成的结构。以钢材制作为主的结构,是主要的建筑结构类型之一。建筑钢结构近年来发展很快,特别是在高层钢结构、轻钢厂房钢结构、塔桅钢结构、大型公共建筑的网架结构等方面,发展十分迅速。钢结构建筑,对钢材的质量、品种、规格和功能有特定的要求。在材质要求上,多使用普通碳素钢和低合金钢。在板材方面,各类彩板、镀锌板等各类板材,在钢结构方面使用广泛。建筑钢结构的主柱、箱形柱梁等,大量使用中厚板(厚度4.5~200

mm)。在各类型钢方面,H 型钢(又称宽翼缘型钢)、T 型钢以及工字钢、槽钢、角钢等,在钢结构建筑中也大量采用。特别是 H 型钢采用更加广泛。

钢结构用钢主要有碳素结构钢和低合金结构钢两种。

(一)普通碳素结构钢

普通碳素结构钢简称碳素结构钢。它包括一般结构钢和工程用热轧钢板、钢带、型钢等。《碳素结构钢》(GB 700—1988)具体规定了它的牌号表示方法、代号和符号、技术要求、试验方法、检验规则等。

1. 碳素结构钢的牌号及其表示方法

碳素结构钢的牌号由四个部分按顺序组成:屈服点的字母(Q)、屈服点数值(N/mm^2)、质量等级符号(A、B、C、D)、脱氧程度符号(F、b、Z、TZ)。碳素结构钢的质量等级是按钢中硫、磷含量由多至少划分的,随 A、B、C、D 的顺序质量等级逐级提高。按照脱氧程度不同分为特殊镇静钢(TZ)、镇静钢(Z)、半镇静钢(b)和沸腾钢(F)。当为镇静钢或特殊镇静钢时,则牌号表示"Z"与"TZ"符号可予以省略。

专门用途的碳素钢,如桥梁钢、船用钢等,基本上采用碳素结构钢的表示方法,但在钢号最后附加表示用途的字母。

按标准规定,我国碳素结构钢分五个牌号,即 Q195、Q215、Q235、Q255 和 Q275。例如,Q235 - AF 表示:屈服点为 235 N/mm^2 的平炉或氧气转炉冶炼的 A 级沸腾碳素结构钢。

2. 碳素结构钢的技术要求

按照标准《碳素结构钢》(GB 700—1988)规定,碳素结构钢的技术要求包括化学成分、力学性能、冶炼方法、交货状态、表面质量等五个方面。各牌号碳素结构钢的化学成分及力学性能应分别符合表 6-2、表 6-3 的要求。

表 6-2　碳素结构钢的化学成分(GB 700—1988)

牌号	等级	化学成分(%)					脱氧方法
		C	Mn	Si	S	P	
				≤			
Q195	—	0.06 ~ 0.12	0.25 ~ 0.50	0.30	0.050	0.045	F、b、Z
Q215	A	0.09 ~ 0.15	0.25 ~ 0.55	0.30	0.050	0.045	F、b、Z
	B				0.045		
Q235	A	0.14 ~ 0.22	0.30 ~ 0.65	0.30	0.050	0.045	F、b、Z
	B	0.12 ~ 0.20	0.30 ~ 0.70		0.045		
	C	≤0.18	0.35 ~ 0.80		0.040	0.040	Z
	D	≤0.17			0.035	0.035	TZ
Q255	A	0.18 ~ 0.28	0.40 ~ 0.70	0.30	0.050	0.045	Z
	B				0.045		
Q275	—	0.20 ~ 0.38	0.50 ~ 0.80	0.35	0.050	0.045	Z

表 6-3　碳素结构钢的力学性能(GB 700—1988)

牌号	等级	拉伸试验														冲击试验	
		屈服点 σ_s(MPa)						抗拉强度 σ_s(MPa)	伸长率 δ_5(%)							温度(℃)	V形冲击功(纵向)(J)
		钢筋厚度(直径)(mm)							钢筋厚度(直径)(mm)								
		≤16	>16~40	>40~60	>60~100	>100~150	>150		≤16	>16~40	>40~60	>60~100	>100~150	>150			
		≥							≥								≥
Q195	—	(195)	(185)	—	—	—	—	315~390	33	32	—	—	—	—		—	—
Q215	A	215	205	195	185	175	165	335~410	31	30	29	28	27	26		—	—
	B															20	27
Q235	A	235	225	215	205	195	185	375~460	26	25	24	23	22	21		—	—
	B															20	27
	C															0	
	D															-20	
Q255	A	255	245	235	225	215	205	410~510	24	23	22	21	20	19		—	—
	B															20	27
Q275	—	275	265	255	245	235	225	490~610	20	19	18	17	16	15		—	—

注:(　)屈服点仅供参考,不作为交货条件。

3. 碳素结构钢各类牌号的特性与用途

建筑工程中常用的碳素结构钢牌号为 Q235,由于该牌号钢既具有较高的强度,又具有较好的塑性和韧性,可焊性也好,故能较好地满足一般钢结构和钢筋混凝土结构的用钢要求。相反用 Q195 号钢和 Q215 号钢,虽塑性很好,但强度太低;而 Q255 号钢和 Q275 号钢,虽强度很高,但塑性较差,可焊性亦差,所以均不适用。

Q235 号钢冶炼方便,成本较低,故在建筑中应用广泛。由于塑性好,在结构中能保证在超载、冲击、焊接、温度应力等不利条件下的安全,并适用于各种加工,大量被用做轧制各种型钢、钢板及钢筋。其力学性能稳定,对轧制、加热、急剧冷却时的敏感性较小。其中 Q235 - A 级钢,一般仅适用于承受静荷载作用的结构,Q235 - C 和 Q235 - D 级钢可用于重要的焊接结构。另外,由于 Q235 - D 级钢含有足够的形成细晶粒结构的元素,同时对硫、磷有害元素控制严格,故其冲击韧性很好,具有较强的抵抗冲击和振动荷载的能力,尤其适宜在较低温度下使用。

Q195 号钢和 Q215 号钢常用做生产一般使用的钢钉、铆钉、螺栓及铁丝等;Q255 号钢及 Q275 号钢多用于生产机械零件和工具等。

(二)优质碳素结构钢

优质碳素结构钢是生产过程中对质量控制较严(如控制含硫、磷量小于 0.035%),质量较稳定的碳素钢。根据国家标准《优质碳素结构钢》(GB/T 699—1999)的规定,按其含锰量不同,分为普通含锰量(含锰量小于 0.8%)和较高含锰量(含锰量为 0.7% ~1.2%)两种。其质量等级分为优质钢、高级优质钢及特级优质钢三级。

优质碳素结构钢的牌号用含碳量多少(以万分计的两位数表示)来表示。钢号开头的两位数字表示钢的碳含量,以平均碳含量的万分之几表示,如平均碳含量为 0.45% 的钢,钢号为“45”,它不是顺序号,所以不能读成 45 号钢。锰含量较高的优质碳素结构钢,应将锰元素标出,如 50Mn。沸腾钢、半镇静钢及专门用途的优质碳素结构钢应在钢号最后特别标出,如平均碳含量为 0.1% 的半镇静钢,其钢号为 10b。

在优质钢的牌号后加“A”即为高级优质钢,加“E” 即为特级优质钢,如 25MnA。

优质碳素结构钢是用于机械结构的主要钢种,在建筑工程及水工钢结构中,常用来加工制作各种轴、杆、铰、高强螺栓等受力构件,以及钢铸件。

(三)低合金高强度结构钢

低合金高强度结构钢是在碳素结构钢的基础上,添加少量的一种或多种合金元素(总含量小于 5%)的一种结构钢。其目的是提高钢的屈服强度、抗拉强度、耐磨性、耐蚀性与耐低温性等。因此,它是综合性能较为理想的建筑钢材,在大跨度、承受动荷载和冲击荷载的结构中更为适用。此外,其与使用碳素钢相比,可以节约钢材 20% ~30%,而成本并不很高。

1. 低合金高强度结构钢的牌号及其表示方法

根据国家标准《低合金高强度结构钢》(GB 1591—1994)规定,我国低合金高强度结构钢共有 5 个牌号(即 Q295、Q345、Q390、Q420 和 Q460),所加元素主要有锰、硅、钒、钛、铌、铬、镍及稀土元素。其牌号的表示由屈服点字母 Q、屈服点数值、质量等级(A、B、C、D、E 五级)三部分组成。

2. 低合金高强度结构钢的应用

由于低合金高强度钢中的合金元素起了细晶强化和固溶强化等作用,该钢材不但具有较高的强度,而且也具有较好的塑性、韧性和可焊性。因此,它是综合性能较好的建筑钢材。

低合金结构钢主要用于轧制各种型钢(角钢、槽钢、工字钢)、钢板、钢管及钢筋,广泛用于钢结构和钢筋混凝土结构中,特别适用于各种重型结构、大跨度结构、高层结构及桥梁工程等。当用于大跨度和大柱网的结构时,其技术经济效果更为显著。

例如,2008 年奥运会场馆 “鸟巢”的钢结构最大跨度达到 343 m,编织“鸟巢”的钢铁“树枝”重达 4.6 万 t。4 万多 t 的钢结构要靠自身的 24 根钢柱支撑,如果使用普通钢材,厚度至少要达到 220 mm。这样,整个工程的钢材质量将超过 8 万 t,钢板太厚,不仅不便于运输,焊接也非常困难。经过专家论证,Q460 厚钢板是最好的选择。在国家标准中,这种钢板的最大厚度为 100 mm。从未在建筑中使用过,产品也要从卢森堡、韩国和日本等国家进口。即使在国外也从来没有生产过厚度超过 100 mm 的。中国舞阳钢铁公司经过研制,终于生产出 110 mm 厚的“鸟巢”特殊用钢 Q460E－Z35。它集刚性、柔韧于一体,实现了“鸟巢”的抗震性、抗低温性、焊接性的三效合一。其他钢材如 Q345C、Q420C 等高强度钢材也成为奥运场馆主要用材。

(四)钢结构常用的钢材

各种型钢有热轧和冷轧两种。

1. 热轧型钢

热轧型钢有 H 型钢、T 型钢、工字钢、槽钢、角钢、Z 型钢等。

钢结构用钢的钢种和钢号主要根据结构与构件的重要性、荷载的性质（静载或动载）、连接方法（焊接、铆接或螺栓连接）、工作条件（环境温度及介质）等因素予以选择。对于承受动荷载的结构及处于低温环境的结构，应选择韧性好、脆性临界温度低、疲劳极限较高的钢材；对于焊接结构，应选择可焊性较好的钢材。

我国建筑用热轧型钢主要采用碳素结构钢和低合金钢。在钢结构设计规范中，推荐使用低合金钢，主要有 Q345（16Mn）及 Q390（15MnV）两种，可用于大跨度、承受动荷载的钢结构中。在碳素钢中主要采用 Q235 - A（含碳量为 0.14% ~0.22%），其强度适中，塑性和可焊性较好，而且冶炼容易、成本低廉，适合于土木工程使用。

热轧型钢的标记方式为一组符号，包括型钢名称、横断面主要尺寸、型钢标准号及钢号与钢种标准等。

这里简要介绍一种工程中常用的新型经济建筑用钢——H 型钢。热轧 H 型钢分三类：宽翼缘 H 型钢（HK）、窄翼缘 H 型钢（HZ）和 H 型钢桩（HU）。其表示方法为：截面高度 H × 宽度 B × 腹板厚度 t_1 × 翼板厚度 t_2，如 H 型钢 Q235 200 ×200 ×8 ×12 表示为高 200 mm、宽 200 mm、腹板厚度 8mm、翼板厚 12 mm 的宽翼缘 H 型钢，其牌号为 Q235。H 型钢截面形状经济合理，力学性能好，轧制时截面上各点延伸较均匀、内应力小，与普通工字钢比较，具有截面模数大、质量轻、节省金属的优点，可使建筑结构减轻 30% ~40%；又因其腿内外侧平行，腿端是直角，拼装组合成构件，可节约焊接、铆接工作量达 25%。H 型钢常用于要求承载能力大、截面稳定性好的大型建筑（如厂房、高层建筑等），以及桥梁、船舶、起重运输机械、设备基础、支架、基础桩等。

2. 冷弯薄壁型钢

冷弯薄壁型钢通常是用 2 ~6 mm 薄钢板冷弯或模压而成的，有角钢、槽钢等开口薄壁型钢及方形、矩形等空心薄壁型钢，主要用于轻型钢结构。其标识方法与热轧型钢相同。

3. 钢板、压型钢板

用光面轧辊机轧制成的扁平钢材，以平板状态供货的称钢板，以卷状供货的称钢带。按轧制温度不同，分为热轧和冷轧两种；按厚度不同热轧钢板分为薄板（厚度小于 4 mm）、中板（厚度为 4 ~25 mm）和厚板（厚度大于 25 mm）三种。薄钢板是用热轧或冷轧方法生产的厚度为 0.2 ~4 mm 的钢板，薄钢板宽度为 500 ~1 400 mm。厚钢板是厚度在 4 mm 以上的钢板的统称，在实际工作中，常将厚度小于 20 mm 的钢板称为中板，厚度为 20 ~60 mm 的钢板称为厚板，厚度大于 60 mm 的钢板则需在专门的特厚板轧机上轧制，故称特厚板。冷轧钢板只有薄板一种。

建筑用钢板及钢带主要是碳素结构钢。一些重型结构、大跨度桥梁、高压容器等也采用低合金钢板。薄钢板经冷压或冷轧成波形、双曲形、W 形等形状，称为压型钢板。彩色钢板、镀锌薄钢板、防腐薄钢板等都可用来制作压型钢板。其特点是质量轻、强度高、抗震性能好、施工快、外形美观等，主要用于围护结构、楼板、屋面等。

在这里简单介绍一下近几年大量使用的彩色钢板。以冷轧钢板、镀锌钢板等为基板，经过表面预处理，用辊涂的方法，涂上一层或多层液态涂料，经过烘烤和冷却所得的板材即为涂层钢板。由于涂层可以有各种不同的颜色，习惯上把涂层钢板叫做彩色涂层钢板，简称彩色钢板（又称彩涂板）。又由于涂层是在钢板成型加工之前进行的，在国外这又叫做预涂层钢板。建筑用彩色涂层钢板一般以热镀锌钢板和热镀铝锌钢板为基板，经辊压或冷弯加工成呈 V 形、U 形、梯形或类似形状的波纹瓦楞板，并注入聚氯酯硬质泡沫复合形成聚氨酯复合夹心板（保温材料）后，用于建造钢结构厂房、机场、库房、冷冻库等工业和商业建筑的屋顶、墙面、门。

（五）钢管

钢管是指两端开口并具有中空断面，其长度与周边之比较大的钢材。按生产方法可分为焊接钢管和无缝钢管，钢管的规格用外形尺寸（如外径或边长）及壁厚表示，其尺寸范围很广，从直径很小的毛细管直到直径达数米的大口径管。按断面形状又可分为圆形钢管和异形钢管，广泛应用的是圆形钢管，但也有一些方形、矩形、半圆形、六角形、等边三角形、八角形等异形钢管。按壁厚分为薄壁钢管和厚壁钢管。对于承受流体压力的钢管都要进行液压试验来检验其耐压能力和质量，在规定的压力下不发生泄漏、浸湿或膨胀为合格。

钢管在网架、桁架、高层建筑、高耸建筑及钢管混凝土中广泛使用。

1. 焊接钢管

焊接钢管也称焊管，是用钢板或钢带经过卷曲成型后焊接制成的钢管。焊接钢管生产工艺简单，生产效率高，品种规格多，但一般强度低于无缝钢管。随着优质带钢连轧生产的迅速发展以及焊接和检验技术的进步，焊缝质量不断提高，焊接钢管的品种、规格日益增多，并在越来越多的领域代替了无缝钢管。

焊接钢管按焊缝的形式分为直缝焊管和螺旋焊管。

直缝焊管生产工艺简单，生产效率高，成本低，发展较快。螺旋焊管的强度一般比直缝焊管高，能用较窄的坯料生产管径较大的焊管，还可以用同样宽度的坯料生产管径不同的焊管。但是与相同长度的直缝管相比，焊缝长度增加 30% ~100%，而且生产速度较低。因此，较小口径的焊管大都采用直缝焊，大口径焊管则大多采用螺旋焊。

（1）低压流体输送用焊接钢管（GB/T 3092—1993）也称一般焊管，俗称黑管，是用于输送水、煤气、空气、油和取暖蒸汽等一般较低压力流体和其他用途的焊接钢管。钢管按壁厚分为普通钢管和加厚钢管；按管端形式分为不带螺纹钢管（光管）和带螺纹钢管。钢管的规格用公称口径（mm）表示，公称口径是内径的近似值，习惯上常用英寸表示。

（2）低压流体输送用镀锌焊接钢管（GB/T 3091—1993）也称镀锌电焊钢管，俗称白管，是用于输送水、煤气等一般较低压力流体或其他用途的热浸镀锌焊接（炉焊或电焊）钢管。钢管按壁厚分为普通镀锌钢管和加厚镀锌钢管；按管端形式分为不带螺纹镀锌钢管和带螺纹镀锌钢管。

（3）普通碳素钢电线套管（GB 3640—88）是工业与民用建筑、安装机械设备等电气安装工程中用于保护电线的钢管。

（4）桩用螺旋焊缝钢管（SY 5040—83）是以热轧钢带卷作管坯，经常温螺旋成型，采用双面埋弧焊接或高频焊接制成的，用于土木建筑结构、码头、桥梁等基础桩的钢管。

2. 无缝钢管

无缝钢管是一种具有中空截面、周边没有接缝的长条钢材。钢管具有中空截面,大量用做输送流体的管道。钢管与圆钢等实心钢材相比,在抗弯强度和抗扭强度相同时,质量较轻,是一种经济截面钢材,广泛用于制造结构件和机械零件,以及建筑施工中用的钢脚手架等。钢管按横截面形状不同可分为圆管和异形管。由于在周长相等的条件下,圆面积最大,用圆形管可以输送更多的流体。此外,圆环截面在承受内部或外部径向压力时,受力较均匀,因此绝大多数钢管是圆管。但是,圆管也有一定的局限性,如在受平面弯曲的条件下,圆管就不如方形、矩形管抗弯强度大,一些轻钢结构等就常用方形、矩形管。根据不同用途还需有其他截面形状的异形管。

(1)结构用无缝钢管:是用于一般结构和机械结构的无缝钢管。

(2)流体输送用无缝钢管:是用于输送水、油、气等流体的一般无缝钢管。

(3)合金钢和不锈耐热钢无缝钢管。

(4)结构用不锈钢无缝钢管。

(5)流体输送用不锈钢无缝钢管。

(6)异形无缝钢管。

异形无缝钢管是除圆管外的其他截面形状的无缝钢管的总称。按钢管截面形状尺寸的不同又可分为等壁厚异形无缝钢管(代号为 D)、不等壁厚异形无缝钢管(代号为 BD)、变直径异形无缝钢管(代号为 BJ)。异形无缝钢管广泛用于各种结构件。与圆管相比,异形管一般都有较大的惯性矩和截面模数,有较大的抗弯、抗扭能力,可以大大减轻结构质量,节约钢材。

3. 钢塑复合管、大口径涂敷钢管

钢塑复合管是以热浸镀锌钢管作基体,经粉末熔融喷涂技术在内壁(需要时外壁亦可)涂敷塑料而成的,性能优异。与镀锌管相比,具有抗腐蚀、不生锈、不积垢、光滑流畅、清洁无毒、使用寿命长等优点。据测试,钢塑复合管的使用寿命为镀锌管的 3 倍以上。其与塑料管相比,具有机械强度高、耐压和耐热性好等优点。由于基体是钢管,所以不存在脆化、老化问题,可广泛应用于自来水、煤气、化工产品等流体输送及取暖工程,是镀锌管的升级换代产品。

大口径涂敷钢管是在大口径螺旋焊管和高频焊管的基础上涂敷塑料而成的,最大管口直径达 1 200 mm,可根据不同的需要涂敷聚氯乙烯(PVC)、聚乙烯(PE)、环氧树脂(EPOZY)等各种不同性能的塑料涂层。其附着力好,抗腐蚀性强,可耐强酸、强碱及其他化学腐蚀,无毒,不锈蚀,耐磨、耐冲击、耐渗透性强,管道表面光滑,不黏附任何物质,能降低输送时的阻力,提高流量及输送效率,减少输送压力损失。涂层中无溶剂、无可渗出物质,因而不会污染所输送的介质,从而保证流体的纯洁度和卫生性。在 $-40 \sim +80$ ℃范围可冷热循环交替使用,不老化、不龟裂,因而可以在寒冷地带等苛刻的环境下使用。大口径涂敷钢管广泛应用于自来水、天然气、石油、化工、电力、海洋等工程领域。

由于钢材材质均匀,可视为各向同性,强度高,质量轻,延性、塑性和韧性都好。国内外工程实践证明,钢结构抗震性能好,宜于用做承受振动和冲击的结构,并且由于便于建筑选型、外形美观、施工安装简便快捷、有利于保证工程质量、检测方便、工期短、相对所占建筑操作面较小等一系列优点，已在各种工程建设中得到广泛应用，同时在应用中总结了丰富的经验，为进一步发展创造了条件。

目前，钢结构从重型到轻型，从大型、大跨度、大面积到小型、细小结构，从永久特种结构到临时、一般建筑，呈向两头双向发展的趋势。

二、钢筋混凝土结构用钢

钢筋混凝土结构用钢是指钢筋混凝土配筋用的直条或盘条状钢材，其外形分为光圆钢筋和变形钢筋两种，交货状态为直条和盘圆两种。光圆钢筋实际上就是普通低碳钢的小圆钢和盘圆。变形钢筋是表面带肋的钢筋，通常带有 2 条纵肋和沿长度方向均匀分布的横肋。横肋的外形有螺旋形、人字形、月牙形 3 种。变形钢筋的公称直径相当于横截面相等的光圆钢筋的公称直径。钢筋的公称直径为 8 ~ 50 mm，推荐采用的直径为 8 mm、12 mm、16 mm、20 mm、25 mm、32 mm、40 mm。钢筋在混凝土中主要承受拉应力。变形钢筋由于肋的作用，与混凝土有较强的黏结能力，因而能更好地承受外力的作用。钢筋广泛用于各种建筑结构，特别是大型、重型、轻型薄壁和高层建筑结构。

（一）热轧钢筋

钢筋混凝土用热轧钢筋，根据其表面状态特征、工艺与供应方式可分为热轧光圆钢筋、热轧带肋钢筋与热轧热处理钢筋等。热轧带肋钢筋通常为圆形横截面，且表面通常带有 2 条纵肋和沿长度方向均匀分布的横肋。按肋纹的形状分为月牙肋和等高肋，见图 6-5。热轧钢筋按其力学性能，分为Ⅰ级、Ⅱ级、Ⅲ级、Ⅳ级，其强度等级代号分别为 HRB235、HRB335、HRB400、HRB500。其中Ⅰ级钢筋由碳素结构钢轧制而成，其余均由低合金钢轧制而成。其牌号由 HRB 和规定屈服强度最小值构成。H、R、B 分别为热轧、肋、钢筋的英文名称（Hot rolled Ribbed Bars）的第一个字母。

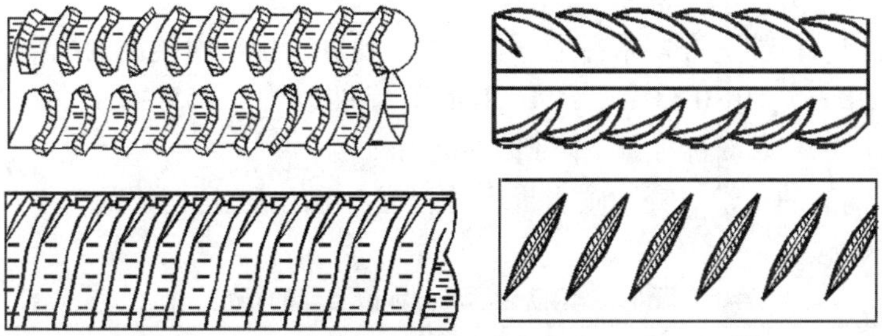

图 6-5　带肋钢筋外形

Ⅰ级钢筋的强度较低，但塑性及焊接性能很好，便于各种冷加工，故广泛用做普通钢筋混凝土构件的受力筋及各种钢筋混凝土结构的构造筋。Ⅱ级和Ⅲ级钢筋的强度较高，塑性和焊接性能也较好，广泛用做大、中型钢筋混凝土结构的受力钢筋。Ⅳ级钢筋强度高，但塑性和可焊性较差，可用做预应力钢筋。

含钒的Ⅲ级螺纹钢筋（20MnSiV）在生产过程中加入了钒、铌、钛等合金，与普通Ⅱ级螺纹钢筋相比，具有强度高、韧性好、焊接性能和抗震性能良好的优点。在欧洲等发达国家建筑市场，Ⅲ级螺纹钢筋占整个螺纹钢总量的 80%，如英国、德国、澳大利亚、日本等国家使用高强度含钒Ⅲ级螺纹钢筋已达80% ~90%。在我国,1995 年原冶金部和建设部联合发文推广应用,建设部将新Ⅲ级螺纹钢筋技术条件纳入国家标准《混凝土结构设计规范》,如今新Ⅲ级螺纹钢已在高层建筑、大型电站、桥梁、隧道、机场等工程项目中得到了成功的应用。但由于宣传、推广力度不够,前几年其使用量还大大低于老Ⅱ级 335 MPa 普通级螺纹钢筋,因此还需要对新Ⅲ级螺纹钢筋进行大力宣传和推广。目前,其使用量正逐年增加。

含钒Ⅲ级螺纹钢筋具有以下优点:

(1)经济。由于强度高,使用新Ⅲ级螺纹钢筋可比Ⅱ级螺纹钢筋节约钢材 10% ~15%,因此可降低建筑工程的建设成本。

(2)强度高、韧性好。采用微合金化处理,屈服点在 400 MPa 以上,抗拉强度在 570 MPa 以上,分别比Ⅱ级螺纹钢筋提高 20%。

(3)抗震。含钒钢筋具有较高的抗弯强度和时效性能,较好的抗疲劳性能,其抗震性能明显优于Ⅱ级螺纹钢筋。

(4)易焊接。由于碳含量不大于 0.54%,焊接性能好,适用于各种焊接方法,工艺简单。

(5)施工方便。采用新Ⅲ级螺纹钢筋增大了施工间隙,施工更加方便,保证了施工质量。

《钢筋混凝土用钢第 2 部分:热轧带肋钢筋》(GB 1499.2—2007)规范实施,原标准(GB 1499—1998)同时废止,新标准增加细晶粒热轧钢筋 HRBF335、HRBF400、HRBF500 三个牌号。“F”是“细”的英文(Fine)首位字母。新标准在钢筋的标志识别上作了改变,标志就是刻在钢筋上的标记,旧标准 HRB335 用“2” 表示;HRB400 用“3”表示;HRB500 用“4”表示。而新标准的标志作了变动:HRB335 用“3”表示,HRB400 用“4”表示;HRB500 用“5”表示,HRBF335 用“C3”表示,HRBF400 用“C4”表示,HRBF500 用“C5”表示。以后看到钢筋表面刻着“4”,就是 HRB400,也就是现在说的Ⅲ级螺纹钢,不过今后Ⅲ级螺纹钢就改称为 HRB400 钢筋。

新标准对钢筋性能的一些指标进行了调整。比如新标准对钢筋的抗拉强度要求降低了,旧标准(HRB335、HRBF335)为 490 MPa,新标准改为≥455 MPa;旧标准(HRB400、HRBF400)为 570 MPa,新标准则下降到≥540 MPa。

热轧带肋钢筋的化学成分和碳当量应符合表 6-4 的规定,钢筋的力学性能特征值应符合表 6-5 的规定。

表 6-4　钢筋化学成分和碳当量的规定

牌号	化学成分(%)不大于					
	C	Si	Mn	P	S	碳当量
HRB335 HRBF335	0.25	0.80	1.60	0.045	0.045	0.52
HRB400 HRBF400						0.54
HRB500 HRBF500						0.55

表 6-5 钢筋的力学性能特征值

牌号	R_{eL}(MPa)	R_m(MPa)	A(%)	A_{gt}(%)
	≥			
HRB335 HRBF335	335	455	17	7.5
HRB400 HRBF400	400	540	16	
HRB500 HRBF500	500	630	15	

注:新标准中 R_{eL} 为钢筋的屈服强度、R_m 为抗拉强度、A 为断后伸长率、A_{gt} 为最大力总伸长率。

《钢筋混凝土用钢第 2 部分:热轧带肋钢筋》(GB 1499.2—2007)规定了钢筋的弯曲性能,按表 6-6 规定的弯心直径弯曲 180°后,钢筋受弯曲部位表面不得产生裂纹。根据需方要求,钢筋可进行反向弯曲性能试验。反向弯曲试验弯心直径比弯曲试验相应增加一个钢筋公称直径。反向弯曲试验要求:先正向弯曲 90°后再反向弯曲 20°,经反向弯曲试验后,钢筋受弯曲部位表面不得产生裂纹。

表 6-6 钢筋弯曲性能的规定

牌号	公称直径(mm)	弯心直径
HRB335 HRBF335	6 ~ 25	3*d*
	28 ~ 40	4*d*
	>40 ~ 50	5*d*
HRB400 HRBF400	6 ~ 25	4*d*
	28 ~ 40	5*d*
	>40 ~ 50	6*d*
HRB500 HRBF500	6 ~ 25	6*d*
	28 ~ 40	7*d*
	>40 ~ 50	8*d*

钢筋的公称直径范围为 6 ~ 50 mm,有 6 mm、8 mm、10 mm、12 mm、16 mm、20 mm、25 mm、32 mm、40 mm、50 mm。带肋钢筋的公称直径相当于横截面面积相等的光圆钢筋的公称直径。钢筋通常按直条交货,直径大于 12 mm 的钢筋也可以按盘交货。

有较高要求的抗震结构所适用的钢筋,其牌号是在已有的牌号后加 E,如 HRB400E 、HRBF400E,应满足以下要求:

(1)钢筋实测抗拉强度与实测屈服强度之比不小于 1.25。

(2)钢筋实测屈服强度与表 6-5 规定的屈服特征值之比不大于 1.30。

(3)钢筋的最大力总伸长率不小于 9%。

(二)冷轧带肋钢筋

热轧圆盘条经冷轧后,在其表面带有沿长度方向均匀分布的三面或两面横肋,即成为冷轧带肋钢筋。冷轧带肋钢筋按抗拉强度分为五个牌号,分别为 CRB550、CRB650、CRB800、CRB970、CRB1170。C、R、B 分别为冷轧、带肋、钢筋三个词(Cold rolled Ribbed Bar)的英文首位字母,数值为抗拉强度的最小值。与冷拔低碳钢丝相比,冷轧带肋钢筋具有强度高、塑性好、与钢筋黏结牢固、节约钢材、质量稳定等优点。冷轧带肋钢筋的公称直径范围为 4 ~ 12 mm。

(三)预应力混凝土用热处理钢筋

预应力混凝土用热处理钢筋是用热轧带肋钢筋经淬火和回火调质处理后的钢筋,其直径有 6 mm、8.2 mm、10 mm 三种规格。热处理钢筋成盘供应,每盘长 100 ~ 120 m,开盘后钢筋自然伸直,按要求的长度切断。热处理钢筋的抗拉强度 $\sigma_b \geq 1\ 500$ MPa,屈服强度 $\sigma_{0.2} \geq 1\ 350$ MPa,伸长率 $\delta_{10} \geq 6\%$。为增加与混凝土的黏结力,钢筋表面常轧有通长的纵肋和均布的横肋。热处理钢筋的设计强度取标准强度的 80%,先张法和后张法预应力的张拉控制应力分别为标准强度的 7% 和 65%。

预应力混凝土用热处理钢筋的优点是:强度高,可代替高强钢丝使用;配筋根数少,节约钢材;锚固性好,不易打滑,预应力值稳定;施工简便,开盘后钢筋自然伸直,不需调直,不能焊接或氧气切割。其主要用做预应力钢筋混凝土轨枕,也用于预应力梁、板结构及吊车梁等。

(四)预应力混凝土用钢丝及钢绞线

1. 预应力混凝土用钢丝

预应力混凝土用钢丝是采用优质碳素钢或其他性能相应的钢种,经冷加工及失效处理或热处理而制成的高强度钢丝。其按加工状态可分为冷拉钢丝及消除应力钢丝两种,按外形又可分为光圆钢丝和刻痕钢丝两种。

冷拉钢丝的公称直径有 3 mm、4 mm、5 mm 三种。它们的抗拉强度 σ_b 为 1 470 ~ 1 670 MPa,屈服强度 $\sigma_{0.2}$ 可达 1 110 ~ 1 250 MPa,$\sigma_{0.2}$ 不小于 σ_b 的 75%。其伸长率为≤2% ~3%。

消除应力钢丝的公称直径有 4 mm、5 mm、6 mm、7 mm、8 mm、9 mm 六种规格,σ_b 和 $\sigma_{0.2}$ 随公称直径的不同而不同,σ_b 一般为 1 470 ~ 1 770 MPa,$\sigma_{0.2}$ 一般在 1 250 ~ 1 500 MPa,一般 $\sigma_{0.2}$ 不小于 σ_b 的 85%。其伸长率较低,当标距为 100 mm 时,伸长率小于 4%。其应力松弛分为两级:Ⅰ级松弛为普通松弛,1 000 h 应力损失试验的损失率为 4.5% ~12%;Ⅱ级松弛为低松弛,1 000 h 应力损失试验的损失率为 1% ~4.5%。

刻痕钢丝的公称直径有 5 mm 和 7 mm 两种规格。σ_b 为 1 470 ~ 1 570 MPa,$\sigma_{0.2}$ 为 1 250 ~ 1 340 MPa,伸长率小于 4%。1 000 h 应力损失试验的损失率为 2.5% ~8%。

预应力钢丝具有强度高、柔性好、松弛率低、耐腐蚀等特点,适用于各种特殊要求的预应力结构,主要用于大跨度屋架及薄腹梁、大跨度吊车梁、桥梁、电杆、轨枕等的预应力钢筋。其技术性能应符合《预应力混凝土用钢丝》(GB/T 5223—2002)的要求。

2. 预应力混凝土用钢绞线

预应力混凝土用钢绞线是由 2 根、3 根或 7 根直径为 2.5 ~ 5.0 mm 的高强度钢丝,绞捻后经一定热处理清除内应力而制成的。一般以一根钢丝为中心,其余几根钢丝围绕着进行螺旋状左捻绞合,再经低温回火制成。7 根钢丝捻成的钢铰线直径有 9.0 mm、12.0 mm 和 15.0 mm 三种。整根钢绞线的最大负荷可达 300 kN,屈服负荷可达 255 kN。伸长率小于 3.5%,其 1 000 h 应力损失率不大于 2.5% ~8%。

钢绞线具有强度高、与混凝土黏结性好、断面面积大、使用根数少、在结构中布置方便、易于锚固等优点。主要用于大跨度、大负荷的后张法预应力屋架、桥梁和薄腹梁及曲面配筋等结构的预应力筋。

三、钢材的选用原则

钢材的破坏分塑性破坏和脆性破坏两种。塑性破坏加载后有较大变形,因此破坏前有预兆,断裂时断口呈纤维状,色泽发暗。脆性破坏加载后无明显变形,因此破坏前无预兆,断裂时断口平齐,呈有光泽的晶粒状。脆性破坏危险性大。

影响脆性的因素包括化学成分、冶炼缺陷(偏析、非金属夹杂、裂纹、起层)、温度(热脆、低温冷脆)、冷作硬化、时效硬化、应力集中等。

因此,选用钢材时需要考虑结构的特点、结构的类型及重要性、荷载的性质、连接方法、结构的工作温度、构件的受力性质。选用的钢材既能使结构安全可靠地满足使用上的要求,又要尽最大可能节约材料,降低造价。

钢材的选用一般应遵循以下原则:

(1)荷载性质。对于经常承受动力或振动荷载的结构,容易产生应力集中,从而引起疲劳破坏,需要选用材质高的钢材。

(2)使用温度。对于经常处于低温状态的结构,钢材容易发生冷脆断裂,特别是焊接结构更甚,因而要求钢材具有良好的塑性和低温冲击韧性。

(3)连接方式。对于焊接结构,当温度变化或受力性质改变时,焊缝附近的母体金属容易出现冷、热裂纹,促使结构早期破坏。所以,焊接结构对钢材化学成分和机械性能要求应较严。

(4)钢材厚度。钢材力学性能一般随厚度增大而降低,钢材经多次轧制后,钢的内部结晶组织更为紧密,强度更高,质量更好,故一般结构用的钢材厚度不宜超过 40 mm。

(5)结构重要性。选择钢材要考虑结构使用的重要性,如大跨度结构、重要的建筑物结构,须相应选用质量更好的钢材。

第五节 钢材的腐蚀与防护

钢材的腐蚀是指其表面与周围介质发生化学反应而遭到的破坏过程。根据腐蚀作用的机理,钢材的腐蚀可分为化学腐蚀和电化学腐蚀两种。在自然气候下,钢材受腐蚀减薄 5 年可达 0.1 ~1.0 mm 以上,时间长或在特殊及人为的恶劣环境下,腐蚀更为严重。

一、腐蚀原因

(一)化学腐蚀

化学腐蚀是指钢材直接与周围介质发生化学反应而产生的腐蚀。这种腐蚀多数是氧化作用，使钢材表面形成疏松的氧化物。在常温下，钢材表面能形成一薄层起保护作用的氧化膜 FeO，可以防止钢材进一步锈蚀。因此，在干燥环境下，钢材锈蚀进展缓慢，但在温度和湿度较高的环境中，这种腐蚀进展加快。

（二）电化学腐蚀

电化学腐蚀是建筑钢材在存放和使用中发生腐蚀的主要类型。它是指钢材与电解质溶液接触而产生电流，形成微电池而引起的腐蚀。潮湿环境中的钢材表面会被一层电解质水膜所覆盖，而钢材含有铁、碳等多种成分，由于这些成分的电极电位不同，从而使钢的表面层在电解质溶液中构成以铁素体为阳极、以渗碳体为阴极的微电池。在阳极，铁失去电子成为 Fe^{2+} 进入水膜；在阴极，溶于水膜中的氧被还原生成 OH^-。两者结合生成不溶于水的 $Fe(OH)_2$，并进一步氧化成为疏松易剥落的红棕色铁锈 $Fe(OH)_3$。由于铁素体基体的逐渐锈蚀，钢组织中的渗碳体等暴露出来的越来越多，于是形成的微电池数目也越来越多，钢材的腐蚀速度也就越来越快。

影响钢材腐蚀的主要因素是水、氧及介质中所含的酸、碱、盐等。同时，钢材本身的组织成分对腐蚀影响也很大。埋于混凝土中的钢筋，由于普通混凝土的 pH 值为 12 左右，处于碱性环境中，使之表面形成一层碱性保护膜，它有较强的阻止锈蚀继续发展的能力，故混凝土中的钢筋一般不易腐蚀。

二、腐蚀类型

（一）均匀腐蚀

均匀腐蚀指腐蚀均匀地分布在材料表面。一般来说，这种腐蚀较轻微，危害性也较小。

（二）晶间腐蚀和孔蚀

沿晶界面进行的腐蚀称为晶间腐蚀。在晶界面内由于偏析，所含渗碳体及杂质等一般较多，故构成原电池的阴极，与其相邻的铁素体为阳极。在有腐蚀介质时，铁素体易被氧化成 Fe^{2+} 进入介质，而发生腐蚀。

在钢材表面因热处理、焊接及机械加工等所遗留下的破损处，以及因化学腐蚀而覆盖有锈皮的地方，均易发生腐蚀，称为孔蚀。在这些缺陷表面吸附的水珠所溶解的氧，近缺陷处浓度较低，与大气接触处浓度较高，形成浓差电池。在有污垢（或锈皮）的金属表面以及与裂隙或伤痕等相接触的金属部位构成阳极，远离这些缺陷的部位构成阴极，从而发生电化学腐蚀，使锈蚀沿裂隙等不断发展。这类腐蚀是最常见的腐蚀。

（三）应力腐蚀

钢材经冷加工后具有残余应力，钢结构在受荷时，也会产生应力集中或应力不均匀现象。在应力作用下，金属晶格将发生变形，其电极电位较未变形时低。当有腐蚀性介质存在时，晶格发生变形的部位构成原电池的阳极，其余部位为阴极。因此，受应力部位处于特别容易生锈的状态。例如，钢筋弯钩的弯曲部。

（四）疲劳腐蚀

疲劳腐蚀是指在腐蚀介质和重复应力的共同作用下，具有孔蚀和应力腐蚀的联合作用。这种情况下钢材更易于发生破坏。

(五)冲刷腐蚀

这种腐蚀是在腐蚀介质和机械磨损的共同作用下所产生的。机械冲刷磨损作用破坏了钢材表面的钝化膜,可加速腐蚀介质的作用,钢材的腐蚀产物又使其表面抗冲刷能力下降,从而加速了钢材的破坏。

三、防护措施

(一)保护层法

通常的方法是在表面施加保护层,使钢材与周围介质隔离。保护层可分为非金属保护层和金属保护层两类。

非金属保护层常用的是在钢材表面刷漆,常用的底漆有红丹、环氧富锌漆、铁红环氧底漆等,面漆有调和漆、醇酸磁漆、酚醛磁漆等。该方法简单易行,但不耐久。此外,还可以采用塑料保护层、沥青保护层、搪瓷保护层等。

金属保护层是用耐蚀性较好的金属,以电镀或喷镀的方法覆盖在钢材表面,如镀锌、镀锡、镀铬等。薄壁钢材可采取热浸镀锌或镀锌后加涂塑料涂层等措施。

混凝土配筋的防锈措施应根据结构的性质和所处环境条件等考虑混凝土的质量要求,主要是保证混凝土的密实度(控制最大水灰比和最小水泥用量、加强振捣)、保证足够的保护层厚度、限制氯盐外加剂的掺量和保证混凝土一定的碱度等,还可掺用阻锈剂(如亚硝酸钠等)。国外有采用钢筋镀锌、镀镍等方法。对于预应力钢筋,一般含碳量较高,又多经过变形加工或冷加工,因而对锈蚀破坏较敏感,特别是高强度热处理钢筋,容易产生应力锈蚀现象。因此,重要的预应力承重结构,除禁止掺用氯盐外,还应对原材料进行严格检验。

(二)制成合金

钢材的组织及化学成分是引起腐蚀的内因。通过调整钢材的基本组织或加入某些合金元素,可有效地提高钢材的抗腐蚀能力。例如,在钢中加入一定量的合金元素铬、镍、钛等,制成不锈钢,可以提高耐锈蚀能力。

铬是使不锈钢获得耐蚀性的基本元素,当钢中含铬量达到12%左右时,铬与腐蚀介质中的氧作用,在钢表面形成一层很薄的氧化膜(自钝化膜),可阻止钢的基体进一步腐蚀。除铬外,常用的合金元素还有镍、钼、钛、铌、铜、氮等,以满足各种用途对不锈钢组织和性能的要求。

目前,常使用的有耐候钢、耐腐蚀结构钢、耐酸钢等。耐候钢(即耐大气腐蚀钢)是介于普通钢和不锈钢之间的价廉物美的低合金钢,耐候钢是在普通钢中添加少量铜、镍等耐腐蚀元素而成的,具有优质钢的强韧、塑延、成型、焊割、磨蚀、高温、疲劳等特性,耐候性为普碳钢的2~8倍,能裸露使用或简化涂装使用,大大节约维护成本,具有良好的耐腐蚀性能,使钢结构使用寿命延长。

(三)阴极保护法

阴极保护法是根据电化学原理进行保护的一种方法。这种方法可由以下两种途径来实现。

1. 牺牲阳极保护法

牺牲阳极保护法即在需要保护的钢结构上，特别是水下的钢结构上，焊接较钢材更为活泼的金属，如锌、镁等。于是这些更为活泼的金属在介质中成为原电池的阳极而遭到腐蚀，取代了铁素体，而钢结构均成为阴极而得到保护。

2. 外加电流保护法

外加电流保护法是在钢结构附近，安放一些废钢铁或其他难熔金属，如高硅铁、铅银合金等，将外加直流电源的负极接在被保护的钢结构上，正极接在废钢铁或难熔金属上，通电后阳极被腐蚀，钢结构成为阴极而得到保护。

保护膜与外加电源联合保护法，效果更佳。

复习思考题

6-1　试述钢的主要化学成分，并说明钢中各主要元素对其性能的影响。

6-2　钢有哪几种分类方法？

6-3　低碳钢拉伸时的应力—应变图中，分为哪几个阶段？各阶段的特征及指标如何？

6-4　何谓屈强比？其在工程中的实际意义如何？$\sigma_{0.2}$的含义是什么？

6-5　钢材有哪些主要力学性能？如何用说明指标表示？

6-6　什么是钢材的冷加工和时效处理？

6-7　简述钢筋混凝土用钢材的主要种类、等级和适用范围。

6-8　影响钢材可焊性的主要因素是什么？

6-9　碳素结构钢如何划分牌号？其牌号与性能之间的关系如何？

6-10　普通低合金高强度结构钢的牌号如何表示？为什么工程中广泛使用低合金高强度结构钢？

6-11　钢材的腐蚀原因、种类及防护措施有哪些？

6-12　钢材的选用原则是什么？

第七章　沥青及沥青混合料

【本章要点】

(1)沥青的分类;

(2)石油沥青;

(3)石油沥青的技术性质;

(4)石油沥青的技术标准;

(5)煤沥青;

(6)乳化沥青;

(7)改性沥青;

(8)沥青的掺配与使用;

(9)沥青混合料。

【本章重点】

(1)石油沥青分三种组分:油分、树脂和沥青质;

(2)石油沥青的黏滞性(黏性)、塑性与温度敏感性;

(3)石油沥青的选用;

(4)煤沥青与石油沥青的区别;

(5)水工沥青混凝土的渗透性能、柔性、温度敏感性、耐久性及施工和易性;

(6)水工沥青混凝土的配合比设计。

【本章难点】

(1)建筑石油沥青、道路石油沥青技术标准与应用;

(2)不同类型的沥青混合料及其适用的工程类型。

第一节　概　述

沥青是一种有机胶凝材料,是由一些极其复杂的高分子碳氢化合物与氧、硫、氮等非金属衍生物所组成的混合物。在常温下呈黑色或褐色的固体、半固体或黏液体状态。沥青具有不透水、不吸水、不导电、耐腐蚀、良好的黏结性和抗冲击性等优点。主要作为胶结材料、防水防潮材料、防腐材料等,在土木工程中广泛应用。

沥青与矿质混合料的黏附性较好,同时由于沥青具有一定的塑性,能适应基材的变形,因此矿质混合料与沥青结合料拌和而成的沥青混合料经摊铺、碾压后形成的沥青路面,在道路路面、机场跑道等工程中得到了广泛应用。同时,由于沥青混合料具有较好的不透水性、良好的柔性变形特征及自愈闭合的功能等优点,在水利工程、农业工程中也逐渐得到了推广应用。随着沥青加工技术的提高,沥青品质的不断改善,以及新技术、新工艺的不断出现,沥青混合料的应用将越来越广泛。

本章着重阐述石油沥青的组成、结构、技术性能及技术标准，介绍煤沥青、乳化沥青及改性沥青的组成、技术性能及应用。沥青混合料中以水工沥青混凝土为主介绍了其组成材料、性能及配合比设计方法，在此基础上简要介绍了沥青砂浆、沥青胶等其他沥青混合料。

第二节　沥青材料

一、沥青的分类

沥青按其在自然界中获取的方式，可分为地沥青和焦油沥青两大类。

（一）地沥青

地沥青按产源可分为天然沥青和石油沥青。天然沥青是石油在自然条件下，长时间经受地球物理因素作用而形成的产物。石油沥青是石油（原油）经蒸馏等工艺精制加工其他油品以后的残留物，或将残留物进一步加工得到的副产品。

（二）焦油沥青

焦油沥青是煤、泥炭、木材等有机物经干馏加工得到的焦油，经再加工而得到的产品。焦油沥青按其加工的原料有机物名称而命名，如煤沥青、木沥青等。

岩页沥青其技术性质接近石油沥青，按生产工艺则与焦油沥青接近，目前暂将其归入焦油沥青类。

目前，工程中最常使用的是石油沥青，以及少量的煤沥青。

二、石油沥青

（一）石油沥青的组分和结构

1.石油沥青的组分

石油沥青是由多种碳氢化合物及非金属（氧、硫、氮）衍生物组成的混合物。它的化学组成元素主要是碳（80%～87%）和氢（10%～15%），其余是非烃元素，如氧、硫、氮等（<3%）。此外，还含有微量的金属元素，如镍、钡、铁、锰、钙、镁、钠等，但含量都非常少。

由于石油沥青的化学组成非常复杂，对其进行化学成分分析十分困难，因此从工程使用的角度，将沥青中化学特性及物理性质接近的部分划分为若干组，这些组即称为沥青的组分。我国《公路工程沥青及沥青混合料试验规程》（JTG E20—2011）中，沥青的组分根据试验方法不同，有三组分和四组分两种分析方法。

三组分分析法是将石油沥青分为油分、树脂和沥青质三种组分。各组分的性状见表7-1。

表7-1　石油沥青三组分分析法各组分的性状

组分	性状				
	含量（%）	平均分子量	碳氢比	密度	外观特征
油分	45～60	200～700	0.5～0.7	0.7～1.0	淡黄至红褐色油状体
树脂	15～30	800～3 000	0.7～0.8	1.0～1.1	红色至黑褐色黏稠半固体
沥青质	5～30	1 000～5 000	0.8～1.0	1.1～1.5	深褐色至黑褐色无定形固体

油分赋予沥青流动性。油分愈多,流动性愈大,温度敏感性愈大,而黏性愈小。树脂中绝大部分属于中性树脂,另含少量酸性树脂。树脂赋予沥青良好的黏性、塑性和流动性,对沥青的延性、黏结力有很大影响。沥青质决定沥青的黏性及温度敏感性。当沥青中沥青质含量增加时,沥青的黏性增大,温度敏感性、塑性降低,脆性增加。

2. 石油沥青的结构

石油沥青是一种胶体结构。现代胶体理论认为,沥青的结构是由分散相(吸附部分树脂的沥青质)和分散介质(溶有树脂的油分)构成的胶体结构。其中,以沥青质为胶核,周围吸附部分树脂和油分的互溶物而构成胶团,无数胶团分散在油分中形成胶体结构。在胶体结构内,从沥青质到油分是逐渐递变的,无明显界面。

根据沥青中各组分的化学组成和相对含量的不同,可以形成不同类型的胶体结构(见图7-1)。

1)溶胶型结构

当沥青中沥青质含量较少而油分和树脂含量较多时,胶团间距较远,相互吸引力很小(甚至没有),胶团之间相对运动较自由,这种胶体结构的石油沥青称为溶胶型石油沥青。这类沥青流动性和塑性较好,开裂后自行愈合能力较强,但对温度的敏感性大,即对温度的稳定性较差,温度过高会流淌。

2)凝胶型结构

当沥青中沥青质含量很多,而油分和树脂含量较少时,胶团数量较多,使胶团靠得很近,相互之间作用力增强,移动比较困难,这种胶体结构的石油沥青称为凝胶型石油沥青。这类沥青弹性好、黏性较大,开裂后自行愈合能力较差,流动性和塑性较低,高温稳定性较好,但低温变形能力较差。

3)溶—凝胶型结构

当沥青中沥青质含量不如凝胶型沥青中的多,而胶团间距相对较近,相互之间有一定吸引力时,形成一种介于溶胶与凝胶之间的结构,具有这种胶体结构的石油沥青称为溶—凝胶型石油沥青。这类沥青在高温时具有较低的感温性,低温时又具有较好的变形能力。因此,修筑现代高等级公路用的沥青,大都采用这类结构的沥青。

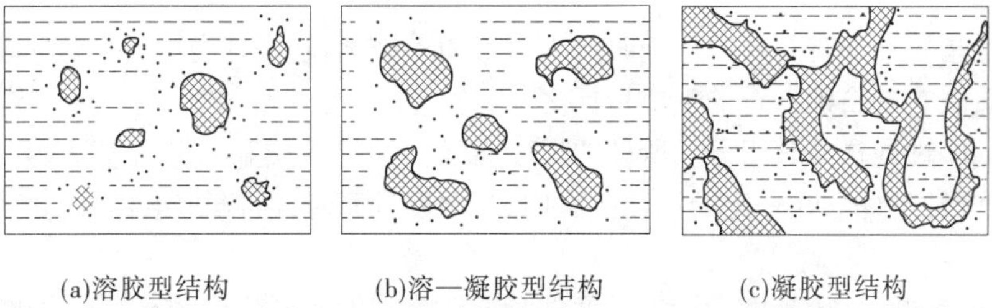

(a)溶胶型结构　(b)溶—凝胶型结构　(c)凝胶型结构

图7-1　石油沥青胶体结构的类型示意图

(二)石油沥青的技术性质

1. 黏滞性(黏性)

石油沥青的黏滞性是反映沥青材料内部阻碍其相对流动的一种特性,是沥青性质的重要指标之一。

石油沥青黏滞性的大小与其组分及所处的温度有关。当沥青质含量较高,又有适量的树脂且油分含量较少时,其黏滞性较大。在一定的温度范围内,当温度升高时,黏滞性随之降低,反之则增大。

沥青的黏滞性以绝对黏度或相对黏度表示。由于绝对黏度的测定方法较为复杂,工程上常采用相对黏度来表示。测定沥青的相对黏度主要采用标准黏度计和针入度仪。黏稠石油沥青的相对黏度是用针入度仪测定的针入度来表示的,如图 7-2 所示。针入度反映的是沥青的稠度。黏稠石油沥青的针入度是在规定的温度(25 ℃)条件下,以附重 100 g 的标准针,在规定时间(5 s)内贯入试样中的深度,以 1/10 mm 为单位表示,符号为 $P_{(25\ ℃,100\ g,5\ s)}$。显然,针入度值越小,表示沥青的稠度越大,黏度也越大。

液体石油沥青的相对黏度可用标准黏度计测定的标准黏度表示,如图 7-3 所示。标准黏度是在规定温度 T(一般为 20 ℃、25 ℃、30 ℃或 60 ℃)、规定直径 d(3 mm、4 mm、5 mm 或 10 mm)的孔流出 50 mL 沥青所需的时间(单位为 s),常用符号“$C_{T,d}$”表示(T 为实验温度,℃;d 为孔径,mm)。石油沥青的相对黏度表示液体沥青在流动时的内部阻力。按上述方法,在相同温度或相同流孔条件下,流出时间越长,表示沥青的黏度越大。

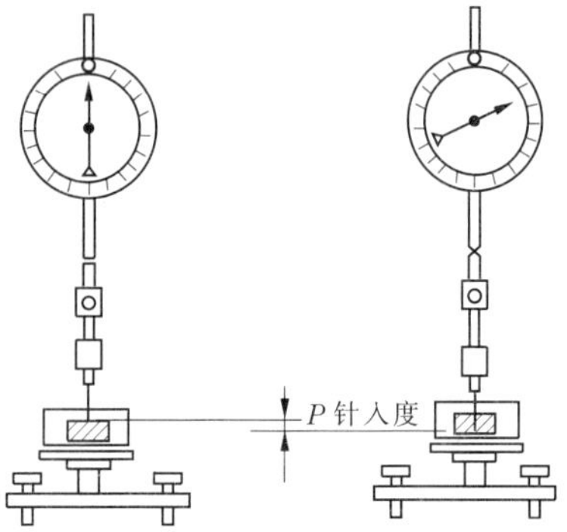

图 7-2　针入度试验示意图

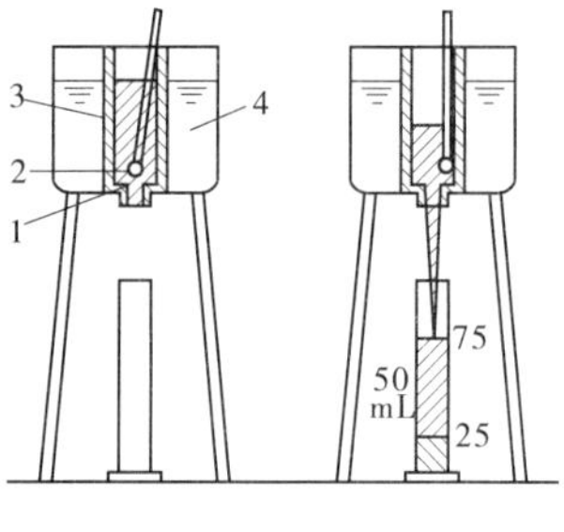

1—流孔;2—活动钢塞;3—试样;4—水

图 7-3　标准黏度试验示意图

2. 塑性

塑性是指石油沥青在外力作用时产生变形而不破坏,除去外力后,仍保持变形后形状不变的性质。它是石油沥青的重要指标之一。

沥青的塑性同样与其组分及所处的温度有关。当沥青质和油分含量适当时,树脂含量越大,其塑性越好。在一定的温度范围内,当温度升高时,沥青的塑性随之增大,反之则减小。

石油沥青的塑性用延度表示。延度试验方法是将沥青试样制成∞字形标准试件(中间最小截面面积为 1 cm^2),在规定温度(25 ℃、15 ℃)的水中以每分钟 5 cm 的速度拉伸,至试件断裂时的伸长值,如图 7-4 所示,以 cm 为单位。延度值越大,表示沥青塑性越好,柔性和抗断裂性越好。

在常温下,塑性较好的沥青在产生裂缝时,也可能由于特有的黏塑性而自行愈合,故塑性还反映了沥青开裂后的自愈能力。沥青之所以能制造出性能良好的柔性防水材料，在很大程度上决定于它的塑性。沥青的塑性对冲击振动荷载有一定的吸收力，并能减小摩擦时的噪声，所以沥青是良好的路面材料。

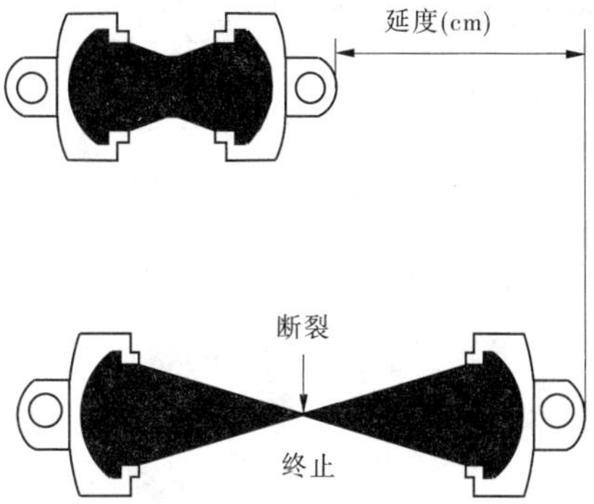

图 7-4　延度试验示意图

3. 温度敏感性

温度敏感性是指石油沥青的黏滞性和塑性随温度升降而变化的性能。沥青的温度敏感性对其施工和使用都有重要的影响。在工程中，要求沥青随温度变化而产生的黏滞性及塑性变化幅度较小，以免温度升高时流淌，温度降低时硬脆。所以，温度敏感性是沥青的重要指标之一。

石油沥青温度敏感性与沥青的组分有关。通常当石油沥青中沥青质含量较多时，在一定程度上能减小其温度敏感性。工程中，使用沥青时往往加入滑石粉、石灰粉或其他矿物填料来减小其温度敏感性。评价沥青温度敏感性的指标一般为软化点和针入度指数。

1）软化点

沥青的软化点是反映沥青温度敏感性的重要指标，它表示沥青受热由固态转变为黏流态时的温度。通常用环球法测定软化点。将经过熬制、已脱水的沥青试样，装入规定尺寸（内径为 18.9 mm，高为 6 mm）的铜环内，试样上放置一质量为 3.5 g 的钢球（直径 9.53 mm），一同浸入水中或甘油中，按 5 ℃/min 的升温速度加热，沥青试样逐渐软化下垂，当钢球连同包裹着的沥青下垂至 25.4 mm 时的温度，即为软化点。如图 7-5 所示。

沥青的软化点一般为 50～100 ℃。软化点越高，表明沥青的温度敏感性越小。但软化点不能过高，否则不易施工，品质太硬，冬季容易发生脆裂现象；但软化点也不能太低，不然夏季易产生流淌而变形。

针入度、延度和软化点通常称为石油沥青的三大技术指标。

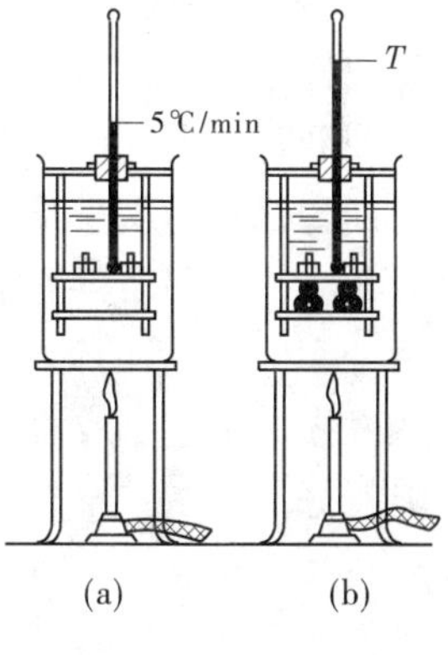

图 7-5　软化点试验示意图

2）针入度指数

软化点是沥青性能随温度变化过程中重要的标志点，但单凭软化点这一性质不能全面反映沥青性能随温度变化的规律。目前，用来反映沥青温度敏感性的常用指标为针入度指数 PI。

建立针入度指数这一指标是基于大量的实验结果，沥青针入度值的对数（$\lg P$）与温度（T）具有线性关系，即

$$\lg P = AT + K \tag{7-1}$$

式中　A——直线斜率；

　　K——直线截距（常数）。

直线斜率 A 表征沥青针入度值的对数（$\lg P$）随温度（T）的变化率，其数值越大，表明温度变化时，沥青的针入度变化越大，即沥青的温度敏感性大。因此，可以用直线斜率 A

表征沥青的温度敏感性，故称 A 为针入度－温度敏感性系数。

为了计算 A 值，可根据已知 25 ℃时的针入度值 P 和软化点 T，并假设软化点时的针入度值为 800，按下式计算针入度－温度敏感性系数 A

$$A = \frac{\lg 800 - \lg P}{T - 25} \tag{7-2}$$

式中　P——在 25 ℃、100 g、5 s 的条件下测定的针入度值，1/10 mm。

　　T——环球法测定的软化点，℃。

按式(7-2)计算得到的 A 值均为小数，为使用方便，改用针入度指数(PI)表示，则

$$PI = \frac{30}{1 + 50A} - 10 \tag{7-3}$$

由式(7-3)可知，沥青的针入度指数范围为 $-10 \sim 20$。针入度指数是根据一定温度变化范围内沥青性能的变化来计算的。因此，利用针入度指数来反映沥青性能随温度的变化规律更为准确。针入度指数(PI)值越大，表示沥青的温度稳定性越好。

针入度指数不仅可以用来评价沥青的温度敏感性，同时也可以判断沥青的胶体结构：当 $PI < -2$ 时，沥青为溶胶结构，温度敏感性大；当 $PI > 2$ 时，沥青为凝胶结构，温度敏感性小；介于其间的为溶—凝胶型结构。

4. 大气稳定性

大气稳定性是指石油沥青在温度、阳光、空气和水等因素的长期综合作用下，性能保持稳定的能力。

在阳光、空气和热的综合作用下，沥青中各组分会不断变化。低分子化合物将逐步转变为高分子物质，即油分和树脂逐渐减少，而沥青质逐渐增多。表现为沥青的塑性降低，黏性提高，硬脆性逐渐增大，直至脆裂，这一过程称为石油沥青的老化。因此，石油沥青的大气稳定性也可以称为抗老化性。

石油沥青的大气稳定性用蒸发损失百分率、蒸发后针入度比来评定。其测定方法是先测定沥青试样的质量及其针入度，然后将石油沥青试样置于烘箱中，加热到 160 ℃时恒温蒸发 5 h，待冷却后再测定其质量及针入度。蒸发损失质量占原质量的百分数称为蒸发损失百分率，蒸发后的针入度与蒸发前的针入度的比值，称为针入度比。

蒸发损失率越小或蒸发后针入度比越大，则表示沥青的大气稳定性越好，也就是耐老化性能越好。

5. 施工安全性

黏稠沥青在使用时都是采用加热的方法使沥青软化，当加热至一定温度时，沥青中挥发的可燃气体与空气混合，当达到一定浓度后，遇火易发生闪火甚至燃烧、爆炸等安全事故。为此，必须测定沥青加热闪火和燃烧的温度，即所谓的闪点和燃点。

沥青的闪点是指加热沥青试样至挥发出的可燃气体与空气混合，在规定的条件下与试焰接触，当试验液面最初出现一瞬即灭的蓝色火焰时的温度，以℃表示。

沥青的闪点是各国沥青质量的安全性指标，同时沥青的燃点是施工安全的一项参考指标。测定闪点的目的是控制沥青的加热极限温度，防止发生火灾。石油沥青在熬制时，一般温度为 150 ~ 200 ℃，因此通常要求闪点不低于 230 ℃。同时，为安全起见，沥青在加

热时还应与火焰隔离。

沥青的燃点是加热沥青试样至挥发出的可燃气体与空气混合,在规定的条件下与火焰接触能持续燃烧不少于 5 s 时的试样温度,以℃表示。

(三)石油沥青的技术标准

1. 石油沥青的技术标准

石油沥青按用途可分为建筑石油沥青、道路石油沥青和普通石油沥青三种。建筑石油沥青、普通石油沥青技术标准见表 7-2,道路石油沥青技术要求见表 7-3。

表 7-2　建筑石油沥青、普通石油沥青技术标准

<table>
<tr><th rowspan="3">质量指标</th><th colspan="6">沥青类型及标号</th></tr>
<tr><th colspan="3">建筑石油沥青
(GB/T 494—1998)</th><th colspan="3">普通石油沥青(SY 1665—1977)(1988 年确认)</th></tr>
<tr><th>40 号</th><th>30 号</th><th>10 号</th><th>75 号</th><th>65 号</th><th>55 号</th></tr>
<tr><td>针入度(25 ℃,100 g,5 s)(1/10 mm)</td><td>36 ~ 50</td><td>26 ~ 35</td><td>10 ~ 25</td><td>75</td><td>65</td><td>55</td></tr>
<tr><td>延度(25 ℃)(cm),不小于</td><td>3.5</td><td>2.5</td><td>1.5</td><td>2</td><td>1.5</td><td>1</td></tr>
<tr><td>软化点(环球法)(℃),不低于</td><td>60</td><td>75</td><td>95</td><td>60</td><td>80</td><td>100</td></tr>
<tr><td>溶解度(三氯乙烯、四氯化碳或苯),不小于</td><td colspan="3">99.5</td><td colspan="3">98</td></tr>
<tr><td>蒸发损失(160 ℃,5 h)(%),不大于</td><td colspan="3">1</td><td colspan="3">—</td></tr>
<tr><td>蒸发后针入度比(%),不小于</td><td colspan="3">65</td><td colspan="3">—</td></tr>
<tr><td>闪点(开口法)(℃),不低于</td><td colspan="3">230</td><td colspan="3">230</td></tr>
</table>

表 7-3　道路石油沥青技术要求(JTG F40—2004)

<table>
<tr><th rowspan="2">指标</th><th rowspan="2">单位</th><th rowspan="2">等级</th><th colspan="17">沥青标号</th></tr>
<tr><th>160 号[4]</th><th>130 号[4]</th><th colspan="3">110 号</th><th colspan="5">90 号</th><th colspan="5">70 号[3]</th><th>50 号</th><th>30 号[4]</th></tr>
<tr><td>针入度[1](25 ℃,5 s,100 g)</td><td>0.1 mm</td><td></td><td>140 ~ 200</td><td>120 ~ 140</td><td colspan="3">100 ~ 120</td><td colspan="5">80 ~ 100</td><td colspan="5">60 ~ 80</td><td>40 ~ 60</td><td>20 ~ 40</td></tr>
<tr><td>适用的气候分区[6]</td><td></td><td></td><td>注[4]</td><td>注[4]</td><td>2 - 1</td><td>2 - 2</td><td>3 - 2</td><td>1 - 1</td><td>1 - 2</td><td>1 - 3</td><td>2 - 2</td><td>2 - 3</td><td>1 - 3</td><td>1 - 4</td><td>2 - 2</td><td>2 - 3</td><td>2 - 4</td><td>1 - 4</td><td>注[4]</td></tr>
<tr><td rowspan="2">针入度指数 PI[2]</td><td rowspan="2"></td><td>A</td><td colspan="17">- 1.5 ~ + 1.0</td></tr>
<tr><td>B</td><td colspan="17">- 1.8 ~ + 1.0</td></tr>
<tr><td rowspan="3">软化点,不小于</td><td rowspan="3">℃</td><td>A</td><td>38</td><td>40</td><td colspan="3">43</td><td colspan="3">45</td><td colspan="2">44</td><td colspan="2">46</td><td colspan="3">45</td><td>49</td><td>55</td></tr>
<tr><td>B</td><td>36</td><td>39</td><td colspan="3">42</td><td colspan="3">43</td><td colspan="2">42</td><td colspan="2">44</td><td colspan="3">43</td><td>46</td><td>53</td></tr>
<tr><td>C</td><td>35</td><td>37</td><td colspan="3">41</td><td colspan="5">42</td><td colspan="5">43</td><td>45</td><td>50</td></tr>
<tr><td>60 ℃动力黏度[2],不小于</td><td>Pa · s</td><td>A</td><td>—</td><td>60</td><td colspan="3">120</td><td colspan="3">160</td><td colspan="2">140</td><td colspan="2">180</td><td colspan="3">160</td><td>200</td><td>260</td></tr>
</table>

续表 7-3

指标	单位	等级	沥青标号														
			160号[4]	130号[4]	110号	90号					70号[3]					50号	30号[4]
10 ℃延度[2]，不小于	cm	A	50	50	40	45	30	20	30	20	20	15	25	20	15	15	10
		B	30	30	30	30	20	15	20	15	15	10	20	15	10	10	8
15 ℃延度，不小于	cm	A、B	100													80	50
		C	80	80	60	50					40					30	20
蜡含量(蒸馏法)，不大于	%	A	2.2														
		B	3.0														
		C	4.5														
闪点，不小于	℃		230			245					260						
溶解度，不小于	%		99.5														
密度(15℃)	g/cm³		实测记录														
TFOT（或 RTFOT）[5]																	
质量变化，不大于	%		±0.8														
残留针入度比，不小于	%	A	48	54	55	57					61					63	65
		B	45	50	52	54					58					60	62
		C	40	45	48	50					54					58	60
残留延度，(10 ℃)不小于	cm	A	12	12	10	8					6					4	—
		B	10	10	8	6					4					2	—
残留延度，(15 ℃)不小于	cm	C	40	35	30	20					15					10	—

注：[1]试验方法按照现行《公路工程沥青及沥青混合料试验规程》(JTJ 052)规定的方法执行。用于仲裁试验求取 *PI* 时的 5 个温度的针入度关系的相关系数不得小于 0.997。

[2]经建设单位同意，表中 *PI* 值、60 ℃动力黏度、10 ℃延度可作为选择性指标，也可不作为施工质量检验指标。

[3]70 号沥青可根据需要要求供应商提供针入度范围为 60～70 或 70～80 的沥青，50 号沥青可要求提供针入度范围为 40～50 或 50～60 的沥青。

[4]30 号沥青仅适用于沥青稳定基层。130 号和 160 号沥青除寒冷地区可直接在中低级公路上直接应用外，通常用做乳化沥青、稀释沥青、改性沥青的基质沥青。

[5]老化试验以 TFOT 为准，也可以 RTFOT 代替。

[6]气候分区见《公路沥青路面施工技术规范》(JTJ F 40—2004)附录 A。

从表中 7-2 和表 7-3 可以看出，石油沥青是按针入度指标来划分标号的，同时每一标号的沥青还必须满足相应的延度和软化点等指标的要求。标号越大，则针入度值越大

(越软),延度越大(塑性越好),软化点越低(温度敏感性增大)。

2. 石油沥青的选用

选用石油沥青时,应根据工程特点、使用部位和环境条件的要求,并对照石油沥青的技术性质指标,在满足使用要求的前提下,尽量选用标号较大的品种,以保证在正常的使用条件下具有较长的使用年限。

建筑石油沥青主要用于制造油纸、油毡、防水涂料和沥青嵌缝油膏等沥青防水材料,在建筑屋面、地下防水、沟槽防水、防腐蚀及管道防腐等工程中应用。在一般情况下,对于屋面沥青防水层,要求具有较好的黏结性、温度敏感性和大气稳定性。因此,要求沥青的软化点应高于当地历年来达到的屋面最高气温 20 ℃以上,以保证夏季高温时不流淌。但也不宜过高,否则冬季低温时易发生硬脆甚至开裂。用于地下防潮、防水工程的沥青,要求黏性大、塑性和韧性好,但对其软化点要求不高,以保证沥青层与基层黏结牢固,并能适应结构的变形,抵抗尖锐物的刺入,保证防水层完整,不被破坏。

道路石油沥青一般与碎石等矿质材料配制成沥青混合料,主要用于道路路面或车间地面的工程。道路石油沥青按《公路沥青路面施工技术规范》(JTG F 40—2004)分为 30、50、70、90、110、130 和 160 七个标号,按使用要求分为 A、B、C 三个等级。160 号、130 号沥青除寒冷地区可直接用于中低级公路外,通常用做乳化沥青、稀释沥青及改性沥青的基质沥青。30 号沥青仅适用于沥青稳定基层。道路石油沥青的标号较多,在道路工程中选用时,应根据气候特点、路面类型、施工方法等按有关标准来选择。道路石油沥青的适用范围及见表 7-4。道路石油沥青气候分区见表 7-5。

表 7-4　道路石油沥青的适用范围

沥青等级	适用范围
A 级沥青	各个等级的公路,适用于任何场合和层次
B 级沥青	高速公路、一级公路沥青层上部 80 ~ 100 cm 以下的层次,二级及三级以下公路的各个层次 用做改性沥青、乳化沥青、改性乳化沥青、稀释沥青的基质沥青
C 级沥青	三级及三级以下公路的各个层次

表 7-5　道路石油沥青气候分区

气候区名		最热月平均最高气温(℃)	年极端最低气温(℃)	备注
1 - 1	夏炎热冬严寒	>30	< -37.0	
1 - 2	夏炎热冬寒		-37.0 ~ -21.5	
1 - 3	夏炎热冬冷		-21.5 ~ -9.0	
1 - 4	夏炎热冬温		> -9.0	
2 - 1	夏热冬严寒	20 ~ 30	< -37.0	
2 - 2	夏热冬寒		-37.0 ~ -21.5	
2 - 3	夏热冬冷		-21.5 ~ -9.0	
2 - 4	夏热冬温		> -9.0	

续表 7-5

气候区名		最热月平均最高气温(℃)	年极端最低气温(℃)	备注
3－1	夏凉冬严寒	<20	< －37.0	不存在
3－2	夏凉冬寒		－37.0 ~ －21.5	
3－3	夏凉冬冷		－21.5 ~ －9.0	不存在
3－4	夏凉冬温		> －9.0	不存在

普通石油沥青含蜡较多,一般含量大于5%,有的高达20%以上(称多蜡沥青)。由于石蜡的熔点低(一般为32 ~55 ℃),因而普通石油沥青温度敏感性大,故在工程中不宜单独使用,只能与其他种类石油沥青掺配或改性处理后使用。

3. 沥青的掺配

在工程中使用,当选用一种牌号的石油沥青的某些性质不能满足使用要求时,可将不同标号的沥青进行掺配。掺配要注意遵循同源原则,即同属石油沥青或同属煤沥青的才可掺配。

两种沥青掺配量用下式计算

$$Q_1 = \frac{T_2 - T}{T_2 - T_1} \times 100 \tag{7-4}$$

$$Q_2 = 100 - Q_1 \tag{7-5}$$

式中　Q_1——较软沥青掺量(%);

Q_2——较硬沥青掺量(%);

T——掺配后沥青要求达到的软化点,℃;

T_1——较软沥青的软化点,℃;

T_2——较硬沥青的软化点,℃。

如用三种沥青进行掺配,可先计算两种的掺量,然后再与第三种沥青进行掺配。

【例7-1】　某工程需用软化点为80 ℃的石油沥青,现有10号和40号两种石油沥青,应如何掺配以满足工程需要?

解:由试验测得10号石油沥青的软化点为95 ℃,40号石油沥青的软化点为60 ℃。

计算掺配用量:

40号石油沥青的掺配用量(%)为

$$Q_1 = \frac{95 - 80}{95 - 60} \times 100 = 43$$

10号石油沥青的掺配用量(%)为

$$Q_2 = 100 - 43 = 57$$

以计算的掺配比例和邻近的比例(±5% ~ ±10%)取几组进行试配。将各组沥青混合熬制均匀,测定各组混合沥青的软化点,然后绘制掺配比—软化点曲线,即可从曲线上确定出要求软化点对应的实际掺配比例。

三、煤沥青

煤沥青又称焦油沥青，是炼焦厂或煤气厂的副产品。在由烟煤生产焦碳或煤气时，将烟煤在密闭设备中进行干馏而得的副产品——煤焦油，再经蒸馏加工提取轻油、中油、重油、蒽油以后，所得残渣即为煤沥青。根据干馏温度不同，可得到高温煤焦油和低温煤焦油。高温煤焦油可制得性能良好、质量稳定的煤沥青。

根据蒸馏程度不同，煤沥青可分为低温煤沥青、中温煤沥青和高温煤沥青。建筑工程中多采用黏稠或半固态的低温煤沥青。

（一）煤沥青的组成

煤沥青的主要化学组成是芳香族的碳氢化合物及氧、硫、氮的衍生物的混合物。与石油沥青相比，煤沥青的元素组成特点是碳氢比较大。

由于煤沥青的化学组成非常复杂，在工程应用中，与石油沥青相似，采用组分分析方法，将煤沥青划分为油分、树脂（分为硬树脂和软树脂）和游离碳（自由碳）三个基本组分。其中：油分赋予沥青流动性，并使黏性降低；硬树脂类似于石油沥青中的沥青质，可提高沥青的温度稳定性，软树脂使沥青具有塑性；游离钙的含量增加，可提高沥青的黏度和温度稳定性，但会增加低温脆性。

（二）煤沥青的技术性质

煤沥青与石油沥青相比，在性质上有以下差异。

1. 温度敏感性大

因可溶性树脂含量较多，故煤沥青受热易软化。因此，加热温度和时间都要严格控制，否则易引起性质急剧恶化。

2. 大气稳定性差

煤沥青中易挥发的油分多，且化学稳定性差的成分较多，易老化变脆。

3. 塑性差

煤沥青中含有较多的游离钙，受力后产生变形易开裂，尤其是在低温条件下易变得脆硬。

4. 与矿质骨料黏附性好

煤沥青中含表面活性物质较多，与矿质骨料表面黏附性好。

5. 有毒、有臭味、防腐蚀能力强

煤沥青中含有酚、蒽等易挥发的有毒成分，施工时对人体有害，不宜用于城市道路和路面面层，但防腐蚀能力较强，故适用于木材的防腐处理。

（三）煤沥青与石油沥青的简易鉴别

石油沥青和煤沥青的外观相似，使用时须注意两者的区别，防止混淆用错。两者的简易鉴别方法见表7-6。

四、乳化沥青

乳化沥青是将黏稠沥青热融，经机械力的作用，以细小的微滴状态分散于含有乳化剂的水溶液中，形成水包油状的沥青乳液。

表 7-6　煤沥青与石油沥青的简易鉴别方法

鉴别方法	石油沥青	煤沥青
密度法(g/cm^3)	接近 1.0	大于 1.1
锤击法	声哑、富有弹性、韧性好	声清脆、韧性差
燃烧法	烟无色、基本无刺激性臭味	烟呈黄色、有刺激性臭味
溶液颜色法	用 30 ~ 50 倍汽油或煤油溶化，将溶液滴于滤纸上，斑点均匀散开，呈棕色	溶解方法同石油沥青，斑点分内外两圈，内黑外棕或黄绿色

(一)乳化沥青的组成材料

1. 沥青

沥青是乳化沥青的主要组成材料，在选择沥青时首先要求具有易乳化性。沥青的易乳化性与其组分的化学结构有密切关系。一般来说，相同油源和工艺的沥青，针入度较大者易乳化性较好。但针入度的选择，应根据乳化沥青在工程中的用途通过试验确定。

2. 水

水是沥青的分散介质，是乳化沥青的主要组成部分，不可忽视水对沥青性能的影响。水常含有各种矿物质或其他影响乳化沥青形成的物质，应根据乳化剂类型的不同确定对水质的要求。

3. 乳化剂

乳化剂在沥青中用量很小，但却是乳化沥青形成的关键材料。乳化剂一般是表面活性物质，称为表面活性剂。从化学结构来看，乳化剂的分子均包括两个基团，即易溶于油的亲油基和易溶于水的亲水基。亲油基和亲水基不仅有防止油水两相相互排斥的功能，还具有把油水两相连接起来不使其分离的特殊功能。

乳化沥青按乳化剂离子类型可分为离子型乳化剂和非离子型乳化剂。离子型乳化剂又分为阴离子型、阳离子型和两性离子型。按乳化沥青与矿料接触后破乳的速度可分为快裂型、中裂型和慢裂型。

4. 稳定剂

为改善沥青乳液在储存、施工过程中的稳定性，必要时可加入适量的稳定剂。稳定剂可分为有机稳定剂和无机稳定剂两类。常用的有机稳定剂有聚乙烯醇、聚丙烯酰胺和羧甲基纤维素钠等。常用的无机稳定剂主要有氯化钠、氯化镁、氯化铵和氯化铬等。

(二)乳化沥青的技术标准

乳化沥青按施工方法，分为喷洒型和拌和型。喷洒型乳化沥青主要用于透层、黏层、表面处置、贯入式沥青碎石。拌和型乳化沥青主要用于沥青碎石或沥青混合料。用于道路的乳化沥青技术性能应满足表 7-7 的要求。

(三)乳化沥青的应用

使用乳化沥青时，不需加热就可以在常温状态下进行施工。

在道路工程中，乳化沥青适用于路面的升级与养护，并可用于沥青表面处置路面、沥青贯入式路面、冷拌沥青混合料路面，修补裂缝，喷洒透层、黏层与封层等。

表 7-7　道路用乳化沥青技术性能(JTG F40—2004)

试验项目	单位	品种及代号									
		阳离子				阳离子				阳离子	
		喷洒用			拌和用	喷洒用			拌和用	喷洒用	拌和用
		PC－1	PC－2	PC－3	BC－1	PA－1	PA－2	PA－3	BA－1	PN－2	BN－1
破乳速度		快裂	慢裂	快裂或中裂	慢裂或中裂	快裂	慢裂	快裂或中裂	慢裂或中裂	慢裂	慢裂
粒子电荷		阳离子(＋)				阴离子(－)				非离子	
筛上残留物(1.18 mm 筛),不大于	%	0.1				0.1				0.1	
黏度　恩格拉黏度计 E_{25}		2～10	1～6	1～6	2～30	2～10	1～6	1～6	2～30	1～6	2～30
黏度　道路标准黏度计 $C_{25.3}$	s	10～25	8～20	8～20	10～60	10～25	8～20	8～20	10～60	8～20	10～60
蒸发　残留分含量,不小于	%	50	50	50	55	50	50	50	55	50	55
残留物　溶解度,不小于	%	97.5				97.5				97.5	
残留物　针入度(25℃)	0.1 mm	50～200	50～300	45～150		50～200	50～300	45～150		50～300	60～300
残留物　延度(15℃),不小于	cm	40				40				40	
与粗骨料的黏附性,裹附面积不小于		2/3			—	2/3			—	2/3	—
与粗、细粒式骨料拌和试验		—			均匀	—			均匀	—	
水泥拌和试验的筛上剩余,不大于	%	—				—				—	3
常温储存稳定性: 1 d　不大于 5 d　不大于	%	1 5				1 5				1 5	

注:P 为喷洒型,B 为拌和型,C、A、N 分别表示阳离子、阴离子、非离子乳化沥青。

在水工结构中,乳化沥青是用来胶合沥青混凝土与刚性体或混凝土之间的强黏结剂。乳化沥青在建筑屋面、洞库防水、金属材料表面防腐、铁路的整体道床、沙漠固化等方面的应用也很广泛。

五、改性沥青

随着沥青材料应用范围的不断扩大及应用条件的不断变化，对沥青材料的高温抗变性能力、低温抗裂性、耐久性等均提出了更高的要求。而按常规工艺生产的沥青，并不是都能满足这些性能要求的。为此，需在原沥青材料中添加一些特殊材料（改性剂），用于改善沥青的性质，满足使用要求。

改性沥青是指在沥青中掺加改性剂，或采取对沥青轻度氧化加工等措施，使沥青的性能得以改善而制成的沥青结合料。

通过对沥青材料的改性，可以提高沥青的高温抗变性能力，提高沥青的弹性，改善沥青的黏附性，提高沥青的抗老化能力。

改性沥青的品种很多，采用不同的改性剂即可形成不同的改性沥青。其按改性剂的不同，一般可分为以下四类。

（一）橡胶类改性沥青

橡胶类改性沥青的性能主要取决于沥青的性能、橡胶的种类和制备工艺等因素。橡胶类改性剂主要有丁苯橡胶（SBR）、氯丁橡胶（CR）、乙丙橡胶（EPDM）、丁二烯橡胶（BR）等。丁苯橡胶与沥青的相容性较好，是国内外最早出现并广泛应用的改性沥青。

丁苯橡胶是苯乙烯-丁二烯聚合物。丁苯橡胶加入到沥青中以后，使沥青的延性和黏附性增加，韧度、热稳定性提高，极大地改善了沥青的低温柔性，同时耐久性也得到了改善。

（二）树脂类改性沥青

用做沥青改性的树脂以热塑性树脂为主，主要有聚乙烯（PE）、乙烯-醋酸乙烯共聚物（EVA）、聚丙烯（PP）树脂等。热塑性树脂类改性沥青的性能，主要是提高沥青的黏度，改善沥青的高温抗流动性，同时可增大沥青的韧性。低密度聚乙烯（LDPE）对多蜡沥青的改性效果比较好，对高温稳定性有明显效果，还可改善低温脆性，在我国使用范围较广。EVA 具有良好的热稳定性、较好的抗氧化稳定性、较宽的橡胶态温度区、良好的耐低温特性和较强的耐水性。

（三）热塑性橡胶类改性沥青

热塑性橡胶是一类新型的高分子材料，是通过两种或两种以上的单体共同聚合而成的。如苯乙烯-丁二烯-苯乙烯嵌段共聚物（SBS）、苯乙烯-异二烯-苯乙烯嵌段共聚物（SIS）。这类改性剂同时兼具了树脂和橡胶的优点，是一类优良的改性剂。目前，使用最多的为 SBS。SBS 改性沥青具有良好的耐高温性、优异的低温柔性和耐疲劳性。目前，国际上 40% 左右的改性沥青都采用了 SBS。

（四）矿物填充料改性沥青

为提高沥青的黏结力和耐热性，降低沥青的温度敏感性，可加入一定数量的矿物填充料作为沥青的改性剂，以扩大沥青的使用范围。常用的矿物填充料有滑石粉、石灰石粉、硅藻土、石棉粉等。

在众多品种的改性沥青中，目前国内外使用较多的是聚合物改性沥青。我国《公路沥青路面施工技术规范》（JTG F 40—2004）中对聚合物改性沥青有明确的技术标准要求，见表7-8。

表7-8　聚合物改性沥青技术要求(JTG F40—2004)

指标	单位	SBS类(Ⅰ类)				SBR类(Ⅱ类)			EVA、PE类(Ⅲ类)			
		Ⅰ－A	Ⅰ－B	Ⅰ－C	Ⅰ－D	Ⅱ－A	Ⅱ－B	Ⅱ－C	Ⅲ－A	Ⅲ－B	Ⅲ－C	Ⅲ－D
针入度(25 ℃,100 g,5 s),不小于	0.1 mm	>100	80～100	60～80	30～60	>100	80～100	60～80	>80	60～80	40～60	30～40
针入度指数PI,不小于		－1.2	－0.8	－0.4	0	－1.0	－0.8	－0.6	－1.0	－0.8	－0.6	－0.4
延度(5 ℃,5 cm/min),不小于	cm	50	40	30	20	60	50	40	—			
软化点T,不小于	℃	45	50	55	60	45	48	50	48	52	56	60
运动黏度(135 ℃),不小于	Pa·s	3										
闪点,不小于	℃	230				230			230			
溶解度,不小于	%	99				99			—			
弹性恢复(25 ℃),不小于	%	55	60	65	75	—			—			
黏韧性,不小于	N·m	—				5			—			
韧性,不小于	N·m	—				2.5			—			
离析(48 h软化点差),不小于	℃	2.5				—			无改性剂明显析出、凝聚			
质量变化,不小于	%	1.0										
针入度比(25 ℃),不小于	%	50	55	60	65	50	55	60	50	55	58	60
延度(5 ℃),不小于	cm	30	25	20	15	30	20	10	—			

第三节　沥青混合料

沥青混合料是由矿质混合料(简称矿料)与沥青结合料拌和而成的混合料的总称。其中矿料起骨架作用,沥青与填料起胶结和填充作用。沥青混合料主要用于各类道路路面、水工防渗及建筑防水工程。

一、沥青混合料的分类

(一)按矿料级配类型分类

1. 连续级配沥青混合料

连续级配沥青混合料是指矿料按级配原则,从大到小各级粒径都有,按比例相互搭配组成的混合料。

2. 间断级配沥青混合料

间断级配沥青混合料是指矿料级配组成中缺少一个或几个档次而形成的级配间断的沥青混合料。

(二)按混合料密实度分类

1. 密级配沥青混合料

密级配沥青混合料是指各种粒径的颗粒级配连续、相互嵌挤密实的矿料,与沥青结合料拌和而成,压实后剩余空隙率小于10%的沥青混合料。

2. 半开级配沥青混合料

半开级配沥青混合料是指由适当比例的粗骨料、细骨料及少量填料(或不加填料)与沥青结合料拌和而成,压实后剩余空隙率在10%以上的沥青混合料,也称为沥青碎石混合料。

3. 开级配沥青混合料

开级配沥青混合料是指主要由粗骨料组成,细骨料较少,矿料相互拨开,压实后空隙率大于15%的开式沥青混合料。

(三)按骨料公称最大粒径分类

1. 特粗式沥青混合料

特粗式沥青混合料是指骨料公称最大粒径等于或大于31.5 mm的沥青混合料。

2. 粗粒式沥青混合料

粗粒式沥青混合料是指骨料公称最大粒径为26.5 mm的沥青混合料。

3. 中粒式沥青混合料

中粒式沥青混合料是指骨料公称最大粒径为16 mm或19 mm的沥青混合料。

4. 细粒式沥青混合料

细粒式沥青混合料是指骨料公称最大粒径为9.5 mm或13.2 mm的沥青混合料。

5. 砂粒式沥青混合料

砂粒式沥青混合料是指骨料公称最大粒径小于9.5 mm的沥青混合料。

(四)按混合料施工温度分类

1. 热拌热铺沥青混合料

热拌热铺沥青混合料是指沥青与矿料在热态拌和、热态铺筑的混合料。

2. 冷拌沥青混合料

冷拌沥青混合料是指将乳化沥青或液体沥青与矿料在常温状态下拌和、铺筑的混合料。

二、水工沥青混凝土

沥青混凝土是指沥青与矿料经拌和冷却凝固的混合物。水工沥青混凝土是指用于水电水利工程的沥青混凝土的统称。沥青混凝土具有良好的抗渗性、极佳的柔性及自愈闭合的功能,非常适宜作为需要承受不均匀变形的水工防渗体。同时,沥青混凝土防渗体结构简单、工程量较小,可以节省劳动力,缩短工期。因此,虽然水工混凝土在20世纪20年代才开始应用,却表现出了强劲的发展势头。

水工沥青混凝土按防渗结构型式,大体可分为沥青混凝土心墙和沥青混凝土面板两类。沥青混凝土心墙是以沥青混凝土作为防渗体的一种特殊的防渗结构型式。沥青混凝土面板是将沥青混凝土通过浇筑或碾压的方式,在迎水面坝坡形成的一层防渗层。

沥青混凝土按施工方法分为碾压式和浇筑式两大类。碾压式沥青混凝土是主要采用碾压机进行压实的一种沥青混凝土。通过调整骨料级配和沥青用量,可获得不同孔隙率。孔隙率大的沥青混凝土可作为整平胶结层或排水层,孔隙率小的沥青混凝土可作为防渗层。浇筑式沥青混凝土是依靠自重达到密实的一种沥青混凝土。浇筑式沥青混凝土不需压实设备,但沥青用量多,造价较高,并且施工主要采用人工,难以保证质量的稳定性。碾压式沥青混凝土沥青用量少,且便于机械化施工,施工质量易于保证,因而是目前的发展趋势。

(一)水工沥青混凝土的组成材料

1. 水工沥青

沥青是沥青混凝土中最重要的组成材料,其质量直接影响沥青混凝土的各项技术性能。配制水工沥青混凝土所用的沥青应选择专用水工沥青,即适合于水利水电工程防渗安全要求的石油沥青。水工沥青可根据气候条件、建筑物的类型、沥青混凝土的种类、施工方法等来选择。同一工程宜采用同一厂家、同一标号的沥青。不同厂家、不同标号的沥青,不得混杂使用。水工沥青质量要求见表 7-9。

表 7-9　水工沥青质量技术要求(DL/T 5363—2006)

项目		指标				备注
沥青标号		SG50	SG70	SG90	SG110	
针入度(0.1 mm)		40 ~ 60	61 ~ 80	81 ~ 100	101 ~ 120	(100 g,25 ℃,5 s)
软化点(℃)		49 ~ 57	47 ~ 55	45 ~ 52	43 ~ 49	环球法
延度(cm)		≥150				15 ℃
		≥5	≥10	≥30	≥40	4 ℃
密度		≥1.0				25 ℃
含蜡量(%)		≤2.0				
当量脆点(℃)		≤ -6	≤ -8	≤ -10	≤ -12	
溶解度(%)		≥99.0				
闪点(℃)		≥230				
薄膜烘箱	质量损失(%)	≤0.2	≤0.4	≤0.6	≤0.8	
	针入度比(%)	≥68	≥65	≥60	≥58	
	延度(cm)	≥100				15 ℃
		≥2	≥4	≥8	≥12	4 ℃
	软化点升高(℃)	≤3		≤5		

2. 骨料

骨料是沥青混凝土的骨架组成部分,包括粗骨料和细骨料,占沥青混凝土质量组成的80%左右。骨料一般要求用清洁、坚硬、耐久、均匀的碱性岩石加工制作,并要求粗骨料与沥青的黏结力及细骨料的水稳定性优良。骨料的物理化学性质对沥青混凝土的各项施工性能与工作性能有着极大的影响,在《水工碾压式沥青混凝土施工规范》(DL/T 5363—2006)中,对水工沥青混凝土骨料的技术要求作出了具体规定。

1)粗骨料

粗骨料指粒径大于2.5 mm的矿料。粗骨料以质地坚固、表面粗糙、粒形近于方圆形的为好。当骨料中针片状颗粒含量较高时,会降低骨料的密实度和骨料相互嵌挤的程度,使沥青混凝土的孔隙率和渗透系数增大,因此应控制针片状颗粒含量。

防渗沥青混凝土粗骨料的最大粒径,不得超过压实后的沥青混凝土铺筑层厚度的1/3且不得大于25 mm;非防渗沥青混凝土粗骨料的最大粒径,不得超过层厚的1/2且不大于35 mm。

水工沥青混凝土对粗骨料的质量要求如表7-10所示。

表7-10 水工沥青混凝土对粗骨料的质量要求(DL/T 5363—2006)

项目		指标
表观密度(kg/m^3)		>2 600
吸水率(%)		<2.5
针片状颗粒含量(%)		<10
坚固性(%)		<12
黏附性		>4级
含泥量(%)		<0.3
超逊径(%)	超径	<5
	逊径	<10
其他		级配良好,岩质坚硬,在加热条件下不致于引起性质变化

2)细骨料

细骨料指粒径为0.075~2.5 mm的矿料。细骨料应质地坚硬、清洁、级配良好,粒径组成应符合设计、试验提出的级配曲线要求。细骨料可选用河砂、山砂、人工砂等。加工碎石的石屑,应加以利用。

水工沥青混凝土对细骨料的质量要求如表7-11所示。

3. 填料

填料是粒径小于0.075 mm的矿料。填料在沥青混凝土中既起填充作用,又起增加黏结力的作用。填料与粗骨料一样,一般宜选择岩石加工磨制。在工程中,常用的填料有石灰岩粉、白云岩粉、水泥和滑石粉等,而以石灰岩和白云岩磨细的填料为最好。

水工沥青混凝土对填料的质量要求如表7-12所示。

表 7-11　水工沥青混凝土对细骨料的质量要求（DL/T 5363—2006）

项目	人工砂	天然砂
表观密度（kg/m^3）	>2 600	>2 600
吸水率（%）	<3	<3
坚固性（%）	<15	<15
石粉含量（%）	<5	
含泥量（%）		<0.3
水稳定等级	>6 级	>6 级
有机物含量	0	小于标准值
轻物质含量（%）		<1
超径（%）	<5	<5
其他	岩质坚硬，在加热条件下不致于引起性质变化	

表 7-12　水工沥青混凝土对填料的质量要求（DL/T 5363—2006）

项目		指标
表观密度（kg/m^3）		>2 600
含水率（%）		<0.5
亲水系数		<1
其他		不含泥、有机杂质和结块
细度（各粒径的通过率）（%）	0.075 mm	100
	0.040 mm	>80
	0.020 mm	>10

4. *改性剂*

改性剂是为改善沥青混凝土的某些技术性能而掺入沥青混合料中的外加剂的统称，其用量虽小，但技术经济影响极大。改性剂根据施工及工作性能的需要可分为改善沥青与矿料黏附性能的抗剥离剂、提高沥青混凝土低温抗裂性能的抗裂剂、提高沥青黏度的增黏剂、提高沥青混凝土热稳定性的热稳定剂、提高沥青及沥青混凝土抗老化能力的抗老化剂等。

改性剂的质量应符合相应的行业标准。水工沥青混凝土需要使用改性剂时，应通过试验确定。使用改性剂的沥青混凝土性能应满足设计要求，并经试验论证。

（二）水工沥青混凝土的性能

1. *渗透性能*

沥青混凝土的渗透性能用渗透系数来评定。渗透系数的大小取决于骨料的级配、沥青的用量及压实后的密实度。一般情况下，级配良好、沥青用量多、密实度较大的沥青混凝土，渗透系数较小。

沥青混凝土根据不同使用部位的需要，要求具有不同的渗透性能。用于面板的防渗层和心墙时，要求具有良好的抗渗性能，可采用密级配沥青混凝土，渗透系数为 10^{-7} ~ 10^{-10} cm/s；用于面板的基层作排水层时，要求排水通畅，能迅速排除防渗面层的渗漏水，消除对防渗层的不利影响，可采用开级配沥青混凝土，渗透系数可大于 10^{-2} cm/s。

1）抗渗性

沥青混凝土的抗渗性也称为不透水性。沥青混凝土能作为水工建筑物的防渗材料，是因为其具有良好的抗渗性能。

沥青混凝土的抗渗性与其孔隙率有很大关系，孔隙率越小，渗透系数也越小。试验表明，当孔隙率小于4%时，渗透系数小于 10^{-7} cm/s。工程施工中，只要保证沥青混凝土的孔隙率不大于3%，沥青混凝土基本上是不透水的，能达到不小于 10^{-7} cm/s 的设计要求。沥青混凝土孔隙率与渗透系数的关系见图7-6。

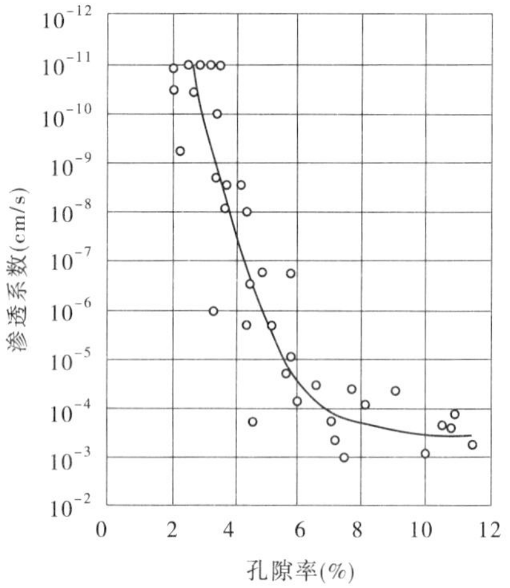

图7-6　沥青混凝土空隙率与渗透系数的关系

2）渗透性

在水工结构防渗设计中，为保证防渗层的渗透水流能及时排除，通常在防渗层的下面设透水层，以保证水工结构的整体安全。一般情况下，透水层选用的是级配碎石或天然级配卵石，并保证其渗透系数不小于 10^{-3} cm/s。

2. 柔性

柔性是指沥青混凝土在自重或外力作用下，能适应变形而不产生裂缝的性能。沥青混凝土适应变形的能力强于其他土工建筑材料，如黏土、水泥混凝土等，这也是它被选做土石坝心墙防渗材料并迅速推广应用的另一个主要原因。

柔性好的沥青混凝土，能适应变形而不易开裂，即使产生裂缝，也不容易扩大，能在其自重和水压力等共同作用下自愈闭合。良好的变形能力无论对于心墙还是面板沥青混凝土，都是十分重要的，只有保证沥青混凝土的变形在其自身允许的范围内，才能保证水工建筑结构的安全运行。

沥青混凝土的柔性主要取决于沥青的性质、用量及矿料的级配等。目前，对沥青混凝土柔性进行评价的方法有小梁弯曲试验、蠕变试验、应力松弛试验等。

3. 温度敏感性

沥青混凝土中的沥青是一种温度敏感性很强的材料，因此沥青混凝土也具有温度的敏感性。沥青混凝土低温开裂、高温流淌的性能给施工及应用带来许多麻烦，必须给予关注。

1）低温性能

冬季气温下降，沥青混凝土面层受到基层的约束而不能收缩，产生应力，当应力超过沥青混凝土的极限抗拉强度时，沥青混凝土被拉裂。因此，要求沥青混凝土具有较强的低温变形性能。低温开裂的现象在道路工程和水工结构中都存在，严重影响了沥青混凝土的正常运用，对水工防渗工程的影响后果尤其严重。沥青混凝土的低温性能主要取决于沥青材料的低温性质、沥青与矿料的黏结强度、级配类型及沥青混合料的均匀性。采用黏度较低、温度敏感性小的沥青或掺用改性沥青，可减少或延缓沥青混凝土的低温开裂现象。

2）高温稳定性

沥青混凝土在高温条件下及外荷载长期作用下不发生严重变形或流淌的性质，称为高温稳定性。沥青混凝土的高温稳定性对沥青混凝土路面及水工沥青混凝土面板都会产生较大影响。沥青混凝土的高温稳定性与沥青的品种和含量、矿料的品种及级配有关。评价沥青混凝土高温稳定性的指标主要有马歇尔稳定度和流值、热稳定性系数及斜坡流淌值。

（1）马歇尔稳定度和流值。

沥青混凝土热稳定性可用马歇尔试验的稳定度和流值作为评定指标。马歇尔试验设备简单、操作方便，被许多国家引用。

马歇尔试验是将直径为 10.16 cm、高度为 6.35 cm 的试件侧放在压头中，以（50 ±5）mm/min 的加载速度对试件进行加压，试件破坏时的最大荷载即为马歇尔稳定度，以 N 计；与最大荷载对应的试件垂直变形，即为流值，以 mm 计。

马歇尔稳定度和流值是一种经验性指标，与沥青用量密切相关，通过试验可确定最佳沥青用量，即稳定度最大、流值也控制在规定范围内所对应的沥青用量。目前，在我国公路和水工沥青混合料配合比设计中均普遍应用，并将马歇尔试验作为施工质量控制的主要方法。

（2）热稳定性系数。

热稳定性系数用下式计算

$$K_T = R_{20}/R_{50} \tag{7-6}$$

式中　K_T——热稳定性系数；

R_{20}——20 ℃时沥青的抗压强度值；

R_{50}——50 ℃时沥青的抗压强度值。

热稳定性系数越小，沥青的稳定性越好。

（3）斜坡流淌值。

沥青混凝土面板，若配合比设计不当，在夏季容易沿斜坡流淌。因此，配合比设计必须模拟工程实际情况进行斜坡流淌试验。

斜坡流淌试验是将标准马歇尔试件置于与坝面坡度相同的斜坡上（如无要求，一般可采用 1∶1.7），在规定的温度（如无规定，一般可设为 70 ℃）下，保持 48 h 后测定试件端部所发生的位移，即为斜坡流淌值，以 mm 计。斜坡流淌值是一个经验性指标，用来控制沥青混凝土面板的流变变形。

4. 耐久性

耐久性是指沥青混凝土在长期使用过程中能抵抗环境因素作用的性能。由于水工建筑物的使用特性不同，其对沥青混凝土耐久性的要求远远高于道路工程。耐久性是水工防渗结构在水工建筑物应用中最为关注的问题。沥青混凝土的耐久性包括沥青混凝土的水稳定性、抗老化性、抗疲劳性等综合性质。

1）沥青混凝土的水稳定性

沥青混凝土的水稳定性是指在浸水条件下，其力学性能变化的特性。当沥青混凝土长期浸在水中时,若沥青与骨料的黏附性不好,水分会浸入沥青与骨料的界面,使沥青与骨料剥离,导致沥青混凝土发生破坏。沥青混凝土的水稳定性主要取决于其孔隙率及沥青与骨料的黏附性,此外还与骨料表面的干燥程度有关。一般认为当孔隙率小于4%时,水稳定性是有保障的。沥青混凝土的水稳定性可用水稳定性系数进行评价。水稳定性系数是试件在20 ℃下水饱和后沥青混凝土抗压强度与未浸水沥青混凝土抗压强度之比。水稳定性系数越大,沥青混凝土的耐久性越好。水工沥青混凝土防渗层一般要求水稳定性系数不得小于0.85。

2)沥青混凝土的抗老化性

沥青混凝土的老化就是沥青混凝土在使用过程中,受到空气中氧、水、紫外线等介质作用,沥青发生诸多的物理变化和化学变化,逐渐老化,变硬、变脆易裂,甚至彻底丧失其原有使用功能的过程。

沥青混凝土的老化取决于沥青的老化程度,还与施工方法、外界环境因素及其自身的孔隙率有很大的关系。为减缓沥青混凝土老化的速度和程度,应优选使用耐老化性能好的沥青材料,并保证含有足够的沥青。在施工工程中,严格控制热拌和时的温度和拌和时间是降低沥青混凝土老化的有效途径。提高沥青混凝土的压实程度,降低孔隙率,可防止水分渗入并减少阳光对沥青混凝土的老化作用。在沥青材料中添加适当的改性剂,可提高沥青的耐久性。在沥青混凝土表面做封闭层,能很好地防止沥青混凝土面板的老化。

3)沥青混凝土的抗疲劳性

材料在反复荷载作用下,力学性能发生降低的现象称为疲劳。材料的疲劳破坏是指在其交变荷载作用下,内部损伤逐渐累计、产生裂纹、裂纹扩展直至破坏的过程。目前,对沥青混凝土防渗体的疲劳破坏性能研究较少,但对水工混凝土而言,沥青混凝土面板在水位频繁升降、防波堤波浪反复冲击作用下,心墙在上下游不均衡的、年复一年循环水压的作用下,均可能产生疲劳。这些长期的、循环往复的荷载将对沥青混凝土结构的正常运用构成威胁。因此,进一步深入研究沥青混凝土的疲劳特性,具有十分重要的现实意义。

5.施工和易性

沥青混凝土的施工和易性是指沥青混合料在拌和、运输、摊铺和碾压等各个施工环节中,与施工条件相适应,既保证质量又便于施工的一种工作性能。

和易性差的混合料不易拌和均匀或摊铺成要求的形状和压实成要求的密实度,有的刚碾压完成表面就出现裂缝或拖拽痕迹。

影响沥青混凝土和易性的主要因素是矿料的级配、沥青的用量和填料的质量。如粗细颗粒的大小相距过大,混合料就易离析。沥青用量过少,填料过多,混合料就不易压实;反之,沥青用量过多,或填料质量差,则易使混合料黏结成团,不易摊铺。

沥青混合料的和易性主要凭经验判断,目前尚无直接评价的方法和指标,一般是通过合理选择组成材料、控制施工条件等措施来保证沥青混合料的质量,并在现场试验验证过程中解决关于和易性的所有技术问题。

(三)水工沥青混凝土的配合比设计

水工沥青混凝土的配合比设计的依据是工程的设计要求,内容是确定沥青混凝土中粗骨料、细骨料、填料和沥青材料相互配合的最佳组成比例,使之既能满足沥青混凝土的各项技术要求,又符合经济的原则。水工沥青混凝土各组成材料相互配合的比例,应以沥青用量和矿料级配两个设计参数来表示。

目前,水工沥青混凝土配合比设计的方法主要是马歇尔法。马歇尔法是通过室内试验,根据稳定度、流值、密度、孔隙率及相关力学性能指标的分析、论证与优选,提出适宜的沥青混凝土配合比。

水工沥青混凝土配合比设计方法及步骤如下所述。

1. 材料选择

选择水工沥青混凝土所用的矿料、沥青及掺合料时,各原材料不仅要满足各自的技术指标要求,还必须保证沥青混凝土整体的物理力学性质,使其各项物理化学指标均满足设计及使用要求。除沥青及改性剂外,矿料应尽可能就近采购,以符合经济性的原则。

2. 确定矿料级配

矿料级配是指矿料中不同粒径的颗粒相互之间的比例关系,常以不同粒径颗粒的质量比来表示。矿料级配设计是配合比设计的重点内容之一,其直接影响沥青混凝土的施工质量。

沥青混凝土所用矿料颗粒的粒径尺寸范围较大,而天然或人工生产的一种矿料往往难以满足工程对某一设计级配的范围要求,因此需要将两种或两种以上的矿料配合使用,构成矿料的合成级配。

确定矿料级配需先选择矿料标准级配。可根据有关的技术标准或技术资料,在推荐使用的级配范围内(见表 7-13),选择一条或几条级配曲线作为矿料标准级配,再根据标准级配曲线确定各种矿料的配合组成,使其构成的合成级配尽可能与标准级配相近。各种矿料的配合组成应根据其各自的筛分试验资料,计算符合要求级配的各种组成材料用量的比例。计算的合成级配应根据要求作必要的级配调整。

表 7-13　水工沥青混凝土矿料级配和沥青用量表

级配类型	筛孔尺寸(mm)												沥青用量(按矿料质量计)(%)
	60	35	25	20	15	10	5	2.5	0.6	0.3	0.15	0.075	
	总通过率(%)												
密级配		100	80~100	70~90	62~81	55~75	44~61	35~50	19~30	13~22	9~15	4~8	5.5~7.5
			100	94~100	84~95	75~90	57~75	43~65	28~45	20~34	12~23	8~13	6.5~8.5
					100	96~98	84~92	70~83	41~54	30~40	20~26	10~16	8.0~10.0
开级配		100	70~100	50~80	36~70	25~58	10~30	5~20	4~12	3~8	2~5	1~4	4.0~5.0
				96~100	88~98	71~83	40~50	30~40	14~22	7~14	2~8	1~4	5.0~6.0
沥青碎石	100	35~70		0~15			0~8	0~5		0~4		0~3	3.0~4.0
			95~100		55~70		10~25	5~15		4~8		0~4	3.5~4.5

3. 沥青用量的确定

沥青用量有两种不同的表示方法:一是以沥青质量占矿料质量的百分数计,如沥青质量为8%,则矿料质量为100%,沥青混合料总质量为108%;二是以沥青质量占沥青混合料质量的百分数计,如沥青质量为8%,则矿料质量为92%,沥青混合料总质量为100%。前一种表示法将矿料固定为100%,沥青用量成为独立变量,它的变化不影响矿料的计算,实际应用较为方便,故目前应用较广。如没有特殊说明,沥青用量一般指前一种方法。水工沥青混凝土沥青用量的确定主要采用马歇尔试验法,其步骤如下:

(1)矿料的用量比初步完成后,根据表7-13推荐的沥青用量范围(或经验确定的沥青用量范围),估计适宜的沥青用量。

(2)以估计的沥青用量为中值,以0.3%间隔上下变化沥青用量制备马歇尔试件不少于5组,然后测定试件密度、稳定度和流值,同时计算孔隙率、饱和度和矿料间隙率。

(3)以估计的填料用量为中值,以1%间隔上下变化填料用量制备马歇尔试件不少于5组,然后测定试件密度、稳定度和流值,同时计算孔隙率、饱和度和矿料间隙率。

(4)建立沥青用量、填料用量与沥青混凝土各项指标的关系曲线。

(5)根据试验成果选择合适的沥青用量、填料用量。

4. 确定标准配合比

上述配合比设计及试验是围绕马歇尔试验工作展开的,所选配合比是否满足工程要求,还必须进行与工程实际使用性能相对应的各项试验检验。检验时以确定的沥青用量为中值,按0.3%间隔上下变化沥青用量,进行沥青混凝土性能试验,如不透水性、稳定性、柔性、蠕变、破坏变形、三轴压缩(c、φ、K等指标)和耐久性的试验。根据试验结果,选定实验室的标准配合比。选择的原则是:各项技术性质全部满足设计要求,而沥青用量最小,并考虑沥青用量稍有波动时,对沥青混凝土的性质影响的较小者。如在试验中不能满足设计要求,则重新进行沥青用量的选择试验。

5. 现场铺筑试验

由于实验室所用的原材料及试验条件与实际施工中的状况存在差距,因此实验室所确定的标准配合比还不能直接用于工程施工,需在实际施工前进行现场铺筑试验,根据试验情况对沥青混凝土配合比进行检验、校正,形成使沥青混凝土的性能全部满足设计要求,同时又便于施工的施工配合比。

(四)沥青砂浆

沥青砂浆是由沥青材料、矿物填料和砂混合而成的沥青混合料。工程上常用石油沥青配制沥青砂浆。选料沥青时必须注意适应当地气候条件。砂宜采用天然砂或破碎坚硬岩石而成的砂。沥青砂浆用砂质量要求原则上与普通混凝土一致。

表7-14可供沥青砂浆配合比初选时参考,并经砂浆流动性(黏度)及强度试验等确定最佳配合比。

沥青砂浆有热用和冷用两种。热用沥青砂浆是先将沥青材料和矿物粉配制成沥青胶结物,然后将140~160 ℃的砂子加入拌匀而成,使用时的温度为160~180 ℃,以便浇注密实。热用砂浆较密实,几乎无孔隙,浇注后无须碾压,不透水性较好,在水利工程中应用较多。冷用沥青砂浆是采用液体沥青或乳化沥青配制而成的,矿料无须加热干燥,具有施工安全、方便的优点。

表 7-14　不同用途沥青砂浆的配合比

沥青砂浆名称	用途	材料配合比			
		沥青	矿粉	砂	石棉
乳化沥青砂浆	填缝	1	1.2	2.8	0.06
	护面	1	1.0	4	0.075
热沥青砂浆	填缝	1	1.0	4	0.100
	护面	1	1.5	4	
渣油沥青砂浆	胶结材料	1	1.0	4	

（五）沥青胶

沥青胶是在沥青中掺入适量的矿质粉料或再掺入部分纤维状填料配制的胶体材料。常用的矿物填料主要有滑石粉、石灰石粉和石棉。

沥青胶主要用于粘贴卷材、嵌缝、接头、补漏、作防水层的底层及水工沥青混凝土防渗面板的封闭层等。

沥青胶用于水工沥青混凝土防渗结构的封闭层，可增加表面密度，延缓老化，增加抗渗性能。因此，要求高温不流淌、低温不开裂，还要有较高的抗渗性。封闭层沥青胶的配合比设计，首先根据经验选取沥青与填料的不同掺配比例，一般为沥青∶填料＝(2∶3)～(1∶4)，加热并拌制沥青胶，然后进行沥青胶软化点、斜坡流淌值、低温冻裂等试验，在对试验结果进行分析比较后，再选择确定。沥青胶的设计软化点应选择在 95 ℃以上。由试验资料知，1∶1沥青胶的软化点比纯沥青软化点高 6 ℃，1∶1.5 沥青胶的软化点比纯沥青软化点约高 11 ℃。

（六）沥青乳剂

沥青乳剂也称乳化沥青或冷底子油，是用来胶合沥青混凝土与刚性体或每层沥青混凝土之间的强黏结剂。沥青乳剂黏度小，具有良好的流动性，涂刷于基层上，能很快渗入基层孔隙中，与基层牢固结合，能有效地提高沥青混凝土与基层的黏结力。

乳化沥青是以沥青为基料，通过强力搅拌，使热融沥青分散在含有乳化剂的水溶液中所形成的乳状液体。

冷底子油是用稀释剂（汽油、柴油、煤油、苯等）对沥青进行稀释的产物。因其多在常温下用于防水工程的底层，故称冷底子油。

冷底子油通常是用 30%～40% 的 10 号或 30 号石油沥青与 70%～60% 的汽油、煤油等溶剂配制。冷底子油应随配随用，或在密闭容器中储存备用。配制冷底子油时，先将沥青加热到 160～180 ℃进行脱水，待温度降到 100 ℃左右时，十分缓慢地倾入溶剂中搅拌均匀为止。冷底子油应涂刷于干燥的基层上，不宜在有雨、雾、露的环境中施工。

复习思考题

7-1　试述石油沥青的三大组分及其特性。石油沥青的组分与其性质有何关系？

7-2　石油沥青的主要技术性质是什么？各用什么指标表示？

7-3　怎么划分石油沥青的牌号？在建筑工程中如何选用沥青的牌号？

7-4　沥青老化的主要表现是什么？

7-5　某建筑工程屋面防水，需要软化点为 80 ℃的石油沥青，但工地仅有软化点为 95 ℃和 25 ℃的两种沥青，问应如何掺配？

7-6　煤沥青和石油沥青在使用性能上有何差别？

7-7　乳化沥青有哪些主要组成材料？

7-8　为什么要对沥青进行改性？常用的改性沥青有哪几种？

7-9　何谓沥青混合料？沥青混合料是如何分类的？

7-10　水工沥青混凝土的组成材料有哪几种？各有何技术要求？

7-11　水工沥青混凝土有哪些性能要求？

7-12　沥青胶是如何配制的？试述其特性和用途。

7-13　沥青乳剂有何用途？

第八章　合成高分子材料

【本章要点】

(1)合成高分子化合物的基础知识;

(2)合成高分子化合物的结构与性质;

(3)合成高分子材料的分类;

(4)建筑塑料;

(5)合成橡胶和合成纤维;

(6)胶粘剂。

【本章重点】

(1)塑料的主要性质;

(2)常用建筑塑料;

(3)常用橡胶的性能与用途;

(4)常用合成纤维的性能与用途;

(5)胶粘剂的组成与分类;

(6)工程中常用的胶粘剂。

【本章难点】

建筑塑料、合成橡胶、合成纤维及合成胶粘剂的技术标准与应用。

第一节　概　述

以合成高分子化合物为主要成分的材料称为合成高分子材料。在建筑工程中,合成高分子材料不仅可作为装饰、保温、吸声等材料用,还可代替钢材、木材等作为结构材料用。工程中用的塑料、合成橡胶、合成纤维及某些胶粘剂、涂料等都是合成高分子材料。随着有机高分子科学的发展,合成高分子材料的品种及产量的迅速提高,合成高分子材料在工程中的应用将越来越广泛。

本章简要介绍合成高分子化合物的基础知识,重点介绍建筑塑料、合成橡胶和合成纤维、合成胶粘剂的性能及在土木工程中的应用。

第二节　合成高分子化合物的基础知识

一、合成高分子化合物的定义

在有机化合物中,通常将分子量大于 10^4 以上的化合物称为高分子化合物。高分子化合物有天然高分子化合物和合成高分子化合物两类。天然高分子化合物是自然界天然存在的,如天然橡胶、纤维、淀粉、蛋白质等。由于天然高分子化合物在性能和产量上远远不能满足人类的需求,因而合成高分子化合物的品种及产量迅速增加,并得以广泛应用。

合成高分子化合物是从石油、煤、矿石等提炼出来的小分子单体经聚合反应而成的,如塑料、合成纤维、合成橡胶等。常用的聚合反应方法有加成聚合反应和缩合聚合反应两种。

加成聚合反应又称加聚反应,是由许多相同或不相同的单体(通常称为烯类)在加热或催化剂作用下相互加聚合成大分子的反应。当只有一种单体进行聚合反应时,其生成物称为均聚物,如聚乙烯、聚丙烯等。均聚物的技术性能较为局限,不能满足众多使用要求。由两种或两种以上单体加聚反应而成的生成物称为共聚物,如由丁二烯与丙烯腈共聚生成的丁腈橡胶、由丁二烯与苯乙烯共聚生成的共聚物丁苯橡胶等。由于共聚物可以吸收各种单体均聚物,因而具有良好的综合性能。

缩合聚合反应又称缩聚反应,是由一种或多种单体,在加热和催化剂作用下,逐步相互结合成聚合物并析出低分子副产物(如水、氨、醇等)的反应,其生成物称为缩聚物,如酚醛树脂、环氧树脂、有机硅等。

二、合成高分子化合物的结构与性质

(一)合成高分子化合物的结构

高分子化合物的分子量一般都很大,但其化学组成和结构单元的组成比较简单。通常由 C、H、O、Si、N 等少数几种元素构成,且都是由一种或几种简单的低分子化合物(结构单元)重复连接形成的,因此合成高分子化合物也称聚合物或高聚物。能形成高分子化合物的低分子化合物称为单体,组成高分子(大分子链)的重复结构单元叫做链节。

合成高分子聚合物的各种性能由组织结构决定。按高分子链的结合方式,一般有线型、支化型和交链型。

线型分子结构是指由链节多次重复而成的长链型分子结构。线型结构的高分子在常温下呈卷曲形状,在拉伸或低温下易呈直线形状。线型高聚物加热可以熔融,易于加工成型,并具有良好的弹性和塑性,适宜制备塑料或合成纤维。

支化型分子结构是在线型大分子的主链上又接出一些短支链的分子结构。支化型大分子结构高聚物的支链多,在机械性能上表现为性软、熔融温度低。

具有线型和支化型结构的高分子化合物可以溶解在适当的溶剂中,加热时能塑化、熔融,具有热塑性,通常称为热塑性高分子化合物。基于这一点,具有这两种结构的高分子材料易于加工,可以反复使用。

交链型分子结构是在长链大分子之间有若干支链把它们交联起来,形成一个三维空间网状大分子时即成为交联结构,属于体型结构。这种高分子化合物具有较好的耐热、耐腐蚀性、尺寸稳定、机械强度大、硬度高的特点,但不溶于溶剂,受热时也不熔融,通常称为热固性高分子化合物。

(二)聚合物的物理状态与性能

高分子的聚集态结构是指高分子链之间的排列和堆砌结构。根据物质的聚集态结构,可以把高分子化合物分为晶态和非晶态两大类。

非晶态高分子聚合物在不同温度下会呈现出玻璃态、高弹态和黏流态三种物理状态。

1. 玻璃态

在温度低时，所有分子间的运动及链段内的运动都停止了，聚合物受力后，变形很小，变形与所受力的大小成正比，具有虎克弹性行为，当去除外力后，变形立刻恢复，所表现出的质硬而脆的力学状态与无机玻璃一样，故称为玻璃态，如常温下的塑料。

2. 高弹态

当温度升高时，分子热运动能量增大，分子链段可以自由转动，但大分子链仍被冻结，此时聚合物在较小的外力作用下可产生很大的变形，去除外力后，会慢慢恢复原状，表现出极高的弹性，故称为高弹态。

3. 黏流态

当温度继续上升到适当范围时，整个分子链都能运动，且发生分子间相对运动，聚合物成为可以流动的黏稠液体，称为黏流态。此时施予外力，分子间滑动而产生的变形是不可逆的变形(外力去除后变形不能恢复)。黏流态是聚合物成型时的状态。

玻璃态、高弹态和黏流态是非晶态高分子聚合物以力学状态来区分的三种状态。在室温下，聚合物总是处于三种状态中的一种。

三、合成高分子材料的分类

合成高分子材料种类繁多，根据不同的分类方法可将其分为不同的种类。

(一)按聚合反应的类型分类

合成高分子材料根据聚合反应的类型，可分为由单体经加聚合成的加聚聚合物和由单体经缩聚合成的缩聚聚合物。加聚聚合物链节结构的化学式与单体分子式相同，如聚乙烯 、聚氯乙烯等。缩聚聚合物链节的化学结构和单体的化学结构不完全相同，如酚醛树脂是由苯酚和甲醛聚合、缩去水分子形成的聚合物。

(二)按受热后性质不同分类

合成高分子材料根据聚合物受热后的性质，可分为热塑性聚合物和热固性聚合物。热塑性聚合物加热后软化，冷却后又硬化成型，随温度变化可以反复进行加工，聚乙烯、聚氯乙烯等烯类聚合物都属于此类。热固性聚合物受热后发生化学变化而固化成型，成型后再受热也不会软化，如环氧树脂。

(三)按性能和用途分类

合成高分子材料按性能和用途，可分为塑料、橡胶、纤维、胶粘剂、涂料等不同类别。其中，塑料、橡胶、纤维称为三大合成材料。

第三节　建筑塑料

塑料是以合成树脂为主要原料，加入适量的填料或添加剂后，在一定的温度或压力下制成的一种有机高分子材料。其中，用于建筑工程的塑料称为建筑塑料，在建筑上可作为结构材料、装饰材料、保温材料和地面材料等。

一、塑料的组成

（一）合成树脂

合成树脂是塑料的基本组成材料，在塑料中起胶结作用，能将其他的材料牢固地胶结在一起。塑料的性质在很大程度上取决于合成树脂的种类、性质和数量。合成树脂在塑料中的含量一般为30% ~60%，甚至近于100%。因此，塑料常以所用的合成树脂命名，如聚乙烯塑料、聚丙烯塑料等。

合成树脂按生产时化学反应的不同，分为聚合树脂（如聚乙烯、聚氯乙烯等）和缩合树脂（如酚醛、环氧聚脂）；按受热时性能改变的不同，又分为热塑性树脂和热固性树脂。

（二）填料

填料也称填充剂，一般占塑料质量的20% ~25%，为塑料的另一种重要组成成分。加入填料不仅可以降低塑料的成本，还可以改善塑料的性能。如加入纤维可提高强度，加入石棉可提高塑料的耐热性，加入云母可提高塑料的电绝缘性等。

（三）添加剂

1. 增塑剂

增塑剂是能增加树脂可塑性，以利于塑料加工的一种添加剂。增塑剂的作用是削弱聚合物分子间的作用力，因而能降低塑料的硬度和脆性，改善塑料的可加工性和制品的柔韧性。

2. 固化剂

固化剂又称硬化剂，其作用是在聚合物中生成横跨键，使分子交联，由受热可塑的线型结构变成体型的热稳定结构。不同种类的树脂应采用不同的固化剂。

3. 着色剂

着色剂一般为有机染料或无机颜料。着色剂可使塑料具有鲜艳的颜色，改善塑料制品的装饰性。对着色剂的要求是色泽鲜明，着色力强，分散性好，耐热耐晒，与塑料结合牢靠，在成型加工温度下不变色、不起化学反应，不因加入着色剂而降低塑料性能。

4. 稳定剂

稳定剂是为防止光、热、氧化等引起的老化作用，延长使用寿命而加入的添加剂。如抗氧剂、热稳定剂、紫外线吸收剂等。

除上述添加剂外，在塑料生产中还可加入一些其他添加剂，使塑料制品的性能更好，用途更广。如在塑料里加入金属微粒（如银、铜等）可制成导电塑料。加入一些磁铁粉，可制成磁性塑料。加入特殊的化学发泡剂就可制成泡沫塑料。掺入放射性物质与发光物质，可制成发光塑料（冷光）。为阻止塑料燃烧并具有自熄性，可加入阻燃剂。此外，还有抗静电剂、防霉剂等。

二、塑料的主要性质

塑料的品种规格繁多，性能各异，但与传统材料相比较，具有以下基本特性。

（一）塑料的密度小，比强度高

塑料的密度一般为0.8 ~ 2.2 g/cm^3，为混凝土的1/2 ~2/3、钢材的1/4 ~1/8、铝的

1/2,这不仅能减轻施工的劳动强度,而且大大降低了建筑物的自重,对高层建筑更具特殊意义。塑料的比强度远大于混凝土、水泥,接近或超过钢材,是一种很好的轻质高强材料。

(二)加工性能好,装饰性能优异

塑料可采用多种方法加工,制成不同形状的产品,适应建筑上不同用途的需要。

(三)导热系数小

塑料的导热性很小,密实塑料的导热率一般为 0.23 ~ 0.70 W/(m · K),泡沫塑料的导热率则接近于空气,是良好的隔热、保温材料。

(四)耐化学腐蚀性好,耐水性强

塑料的化学稳定性良好,是憎水性材料,对酸、碱、盐的耐腐蚀性比金属材料和部分无机材料都强。另外,塑料对环境水也有很好的抗腐蚀性。

(五)电绝缘性好

塑料具有良好的电绝缘性,是良好的绝缘材料。

(六)耐热性差

塑料的耐热性一般都不好,软化温度为 100 ~ 200 ℃。塑料的热膨胀系数高,是传统材料的 3 ~ 4 倍,当其与其他材料结合(或复合)使用时,应加以注意。

(七)老化性

在阳光、氧、热等条件作用下,塑料中聚合物的组成和结构发生变化,致使塑料性质恶化,这种现象称为老化。塑料存在老化问题,但通过一定措施,塑料制品的使用寿命可以和其他材料媲美,有的甚至能高于传统材料。

(八)可燃性

塑料大多可燃,聚合物在燃烧时会产生大量有毒的烟雾,这是它作为土木工程材料的一个弱点。目前,正在研究具有自熄性、难燃甚至不燃的塑料。

三、常用建筑塑料

塑料为多功能材料,可通过调整其组成及工艺条件,制成具有不同性能的材料。表 8-1为常用建筑塑料的分类、特性及用途。

表 8-1　常用建筑塑料的分类、特性及用途

分类	名称	代号	特性与用途
热塑性塑料	聚乙烯	PE	强度高,延伸率大,化学稳定性及耐寒性好,耐热性差,可制成薄膜、给排水管、卫生洁具等
	聚氯乙烯	PVC	聚氯乙烯根据增塑剂的掺量不同,可制得软、硬两种聚氯乙烯塑料。软聚氯乙烯塑料很柔软,有一定的弹性,可用做地面材料和装饰材料,制成止水带,可用于防水工程的变形缝处。硬聚氯乙烯塑料具有较高的机械性能和良好的耐腐蚀性能、耐油性和抗老化性,多用做百叶窗、各种板材、楼梯扶手、波形瓦、门窗框、地板砖、给排水管等
	聚丙烯	PP	密度小,机械强度比聚乙烯高,耐热性、耐化学腐蚀、弹性、耐磨性好,耐低温性差,易老化,用于生产管道、防腐板、建筑零件等

续表 8-1

分类	名称	代号	特性与用途
热塑性塑料	聚苯乙烯	PS	透明(透光性能仅次于有机玻璃),密度低,耐水,耐光,耐腐蚀,电绝缘性好,易于加工和染色,但脆性大、耐热性差,可用于制作百叶窗及隔热隔声泡沫板等
	聚甲基丙烯酸甲脂	PMMA	俗称有机玻璃,是透光率最高(可达92%)的一种塑料,质轻,不易破碎,低温时抗冲击强度较高,坚韧、有弹性,耐老化性、耐水性良好,但其表面硬度比无机玻璃差,容易划伤,可用于制作采光天窗、护墙板和广告牌等
热固性塑料	酚醛树脂	PF	具有较高的强度、刚度,耐光、耐热,耐腐蚀,电绝缘性好,但质脆,用于制作电器配件、压层板等
	环氧树脂	EP	性能优异,特别是具有较强的黏结力,化学稳定性好,固化收缩小,主要用做胶粘剂、玻璃纤维增强塑料(玻璃钢)等
	聚氨酯树脂	PU	具有较好的力学性能、耐老化性、耐热性,可用做涂料、黏结剂、板材、塑料门窗等
	聚酯树脂	UP	强度高,耐热性、耐老化性好,柔顺性高,固化收缩大,主要用做玻璃纤维增强塑料、装饰板、采光板、涂料、管道等
	玻璃纤维增强塑料(玻璃钢)	GRP	以合成树脂和玻璃纤维经复合工艺制作而成的一种复合材料,具有质量轻、比强度高、透光性好、耐腐蚀强等特性,主要用做装饰材料、屋面及围护材料、防水材料、采光材料、管道等

第四节 合成橡胶和合成纤维

一、合成橡胶

橡胶具有较高的弹性、不透水性、耐磨性、气密性和电绝缘性等,广泛应用于工业、农业、国防、交通及日常生活中。橡胶按来源不同,分为天然橡胶和合成橡胶。由于天然橡胶远远不能满足生产发展的需要,而合成橡胶在化学结构和性能方面与天然橡胶基本相似,而且性能更好,因此为目前主要使用的橡胶品种。

合成橡胶是由各种单体经聚合反应或缩合反应而制成的高弹性聚合物,采用不同的原料(单体)可以合成出不同种类的橡胶。常用橡胶的性能及用途见表 8-2。

表 8-2 常用橡胶的性能与用途

品种	代号	特性		用途
		优点	缺点	
天然橡胶	NR	弹性高,抗拉伸性能、耐磨性、电绝缘性、加工性能好	易溶于油及有机溶剂,耐老化性差,遇热变软	轮胎、胶管、胶带及其他橡胶制品

续表 8-2

品种	代号	特性		用途
		优点	缺点	
丁苯橡胶	SBR	与天然橡胶性能相近，耐磨性、绝缘性良好，耐热、耐老化性较好	耐油性、弹性、塑性和耐寒性低	轮胎、胶管、胶带及其他橡胶制品，丁苯胶乳常用做室内外涂料
顺丁橡胶	BR	特别优异的弹性、耐寒性、耐磨性，较好的耐老化性能	抗撕裂性能较差，抗湿滑性能不好	轮胎，耐磨、耐寒和防震制品
氯丁橡胶	CR	抗拉性能、耐磨性良好，耐油性、耐热性、耐光性、耐老化性、耐水性良好，不易燃	电绝缘性能，耐寒性能较差	胶带、胶管、胶粘剂等
丁腈橡胶	NBR	耐油性极好，耐磨性、耐老化性和气密性、耐热性良好	耐低温性、耐臭氧性、绝缘性差，电性能低劣，塑性低，加工较难	输油管等密封制品
丁基橡胶	IIR	耐老化性、气密性、耐化学腐蚀、电绝缘性优异，耐热性、耐寒性也较好	硫化慢，加工性能较差	车辆内胎、电线和电缆绝缘层、耐热传送带、密封剂、减震制品等
乙丙橡胶	EPDM	耐候性、耐老化性、耐热性、耐化学腐蚀性、电绝缘性能良好	硫化速度慢，自粘和互粘性差，加工性能不好	胶管、胶带、建筑防水片材、门窗密封条等

二、合成纤维

纤维按来源可分为两类：一类是天然纤维，如棉、毛、丝、麻等；另一类是化学纤维。化学纤维又分为人造纤维和合成纤维。人造纤维是利用自然界中不能直接纺织的纤维素（如木材、棉短绒），经过化学处理与机械加工制得的纤维，如人造丝、人造棉等。合成纤维是以石油、天然气为原料，通过人工合成的高分子化合物经纺丝和后加工等环节而制得的化学纤维的统称。

合成纤维因具有强度高，耐磨、耐腐蚀、耐高温、质轻、保暖、电绝缘性好及不怕霉蛀等特点，在国民经济的各个领域得到了广泛的应用。在工程中，合成纤维可作为增强材料，用于配制纤维混凝土及复合材料的增强组分；合成纤维通过针刺或编织而成的透水性土工合成材料——土工布（土工织物），具有优良的过滤、隔离、加固防护作用，其抗拉强度高、渗透性好、耐高温、抗冷冻、耐老化、耐腐蚀，被广泛应用于高速公路、铁路路基、机场跑道、河床、水坝的构筑以及防洪抢险等重大工程中。

常用合成纤维的性能见表 8-3。

表 8-3 常用合成纤维的性能

化学名称	商品名称	特性
聚酰胺纤维	锦纶(或尼龙)	质轻,耐磨,强度高,弹性好,耐油,耐碱和一般溶剂,耐热性、耐酸性差
聚酯纤维	涤纶(的确良)	强度高,弹性好,不易变形,耐热,耐晒,耐磨,吸湿性差
聚丙烯腈纤维	腈纶(人造毛)	柔软,质轻,不霉蛀,耐晒性很高,但耐磨性、耐碱性差
聚丙烯纤维	丙纶	是最轻的纤维,吸水性小,耐磨性好,耐酸,耐碱,弹性较好,强度高,耐光、耐热性差
聚乙烯醇纤维	维纶、维尼纶	柔软,弹性好,吸湿性大,耐热性差
聚氯乙烯纤维	氯纶	具有自熄性,化学稳定性好,耐强酸、强碱,耐热性差

第五节 胶粘剂

胶粘剂又称黏结剂或黏合剂,是一种能在两种材料之间形成薄膜层,并能将两种材料紧密地结合在一起的材料。胶结技术是用胶粘剂将同质或异质物体胶结在一起的技术,是一种不同于铆接、螺栓连接、焊接等连接方法的一种新型连接工艺。胶结技术具有应力分布均匀,质量轻,耐疲劳性、密封性好,施工工艺简单,可在室温或中温下进行等特点,因此适用范围广。但也存在耐老化、耐环境侵蚀性差,黏结强度有限,黏结质量检测困难等缺点。

一、黏结机理

胶粘剂能够将物体牢固地黏结在一起,是因为胶粘剂与材料间存在有黏附力及胶粘剂内部本身具有的内聚力。

胶结是综合性强、影响因素复杂的一类技术。人们从不同试验条件出发,从不同角度解释了一些胶结现象,主要有以下几种。

(一)吸附理论

人们把固体对胶粘剂的吸附看成是胶结主要原因的理论,称为胶结的吸附理论。该理论认为:黏结力的主要来源是黏结剂和被黏结物体表面的分子间的相互作用力,这种作用力即范德华引力和氢键力。

(二)化学键理论

化学键理论认为胶粘剂与被黏结物体分子之间除相互作用力外,有时还有化学键产生。化学键是分子内原子之间的作用力,它比分子间的作用力要大一两个数量级,因此具有较高的胶结强度。

(三)扩散理论

扩散理论认为,物质的分子始终处于运动之中,由于胶粘剂的高分子链具有柔顺性,在胶结过程中,因为相互扩散的结果能使更多的胶粘剂分子(或原子)与被黏结物分子之间更加接近,并形成牢固的黏结。

两种聚合物在具有相容性的前提下,当它们相互紧密接触时,由于分子的布朗运动或链段的摆动产生相互扩散现象。这种扩散作用是穿越胶粘剂、被黏结物体的界面交织进行的。扩散的结果导致界面的消失和过渡区的产生。

(四)静电理论

静电理论认为,胶粘剂和被黏结物体间存在双电层,黏结是由于双电层的静电引力作用而产生的。

(五)机械结合理论

机械结合理论认为,胶粘剂渗透到被黏结物体表面的缝隙或凹凸之处,固化后形成了许多啮合力。胶粘剂主要依靠这些机械啮合力与被黏结物体牢固地黏结在一起。

二、胶粘剂的组成与分类

(一)胶粘剂的组成

胶粘剂由主体材料(黏料)和辅助材料配制而成。

1. 主体材料——黏料

黏料也称为基料或胶料,是使两个被黏结物结合在一起时起主要作用的组分,是决定胶粘剂性能的基本成分。常用的黏料有天然高分子化合物(如淀粉、天然橡胶等)、合成高分子化合物(如酚醛树脂、聚醋酸乙烯脂等)、无机化合物(如某些硅酸盐、磷酸盐等)。其中,合成高分子化合物是胶粘剂当中性能最好、用量最多的黏料。

2. 辅助材料

1)固化剂

固化剂又称硬化剂,它能使原来的线型主体聚合物变成坚硬的体型网状结构,从而使胶粘剂固化。

2)增韧剂

树脂固化后一般较脆,加入增韧剂后可提高冲击韧性,改善胶粘剂的流动性、耐寒性与耐振性,但会降低弹性模量、抗蠕变性和耐热性。

3)稀释剂

为便于涂布施工和延长使用期,常加入稀释剂。

4)填料

增加填料可改善胶粘剂的性能,如:增加胶粘剂的弹性模量,降低线膨胀系数,减小固化收缩率,增加电导率、黏度、抗冲击性;提高使用温度、耐磨性、胶结强度;改善胶粘剂耐水、耐介质性和耐老化性等。但会增加胶粘剂的密度,增大黏度,而不利于涂布施工,容易造成气孔等缺陷。

5)偶联剂

在黏结过程中为了在胶粘剂和被黏结物体表面之间获得一坚固的黏结界面层,常利用含有反应基团的偶联剂与被黏结物固体表面形成化学键来实现。

（二）胶粘剂的分类

（1）按主要成分分为有机物质胶粘剂和无机物质胶粘剂。

（2）按胶粘剂来源分为天然胶粘剂和合成胶粘剂。

（3）按用途分为通用胶粘剂、结构胶粘剂和特种胶粘剂。

三、工程中常用的胶粘剂

（一）环氧树脂胶粘剂

环氧树脂胶粘剂是以环氧树脂为主要成分，添加适量固化剂、增韧剂、填料、稀释剂等配制而成的胶粘剂。在环氧树脂分子中含有羟基、醚基和极活泼的环氧基，具有很强的胶结力，对大部分的材料，如木材、金属、玻璃、塑料、橡胶、皮革、陶瓷、纤维等都具有良好的黏合性能，故有“万能胶”之称。因树脂固化时无副产物析出，所以体积收缩性小。固化后的环氧树脂具有优良的耐化学腐蚀性、耐热性、耐酸碱性、耐有机溶剂性及良好的电绝缘性，广泛应用于混凝土制品的黏结和修补，室内外装修，水工及地下建筑物的防渗封堵，公路桥梁维修和军事设施加固补强等。

（二）酚醛树脂胶粘剂

一般的酚醛树脂胶粘剂具有良好的黏附性、优良的耐热性和耐候性性能，但固化后胶层脆性大，抗冲击性能差，主要用于粘接木材、泡沫塑料和其他多孔性材料。为扩大应用范围，常加入其他高分子化合物来改善性能，提高韧性。改性酚醛树脂胶粘剂可广泛用于粘接金属、陶瓷、玻璃、塑料等多种材料。

（三）聚醋酸乙烯乳液胶粘剂

聚醋酸乙烯乳液胶粘剂是由醋酸与乙烯合成醋酸乙烯，再经乳液聚合而成的乳白色稠厚液体，简称白乳胶。聚醋酸乙烯乳液胶粘剂为土木工程中用量最大的一种非结构型胶粘剂。常温固化速度较快，初期黏接强度高，使用简便，不必加热和添加固化剂，黏接层具有较好的韧性和耐久性且不易老化，主要用于胶结各种纤维材料。聚醋酸乙烯乳液胶粘剂耐水性、耐热性及耐寒性差，不适用于潮湿环境、高温环境（通常用于 40 ℃以下）和低温环境（一般不能低于 5 ℃）。

（四）丙烯酸脂胶粘剂

丙烯酸脂胶粘剂的类型较多，性能各异。主要有 a－氰基丙烯酸酯胶粘剂、第二代丙烯酸酯胶粘剂、厌氧胶粘剂等。

a－氰基丙烯酸酯胶粘剂（502 胶）不用溶剂，无须加热，在温室下瞬间固化，且强度很高，广泛用于黏接金属、橡胶、塑胶、木材、陶瓷等。

第二代丙烯酸酯胶粘剂黏接强度高，耐久性好，固化速度快，使用方便。广泛应用于应急修补、装配定位、堵漏等。

厌氧胶粘剂简称厌氧胶，是一种新型密封胶粘剂，其主要成分是丙烯酸酯类单体，约占其总配比量的 90% 以上。它与氧气或空气接触时不会固化，一旦隔绝空气后就迅速聚合固化。厌氧胶黏度变化范围广，品种多，使用方便，固化速度快，强度高、收缩率小、密封性好。具有良好的耐热、耐压、耐低温、耐冲击、防腐等性能。其主要用于螺纹锁紧、管道密封、圆柱零件固持、结构粘接、微孔堵漏等场合。

(五)氯丁橡胶胶粘剂

氯丁橡胶胶粘剂是目前合成橡胶胶粘剂中产量最大、用途最广的一个品种。其室温快速固化,黏结强度高,强度形成速度快,使用方便;耐油、耐化学品、耐候性好;胶层柔韧、弹性好、耐冲击性好。能够黏接橡胶、皮革、织物、泡沫、人造革、玻璃、陶瓷、混凝土、木材、金属等多种材料。但耐热、耐寒性差。

四、胶粘剂的使用

(一)选择合适的品种

选择胶粘剂时要根据实际情况选择,应考虑以下几点:

(1)所要黏结的材料品种和特性。

(2)被黏结材料对胶粘剂有什么特殊要求,如强度,颜色、韧性等。

(3)周围环境对胶粘剂的要求,如温度、湿度、防潮、防水等。

(二)胶粘剂的使用方法

(1)被黏结物表面处理,如清洁、干燥、打毛等。

(2)涂胶方法。涂胶工具有刷子、刮刀、喷涂机、滚涂机等。

(3)施加压力。压紧被黏结物使其表面互相紧密接触,排除空气。

(4)固化过程。交付使用时考虑。

(5)外界条件的影响。如温度、湿度。

(6)储存与安全。多数胶粘剂可燃,并会放出毒气,因此应按照说明书规定的条件储存,以保证安全和避免胶粘剂失效。

复习思考题

8-1　什么是高分子化合物?高分子化合物如何分类?

8-2　塑料的主要组成成分有哪些?其各起什么作用?

8-3　建筑塑料有哪些特性?工程中常用的建筑塑料有哪些?

8-4　什么是合成橡胶和合成纤维?各有何特点?

8-5　简述胶粘剂的特点及黏结机理。

8-6　工程中常用的胶粘剂有哪些?并说明其用途。

第九章　木　材

【本章要点】

(1)木材的分类；

(2)木材的宏观构造与微观结构；

(3)木材的物理与力学性质；

(4)木材的应用；

(5)木材的防腐与防火。

【本章重点】

(1)木材的含水率、湿胀干缩、表观密度和强度；

(2)木材的化学腐蚀、腐朽、虫蛀与防腐；

(3)改性木材和木质人造材料的利用。

【本章难点】

(1)木材结构构造的各向异性对其抗压、抗拉、抗弯强度的影响；

(2)木材强度随其含水率、环境温度、负荷时间、表观密度和疵病等外在因素的变化而改变。

第一节　概　述

木材是人类最早使用的建筑材料之一，具有轻质高强、耐冲击、弹性和韧性较高、导热性低、纹理美观、装饰性好、易于加工等优点。但存在各向异性，性能受含水率和天然疵病的影响较大，易燃、易虫蛀、尺寸受到限制等缺点。

我国木材资源贫乏，主要分布于东北的大小兴安岭和长白山地区、西南横断山区及东南部的台湾、福建、江西等的山区。过去木材是重要的结构用材，而现在则主要应用于室内装饰和装修。建筑工程中大量使用木材与保护环境存在很大矛盾，因此节约使用木材、寻求木材综合利用的新途径、研究和生产木材的替代材料相当重要。

在本章的学习中，应了解木材的分类与构造、建筑工程中的常用木材及制品，掌握木材的主要物理力学性质。

第二节　木材的分类

木材的种类较多，根据树种的不同可以分为阔叶树材和针叶树材两大类。

针叶树的树叶呈现鳞片状或针状，多为常绿树，树干高大而通直，纹理平顺，材质均匀。其木质较软，易于加工，故又称为软木材。针叶树材的表观密度和胀缩变形较小、强度较高、树脂含量高、耐腐蚀性强，主要用于承重构件和门窗、地面及装饰用材等。常用的针叶树品种有红松、落叶松、云杉、冷杉、马尾松等。

阔叶树的树叶较宽大，叶脉成网状，大多为落叶树，树干的通直部分较短。阔叶树材的强度高、纹理显著、图案美观，但胀缩变形较大，易翘曲和干裂。常用于室内装饰、家具用材及胶合板等。阔叶树树种材质较硬的有柞木、水曲柳、榆木等，较软的有椴木、杨木、桦木等。

第三节　木材的构造

木材的构造分为宏观构造和微观结构。由于树种的差异和树木生长环境的不同，木材的构造差异很大，木材的构造是决定木材性质的重要因素，了解木材的构造是掌握木材性质的重要手段。

一、木材的宏观构造

木材的宏观构造是指在肉眼或放大镜下所能看到的木材的内部构造，它与木材的颜色、气味、光泽、纹理等特点共同构成区别于其他材料的显著特征。木材的各种性能也与其宏观构造密切相关。

为了便于了解木材的宏观构造，一般从树干的横向、径向和弦向三个切面进行剖析，见图9-1。横切面是指与树干主轴或木纹相垂直的切面。径切面是指顺着树干轴线、通过髓心与木射线平行的切面。弦切面是指顺着木材纹理、不通过髓心而与年轮相切的切面。

从木材的三个不同切面观察木材的宏观构造可以看出：树干是由树皮、髓心和木质部三个部分组成的。

（1）树皮：是木材外表面的整个组织，由外皮、软木组织和内皮组成，起保护树木的作用，在建筑上用途不大。

（2）髓心：也称树心，其质较软，易腐朽，强度低。由髓心成放射状穿过年轮的横向纤维，称为髓线或木射线。它是由联系很弱的薄壁细胞所组成的，在径切面上呈带状，其功能是横向传递养分和储存养分。木材的变形和开裂常由它引起，相比之下阔叶树的木射线比针叶树发达。

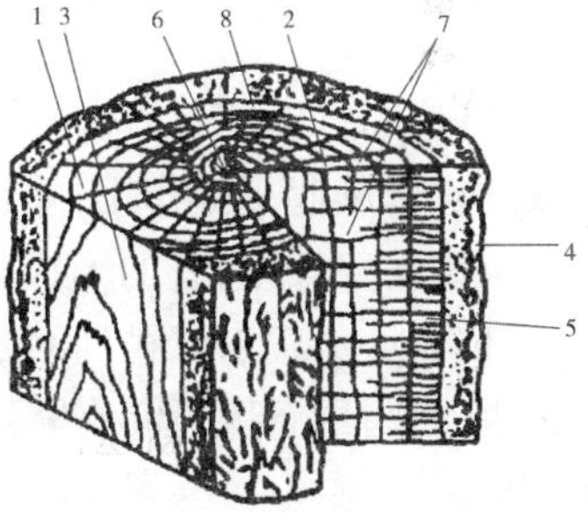

1—横切面；2—径切面；3—弦切面；
4—树皮；5—木质部；6—髓心；
7—髓线；8—年轮

图9-1　木材的宏观构造

（3）木质部：树皮与髓心之间的部分，是木材的主体，也是主要的使用部分。一般木材的构造即指木质部的构造。木质部的颜色不均匀：一般接近树干中心部分，含有色素、树脂、芳香油等，材色较深，水分较少，对菌类有毒害作用，称为心材；靠近树皮部分，材色较浅，水分较多，含有菌虫生活的养料，易受腐蚀和虫蛀，称为边材。一般而言，心材比边材的利用价值大些。

在横切面上可以看到，木质部深浅相间的同心圆环即为年轮。同一年轮内春天生长的木材色浅、质软，称为春材（早材）；夏秋两季生长的木材色深、质硬，称为夏材（晚材）。

相同树种,年轮密而均匀,材质好;夏材部分越多,木材的强度越高。通常用横切面上沿半径方向一定长度内所含夏材的百分率(即夏材率)来衡量木材的质量。

二、木材的微观结构

木材的微观结构是指借助光学显微镜观察的结构,故也称显微结构。在显微镜下观察,木材是由无数管状细胞结合而成的。每个细胞有细胞壁和细胞腔。细胞壁由若干层细小纤维组成,其间的孔隙能吸收和渗透水分。木材的纤维在纵向联结牢固,横向联结较弱。通常木材的细胞壁越厚,腔越小,则木材越密实,表观密度和强度越大,湿胀干缩变形也越大。一般情况下,春材的壁薄腔大,夏材的壁厚腔小。

木材中纵向排列的细胞按功能分为管胞、导管和木纤维。针叶树和阔叶树在微观结构上有较大差异,见图 9-2、图 9-3。

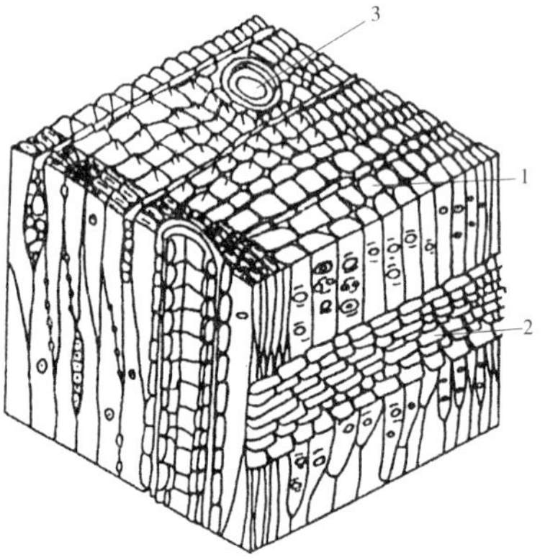

1—管胞;2—髓线;3—树脂道

图 9-2　针叶树马尾松的显微构造

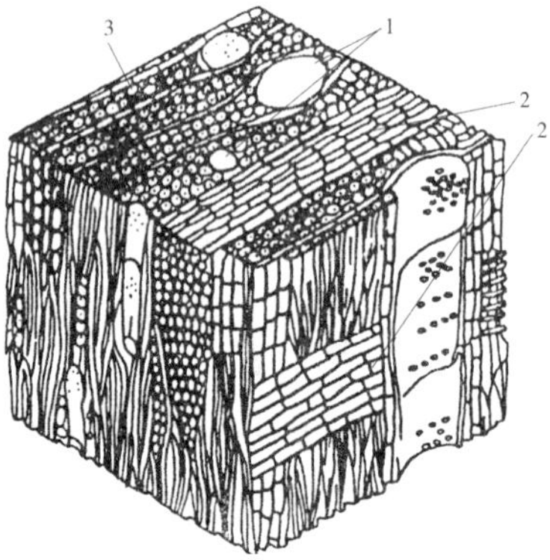

1—导管;2—髓线;3—木纤维

图 9-3　阔叶树柞木的显微构造

针叶树材的微观结构简单而规则,它主要是由管胞、木薄壁组织、木射线和树脂管道组成的。管胞起支撑作用,并且是树木生长输送养分的通道。木薄壁组织是一种纵行成串的砖型薄壁细胞,有的形成年轮的末缘,有的散布于年轮之中。针叶树的木射线不明显,是以髓心成辐射状排列的细胞,占木材体积的 7% 左右,细胞壁很薄,质软。在某些针叶树中,夏材的管胞之间有充满树脂的通道,称为树脂道。树脂道流出的树脂对树木起保护作用。

阔叶树材的显微结构较为复杂,其细胞有导管、阔叶树材管胞、木纤维、木射线、木薄壁组织和树胶道等,其中导管、木纤维和木射线是主要的组成部分。导管是由一连串的纵行细胞形成的无一定长度的管状组织。构成导管的单个细胞称为导管分子,导管分子在横切面上呈孔状,称为管孔。木纤维是阔叶树材的主要组成成分之一,占木材体积的 50% 以上,主要起支持树体和承受机械力的作用,与木材力学性质密切相关。木纤维在木材中含量增多,其密度和强度相应增加,涨缩也增大。

阔叶树材组成的细胞种类比针叶树材多,且比较进化。最显著的是针叶树材组成的主要分子——管胞既有输导功能,又有对树体的支持机能;而阔叶树则不然,导管起输导作用,木纤维则有支持树体的机能。针叶树材与阔叶树材的最大差异(极少数树种例外)是前者无导管,而后者具有导管,有无导管是区分绝大多数阔叶树材和针叶树材的重要标志。

第四节　木材的物理与力学性质

一、含水率

木材中的水分按结合形式和存在位置可以分为自由水、吸附水和化学结合水。自由水是存在于细胞腔和细胞间隙中的水,它影响木材的表观密度、抗腐蚀性、干燥性和燃烧性。吸附水是吸附在细胞壁内纤维之间的水,它直接影响木材的强度和胀缩变形性能。化学结合水即为木材化学组成中的结合水,它在常温下不变化,对木材的性能无影响。

木材中的纤维含有大量的羟基(—OH 基),具有很强的亲水性。木材所含水的质量占干燥木材质量的百分率,称为木材的含水率。

木材在干燥时,自由水首先蒸发,而后吸附水蒸发。反之,木材吸湿时,先是细胞壁吸水,细胞壁吸水饱和后,自由水才开始吸入。当细胞腔和细胞间隙中无自由水,而细胞壁吸附水达到饱和时的含水率,称为木材的纤维饱和点,一般为 25% ~35%,平均约为 30%。纤维饱和点是木材物理力学性质变化的转折点。木材的含水率随环境温度、湿度的变化而变化。当木材长期处于一定温度和湿度的空气中时,会达到相对稳定的含水率,即水分的蒸发和吸收达到平衡,此时的含水率称为平衡含水率。新伐木材含水率一般在 35%以上,风干木材含水率为 15% ~25%,室内干燥木材含水率为 8% ~15%。

二、湿胀干缩

木材纤维组织的构造使木材具有显著的干湿变形。当含水率在纤维饱和点以上时,含水率的变化仅仅是自由水的蒸发和吸收,对木材的体积和尺寸几乎无影响。含水率低于纤维饱和点时,含水率的变化会使细胞壁中的吸附水变化,木材发生干缩湿胀。

由于木材构造不均匀,各方向的胀缩也不同,同一木材弦向胀缩最大,径向其次,而顺纤维的纵向最小。含水率对木材膨胀变形的影响大致见图 9-4。木材的干缩湿胀程度还因树种而异,一般而言,表观密度越大,夏材含量越多,则胀缩变形越大。如果木材长期受到干湿交替作用,会产生翘曲和开裂,因此潮湿的木材在加工使用之前,应预先进行干燥处理,使木材的含水率与使用环境的湿度相适应。

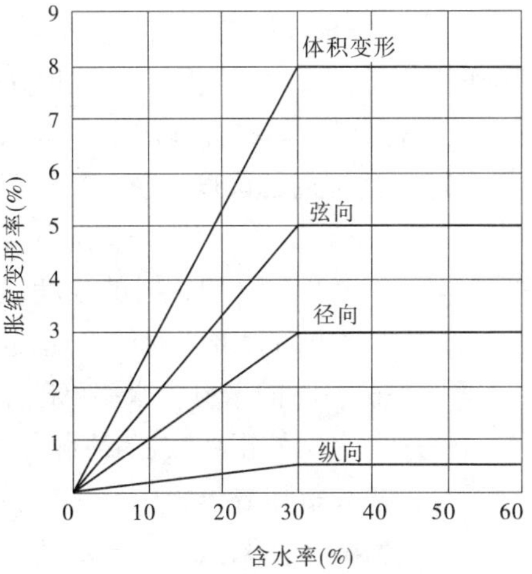

图 9-4　含水率对木材胀缩变形的影响

三、表观密度

木材的密度是指构成木材细胞壁物质的密度，各种木材的密度相差无几，平均约为 1.55 g/cm^3。各种木材的表观密度因所含厚壁细胞的比率及含水率的不同有很大差异，通常以含水率为 15%（标准含水率）时的表观密度为准，平均约为 500 kg/m^3。

四、强度

在建筑工程中，通常利用木材的抗压、抗拉、抗剪和抗弯强度，由于木材构造上的各向异性，其强度具有明显的方向性。木材的强度、外力性质以及受力方向与纤维排列的方向有关。作用力方向和木材纤维方向平行时，称为顺纹；作用力方向垂直于纤维方向时，称为横纹。在顺纹方向，木材的抗压和抗拉强度都较高，而在横纹方向，弦向与径向强度又不同。

为了便于比较，将木材各种强度间数值大小关系列于表 9-1。

表 9-1　木材各强度之间的关系

抗压		抗弯	抗剪		抗拉	
顺纹	横纹		顺纹	横纹	顺纹	横纹
1	1/10 ~ 1/3	3/2 ~ 2	1/7 ~ 1/3	1/2 ~ 1	2 ~ 3	1/20 ~ 1/3

木材的强度首先决定于树种及材质，但对于同一种木材，其强度随含水率、环境温度、负荷时间、表观密度和疵病等外在因素的变化而改变。

（一）含水率

木材的强度随含水率的变化而异。木材的含水率在纤维饱和点以内变化时，含水量的增加使细胞壁内纤维吸水软化、松离以及纤维间联结减弱，故强度随之降低，而水分减少使细胞壁比较紧密，强度增高。当含水率超过纤维饱和点后，对强度不再产生影响。含水率的变化对各种强度的影响程度不同，对抗弯强度和顺纹抗压强度的影响最大，对顺纹抗剪强度影响较小，而对顺纹抗拉强度几乎没有影响。

为了进行比较，国家标准规定木材强度以含水率为 12% 时的强度为标准值，含水率在 9% ~15% 范围内的强度，应按照下式换算

$$\sigma_{12} = \sigma_W[1 + \alpha(W - 12)] \tag{9-1}$$

式中　σ_{12}——含水率为 12% 时的强度，MPa；

σ_W——含水率为 W% 时的强度，MPa；

W——试验时的木材含水率（%）；

α——含水率校正系数，随荷载种类和外力作用形式不同而异，顺纹抗压 $\alpha = 0.05$，横纹抗压 $\alpha = 0.045$，顺纹抗拉阔叶树材 $\alpha = 0.015$、针叶树材 $\alpha = 0$，顺纹抗剪 $\alpha = 0.03$，抗弯 $\alpha = 0.04$。

（二）环境温度

环境温度升高时，木材的强度逐渐降低。木材的含水率越大，其强度受温度的影响也

较大。研究表明，当温度从 25 ℃升高至 50 ℃时，针叶树材的抗拉强度会降低 10% ~ 15%，抗压强度会降低 20% ~24%。木材长期处于 60 ~ 100 ℃时，会引起水分和所含挥发物的蒸发，而使木材呈暗褐色，强度下降，变形增大。因此，长期处于高温作用下(50 ℃以上)的部位，不宜使用木材。

(三)负荷时间

木材的长期承载能力远远低于短期承载能力。因为在长期荷载作用下，木材会发生纤维蠕滑，累积后会产生较大变形，降低承载能力。因此，只有当木材所受的应力远低于强度极限的某一范围以下时，才可避免木材因长期负荷而破坏。

木材在长期荷载作用下所能承受的最大应力称为木材的持久强度。木材的持久强度仅为其极限强度的 50% ~60%。当应力不超过持久强度时，变形到一定限度后趋于稳定；应力超过持久强度时，变形不断增加，经过一段时间后，变形急剧增加，从而导致木材破坏。

一切的木结构都处于某一种荷载的长期作用下，因此在设计木结构时应考虑负荷时间对木材强度的影响，以持久强度为设计依据。

(四)疵病

木材在生长、采伐、保存以及加工过程中所产生的缺陷称为疵病。木材的疵病包括天然生长的缺陷(如木节、斜纹、腐朽和病虫害等)和加工后产生的缺陷(如裂缝、翘曲等)。木材的疵病会降低木材的力学强度。另外，木材疵病对强度的影响与受力情况有关，例如：木节对顺纹抗拉强度影响显著，对顺纹抗压强度影响较小；斜纹易使木材开裂和翘曲，降低抗拉和抗弯强度；裂纹会破坏木材的整体性，使其在受弯时，不能承受剪切作用，降低抗弯强度。木材都存在疵病，使用时应根据木材的使用要求，正确地选用木材，减少各种缺陷带来的影响。

第五节　木材的应用

一、木材的规格及用途

我国木材供应的形式主要有原条、原木和板枋。

原条为去除皮、根、树梢的木料，但并未按照一定的尺寸加工。建筑工程中可直接使用原木制作屋架等。

原木是将原条按一定尺寸加工成规定直径和长度的木料，可直接在建筑中作木桩、桁架、楼梯和木柱等。

板枋是原木经锯解加工而成的木料，有板材和方材。截面宽度为厚度 3 倍或 3 倍以上的木料为板材，宽度不足厚度 3 倍的木料为方材。

板枋根据木材的缺陷(木节、腐朽、裂纹、夹皮、虫眼、钝棱、弯曲和斜纹等)分为三个等级：一等材用于受拉和拉弯构件；二等材用于受弯和压弯构件；三等材用于受压构件。主要用于木结构、门窗、地板和装饰装修等。

二、木材的综合利用

木材的综合利用具有重大的现实意义，既可节约木材，避免浪费，做到物尽其用，同时也可使木材在性能上扬长避短，充分发挥其功能。木材综合利用包括改性木材和木质人造材料等。

（一）改性木材

改性木材是木材经过各种物理、化学方法进行特殊处理的产品。改性木材克服或减少了木材的吸湿性、胀缩变形性、腐朽、易燃、低强度、不耐磨和构造的非均匀质性，是木材改性后的特殊材料。如层积木是将极薄的木片用合成树脂浸透叠放起来加热加压而成的，具有很高的耐磨性，收缩膨胀极小，且不会腐朽和虫蛀，强度也得到显著提高。可用于机器上的轴瓦、齿轮和水工闸门滑道等。

（二）木质人造材料

木质人造材料是用木材或木材废料为主要原料，经过机械加工和物理化学处理制成的一类再构成材料。按其几何形状可分为木制人造方材、木制人造板材和木质模压制品等。木制人造方材是用薄板或厚单板顺纹胶合压制成的一种结构材料。木质人造板材是以木材、木质纤维、碎木料或其他植物纤维为原料，加入胶粘剂和其他添加剂制成的板材。木材模压制品也是用各种不同形状的结构单元，组坯或铺装成不同结构形式的板坯，用专门结构的模具压制成各种非平面状的制品。

其中人造板材是木质人造材料中品种最多、用途最广的一类材料。工程中常用的木质人造板材主要有以下几种。

1. 胶合板

胶合板是由沿年轮切下的薄层木片用胶黏合，压制而成的。木片层数为奇数，一般为3～13层，工程中常用的是三合板和五合板。胶合时应使相邻木片的纤维互相垂直。胶合板的特点是：材质均匀，强度高，无明显纤维饱和点存在，吸湿性小，不翘曲开裂，无疵病，幅面大，使用方便，装饰性好。在工程中胶合板广泛用做建筑室内隔板墙、护壁板、天花板、门面板以及各种家具和装修。

2. 纤维板

纤维板是以植物纤维为主要原料的一种人造板材，其原料相当丰富，可为木材采伐加工剩余物（树皮、刨花、树枝等）、稻草、麦秸、玉米秆、竹材等。按纤维板的表观密度可分为硬质纤维板、软质纤维板和中密度纤维板。硬质纤维板强度高、耐磨、不易变形，可用于墙壁、地面、家具等；软质纤维板结构松软，故强度低，但吸声和保温性能好，主要用于吊顶等；中密度纤维板表面光滑、材质细密、性能稳定、边缘牢固，且板材表面的再装饰性能好，主要用于隔断、隔墙、地面、高档家具等。

3. 刨花板、木丝板、木屑板

这三种均是将原料（刨花碎片、短小废料加工刨制的木丝、木屑等）经过打碎、筛选、烘干等工序，拌以胶料（动植物胶、合成树脂胶或无机胶凝材料如水泥、水玻璃等）压制成的人造板。其属于中低档次装饰材料，强度较低，一般用做绝热、吸声材料，也可用于天花板、隔墙等。

4. 细木工板

细木工板也称大心板,心板用木板条拼接而成,两面胶粘一层或两层木质单板,经热压黏合而成。它集实木板和胶合板的优点于一身,可作为装饰构造材料,用于家具和建筑物内装修等。

第六节　木材的防腐与防火

木材作为建筑材料,最大的缺点就是容易腐朽、虫蛀和燃烧,因此大大缩短了木材的使用寿命,并限制了它的应用范围。从这些方面采取措施来提高木材的耐久性,对木材的合理使用具有十分重要的意义。

一、木材的化学腐蚀、腐朽、虫蛀与防腐

(一)化学腐蚀

木材主要由纤维素、木质素和半纤维素组成,它们是构成细胞壁的主要成分。此外,还有少量油脂、树脂、果胶质蛋白质及无机化合物等。在常温下,木材对稀的盐溶液、稀酸、弱碱有一定的抵抗能力,但随着温度的升高,其抵抗能力显著下降。在高温下,即使是中性水也会使木材发生水解等反应。强氧化性的酸、强碱在常温下也会使木材发生变色、湿涨、水解、氧化、酯化、降解交联等反应,使木材腐朽破坏。

(二)腐朽

木材是天然有机材料,易受到真菌或昆虫的侵害而腐朽变质。木材中常见的真菌有霉菌、变色菌、腐朽菌三种。霉菌、变色菌不破坏木材细胞壁,对强度影响不大,也不起破坏作用,只是使木材变色,影响外观。腐朽菌对木材危害严重,它以木质素为养料,并分泌酶来分解细胞壁中的纤维素和半纤维素,使木材腐朽破坏。腐朽菌在木材中繁殖生存除必须有养料外,还必须同时具备三个条件:适宜的温度、适当的含水率、少量的空气。腐朽菌所需要的养分是构成细胞壁的木质素或纤维素。当温度为25~30 ℃,木材含水率为35%~50%,木材中又存在一定的空气时,最适宜腐朽菌繁殖。如果设法破坏其中一个条件,就能防止木材腐朽。频繁受到干湿循环作用的木材最易腐朽。

(三)虫蛀

危害木材的昆虫有白蚁、天牛、蠹虫等。虫害的危害极大,往往木材内部已蛀蚀一空,而外表几乎看不出破坏的痕迹。

(四)防腐

木材防腐的基本方法有两种:一种是创造木材不适于真菌和昆虫寄生与繁殖的条件,具体是将木材干燥,使木材的含水率小于20%,储存和使用时注意通风,对木材构件表面应刷以油漆,使木材隔绝空气和水汽;另一种是把木材变成有毒的物质,使其不能作真菌的养料,即进行化学处理。化学处理具体的办法是用化学防腐剂对木材进行处理,化学防腐剂对真菌和昆虫有毒害作用,使真菌和昆虫无法在木材中生存繁殖,从而起到防腐的作用。化学防腐剂主要有水溶性防腐剂、油剂防腐剂和复合防腐剂。水溶性防腐剂主要有氯化锌、氟化钠、硼铬合剂等,常用于室内构件的防腐。油剂防腐剂主要有蒽油、克鲁苏油

等，由于毒性大且持久，又有臭味，多用于室外、地下或水下的木构件。复合防腐剂主要有硼酚合剂、氟铬酚合剂等。这类防腐剂的药效持久，对人、畜的毒性小，应用较广泛。用防腐剂处理木材的方法很多，常用的有压力渗透法、冷热槽法、喷涂法和浸渍法。

二、木材的燃烧与防火

木材易燃，在火的作用下，木材的外层碳化，结构疏松，内部温度升高，强度降低。当木材受到高温作用时，会分解出可燃气体并放出热量，当温度达到 260 ℃时，木材在无火源的情况下，会自行发焰燃烧。

木材的防火主要是采用对木材及其制品进行表面覆盖、涂抹、深层浸渍阻燃剂等方法来实现的。常见方法有用非燃烧性材料贴面处理法和浸渍法等。不燃烧的材料有各种金属、水泥及耐火涂料，浸渍的防火剂有硼酸、磷酸铵和碳酸铵等。

复习思考题

9-1　针叶树材与阔叶树材在构造、性能和用途上有何异同？

9-2　什么是木材的纤维饱和点、平衡含水率？各有何意义？

9-3　解释木材湿胀干缩的原因及各向异性变形的特点。

9-4　影响木材强度的因素有哪些？

9-5　防止木材腐朽的措施有哪些？

9-6　如何做好木材的防火工作？

9-7　举出常用的木材人造板材。

9-8　如何较好地进行木材的综合利用？

第十章　墙体与屋面材料

【本章要点】

(1) 墙体与屋面材料分类；

(2) 烧结砖的原料及生产工艺；

(3) 烧结普通砖的技术性质和标准；

(4) 烧结多孔砖、空心砖的技术性质和标准；

(5) 非烧结砖的技术性质和标准；

(6) 建筑砌块；

(7) 建筑板材。

【本章重点】

砌墙砖、混凝土砌块的技术性质与应用。

【本章难点】

烧结普通砖、烧结多孔砖、烧结空心砖、非烧结砖、常用砌块的外观规格尺寸、技术性质、等级划分的依据。

第一节　概　述

墙体与屋面材料如按使用功能来分都属于建筑围护材料，在建筑中起着遮风挡雨、保温隔热、隔声吸声、隔断光线的作用，是建筑工程中用量很大的一类材料。

我国传统的墙体材料是烧结黏土砖，屋面材料是烧结黏土瓦，用黏土烧制的砖瓦统称为烧土制品。这些烧土制品在战国时期就开始使用，历史悠久，素有“秦砖汉瓦”之称。但随着现代土木工程的发展，这些传统材料已远远不能满足要求，且自重大、浪费能源、破坏土地、施工效率低等缺点日益突出，已逐渐退出历史舞台。我国正在推行墙体材料革新，禁止在广大城市和耕地资源紧缺的地区生产和使用黏土实心砖，有的地方也开始限制其他黏土制品。因此，大力发展轻质、高强、大尺寸、节能、耐久、多功能的新型墙体和屋面材料就尤为重要。

墙体材料有各种砌墙砖、混凝土砌块、板材等，屋面材料主要有各种材质的瓦和板材。

本章重点讲述各类砌墙砖、混凝土砌块技术性质与应用，对建筑工程中常用的屋面用瓦、屋面与墙面用板材也作了一定介绍。通过学习，应重点掌握烧结普通砖、烧结多孔砖、烧结空心砖、非烧结砖、常用砌块的外观规格尺寸、技术性质以及等级划分的依据。对屋面用瓦及各类板材应有一定的了解。

第二节　烧结砖

经焙烧而制成的砖统称为烧结砖。烧结砖具有强度高、使用寿命长、体积稳定性好、施工灵活、基本不需维修等优点，是我国墙体材料的主体。烧结砖除烧结普通砖外，还包括烧结多孔砖和烧结空心砖。从主要原料来区分，既包括以黏土、页岩为主的烧结砖，也包括以煤矸石、粉煤灰等具有烧结性的工业废弃物为主的烧结砖，分别命名为烧结黏土砖、烧结页岩砖、烧结煤矸石砖、烧结粉煤灰砖等。

一、原料及生产工艺

（一）原料

1. 黏土

黏土的主要成分是具有层状结晶结构的含水铝硅酸盐（$xAl_2O_3 \cdot ySiO_2 \cdot zH_2O$），称其为黏土矿物。常见的黏土矿物有高岭石、蒙脱石、水云母等。除黏土矿物外，黏土中还含有石英、长石、云母、褐铁矿、黄铁矿、碳酸盐类、有机物等杂质。黏土矿物是黏土具有可塑性的主要来源，而杂质对烧结砖的可塑性、收缩性、焙烧温度、制品颜色等产生很大的影响。通常按黏土杂质含量、耐火度（烧熔温度）及用途不同，分为高岭土、耐火黏土、难熔黏土和易熔黏土。

黏土必须具有可塑性，即黏土与适量水拌和后，能在外力作用下塑成各种形状，当外力撤消后，仍能保持原状，并且不出现裂纹。黏土矿物含量多，且其中细颗粒含量多时，黏土可塑性好，其制品易成型。但可塑性过大，黏土坯体在干燥和焙烧过程中，随脱水又会出现较大的收缩，而影响砖的外观和规格。

黏土具有烧结性，当坯体在 900 ℃以上焙烧时，黏土颗粒表面的易熔化合物形成一定量的熔融物，逐渐包裹未熔融颗粒，并填充颗粒间的空隙，随温度升高，熔融物增多，坯体孔隙率降低，在熔融物表面张力作用下产生收缩。与此同时，已分解的黏土矿物将形成新的结晶硅酸盐矿物。基于上述原因，焙烧后的黏土冷却后转变成石质材料，这正是砖能具有强度及其他工程所需性质的主要原因。

2. 粉煤灰

粉煤灰是从煤粉炉烟道气体中收集到的以二氧化硅为主要成分、氧化钙含量不大于10%的粉末。其本身具有一定的发热量，作为生产砖的原料，有一定的节煤效果。用粉煤灰生产出来的砖与黏土砖产品性能基本相同，烧结粉煤灰砖以粉煤灰为主要原料，并且国家标准《烧结空心砖和空心砌块》（GB 13545—2003）也已在原料适用范围内增加了“以粉煤灰为主要原料”这一项，这符合国家利废政策。但由于粉煤灰是瘠性的，而制砖配合料须呈塑性状态，所以必须将黏结料（黏土、水玻璃等）与粉煤灰以一定比例配合作为制砖原料。

3. 煤矸石

煤矸石是采煤和洗煤过程中排出的以二氧化硅为主要成分的炭质岩石废渣，是煤矿的工业废料。使用煤矸石烧砖时，由于本身含有大量的碳，可不用或少用煤，节约能源。其在这一点上与粉煤灰相同，此类主要靠砖坯本身所含的可燃物质（包括原料中的或外掺入的）焙烧而成的砖称为内燃砖。

4. 页岩

页岩为黏土岩的构造变种，具有页理构造（即岩石平行层理方向可分裂成层状或片状)。页岩中含有大量黏土质矿物,可用来代替黏土生产烧土制品。用页岩制砖,较黏土而言,可节约大量农田。

(二)生产工艺

烧结砖的生产工艺过程为:采土—原料调制制坯—成型—干燥—焙烧—制品。

1. 原料调制

原料经粉碎、调配,再加适量水拌和制成可塑性好的坯料。

2. 坯料成型

烧结砖一般用塑性法成型,即用含水率为 15% ~25% 的可塑性良好的坯料,通过挤泥机挤出一定断面尺寸的泥条,切割后获得制品形状,泥条的切割面(砖的砌筑面)比较粗糙,易与砂浆黏结。烧结多孔砖和烧结空心砖成型时在挤泥机出口装有成孔心头,使挤出的泥条具有满足要求的孔洞,但对黏土的可塑性要求更高。

3. 干燥与焙烧

成型后的生坯先需要干燥,干燥分自然干燥与人工干燥。前者是在露天下阴干,后者是在干燥窑或室内干燥。

焙烧是生产工艺的关键阶段,焙烧是在连续作用的隧道窑或轮窑中进行的。烧结温度不宜过高或过低,一般控制在 950 ~1 000 ℃。当焙烧的温度低于烧结温度下限时,会产生欠火砖,其特点是坯体孔隙率大、强度低、耐久性差、颜色浅、敲之声哑;反之,则会产生过火砖,其特点是坯体孔隙率小、密实度大、强度与耐久性较高、颜色深、敲之声脆,但导热系数大,多有变形。两者均属于不合格产品。

当焙烧窑中为氧化气氛时,黏土中所含的氧化物被氧化成红色的高价氧化物(Fe_2O_3),砖呈红色,此类在氧化气氛中烧成的红色的黏土质砖,称为红砖;当窑内为还原气氛时,铁的氧化物为 Fe_3O_4 或 FeO,砖呈青灰色,此类在还原气氛中烧成的青灰色的黏土质砖,称为青砖。青砖的耐久性优于红砖,但其燃料消耗多,很少生产。

二、烧结普通砖

烧结普通砖是以黏土、页岩、煤矸石、粉煤灰等为主要原料经焙烧而制成的普通砖。普通砖也称为标准砖,指尺寸为 240 mm×115 mm×53 mm 的实心砖(无孔洞或孔洞率小于 25%)。

按使用的主要原料不同,烧结普通砖可分为烧结黏土砖(简称黏土砖,代号为 N)、烧结粉煤灰砖(简称粉煤灰砖,代号为 F)、烧结页岩砖(简称页岩砖,代号为 Y)、烧结煤矸石砖(简称煤矸石砖,代号为 M)等。

国家标准《烧结普通砖》(GB 5101—2003)对烧结普通砖的规格、外观质量、强度等级、抗风化性能、泛霜、石灰爆裂、配砖和装饰砖、放射性物质等技术要求,结合我国国情均进行了相应的规定,具体内容如下。

(一)规格

砖的外形为直角六面体,其公称尺寸为:长 240 mm、宽 115 mm、高 53 mm(尺寸偏差应符合表 10-1 的规定)。通常将 240 mm×115 mm 的面称为大面,将 240 mm×53 mm 的面称为条面,将 115 mm×53 mm 的面称为顶面,如图 10-1 所示,尺寸允许偏差见表 10-1。

因此，在砌筑使用时，包括砂浆厚度（10 mm）在内，4块砖长、8块砖宽、16块砖厚都为1 m，512块砖可砌1 m^3 的砌体。

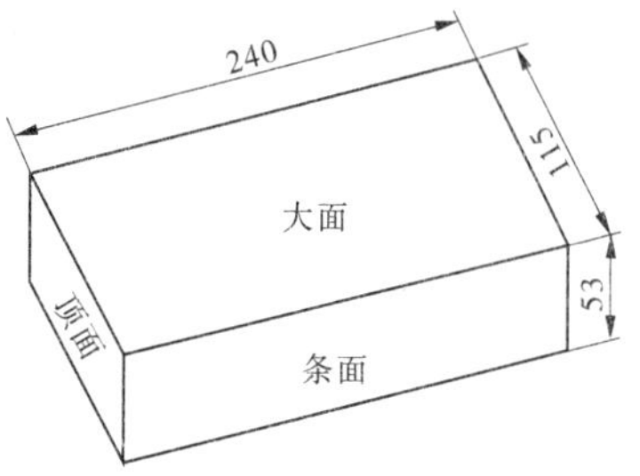

图 10-1　烧结普通砖示意图

（单位：mm）

（二）外观质量

外观质量包括两条面高度差、弯曲、杂质凸出高度、缺棱掉角等七项内容，均应满足表10-2的规定。

（三）强度等级

烧结普通砖根据抗压强度分为MU30、MU25、MU20、MU15、MU10五个强度等级，并应符合表10-3的规定。

表 10-1　烧结普通砖尺寸允许偏差　（单位：mm）

公称尺寸	优等品		一等品		合格品	
	样本平均偏差	样本极差≤	样本平均偏差	样本极差≤	样本平均偏差	样本极差≤
240	±2.0	6	±2.5	7	±3.0	8
115	±1.5	5	±2.0	6	±2.5	7
53	±1.5	4	±1.6	5	±2.0	6

表 10-2　烧结普通砖外观质量　（单位：mm）

项目		优等品	一等品	合格品
两条面高度差　≤		2	3	4
弯曲　≤		2	3	4
杂质凸出高度　≤		2	3	4
缺棱掉角的三个破坏尺寸不得同时大于		5	20	30
裂纹长度　≤	大面上宽度方向及其延伸至条面的长度	30	60	80
	大面上长度方向及其延伸至顶面的长度或条面、顶面上水平裂纹的长度	50	80	100
完整面不得少于		二条面和二顶面	一条面和一顶面	—
颜色		基本一致	—	—

注：1. 凡有下列缺陷之一者，不得称为完整面：①缺陷在条面或顶面上造成的破坏面尺寸同时大于10 mm×10 mm；②条面或顶面上裂纹宽度大于1 mm，其长度超过30 mm；③压陷、黏底、焦花在条面或顶面上的凹陷或凸出超过2 mm，区域尺寸同时大于10 mm×10 mm。

2. 为装饰而施加的色差、凸凹纹、拉毛、压花等不算缺陷。

表 10-3　烧结普通砖强度等级　（单位：MPa）

<table>
<tr><th rowspan="2">强度等级</th><th rowspan="2">抗压强度平均值 $\bar{f}$≥</th><th>变异系数 δ≤0.21</th><th>变异系数 δ>0.21</th></tr>
<tr><th>强度标准值 f_k≥</th><th>单块最小抗压强度值 f_{min}≥</th></tr>
<tr><td>MU30</td><td>30.0</td><td>22.0</td><td>25.0</td></tr>
<tr><td>MU25</td><td>25.0</td><td>18.0</td><td>22.0</td></tr>
<tr><td>MU20</td><td>20.0</td><td>14.0</td><td>16.0</td></tr>
<tr><td>MU15</td><td>15.0</td><td>10.0</td><td>12.0</td></tr>
<tr><td>MU10</td><td>10.0</td><td>6.5</td><td>7.5</td></tr>
</table>

（四）抗风化性能

抗风化性能属于烧结普通砖的耐久性，是一项重要的综合性能。主要用抗冻性、吸水率及饱和系数来评定砖的抗风化性能。

规范规定，风化区用风化指数进行划分。风化指数是指日气温从正温降至负温或负温升至正温的每年平均天数与每年从霜冻之日起至消失霜冻之日止这一期间降雨总量（以 mm 计）的平均值的乘积。风化指数大于 12 700 者为严重风化区，风化指数小于 12 700 者为非严重风化区。黑龙江省、吉林省、辽宁省、内蒙古自治区、新疆维吾尔自治区、宁夏回族自治区、甘肃省、青海省、陕西省、山西省、河北省、北京市、天津市均属于严重风化区，其他省区属于非严重风化区。严重风化区的前 5 个省区的砖必须进行冻融试验，其他地区砖的抗风化性能符合表 10-4 的规定时，可不做冻融试验，否则必须进行冻融试验。冻融试验后，每块砖样不允许出现裂纹、分层、掉皮、缺棱、掉角等冻坏现象；质量损失不得大于 2%。

表 10-4　烧结普通砖抗风化性能

<table>
<tr><th rowspan="3">砖种类</th><th colspan="4">严重风化区</th><th colspan="4">非严重风化区</th></tr>
<tr><th colspan="2">5 h 沸煮吸水率（%）≤</th><th colspan="2">饱和系数≤</th><th colspan="2">5 h 沸煮吸水率（%）≤</th><th colspan="2">饱和系数 ≤</th></tr>
<tr><th>平均值</th><th>单块最大值</th><th>平均值</th><th>单块最大值</th><th>平均值</th><th>单块最大值</th><th>平均值</th><th>单块最大值</th></tr>
<tr><td>黏土砖</td><td>18</td><td>20</td><td rowspan="2">0.85</td><td rowspan="2">0.87</td><td>19</td><td>20</td><td rowspan="2">0.88</td><td rowspan="2">0.90</td></tr>
<tr><td>粉煤灰砖*</td><td>21</td><td>23</td><td>23</td><td>25</td></tr>
<tr><td>页岩砖</td><td rowspan="2">16</td><td rowspan="2">18</td><td rowspan="2">0.74</td><td rowspan="2">0.77</td><td rowspan="2">18</td><td rowspan="2">20</td><td rowspan="2">0.78</td><td rowspan="2">0.80</td></tr>
<tr><td>煤矸石砖</td></tr>
</table>

注：* 表示粉煤灰掺入量（体积比）小于 30% 时，按黏土砖规定判定。

（五）泛霜

泛霜是可溶性盐类在砖或砌块表面的盐析现象。砖内过量的可溶盐受潮吸水而溶解，随水分蒸发而沉积于砖的表面，形成白色粉状、絮状或絮片状附着物，影响建筑物的美观。如果溶盐为硫酸盐，当水分蒸发呈晶体析出时，产生膨胀，使砖面及砂浆剥露。

标准规定，每块砖样应符合：优等品无泛霜，一等品不允许中等泛霜，合格品不允许出现严重泛霜。

（六）石灰爆裂

石灰爆裂是指砖（或烧结砌块）的原料或内燃物质中夹杂着石灰质，焙烧时被烧成生石灰，砖（或砌块）吸水后，体积膨胀而发生的爆裂现象。经试验后砖面出现的爆裂区域不应超过相应的规定。

另外，产品中不允许有欠火砖、酥砖和螺旋纹砖。配砖和装饰砖的技术要求应符合相应规定。砖的放射性物质应符合《建筑材料放射性核素》（GB 6566—2001）的规定。

（七）产品标记

产品标记按产品名称、类别、强度等级、质量等级和标准编号顺序编写。如烧结普通砖，强度等级 MU15，一等品的黏土砖，其标记为：烧结普通砖 N MU15 B GB5101。

按上述技术要求，对于强度、抗风化性能和放射性物质合格的砖，根据尺寸偏差、外观质量、泛霜和石灰爆裂分为优等品（A）、一等品（B）、合格品（C）三个质量等级。优等品适用于清水墙和装饰墙，一等品、合格品可用于混水墙。中等泛霜的砖不能用于潮湿部位。

烧结普通砖主要用于砌筑建筑物的内外墙、柱、拱、烟囱、基础等；有时用于小型水利工程，如闸墩、涵管、渡槽、挡土墙等；可与轻混凝土、岩棉等绝热材料配套使用，砌成两面为砖、中间填以轻质材料的轻体墙；可在砌体中配置适当的钢筋或钢筋网成为配筋砌筑体，代替配筋混凝土柱、梁等。

三、烧结多孔砖、空心砖

烧结多孔砖是以黏土、页岩、煤矸石等为主要原料，经成型、焙烧而成的孔洞率大于等于 25% 的砖。孔洞率不小于 40% 的砖则为空心砖，孔可为矩形孔、圆孔等。与烧结普通砖相比，烧结多孔砖与空心砖具有自重小、保温性好、节能节土、施工效率高、砂浆用量少等优点。

（一）烧结多孔砖

烧结多孔砖原称竖孔空心砖，因其强度较高，保温性优于普通砖，所以一般用于砌筑 6 层以下建筑物的承重墙。

国家标准《烧结多孔砖》（GB 13544—2000）规定的技术要求如下所述。

1. 规格

砖的外形为直角六面体，其长度可为 290 mm、240 mm、190 mm，宽度可为 240 mm、190 mm、180 mm、175 mm、140 mm、115 mm，高度为 90 mm。其他规格由供需双方协商确定。产品还可以有 1/2 长度或 1/2 宽度的配砖，配套使用。有的多孔砖可与烧结普通砖搭配使用。

孔的尺寸小而数量多，且孔洞尺寸应符合表 10-5 的规定。

表 10-5 烧结多孔砖孔洞直径 (单位:mm)

圆孔直径	非圆孔内切圆直径	手抓孔
≤22	≤15	(30~40)×(75~85)

图 10-2 所示为部分地区生产的多孔砖规格和孔洞形式。

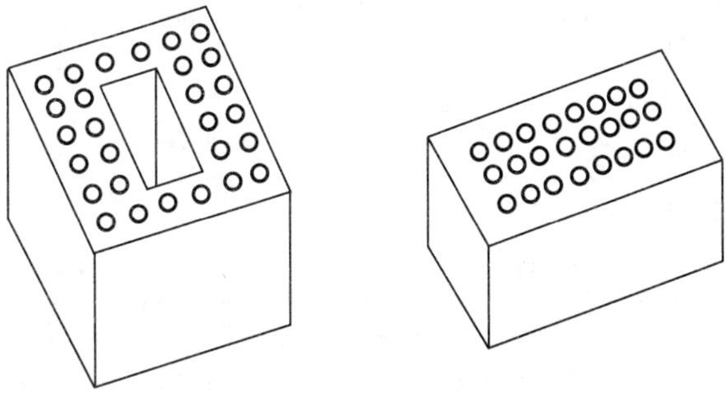

图 10-2 烧结多孔砖示意图

2. 孔型、孔洞率及孔洞排列

烧结多孔砖的孔型、孔洞率及孔洞排列应符合表 10-6 的规定。

表 10-6 烧结多孔砖的孔型、孔洞率及孔洞排列

产品等级	孔型	孔洞率(%)≥	孔洞排列
优等品	矩形条孔或矩形孔	25	交错排列,有序
一等品			
合格品	矩形孔或其他孔型		—

注:1. 所有孔宽 b 应相等,孔长 $L≤50$ mm。
2. 孔洞排列上下、左右应对称,分布均匀,手抓孔的长度方向尺寸必须平行于砖的条面。
3. 矩形孔的孔长 L、孔宽 b 满足式 $L≥3b$ 时,为矩形条孔。

3. 尺寸允许偏差与外观质量

烧结多孔砖的尺寸允许偏差与外观质量要求见表 10-7、表 10-8。

表 10-7 烧结多孔砖尺寸允许偏差 (单位:mm)

尺寸	优等品		一等品		合格品	
	样本平均偏差	样本极差≤	样本平均偏差	样本极差≤	样本平均偏差	样本极差≤
290、240	±2.0	6	±2.5	7	±3.0	8
190、180、175、140、115	±1.5	5	±2.0	6	±2.5	7
90	±1.5	4	±1.7	5	±2.0	6

表 10-8　烧结多孔砖外观质量要求　　（单位：mm）

<table>
<tr><th colspan="2">项目</th><th>优等品</th><th>一等品</th><th>合格品</th></tr>
<tr><td colspan="2">颜色（一条面和一顶面）</td><td>一致</td><td>基本一致</td><td>—</td></tr>
<tr><td colspan="2">完整面不得少于</td><td>一条面和一顶面</td><td>一条面和一顶面</td><td>—</td></tr>
<tr><td colspan="2">缺棱掉角的三个破坏尺寸不得同时大于</td><td>15</td><td>20</td><td>30</td></tr>
<tr><td rowspan="3">裂纹长度 ≤</td><td>大面上深入孔壁 15 mm 以上宽度方向及其延伸至条面的长度</td><td>60</td><td>80</td><td>100</td></tr>
<tr><td>大面上深入孔壁 15 mm 以上长度方向及其延伸至顶面的长度</td><td>60</td><td>100</td><td>120</td></tr>
<tr><td>条面、顶面上的水平裂纹</td><td>60</td><td>100</td><td>120</td></tr>
<tr><td colspan="2">杂质在砖面上造成的凸起高度不大于</td><td>3</td><td>4</td><td>5</td></tr>
</table>

注：1. 凡有下列缺陷之一者，不能称为完整面：①缺陷在条面或顶面上造成的破坏面尺寸同时大于 20 mm × 30 mm；②条面或顶面上裂纹宽度大于 1 mm，其长度超过 70 mm；③压陷、焦花、黏底在条面或顶面上的凹陷或凸出超过 2 mm，区域尺寸同时大于 20 mm × 30 mm。
2. 为装饰面施加的色差、凸凹纹、拉毛、压花等不算缺陷。

4. 其他技术要求

其他技术要求包括泛霜、石灰爆裂、抗风化性能等方面，装饰砖的技术要求均应符合相应的规定，且产品中不允许有欠火砖、酥砖和螺旋纹砖。

产品标记按产品名称、品种、规格、强度等级、质量等级和标准编号顺序编写。如规格尺寸 290 mm × 140 mm × 90 mm，强度等级 MU25，优等品的页岩砖，其标记为：烧结多孔砖 Y 290 × 140 × 90 25 A GB13544。

5. 等级

烧结多孔砖的强度是由试件破坏荷载值除以受压毛面积确定的，按 10 块试样抗压强度的结果，分为 MU30、MU25、MU20、MU15、MU10 五个强度等级。各强度等级的抗压强度应符合表 10-3 的规定，否则，为不合格品。对于强度和抗风化性能合格的砖，根据尺寸偏差、外观质量、孔型及孔洞排列、泛霜、石灰爆裂分为优等品（A）、一等品（B）和合格品（C）三个质量等级。

多孔砖在运输装卸过程中，严禁倾倒和抛掷。进场后，应按强度等级分类堆放整齐，堆置高度不宜超过 2 m。

（二）烧结空心砖

烧结空心砖原称水平孔空心砖，其质轻、保温性好，但强度低，主要用于非承重墙、框架结构的填充墙。

国家标准《烧结空心砖和空心砌块》（GB 13545—2003）规定的技术要求如下所述。

1. 规格

烧结空心砖和空心砌块的外形为直角六面体，见图 10-3。其长度、宽度、高度尺寸应符合下列要求：390 mm，290 mm，240 mm，190 mm，180（175） mm，140 mm，115 mm，90 mm。其他规格由供需双方协商确定。

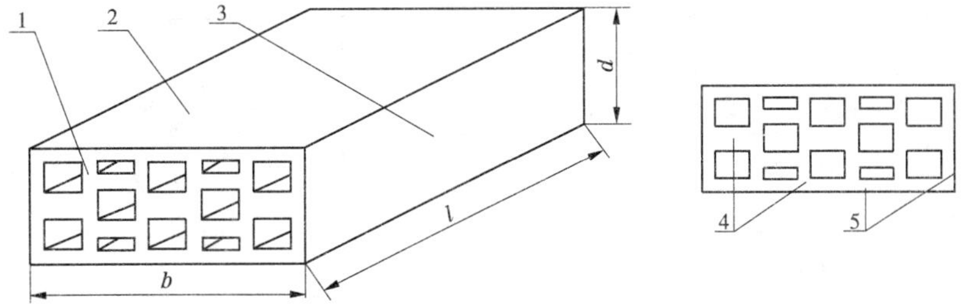

1—顶面;2—大面;3—条面;4—肋;5—壁;l—长度;b—宽度;d—高度

图 10-3　烧结空心砖和空心砌块示意图

2. 孔洞排列及其结构

烧结空心砖的孔洞排列及其结构应符合表 10-9 的规定。

表 10-9　孔洞排列及其结构

等级	孔洞排列	孔洞排数(排)		孔洞率(%)
		宽度方向	高度方向	
优等品	有序交错排列	b≥200 mm 时,≥7 b<200 mm 时,≥5	≥2	≥40
一等品	有序排列	b≥200 mm 时,≥5 b<200 mm 时,≥4	≥2	
合格品	有序排列	≥3	—	

注:b 为宽度的尺寸。

3. 尺寸允许偏差与外观质量

烧结空心砖的尺寸允许偏差与外观质量要求见表 10-10、表 10-11。

表 10-10　烧结空心砖尺寸允许偏差　(单位:mm)

尺寸	优等品		一等品		合格品	
	样本平均偏差	样本极差≤	样本平均偏差	样本极差≤	样本平均偏差	样本极差≤
>300	±2.5	6.0	±3.0	7.0	±3.5	8.0
200~300	±2.0	5.0	±2.5	6.0	±3.0	7.0
100~200	±1.5	4.0	±2.0	5.0	±2.5	6.0
<100	±1.5	3.0	±1.7	4.0	±2.0	5.0

表 10-11　烧结空心砖外观质量要求　(单位:mm)

项目	优等品	一等品	合格品
弯曲,不大于	3	4	5
缺棱掉角的三个破坏尺寸,不同时大于	15	30	40

续表 10-11

项目		优等品	一等品	合格品
垂直度差,不大于		3	4	4
未贯穿裂纹长度,不大于	大面上宽度方向及其延伸至条面的长度	不允许	100	120
	大面上长度方向或条面上水平面方向的长度	不允许	120	140
贯穿裂纹长度,不大于	大面上宽度方向及其延伸至条面的长度	不允许	40	60
	壁、肋沿长度方向、宽度方向及其水平方向的长度	不允许	40	60
肋、壁内残缺长度,不大于		不允许	40	60
完整面,不少于		一条面和一大面	一条面或一大面	—

注:凡有下列缺陷之一者,不能称为完整面:①缺陷在大面、条面上造成的破坏面尺寸同时大于 20 mm×30 mm;②大面、条面上裂纹宽度大于 1 mm,其长度超过 70 mm;③压陷、黏底、焦花在大面、条面上的凹陷或凸出超过 2 mm,区域尺寸同时大于 20 mm×30 mm。

4. 其他技术要求

其他技术要求包括泛霜、石灰爆裂、吸水率、抗风化性能均应符合相应规定,且产品中不允许有欠火砖、酥砖。

砖和砌块的产品标记按产品名称、类别、规格、密度等级、强度等级、质量等级和标准编号顺序编写。如规格尺寸 290 mm×190 mm×90 mm,密度等级 800,强度等级 MU7.5,优等品的页岩空心砖,其标记为:烧结空心砖 Y 290×190×90 800 MU7.5 A GB13545。

5. 等级

烧结空心砖根据抗压强度分为 MU10.0、MU7.5、MU5.0、MU3.5、MU2.5 四个强度等级。表观密度分为 800 级、900 级、1000 级、1100 级。强度、密度、抗风化性能和放射性物质合格的砖和砌块,根据尺寸偏差、外观质量、孔洞排列及其结构、泛霜、石灰爆裂、吸水率分为优等品(A)、一等品(B)和合格品(C)三个质量等级。其中,强度等线应符合表 10-12 的规定,密度等级应符合表 10-13 的规定。

表 10-12 烧结空心砖强度等级

强度等级	抗压强度(MPa)			密度等级范围
	抗压强度平均值 $\bar{f}\geq$	变异系数 $\delta\leq0.21$	变异系数 $\delta>0.21$	
		强度标准值 $f_k\geq$	单块最小抗压强度值 $f_{min}\geq$	
MU10.0	10.0	7.0	8.0	≤1100
MU7.5	7.5	5.0	5.8	
MU5.0	5.0	3.5	4.0	
MU3.5	3.5	2.5	2.8	
MU2.5	2.5	1.6	1.8	≤800

表 10-13　烧结空心砖密度等级

密度等级	5 块密度平均值(kg/m^3)
800	≤800
900	801 ~ 900
1000	901 ~ 1 000
1100	1 001 ~ 1 100

第三节　非烧结砖

随着工业生产的发展,各种工业废料排放量不断增多。近年来,为保护环境、变废为宝、充分利用工业废渣,开发生产了不少新型墙体材料。以含二氧化硅为主要成分的天然材料(如砂)或工业废料(如粉煤灰、煤渣、矿渣等),配以少量石灰、石膏,经拌制、成型、蒸压或蒸养而成的砖,称为非烧结砖,也称硅酸盐砖。其中:经常压蒸汽养护硬化而制成的砖为蒸养砖;经高压蒸汽养护硬化而制成的砖为蒸压砖。常用的有蒸压灰砂砖、蒸压粉煤灰砖、蒸养粉煤灰砖、煤渣砖、矿渣砖等。

一、蒸压灰砂砖

蒸压灰砂砖是以石灰和砂为主要原料,允许掺入颜料和外加剂,经坯料制备、压制成型、蒸压养护而成的实心砖。灰砂砖的组织均匀密实,尺寸准确,外形光洁、平整,色泽大方,多为浅灰色。加入碱性矿物颜料可制成彩色砖。灰砂砖的公称尺寸与烧结普通砖相同。根据国家标准《蒸压灰砂砖》(GB 11945—1999),灰砂砖根据抗压强度和抗折强度分为 MU25、MU20、MU15、MU10 四个强度等级,见表 10-14。

表 10-14　蒸压灰砂砖强度等级　(单位:MPa)

强度等级	抗压强度		抗折强度	
	平均值≥	单块值≥	平均值≥	单块值≥
MU25	25.0	20.0	5.0	4.0
MU20	20.0	16.0	4.0	3.2
MU15	15.0	12.0	3.3	2.6
MU10	10.0	8.0	2.5	2.0

注:优等品的强度级别不得小于 MU15。

蒸压灰砂砖主要用于工业与民用建筑中,MU25、MU20、MU15 的灰砂砖可用于基础及其他建筑,MU10 的灰砂砖仅可用于防潮层以上的建筑。由于灰砂砖在长期高温下会发生破坏,因此不得用于长期受热 200 ℃以上、受急冷急热和有酸性介质侵蚀的建筑部位。

二、粉煤灰砖

粉煤灰砖是以粉煤灰为主要原料，掺加一定比例的石灰、石膏或其他碱性激发剂，再加入一定量的炉渣或水淬矿渣作骨料，经加水搅拌、消化、轮碾、压制成型、高压或常压蒸汽养护而成的实心砖。按湿热养护条件不同，分别称为蒸压粉煤灰砖、蒸养粉煤灰砖及自养粉煤灰砖。

粉煤灰砖的规格也与烧结普通砖相同。行业标准《粉煤灰砖》(JC 39—1996)规定了尺寸偏差和外观质量的要求，并按抗压强度和抗折强度分为 MU20、MU15、MU10、MU7.5 四个强度等级，见表 10-15。

表 10-15　粉煤灰砖强度等级　(单位：MPa)

强度等级	抗压强度		抗折强度	
	10 块平均值≥	单块值≥	10 块平均值≥	单块值≥
MU20	20.0	15.0	4.0	3.0
MU15	15.0	11.0	3.2	2.4
MU10	10.0	7.5	2.5	1.9
MU7.5	7.5	5.6	2.0	1.5

注：强度级别以蒸汽养护 1 d 强度为准。

粉煤灰砖的干燥收缩值：优等品应不大于 0.60 mm/m，一等品不大于 0.75 mm/m，合格品不大于 0.85 mm/m。粉煤灰砖多为灰色，可用于工业与民用建筑的墙体与基础，但用于基础或易受冻融和干湿交替作用的建筑部位时，必须使用一等砖(强度不低于 MU10)与优等砖(强度不低于 MU15)。不得用于长期受热 200 ℃以上、受急冷急热和有酸性介质侵蚀的建筑部位。为提高粉煤灰砖砌体的耐久性，有冻融作用的部位应选择抗冻性合格的砖，并用水泥砂浆在砌体上抹面或采取其他防护措施。

三、煤渣砖

煤渣砖是以煤渣为主要原料，加入适量石灰、石膏，经混合、压制成型、蒸压或蒸养养护而成的，也称炉渣砖。煤渣砖按抗压强度和抗折强度分为 MU20、MU15、MU10 三个强度等级。

煤渣砖可用于一般工程的内墙和非承重外墙。其他使用要点与灰渣砖、粉煤灰砖相似。

第四节　建筑砌块

一、概述

砌块是指尺寸较大用以代替砖的建筑用人造块材，外形多为直角六面体，也有各种异形的。一般按尺寸大小可分为小型(砌块系列中主规格的高度为 115 ~ 380 mm 的)、中型(砌块系列中主规格的高度为 380 ~ 980 mm 的)、大型(砌块系列中主规格的高度大于

980 mm 的)三类。按生产方式可分为烧结空心砌块、混凝土砌块、硅酸盐砌块、加气混凝土砌块等。按孔洞特征和空心率分为实心(密实)砌块、空心砌块和多孔砌块等。由于起重设备的限制,中型和大型砌块已很少使用。目前,我国在承重墙体材料中使用最为普遍的是混凝土小型空心砌块,它是由普通混凝土或轻骨料混凝土制成的,主要规格尺寸为 390 mm×190 mm×190 mm。混凝土小型空心砌块块型如图 10-4 所示。

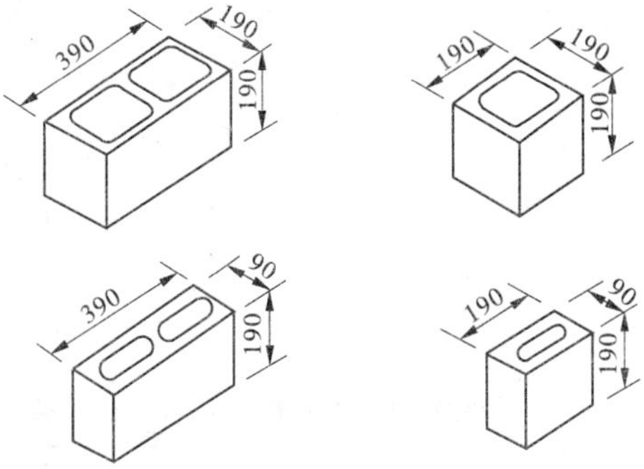

图 10-4　混凝土小型空心砌块块型　(单位:mm)

自我国进行墙体材料改革以来,砌块得到了广泛的应用,并在节土节能、环境保护方面取得了巨大的社会效益,其主要优点有以下几个方面:

(1)生产不用土,能耗低。砌块的主要原料为水泥、骨料或磨细含硅材料、石灰等,不用取土(黏土砌块除外)。生产小砌块的能耗不足黏土砖的一半。

(2)自重小,有利于地基处理和抗震。一标准小砌块相当于 9.8 块标准砖,砌块墙体自重比 240 和 370 黏土砖墙分别轻 30% 和 50%,不仅减轻了基础的负载,也增大了结构的抗震能力。

(3)施工速度快,节省砂浆。砌筑 1 m^2 的小砌块墙需标准块 12.5 块,而 1 m^2 的 240 砖墙需用 128 块砖。用小砌块砌墙,不仅大大降低了砌筑的劳动强度,而且可提高砌筑速度 30% ~100%,砂浆用量也可节省许多。

随着砌块在建筑领域的应用越来越广泛,砌块建筑将占据我国住宅建筑的相当份额。

二、几种常用砌块

(一)混凝土小型空心砌块

混凝土小型空心砌块是由水泥、粗细骨料、水等经搅拌、成型养护而成的,分为普通混凝土小型空心砌块、轻骨料混凝土小型空心砌块两类。北方寒冷地区多用浮石、火山渣、陶粒等轻骨料制成轻骨料混凝土小型空心砌块,是较理想的节能墙体材料,多用于非承重结构;南方地区多用普通混凝土做成空心砌块,为普通混凝土小型空心砌块(简称混凝土小砌块),以解决黏土砖与农田争地的矛盾,多用于承重结构。混凝土小型空心砌块主要规格尺寸为 390 mm×190 mm×190 mm。

国家标准《轻骨料混凝土小型空心砌块》(GB/T 15229—2002)按砌块孔的排数分为五类:实心(0)、单排孔(1)、双排孔(2)、三排孔(3)、四排孔(4)。按砌块的密度等级分为

500、600、700、800、900、1000、1200、1400 八级，密度等级应符合表 10-16 的要求；按砌块的抗压强度分为 1.5、2.5、3.5、5.0、7.5、10.0 六级，强度等级如符合表 10-17 的要求者为一等品，密度等级范围不满足要求者为合格品。按其尺寸允许偏差及外观质量分为一等品(B)、合格品(C)两个等级。

表 10-16 轻骨料混凝土小型空心砌块密度等级

密度等级	砌块干燥表观密度的范围(kg/m^3)	密度等级	砌块干燥表观密度的范围(kg/m^3)
500	≤500	900	810 ~ 900
600	510 ~ 600	1000	910 ~ 1 000
700	610 ~ 700	1200	1 010 ~ 1 200
800	710 ~ 800	1400	1 210 ~ 1 400

表 10-17 轻骨料混凝土小型空心砌块强度等级

强度等级	砌块抗压强度(MPa)		密度等级范围
	平均值	最小值	
1.5	≥1.5	1.2	≤600
2.5	≥2.5	2.0	≤800
3.5	≥3.5	2.8	≤1200
5.0	≥5.0	4.0	
7.5	≥7.5	6.0	≤1400
10.0	≥10.0	8.0	

混凝土小型空心砌块广泛应用于低层和中层建筑的内外墙。普通混凝土小型空心砌块主要用于承重墙体，轻骨料混凝土小型空心砌块主要用于保温墙体、非承重墙体及承重保温墙体。这类砌块在砌筑时一般不宜浇水，但在气候特别干燥炎热时，可在砌筑前稍喷水湿润。严禁雨天施工，表面有浮水时，亦不得施工。

（二）蒸压加气混凝土砌块

蒸压加气混凝土砌块是以磨细的含硅材料、石灰、水铝粉等经发气、蒸压养护而得的多孔轻质的块体材料。

《蒸压加气混凝土砌块》(GB/T 11968—97)规定砌块的规格(公称尺寸)：长度(L)有 600 mm；宽度(B)有 100 mm、125 mm、150 mm、250 mm、300 mm 及 120 mm、180 mm、240 mm；高度(H)有 200 mm、250 mm、300 mm 等多种。

砌块的质量按其尺寸偏差、外观质量、表观密度级别及强度级别分为优等品(A)、一等品(B)及合格品(C)三个质量等级。砌块强度等级按 100 mm × 100 mm × 100 mm 立方体抗压强度值(MPa)划分为 7 个强度级别。不同强度级别砌块抗压强度应符合表 10-18 的规定。砌块表观密度级别按其干燥表观密度分为 B03、B04、B05、B06、B07、B08 六个级别，不同质量等级砌块的干燥表观密度值应符合表10-19的规定。不同质量等级的不同表观密度的砌块强度级别应符合表10-20的规定。

表10-18　蒸压加气混凝土砌块不同强度级别的砌块抗压强度　（单位：MPa）

项目	强度级别						
	A1.0	A2.0	A2.5	A3.5	A5.0	A7.5	A10.0
立方体抗压强度平均值　≥	1.0	2.0	2.5	3.5	5.0	7.5	10.0
立方体抗压强度最小值　≥	0.8	1.6	2.0	2.8	4.0	6.0	8.0

表10-19　蒸压加气混凝土砌块不同质量等级砌块的干燥表观密度（单位：kg/m^3）

质量等级	表观密度级别					
	B03	B04	B05	B06	B07	B08
优等品（A）　≤	300	400	500	600	700	800
一等品（B）　≤	330	430	530	630	730	830
合格品（C）　≤	350	450	550	650	750	850

表10-20　蒸压加气混凝土砌块的强度级别

表观密度级别		B03	B04	B05	B06	B07	B08
强度级别应符合	优等品	A1.0	A2.0	A3.5	A5.0	A7.5	A10.0
	一等品			A3.5	A5.0	A7.5	A10.0
	合格品			A2.5	A3.5	A5.0	A7.5

蒸压加气混凝土砌块表观密度低，且具有较高的强度、抗冻性及较低的导热系数，是良好的墙体材料及隔热保温材料。多用于非承重墙、填充墙或保温结构。但不能应用于建筑物的基础和处于浸水、高湿和有化学侵蚀的环境（如强酸、强碱或高浓度CO_2），也不能用于表面温度高于80 ℃的承重结构部位。

（三）蒸养粉煤灰砌块

蒸养粉煤灰砌块是以粉煤灰、石灰、石膏为胶结料，以煤渣为骨料，经加水搅拌、振动成型、蒸汽养护而制得的密实或空心硅酸盐砌块，简称为粉煤灰砌块。

粉煤灰砌块可用于一般工业与民用建筑的墙体和基础，但不宜用在有酸性介质侵蚀的建筑部位，也不宜用于经常受高温影响的建筑物（如铸铁和炼钢车间、锅炉房等）的承重结构部位。在常温施工时，砌块应提前浇水润湿，冬季施工时则不必。

第五节　建筑板材

在建筑物的屋面和墙体采用板材，具有质量轻、施工速度快等优点，是我国屋面与墙体材料绿色化进程的一个重要方向。建筑板材品种繁多，发展日新月异。

常用的板材有预应力空心墙板、玻璃纤维增强水泥板、轻质隔热夹心板、网塑夹心板和纤维增强低碱度水泥建筑平板等。

一、加纤维类板

该类板材的共同特点是都加入了各种纤维，可掺入的纤维包括玻璃纤维、石棉纤维、维纶纤维、聚丙烯纤维、木纤维等。

（一）玻璃纤维增强低碱度水泥轻质板（GRC 板）

玻璃纤维增强低碱度水泥轻质板是以低碱水泥、耐碱玻璃纤维、轻骨料和水为主要原料，经布浆、脱水、辊压、养护制成的板材。

该板质量轻、强度高、不燃、可锯、可钉、可钻、施工方便且效率高，主要用于工业与民用建筑的内隔墙。

（二）纤维增强低碱度水泥建筑平板

纤维增强低碱度水泥建筑平板以温石棉、短切中碱玻璃纤维或以抗碱玻璃纤维等为增强材料，以低碱度硫铝酸盐水泥为胶结料，经制浆、抄取或流浆法成坯，蒸汽养护制成的建筑平板。其中，掺石棉纤维的称为 TK 板，不掺石棉纤维的称为 NTK 板。

该板具有质轻，抗折、抗冲击强度高，不燃，防潮，不易变形，可钉，可锯，可涂刷等特点。

（三）纤维石膏板

纤维石膏板是以建筑石膏为主要原料，掺入适量有机或无机纤维和外加剂与水混合，用缠绕、辊压压制等方法成型，经凝固、干燥制成的建筑板材。

二、硅酸盐板

硅酸盐板是以硅质材料和钙质材料为主要原料，经加水搅拌、振动（或浇注）成型、蒸压养护等工艺过程制成的密实或多孔的板材，可用做屋面板、内外墙板、楼板、绝热板等。

（一）蒸养粉煤灰硅酸盐板

蒸养粉煤灰硅酸盐板是以粉煤灰、石灰和石膏为胶结料，以煤渣（或矿渣、液态渣、火山渣、陶粒等）为骨料，经振动（或振捣）成型、常压蒸汽养护等工艺过程制成的密实硅酸盐板，简称蒸养粉煤灰板。

（二）蒸压加气混凝土板

蒸压加气混凝土板以硅质材料和钙质材料为主要原料，以铝粉为发气剂，配以经防腐处理的钢筋网片，经加水搅拌、浇注成型、预养切割、蒸压养护制成的多孔板材。

此外，还包括蒸养煤矸石板、蒸压灰砂板等。

三、水泥基材料类板

（一）预应力空心墙板

预应力空心墙板是用高强度低松弛预应力钢绞线、水泥及砂、石为原料，经过张拉、搅拌、挤压、养护、防张、切割而成的混凝土制品。

预应力空心墙板具有板面平整、尺寸误差小、施工方便等优点，可用于承重或非承重的外墙板及内墙板，并可根据需要增加保温吸声层、防水层和多种饰面层（彩色水刷石、剁斧石等),也可以制成各种规格尺寸的楼板、屋面板、阳台板等。

(二)轻骨料混凝土空心墙板

轻骨料混凝土空心墙板是以水泥、粉煤灰、轻骨料等为主要原料,经螺杆挤压成型而制成的具有若干个圆孔的条形板。

(三)轻骨料混凝土配筋墙板

轻骨料混凝土配筋墙板是以水泥为胶结料,陶粒或天然浮石等为粗骨料,陶砂、膨胀珍珠岩砂、浮石砂等为细骨料,经搅拌、成型、养护而制成的配筋轻质墙板。

四、复合材料板

复合材料板是由多种有机和无机材料复合而成的板材,一般具有良好的绝热性能、质轻等优点。复合材料板多以泡沫塑料、岩棉、矿棉等绝热材料为心材,以彩色涂层钢板、铝板、钢筋混凝土、纸面石膏板、薄型纤维水泥板或 GRC 板等为面层,经各种工艺加工而成,有金属面夹心板、铝塑复合板、钢筋混凝土绝热材料复合外墙板、复合石膏板等多种。

第六节　屋面材料

瓦是最常用的屋面材料,目前经常使用的除黏土瓦和水泥瓦外,还有石棉水泥瓦、塑料瓦、沥青瓦等。从发展趋势来看,主要有混凝土瓦、天然石料瓦、玻璃钢瓦和塑料瓦等。

一、烧结瓦

烧结瓦是以黏土、页岩为主要原料,经成型、干燥、焙烧而成的。生产烧结瓦的原料应杂质少,塑性好。成型方式可用模压成型或挤压成型。生产工艺与烧结普通砖相同。

《烧结瓦》(JC 709—1998)规定,烧结瓦根据形状分为平瓦、脊瓦、三曲瓦、双筒瓦等多种。平瓦用于屋面,脊瓦用于屋脊。根据表面状态分为有釉和无釉两类。产品规格及结构尺寸由供需双方协商确定,规格以长和宽的外形尺寸表示。平瓦的通常规格为 400 mm × 240 mm、360 mm × 220 mm。脊瓦尺寸规格要求长度不小于 300 mm,宽度不小于 180 mm。物理性能合格的产品,根据尺寸偏差和外观质量分为优等品(A)、一等品(B)和合格品(C)三个等级。尺寸允许偏差、外观质量、变形、裂纹、磕碰和釉粘、石灰爆裂、欠火和分层、物理性能均应符合相应要求。

二、水泥基材料瓦

(一)混凝土平瓦

混凝土平瓦是以水泥、砂或无机的硬质细骨料为主要原料,经配料混合、加水搅拌、机械滚压或人工揉压成型、养护而成的。

根据国家标准,其标准尺寸有 400 mm × 240 mm 和 385 mm × 235 mm 两种。抗渗性、抗冻性应符合要求。

混凝土平瓦可用来代替黏土瓦,其耐久性好,成本低,如在配料时加入颜料,可制成彩色混凝土平瓦,也可掺入高炉炉渣、粉煤灰等工业废料生产混凝土彩瓦。

(二)石棉水泥波瓦

石棉水泥波瓦及其脊瓦是用温石棉和水泥为基本原料制成的屋面和墙面材料,分为大波瓦(2 800 mm × 994 mm)、中波瓦(2 400 mm × 745 mm 和 1 800 mm × 745 mm)、小波瓦(1 800 mm × 720 mm)和脊瓦四种。按波瓦的抗折力、吸水率和外观质量分为优等品、一等品、合格品三个产品等级。

石棉水泥波瓦既可作屋面材料,也可作墙体材料装敷墙面。

(三)钢丝网石棉水泥波瓦

钢丝网石棉水泥波瓦是以温石棉和水泥为基本原料,经制坯、夹一层钢丝网、加压等工艺制成的。产品按抗折力、吸水率分为 A 级和 B 级。每一级按其外观质量分为优等品、一等品与合格品。主要用于房屋建筑的屋盖、内外墙及轻型复合屋盖的承重板。

石棉纤维对人体有害,根据国际上纤维水泥制品的发展趋势,预计在 21 世纪内,玻璃纤维水泥瓦等无石棉水泥瓦必将逐渐取代石棉水泥波瓦。

(四)玻璃纤维增强水泥波瓦

玻璃纤维增强水泥波瓦是以耐碱玻璃纤维和低碱度水泥为基本原料制成的,有中波瓦、半波瓦和脊瓦三种。按其抗折力、吸水率和外观质量分为优等品、一等品、合格品三个产品等级。其主要用途同钢丝网石棉水泥波瓦。

三、塑料瓦

(一)塑料瓦楞板

塑料瓦楞板是以聚氯乙烯、酚醛树脂或脲醛树脂为主体,加入添加材料,经塑化、压延、压波而制成的波形瓦。其具有质轻、防水、耐腐、透光、有色泽等特点,常用做车棚、凉棚等简易建筑的屋面,也可用做遮阳板。

(二)玻璃钢波形瓦

玻璃钢波形瓦是以不饱和聚酯树脂和玻璃纤维为原料制成的。这种瓦具有质轻、高强、耐冲击、耐高温、耐腐蚀、透光率高、色彩鲜艳和生产工艺简单等特点,适用于屋面、遮阳、车站月台和凉棚等。

四、金属波形瓦

金属波形瓦是以铝合金板、薄钢板或电镀钢板为基材经加工制成的,也可使之与高分子材料复合。其具有质轻、高强、耐腐蚀、安装方便的特点,适用于屋面、墙面等。

五、彩色沥青瓦

彩色沥青瓦是以玻纤毡为胎基,以彩色天然矿物粒料为覆盖层,以改性沥青为浸润黏合层高科技合成的,是集装饰和防水功能为一体的屋面材料。在我国随着许多城市坡屋面重新兴起,彩色沥青瓦得到了大面积的推广使用。

复习思考题

10-1 名词解释:烧结普通砖、烧结黏土砖、烧结多孔砖、烧结空心砖、烧结粉煤灰砖、蒸压粉煤灰砖、轻骨料混凝土小型空心砌块、烧结瓦、GRC板。

10-2　烧结普通砖、混凝土小型空心砌块的主要规格尺寸有哪些？

10-3　举出三种以上可能由于石灰体积膨胀而引起破坏的材料。

10-4　烧结普通砖、烧结多孔砖、烧结空心砖、混凝土小型空心砌块的强度等级和产品等级各根据什么指标来确定？

10-5　解释：烧结多孔砖 N 290×140×90 25 A GB13544。

10-6　常用的砌筑用天然石材有哪些？

10-7　砌筑用石材的规格有哪些？

10-8　查阅相关资料，写一篇关于新型墙体与屋面材料的调查报告。

第十一章　防水材料

【本章要点】

(1) 防水材料分类;

(2) 常用的防水涂料;

(3) 沥青胶;

(4) 聚合物改性沥青防水涂料;

(5) 合成高分子防水涂料;

(6) 防水卷材。

【本章重点】

(1) 防水材料的特性及要求;

(2) 防水涂料的特性及要求;

(3) 沥青防水涂料、聚合物改性沥青防水涂料和合成高分子防水涂料;

(4) 沥青防水卷材、聚合物改性沥青防水卷材和合成高分子防水卷材。

【本章难点】

防水涂料、防水卷材、密封防水材料的分类,并掌握常用各类防水材料的特点及应用。

第一节　概　述

防水材料是指应用于建筑材料和构筑物中起防潮、防漏、保护建筑物和构筑物及其构件不受水侵蚀破坏作用的一类功能性建筑材料。目前已广泛应用于工业与民用建筑、水利工程、市政建设、地下工程、道路桥梁、隧道涵洞、国防军工等领域。防水工程的质量在很大程度上取决于防水材料的性能和质量。防水材料应具有良好的耐候性、抗水渗透和耐酸碱性能,能承受温差变化和各种外力与基层伸缩、开裂所引起的变形以及整体性好等特点。

近年来,我国新型防水材料飞速发展,新品种不断问世,为便于理解和学习,采用图 11-1的方式将防水材料分类。

本章主要介绍防水涂料、防水卷材、防水密封材料。学习本章应了解防水工程中常用防水材料的分类与定义,掌握常用防水材料的特点。

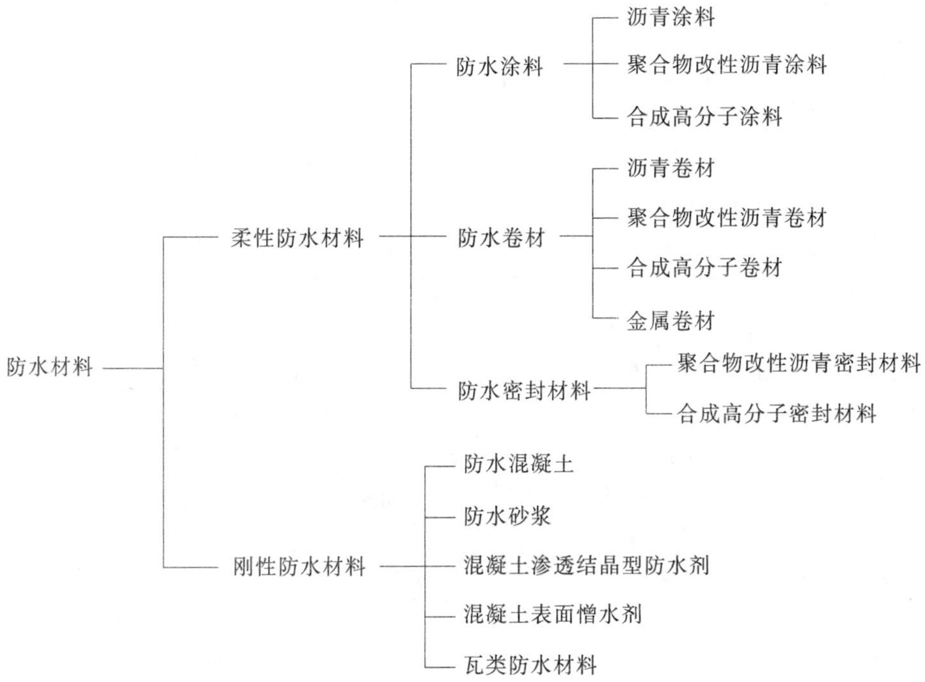

图 11-1　防水材料分类

第二节　防水涂料

一、防水涂料的特性及要求

保护建筑物构件不被水渗透或湿润，能形成具有抗渗性涂层的涂料，称为防水涂料。防水涂料是一种流态或半流态物质，涂布在基层表面，经溶剂或水分挥发或组分间的化学反应，形成有一定弹性和一定厚度的连续薄膜，使基层表面与水隔绝，起到防水、防潮的作用。防水涂料既是防水层的主体，又是黏结剂，广泛适用于各类防水工程和地面防潮、防渗等。

防水涂料的品种很多，按成膜物质的主要成分可分为沥青涂料、聚合物改性沥青防水涂料、合成高分子防水涂料三大类。各品种涂料性能差异很大，但作为涂料，要满足防水工程的要求，应具有良好的施工性能，成膜后必须具有良好的防水性、温度稳定性、大气稳定性、柔韧性和黏结力等性能。

二、常用防水涂料

（一）沥青防水涂料

沥青防水涂料是以沥青为基料配制的水乳型或溶剂型防水涂料。沥青防水涂料除具有防水涂料的基本性能外，还具有施工简单、容易维修并适用于特殊建筑物的特点。

直接将未改性或改性的沥青溶于有机溶剂而配制的涂料，称为溶剂型沥青防水涂料；

将石油沥青分散在水中,形成稳定的水分散体而构成的涂料,称为水乳型沥青防水涂料。

1.冷底子油

冷底子油是用建筑石油沥青加入汽油、煤油、苯等溶剂(稀释剂)融合,或用软化点为50~70 ℃的煤沥青加入苯融合而成的沥青涂料。由于它一般在常温下用于防水工程的底层,故称为冷底子油。冷底子油黏度小,具有良好的流动性。将其涂刷在混凝土、砂浆或木材等基面上,能很快渗入基层孔隙中,待溶剂挥发后,便与基面牢固结合。冷底子油形成的涂膜较薄,一般不单独作防水材料使用,只作某些防水材料的配套材料。施工时在基层上先涂刷一道冷底子油,再刷沥青防水涂料或铺油毡。冷底子油可封闭基层毛细孔隙,使基层表面变为憎水性,为黏结同类防水材料创造有利条件。

建筑工地使用的冷底子油,常随配随用。冷底子油应涂刷于干燥的基面上,不宜在有雨、雾、露的环境中施工,通常要求与冷底子油相接触的水泥砂浆的含水率大于10%。一般可参考下列配合比(质量比):石油沥青:汽油=30:70,石油沥青:煤油或轻柴油=40:60。将石油沥青加热至120~140 ℃熔融后,在不断搅拌下,慢慢注入溶剂,直至沥青完全溶解形成均匀体系为止。

2.乳化沥青

乳化沥青是将沥青热熔后经强力机械作用,以细小的沥青微滴分散于含有乳化剂的水溶液中,形成水包油(O/W)型的沥青乳液,或者将微小的水滴稳定地分散在沥青中形成油包水(W/O)型的沥青乳液。

水是极性分子,沥青是非极性分子,两者表面张力不同,一般情况下不能相互溶合。当仅靠强力机械作用使沥青形成微小颗粒分散在水中时,所形成的沥青—水分散体系是不稳定的,沥青颗粒会自动聚集,最后与水分离。当加入一定量的乳化剂时,由于乳化剂是表面活性物质,在两相界面上产生强烈的吸附作用,形成了吸附层。吸附层中的乳化剂分子基团有一定的取向,其中极性基团朝水,与水分子牢固结合,形成水膜,非极性基团朝沥青,形成乳化膜。当沥青颗粒相互碰撞时,水膜和乳化膜共同组成的保护膜就能阻止颗粒的聚结,使乳液稳定。乳化沥青涂刷于材料表面或与骨料拌和成型后,水分逐渐蒸发,沥青微粒靠拢将乳化膜挤破,相互团聚而黏结,这个过程叫乳化沥青成膜。成膜所需时间主要取决于所处环境的气温及通风情况,现场施工时,还可根据需要加入一定量的破乳剂,调整沥青的成膜时间。

乳化沥青一般组分含量为:沥青50%~60%,含有乳化剂、稳定剂的水溶液40%~50%,其中乳化剂的掺量为1%~3%。乳化沥青是棕黑色的冷用水乳液,无毒、无嗅、不燃、干燥快、黏结力强,在0 ℃以上温度下可流动,易于涂刷和喷涂,特别是在潮湿基层上使用更为方便。在水利工程及道路工程中,可将乳化沥青与湿骨料混合,用于铺筑坝面、渠道、路面,是一种新型的筑坝铺路材料。

乳化沥青一般由工厂配制,其储存期一般不宜超过6个月,储存时间过长容易引起凝聚分层。不宜在0 ℃以下储存、-5 ℃以下施工,以免水分结冰而破坏防水层。

目前常用的厚质乳化沥青防水涂料有石灰乳化沥青防水涂料、膨润土乳化沥青防水涂料、石棉乳化沥青防水涂料等。

1)石灰乳化沥青防水涂料

石灰乳化沥青防水涂料是以石油沥青为基料、石灰膏为分散剂、石棉绒为填充料与水在热状态下用机械强力搅拌而制成的沥青膏体，是一种潮湿基层上冷施工的防水涂料，适用于保温和非保温的无水泥砂浆找平层的屋面防水工程。

石灰乳化沥青防水涂料采用抹压法施工。涂抹应在嵌缝或其他工序完成后进行，根据不同季节和气温高低决定涂刷不同的冷底子油。当日最高气温高于或等于 30 ℃时，先用水将屋面冲洗干净，然后涂刷稀释的石灰乳化沥青冷底子油一道；春秋季节应在清洁的屋面基层上涂刷汽油冷底子油一道。冷底子油干燥后，立即涂抹石灰乳化沥青，厚度控制在 5 ~7 mm，待表面吸水后，压实抹光，必须待上一道涂抹层干燥结膜后，方可涂抹下一道涂抹层。防水层的施工缝要求采用斜槎结合，接槎应在板缝处。石灰乳化沥青施工环境气温在 5 ~35 ℃。

2)膨润土乳化沥青防水涂料

膨润土乳化沥青防水涂料是使用钙质膨润土作为乳化剂，水为分散介质，在高速搅拌(1 400 r/min)下得到的优质乳化沥青防水涂料。

3)石棉乳化沥青防水涂料

石棉乳化沥青防水涂料又称为水性石棉沥青防水涂料。它是以石油沥青为基料、石棉为分散剂，在强制搅拌下制成的厚质防水涂料。该防水涂料无毒、不燃、水性冷施工、无污染，可在潮湿基层上铺设。其耐水、耐热、耐候、抗裂和稳定性都优于一般的乳化沥青。由于填料采用了无机纤维矿物，它的乳化膜比化学膜更坚固。其不足之处在于施工环境温度一般在 15 ℃以上，但气温过高容易黏脚。

石棉乳化沥青防水涂料目前在我国的应用较为广泛，效果也较好，配以玻纤布、无纺布等，可适用于钢筋混凝土屋面、地下室、厨池的防水层。

3. 沥青胶

沥青胶是由沥青和适量粉状或纤维状矿质填充料混合而成的。矿质填充料是由矿物质材料经过粉碎加工而成的细微颗粒，因所用矿物岩石的品种不同而不同。按形状可分为粉状和纤维状，按化学组成可分为含硅化合物类及碳酸盐类等。常用的有滑石粉、石灰石粉、云母粉、普通水泥、石棉粉等。掺入适量矿质填充料可节约沥青、提高黏结性、增加韧性、降低低温脆性。沥青胶的用途很广泛，可用于粘贴防水卷材、防水涂层、沥青砂浆防水(或防腐蚀)层的底层及接头填缝材料等。

根据使用条件，沥青胶应具有良好的耐热度、柔韧度和黏结力，见表 11-1。

表 11-1　沥青胶质量要求

<table>
<tr><td rowspan="3">项目</td><td colspan="9">名　称</td></tr>
<tr><td colspan="6">石油沥青胶</td><td colspan="3">煤沥青胶</td></tr>
<tr><td>S-60</td><td>S-65</td><td>S-70</td><td>S-75</td><td>S-80</td><td>S-85</td><td>J-55</td><td>J-60</td><td>J-65</td></tr>
<tr><td rowspan="2">耐热度</td><td colspan="9">将两张沥青油纸用 2 mm 厚沥青胶黏合，置于坡度 1:1上，在不低于下列温度(℃)下停放 5 h，沥青胶应不流淌，油纸应不滑动</td></tr>
<tr><td>60</td><td>65</td><td>70</td><td>75</td><td>80</td><td>85</td><td>55</td><td>60</td><td>65</td></tr>
</table>

续表 11-1

<table>
<tr><td rowspan="3">项目</td><td colspan="9">名　称</td></tr>
<tr><td colspan="6">石油沥青胶</td><td colspan="3">煤沥青胶</td></tr>
<tr><td>S－60</td><td>S－65</td><td>S－70</td><td>S－75</td><td>S－80</td><td>S－85</td><td>J－55</td><td>J－60</td><td>J－65</td></tr>
<tr><td rowspan="2">柔韧度</td><td colspan="9">在油纸上涂 2 mm 厚沥青胶，在(18 ±2) ℃温度下绕下列直径(mm)的圆棒，以 2 s 时间弯曲成半圆，沥青胶不应有裂纹</td></tr>
<tr><td>10</td><td>15</td><td>15</td><td>20</td><td>25</td><td>30</td><td>25</td><td>30</td><td>35</td></tr>
<tr><td>黏结力</td><td colspan="9">将两张用沥青胶粘贴在一起的油纸慢慢地一次撕开，油纸和沥青胶粘贴面的任一面被撕开部分，应不大于粘贴面积的 1/2</td></tr>
</table>

沥青胶在工程中有热用和冷用两种，一般工地上热用较多。配制热用沥青胶时，先将矿粉加热到 100～110 ℃，然后慢慢倒入已熔化的沥青中，继续加热搅拌均匀而成。最后加热到保证沥青胶有足够的流动性，以利涂刷灌注，并有较好的黏结力。冷用沥青胶一般是用石油沥青和稀释剂调成沥青溶液，再加入填充料(熟石灰、石棉等)搅拌而成的。它可以在常温环境下施工，改善劳动条件，易涂刷均匀，但成本较高。

(二)聚合物改性沥青防水涂料

聚合物改性沥青防水涂料一般是以沥青为基料，用合成高分子聚合物进行改性制成的水乳型或溶剂型防水涂料。与沥青防水涂料相比，其低温柔性和抗裂性均有显著提高。聚合物改性沥青防水涂料有 SBS 橡胶改性沥青防水涂料、再生橡胶改性沥青防水涂料等。

1. SL－2 溶剂型 SBS 橡胶改性沥青防水涂料

SL－2 溶剂型 SBS 橡胶改性沥青防水涂料是目前国内外第三代以 SBS 橡胶为改性材料生产的一种冷施工防水材料。它具有优良的耐腐蚀、高弹性、延展性、黏结性，对基层开裂适应性良好，高温不流淌、低温不开裂、产品性能稳定，可以在负温(－20 ℃)下施工，冷施工、省工省力、施工方便。其主要适用于各种建筑物屋面、地下室、地沟、涵洞的防水、防潮工程，可以作为防水卷材的冷施工黏合剂，也可以作为建筑物防水系统维修补漏及管道防腐等工程的材料。

2. 水乳型再生橡胶沥青防水涂料

水乳型再生橡胶沥青防水涂料是以石油沥青为基料，以再生橡胶为改性材料复合而成的水性防水涂料。该防水涂料是再生橡胶和石油沥青的微粒，借助阴离子型表面活性剂的作用，使阴离子型再生乳胶和沥青乳液稳定分散在水中形成乳状混合液。

水乳型再生橡胶沥青防水涂料是国内外较通用的一种防水材料，与同类溶剂型产品相比，它以水代替了汽油，其安全性、环保性更胜一筹。这种涂料因以合成橡胶为原料，因此其价格相对较贵。

水乳型再生橡胶沥青防水涂料能够在各种复杂表面形成防水膜，具有一定的柔韧性和耐久性。其以水为分散剂，无毒、不燃、无异味、安全可靠，可在常温下施工，操作简单、维护方便，能够在潮湿无积水的表面施工，且原料来源广泛，价格较低。其缺点是一次涂刷成膜较薄，产品质量易受生产条件的影响，气温低于 5 ℃时不宜施工。产品适用于工业与民用混凝土基层屋面、浴厕、厨房等的防水，沥青珍珠岩保温层屋面防水，地下混凝土建筑防潮，旧油毡屋面翻修和刚性自防水屋面的维修。

（三）合成高分子防水涂料

合成高分子防水涂料是以合成橡胶或合成树脂为主要成膜物质的单组分或多组分防水涂料。其按组成可分为橡胶型、树脂型（单组分与双组分）、有机无机复合型，主要有氯磺化聚乙烯涂料、有机硅橡胶防水涂料、聚氨酯防水涂料、丙烯酸酯防水涂料、聚合物水泥基涂料等。合成高分子防水涂料具有良好的黏结性、防水性、耐候性、柔韧性及优良的耐高低温性能，适用于各等级的屋面防水工程，以及重要的水利、道路、化工等工程。

1. 聚氨酯防水涂料

聚氨酯防水涂料是一种化学反应型涂料，它是双组分化学反应固化型防水材料，将两种组分按一定的比例配合拌匀涂于基层后，在常温下即能交联固化，形成具有柔韧性、高弹性、耐水、抗震的整体防水厚质涂层。

聚氨酯防水涂料属于高档合成高分子防水涂料，它具有很多突出的优点：容易形成较厚的防水涂膜；能够在复杂的基层表面施工，其端头容易处理；整体性好，涂膜层无接缝；冷施工，操作安全；涂膜具有橡胶弹性，延伸性好，抗拉、抗撕裂强度高；防水年限可达 10 年以上。

聚氨酯防水涂料适用于各种地下、浴厕、厨房等的防水工程，污水池的防漏，地下管道的防水、防腐工程。

2. 丙烯酸酯防水涂料

丙烯酸酯防水涂料是以丙烯酸树脂乳液为主，加入适量的颜料、填料等配制而成的水乳型防水材料，有白色、多种浅色、黑色等颜色，使用寿命为 10 ~ 15 年。其具有耐高低温性能好、不透水性强、无毒、操作简单等优点，可在各种复杂的基层表面施工，广泛用于外墙防水装饰及各种彩色防水层。丙烯酸涂料的缺点是伸长率较小，为此可加入合成橡胶乳液予以改性，使其形成橡胶状弹性涂膜。

3. 有机硅橡胶防水涂料

有机硅橡胶防水涂料是以有机硅橡胶为基料配制而成的水乳性涂料。它具有良好的防水、耐候、弹性、耐老化性及耐高温和低温等性能，无毒无味，在干燥的混凝土基层上，渗透性好。有机硅防水涂料含固量高达 50%，因此只需涂刷 1 道即可，且膜层较厚，其延伸率高，可达 70%，故抗裂性很好。

有机硅橡胶防水涂料施工时需做基层表面处理，适当打底，以提高涂料对基层的黏结力，可用于混凝土、砂浆、钢材等表面防水或防腐，也可用于修补工程，用于修补时应涂刷 4 遍。

第三节　防水卷材

防水卷材是建筑工程中最常用的柔性防水材料。防水卷材按组成材料可分为沥青防水卷材、聚合物改性沥青防水卷材和合成高分子防水卷材三大类。按其胎体可分为有胎卷材和无胎卷材:有胎卷材是一种用纸、玻璃布、石棉布、棉麻织品、聚酯毡或玻璃丝毡等增强材料作胎体,将沥青、合成高分子材料等浸渍或涂覆在胎料上所制成的卷材;无胎卷材是将橡胶粉、石棉粉等混合到沥青材料中,经混炼、压延而成的防水卷料。

一、沥青防水卷材

沥青防水卷材有石油沥青防水卷材和煤沥青防水卷材两种。一般生产和使用的多为石油沥青防水卷材,有油纸、纸胎油毡、玻璃布或玻璃毡胎石油沥青油毡等。

20 世纪 50 ~ 60 年代以来,我国防水材料一直以纸胎石油沥青油毡为代表,由于纸胎耐久性差,现在已基本上被淘汰。目前,用纤维织物、纤维毡等改造的胎体已成为沥青防水卷材的发展方向。下面主要介绍石油沥青玻纤油毡、石油沥青玻璃布胎油毡和铝箔面沥青防水卷材。

(一)石油沥青玻纤油毡

石油沥青玻纤油毡是以无纺玻璃纤维薄毡为胎体,浸涂石油沥青,并在表面涂撒矿物粉料或覆盖聚乙烯膜等隔离材料,制成的可卷曲的片状防水材料,简称玻纤胎油毡。

玻纤胎油毡按其表面涂撒的材料不同,可分为膜面、粉面和砂面三个品种;按油毡中可溶物含量及其物理性能可分为合格品(C)、一等品(B)、优等品(A);按 10 m^2 油毡的标称质量(kg)数分为 15 号、25 号和 35 号三个标号。

15 号玻纤胎油毡适用于一般工业与民用建筑屋面的多层防水,也可作管道包扎。25 号、35 号玻纤胎油毡适用于屋面、地下设施、水利工程的多层防水。

(二)石油沥青玻璃布胎油毡

石油沥青玻璃布胎油毡是采用玻璃布为胎基,浸涂石油沥青并在两面涂撒隔离材料所制成的防水材料,可分为一等品(B)和合格品(C)两个等级。玻璃布胎油毡适用于铺设地下防水、防腐层以及屋面防水层,还可用于金属管道(热管道除外)的防腐保护层。

(三)铝箔面沥青防水卷料

铝箔面沥青防水卷料也称为铝箔面油毡。它采用玻纤毡为胎体,浸涂氧化石油沥青,表面用压纹铝箔粘面,在上面撒布细颗粒矿物材料或覆盖聚乙烯膜而制成的防水材料。

铝箔面油毡按物理性能可分为优等品(A)、一等品(B)、合格品(C),按 10 m^2 油毡的标称质量(kg/m^2)分为 30 号和 40 号两个标号。

30 号铝箔面油毡适用于外露屋面多层卷材防水材料工程的面层;40 号铝箔面油毡既适用于外露屋面的单层防水,也适用于外露屋面的多层防水工程。

二、聚合物改性沥青防水卷材

以各种改性沥青为浸涂材料,以纤维织物、纤维毡或塑料膜为胎体,表面覆以矿物质粉粒或薄膜作隔离材料制成的可卷曲的防水材料,称为改性沥青防水卷材。新型改性沥青防水卷材主要分为弹性体改性沥青防水卷材和塑性体改性沥青防水卷材两种。

(一)SBS 改性沥青防水卷材

SBS 改性沥青防水卷材是弹性体改性沥青防水卷材中使用较广泛的一种,是用热塑性弹性体 SBS 改性沥青浸渍胎基,两面涂以弹性体沥青涂盖层,上表面撒以细砂、矿物粒

(片)或覆盖聚乙烯膜,下表面撒以细砂或覆盖聚乙烯膜所制成的一类防水卷材。

SBS 改性沥青防水卷材按胎基分为聚酯胎(PY)和玻纤胎(G),按卷材表面覆盖材料可分为聚乙烯膜(PE)、细砂(S)与矿物粒(片)料(M),按物理力学性能分为Ⅰ型和Ⅱ型。

SBS 改性沥青防水卷材在常温下有弹性,在高温下有热塑性,低温柔性好,并具有耐热性、耐水性和耐腐蚀好的特性,其中聚酯毡的机械性能、耐水性和耐腐蚀性最优。玻纤毡价格低,但其强度较低,无延伸性。

SBS 改性沥青防水卷材适用于工业与民用建筑的屋面和地下防水工程,尤其适用于较低气温环境的建筑防水。

(二)APP 改性沥青防水卷材

APP 改性沥青防水卷材是塑性体改性沥青防水卷材中使用较广泛的一种,是用热塑性弹性体无规聚丙烯 APP 改性沥青浸渍胎基,两面涂以塑性沥青涂盖层,上表面撒以细砂、矿物粒(片)或覆盖聚乙烯膜,下表面撒以细砂或覆盖聚乙烯膜所制成的一类防水卷材。其分类同 SBS 改性沥青防水卷材。

APP 改性沥青防水卷材耐热性优异,耐水性、耐腐蚀性好,低温柔性较好(但不及 SBS 卷材),适用于工业与民用建筑的屋面和地下防水工程,以及道路、桥梁等建筑物的防水,尤其适用于较高气温环境的建筑防水。

SBS 卷材和 APP 卷材的性能要求见表 11-2。

表 11-2　SBS 卷材、APP 卷材性能要求

卷材类别			弹性体改性沥青 SBS 卷材				塑性体改性沥青 APP 卷材			
胎基			PY		G		PY		G	
型号			Ⅰ	Ⅱ	Ⅰ	Ⅱ	Ⅰ	Ⅱ	Ⅰ	Ⅱ
可溶物含量(g/m^2)	卷材厚(mm)	2	—		≥1 300		—		≥1 300	
		3	≥2 100		≥2 100		≥2 100		≥2 100	
		4	≥2 900		≥2 900		≥2 900		≥2 900	
不透水性(30 min)压力(MPa)			≥0.3		≥0.2	≥0.3	≥0.3		≥0.2	≥0.3
耐热度(℃)(无滑动、流淌、滴落)			≥90	≥105	≥90	≥105	≥110	≥130	≥110	≥130
拉力(N/(50 mm))	纵向		≥450	≥800	≥350	≥500	≥450	≥800	≥350	≥500
	横向				≥250	≥300			≥250	≥300
最大拉力时延伸率(%)			≥30	≥40	—		≥25	≥40	—	
低温柔度(℃)			-18	-25	-18	-25	-5	-15	-5	-15
			2 mm 及 3 mm 厚 $r=15$ mm 弯板(4 mm 厚 $r=25$ mm),3 s,弯 180°无裂纹							

注:PY 为聚酯胎;G 为玻纤胎。

(三)改性沥青聚乙烯胎防水卷材

用改性沥青为基料,以高密聚乙烯膜为胎体和覆盖材料,经滚压、水冷、成型而制成的防水卷材为改性沥青聚乙烯胎防水卷材。

按基料不同，产品可分为氧化改性沥青防水卷材、丁苯橡胶改性氧化沥青防水卷材和高聚物改性沥青防水卷材；按产品的物理性能，可分为优等品（A）、一等品（B）和合格品（C）。

改性沥青聚乙烯胎防水卷材具有防水、隔热、保温、装饰、耐老化、耐低温的多重功能，其抗拉强度高、延伸率大、施工方便、价格较低，适用于工业与民用建筑工程的地下室防水、屋面防水工程。

（四）自粘聚合物改性沥青防水卷材

自粘聚合物改性沥青防水卷材，是以高聚物、优质重交沥青、增塑剂、增黏剂、抗老化剂等为基料，以高弹高强高分子树脂模、铝箔等为表面材料的无胎防水材料。它采用防粘纸作为隔离层，简称自粘卷材，为塑性体改性沥青防水卷材。

自粘聚合物改性沥青防水卷材是一种很有发展前景的新型防水材料，具有较高的不透水性、抗变形性、自愈性和低温柔性等。由于它施工简单、铺设速度快，已成为当今防水材料的“新宠”。目前的卷材基料主要有橡胶 SBS、弹性体等，表面材料主要有聚乙烯膜（非外露防水工程）、铝箔（外露防水工程）和无膜（辅助防水工程）等。

自粘聚合物改性沥青防水卷材适用于屋面、墙体、地下室、卫生间、水池、地铁、水库等防水防漏工程，特别适用于油库、化工厂、纺织厂、粮库的防水，对构件变形部位、木结构、金属结构的防水有独到之处。

自粘聚合物改性沥青防水卷材施工要求较高，基层表面应该坚固、平整、干燥、无灰、无油污；基层面要均匀涂刷专用处理剂；铺粘前要弹线定位，转角处应做成圆角；收头和四周末端应采用密封膏封头；基层处理剂和密封膏要密封保存。

三、合成高分子防水卷材

合成高分子防水卷材是以合成橡胶、合成树脂或两者的共混物为基料，加入适量助剂及填充料，以压延法或挤出法生产的可卷曲片状防水材料，也称为高分子防水片材。经压延或挤出的均质片材称为均质片；若将上述基料与合成纤维等复合，制成带织物加强层者称为复合片。

高分子防水片材按所用基料不同可分为橡胶类及树脂类，主要高分子基料有三元乙丙橡胶、氯丁橡胶、再生胶、聚氯乙烯、聚乙烯、氯化聚乙烯、乙烯－醋酸乙烯、橡塑共混物等。

（一）三元乙丙橡胶防水卷材

三元乙丙（EPDM）橡胶防水卷材，是以三元乙丙橡胶为主体，加入一定量的丁基橡胶、软化剂、补强剂、填充剂、促进剂和硫化剂等，经配料、密炼、拉片、过滤、压延或挤出成型、硫化等制成的防水卷材。

三元乙丙橡胶防水卷材具有耐老化、耐热性好（>160 ℃）、使用寿命长（30～50 年以上）、拉伸强度高、延伸率大、冷施工、对基层开裂变形适应性强、质量轻、可单层施工等特点。它提高了工效，减少了污染，改善了劳动条件。其耐候性、耐臭氧性、耐热性和低温柔韧性超过氯丁与丁基橡胶，比塑料优越得多。美国、日本 1/3 左右的新建屋面和维修防水工程都是应用三元乙丙橡胶防水卷材的。

三元乙丙橡胶防水卷材适用于外露屋面及大跨度、振动大、年限要求长、防水质量要求高的工程。

(二)丁基橡胶防水卷材

丁基橡胶防水卷材是以三元乙丙橡胶与丁基橡胶为主要原料制成的弹性防水卷材。其配以丁基橡胶的主要目的是降低成本但又能保持原来良好的性能。其抗拉强度为7.5 MPa以上,伸长率450%以上,撕裂强度25 kN/m以上,低温冷脆温度达-35 ℃,各项性能与三元乙丙橡胶基本类似。这种卷材除应用于高级建筑和高层建筑的防水工程外,在水利工程、工业与民用建筑工程中已推广使用。

(三)聚氯乙烯防水卷材

聚氯乙烯(PVC)防水卷材是以聚氯乙烯树脂为主要原料,掺加填充料(如铝矾土)和适量的改性剂、增塑剂(如邻苯二甲酸二辛酯)及其他助剂(如煤焦油),经混炼、压延或挤出成型的防水卷材。

该防水卷材根据其基料的组成及特性分为S型和P型,S型是以煤焦油与聚氯乙烯树脂混溶料为基料的柔性卷材,P型是以增塑聚氯乙烯为基料的塑性卷材。

聚氯乙烯防水卷材的耐老化性能好(耐用年限25年以上)、拉伸强度高、断裂延伸率极大,用热风焊铺粘施工方便,不污染环境。其与三元乙丙橡胶防水卷材相比,综合性能差,但其原材料丰富、价格便宜,容易黏结。聚氯乙烯防水卷材适用于我国南北方广大地区防水要求高、耐用年限长的工业与民用建筑的防水工程,用于屋面防水时,可做成单层外露防水。

(四)氯化聚乙烯防水卷材

氯化聚乙烯(CPE)防水卷材是以含氯量为30%~40%的氯化聚乙烯树脂为主要原料,掺入适量的化学助剂和大量的填充材料,经捏合、塑炼、压延等工序加工而成的。聚乙烯经氯化改性后,其耐候性、耐臭性和耐老化性均明显提高,同时阻燃性与其他高聚物的相容性也大为提高,属于非硫化型高档防水卷材。

第四节　密封防水材料

密封防水材料是指为提高建筑物整体的防水、抗渗性能,对工程中出现的施工缝、构件连接缝、变形缝等嵌填,以及在门窗框和玻璃周边、管道接头等处起防水密封作用的材料。建筑密封材料应具有弹塑性、黏结性、耐久性、水密性、气密性、储存及耐化学稳定性,以保证在经受极度变形及较大温差时不破裂或不同基层脱开,且使用简便可靠。

密封防水材料按组成材料分为聚合物改性沥青密封防水材料和合成高分子密封防水材料,按是否有一定形状和尺寸分为定形与非定形两种。定型密封防水材料是具有一定形状和尺寸的密封材料,如止水带、密封条(带)、密封垫等;非定型密封材料又称密封膏或密封胶,如沥青嵌缝油膏、聚氯乙烯建筑防水接缝材料等。

本章主要介绍防水密封膏及合成高分子止水带。

一、防水密封膏

常用的建筑防水密封膏有建筑防水沥青嵌缝油膏、聚氯乙烯建筑防水接缝材料、丙烯酸酯建筑密封膏、聚氨酯建筑密封膏、硅酮建筑密封膏及窗用弹性密封剂等。

(一)建筑防水沥青嵌缝油膏

建筑防水沥青嵌缝油膏是以石油沥青为原料,加入改性材料及填充材料制成的一种用于建筑防水接缝的冷用膏状材料。常用的改性材料分为废橡胶粉、桐油、磺化鱼油。

建筑防水沥青嵌缝油膏广泛用于各种屋面板、空心板及墙板等的防水密封,也可用于水利工程、道路工程、桥梁及各种构筑物伸缩缝、施工缝等的防水密封。

根据《建筑防水沥青嵌缝油膏》(JC/T 207—1996)的规定,油膏按耐热度及低温柔性分为6个标号,具体技术性能见表11-3。

(二)聚氯乙烯建筑防水接缝材料

聚氯乙烯建筑防水接缝材料是以煤焦油为原料,按一定比例加入聚氯乙烯树脂、增塑剂、稳定剂及填充料,在140 ℃温度下塑化而成的。

聚氯乙烯建筑防水接缝材料具有良好的黏结性、防水性、弹塑性、耐热性、低温柔性及抗老化性,对钢筋无锈蚀,延伸率较大,成本较低,属中低档防水密封材料。

聚氯乙烯建筑防水接缝材料可以热用,也可以冷用。热用时将其先加热(加热温度不超过140 ℃),达到塑化状态后,立即浇灌于缝隙或接头部位;冷用时,需加入适量溶剂稀释。其具体技术性能见表11-3。

表11-3 建筑防水沥青嵌缝油膏及聚氯乙烯建筑防水接缝材料的物理性能

项目		建筑防水沥青嵌缝油膏(JC/T 207—1996)		聚氯乙烯建筑防水接缝材料(JC/T 798—1997)	
		702	801	801	802
密度、产品说明书规定值(g/cm^3)		±0.1		±0.1	
耐热性	温度(℃)	70	80	80	80
	下垂值(mm)	≤4.0		≤4.0	
低温柔性	温度(℃)	-20	-10	-10	-20
	黏结状态	无裂纹		无裂纹	
拉伸黏结性	最大抗拉强度(MPa)	—		0.02~0.15	
	最大延伸率(%)	≥125		≥300	
浸水后拉伸黏结性	最大抗拉强度(MPa)	—		0.02~0.15	
	最大延伸率(%)	≥125		≥250	
渗出性	渗出幅度(mm)	≤5		—	
	渗出张数(张)	≤4		—	
挥发性(%)		≤2.8		≤3(仅限于G型)	
施工度(mm)		≥22.0	≥20.0	—	
恢复率(%)		—		≥80	

（三）丙烯酸酯建筑密封膏

丙烯酸酯建筑密封膏是以丙烯酸乳液为胶粘剂，掺入少量表面活性剂、增塑剂、改性剂、颜料及填料等配制而成的单组分水乳性建筑密封膏。这种密封膏具有优良的耐紫外线性能、耐油性、黏结性、延伸性、耐低温性、耐热性和耐老化性，并且以水为稀释剂，黏度较小，无污染，无毒，不燃，安全可靠，价格适中，可配成各种材料，操作方便，干燥速度快，保存期长。但它固化后有 15% ~20% 的收缩率，应用时应予以考虑。该密封膏应用范围广泛，可用于钢、铝、混凝土、玻璃和陶瓷等材料的嵌缝防水以及用做钢窗、铝合金窗的玻璃腻子等，还可用于各种预制墙板、屋面板、门窗、卫生间等的接缝密封防水及裂缝修补。

丙烯酸酯建筑密封膏的技术性能应符合《丙烯酸酯建筑密封膏》(JC 484—1992(1996))的要求。

（四）聚氨酯建筑密封膏

聚氨酯建筑密封膏是以聚氨酯为主要组分，加入固化剂、助剂等其他组分而成的高弹性建筑密封膏。这类密封膏分单组分和双组分两种规格，其技术性能应符合《聚氨酯建筑密封膏》(JC 482—1992)的要求。

聚氨酯建筑密封膏弹性高，延展率大，黏结力强，耐油、耐磨、耐酸碱、抗疲劳和低温柔韧性好，使用年限长。其适用于各种装配式建筑的屋面板、楼地板、墙板、阳台、门窗框、卫生间等部位的接缝及施工密封，混凝土裂缝的修补等。同时，它还是储水池、引水沟、公路及机场跑道补缝、接缝的好材料，亦可用于玻璃和金属材料的嵌缝。

（五）硅酮建筑密封膏

硅酮建筑密封膏是以聚硅氧烷为主要成分的单组分或双组分室温固化型弹性建筑密封材料。该类密封膏具有优良的耐热性、耐寒性（使用温度 -50 ~250 ℃）和耐候性（使用寿命 30 年以上），与各种材料有着良好的黏结性能，耐油性、耐水性好，耐伸缩疲劳强度高，能适应基层较大的变形，外观装饰效果好。硅酮建筑密封膏的技术指标应符合《硅酮建筑密封膏》(GB/T 14683—1993)的规定。

硅酮建筑密封膏按组成分为乙酸型、醇型和酰胺型等，按用途分为建筑接缝用（F 类）和镶装玻璃用（G 类）。F 类适用于预制混凝土墙板、水泥板、大理石板的外墙接缝，高层建筑的玻璃幕墙黏结密封，建筑门、窗、柜周边密封等。

二、合成高分子止水带

合成高分子止水带属于定型建筑密封材料，它是将具有气密性和水密性的橡胶或塑料制成一定的形状（带状、条状、片状等），嵌入到建筑物接缝、伸缩缝、沉陷缝等结构缝内的密封防水材料。其主要用于工业与民用建筑工程的地下及屋顶结构缝防水工程，闸坝、桥梁、隧洞、溢洪道等水工建筑物变形缝的防漏止水，闸门、管道的密封止水等。目前，常用的合成高分子止水材料有橡胶止水带、塑料止水带、橡塑止水带及遇水膨胀型止水条等。

（一）橡胶止水带

橡胶止水带是以天然橡胶或合成橡胶为主要原料，加入各种助剂和填充料，经塑炼、混炼、挤出成型或模压成型制得的各种形状、尺寸的止水密封材料。常用的橡胶材料有天然橡胶、氯丁橡胶、三元乙丙橡胶、再生橡胶等。止水带的断面形状有哑铃形、桥形、锯齿形以及两边嵌有钢板的有钢边形止水带等。止水橡皮的断面形状有 P 形、无孔 P 形、L 形、U 形等。

(二)塑料止水带

塑料止水带是由聚氯乙烯树脂与各种填加剂,经混合、造粒、挤出等工序而制成的塑料止水材料。塑料止水带利用弹性体材料具有的弹性变形特性在建筑构造接缝中起到防漏、防渗作用,并且具有耐腐蚀、耐久性好的特点,主要用于混凝土浇筑时设置在施工缝及变形缝内与混凝土成为一体的基础工程,如隧道、涵洞、引水渡槽、拦水坝、储液构筑物、地下设施等。

(三)橡塑止水带

橡塑止水带所使用的橡塑材质是既具有橡胶弹性又有塑料耐老化性能的高分子合成材料。其抗腐蚀抗低温性能强,拉断强度高,寿命比一般橡胶止水带提高 3 ~5 倍。加工工艺和橡胶材质从根本上不同,取消了原有的硫化工艺,高温一次成型,所以止水带材质的纯度高,质量容易保证。

(四)遇水膨胀型橡胶止水带

遇水膨胀型橡胶止水带是用改性橡胶制得的一种新型橡胶止水带,是将无机或有机吸水材料及高黏性树脂等材料作为改性剂,掺入到合成橡胶后制得的遇水膨胀的改性橡胶。这种橡胶既保留原橡胶的弹性、延伸性等,又具有遇水膨胀的特性。将遇水膨胀橡胶止水条嵌在地下混凝土管或衬砌的接缝中,通过止水条的遇水膨胀,使管道或衬砌的缝隙更为密封,即可达到完全不漏水的目的。

复习思考题

11-1　简述防水材料的分类及其用途。

11-2　简述防水卷材的类型及发展趋势。

11-3　合成高分子卷材有哪些特点?常用合成高分子卷材有哪些品种?

11-4　简述防水涂料的常用品种及组成。

11-5　简述乳化沥青的成膜原理。

11-6　什么是冷底子油和乳化沥青?它们在使用上有何不同?

11-7　简述防水密封材料的品种特点及适用范围。

11-8　查阅相关资料,写一篇关于防水材料的调查报告。

第十二章　灌浆材料

【本章要点】

(1)灌浆材料的分类;

(2)悬浮液型灌浆材料;

(3)真溶液型灌浆材料。

【本章重点】

(1)常用悬浮液型灌浆材料的特点及应用;

(2)常用化学灌浆材料的特点及应用。

【本章难点】

悬浮液型灌浆材料和真溶液型灌浆材料的含义、代表物及性能特点。

第一节　概　述

灌浆技术是建筑物地基处理及结构补强中常用的和重要的工程措施,其所用材料(即灌浆材料)是指在压力作用下注入地层、岩石或构筑物的缝隙、孔洞中,达到增加承载能力、防止渗漏及提高构筑物整体性能等效果的流体材料。

灌浆材料的种类较多,分类方法也很多,现对一些常用的分类方法简要介绍如下:

按其化学成分可分为无机灌浆材料和有机灌浆材料两大类。无机灌浆材料主要有水泥、水玻璃、黏土、膨润土、粉煤灰,有机灌浆材料主要有甲凝、丙凝、氰凝、聚氨酯、环氧树脂、脲醛树脂、木质素等。

按其灌浆后所起主要作用的不同,可分为防渗堵漏材料和防漏补强材料两种。在工程中的具体灌浆应用形式主要有帷幕灌浆、固结灌浆、回填灌浆、接触灌浆及接缝灌浆等。

按浆液所处的状态可分为悬浮液型和真溶液型两类。悬浮液型浆材是用固体颗粒灌浆材料(如水泥、黏性土、粉煤灰、砂等)制成的浆液;真溶液型浆材是采用化学灌浆材料(如水玻璃、甲凝、氰凝、环氧树脂等)制成的浆液。一般说的灌浆施工(如基岩固结、帷幕灌浆,隧洞回填、固结灌浆,混凝土坝接缝灌浆等)均是以固体颗粒灌浆材料为主(尤以水泥基浆液应用最为广泛),只有在特殊部位(如地质断层、破碎带、微细裂缝、有涌动水等情况)才采用化学灌浆,作为补充灌浆。

第二节　悬浮液型灌浆材料

一、悬浮液型浆材的特性

以固体颗粒灌浆材料配制的悬浮液型浆材,在灌浆工程中具有广泛的应用,一般应满足以下特性要求：

(1)颗粒细。浆材粒径小于裂缝或裂隙宽度的1/5～1/3，才具有良好的可灌性。

(2)稳定性好。浆材颗粒在一定时间内于浆液中要保持均匀分散的悬浮状态，不易产生沉淀，并具有较好的流动性，以利于浆液的灌注。

(3)胶结性强。灌入空隙后经一定时间能胶凝形成坚硬结石，并具有抗侵蚀的能力。

二、配制悬浮液型浆材的常用原材料

水泥是固体颗粒灌浆材料中的最主要且应用最多的一种原材料，有时为改善浆液的性能，满足不同灌浆的需要，还在水泥浆中掺入一些掺合料，如粉煤灰、黏土、膨润土、砂等，形成水泥基浆液。

(一)水泥

在灌浆工程中，应恰当选择水泥品种、强度等级，并控制细度，以满足不同用途灌浆工程的使用要求，保证工程质量。

所用水泥品种，应根据灌浆目的和环境水的侵蚀作用等由设计加以确定。一般情况下，可采用硅酸盐水泥或普通硅酸盐水泥，当有抗侵蚀或其他要求时，应使用特种水泥。使用矿渣硅酸盐水泥或火山灰质硅酸盐水泥灌浆时，应得到设计许可，且浆液水灰比不宜稀于1:1。

帷幕灌浆、固结灌浆和回填灌浆所用水泥的强度等级可为32.5级及以上，坝体接缝灌浆所用水泥的强度等级可为42.5级及以上。

帷幕灌浆和坝体接缝灌浆所用水泥的细度宜为通过80 μm方孔筛的筛余量不大于5%或比表面积不小于3 500 cm^2/g。

钢衬接触灌浆和岸坡接触灌浆所用水泥的强度等级和细度，可参照坝体接缝灌浆中对水泥的要求。

(二)黏性土或膨润土

黏性土和膨润土具有颗粒细小、能充分分散、减少浆液流失、浆液固结后密实性好、化学稳定性好等优点，将其掺入到水泥浆中形成水泥黏土浆，可改善浆液的可灌性，克服水泥浆很难灌进微小的孔隙和缝隙中的不足，以用于一些微细裂隙的灌浆中。但应注意的是，掺入黏土后凝结体的强度将会有所降低。

水泥黏土浆主要用于低水头临时性防渗工程或砂砾石层灌浆，基岩灌浆中较少应用。所用黏性土的塑性指数不宜小于14，黏粒(粒径<0.005 mm)含量不宜低于25%，含砂量不宜大于5%，有机物含量不宜大于3%。

在水泥浆中掺入膨润土可配成稳定性极好的稳定浆液(2 h内浆液的析水率小于2%)，膨润土的掺量一般为水泥质量的2%～3%。

(三)水玻璃

水玻璃的硅酸盐模数宜为2.4～3.0，浓度宜为30～45波美度。

(四)粉煤灰

可选用Ⅰ、Ⅱ或Ⅲ级粉煤灰，各级粉煤灰的品质指标应符合《水工混凝土掺用粉煤灰技术规范》(DL/T 5055—2007)的要求。

（五）砂

对于大裂缝、溶洞等的灌注，常需在水泥浆中掺砂配成水泥砂浆，这样可避免浆液产生过大的扩散流失，以节省水泥。

所选用的天然砂或人工砂应质地坚硬，粒径不宜大于2.5 mm，细度模数不宜大于2.0，SO_3 含量不宜大于1%，含泥量不宜大于3%，有机物含量不宜大于3%。

三、常用的悬浮液型浆材

（一）水泥浆液

水泥浆液是由水泥和水混合经搅拌而制成的浆液。为了改进浆液的性能，有时向浆液中加入少量外加剂。

水泥浆液的胶结性能好，结石强度高，且便于施工，是大坝地基岩石固结灌浆、帷幕灌浆，隧洞固结灌浆、回填灌浆，钢衬接触灌浆等灌浆工程中最普遍采用的一种浆液。配制水泥浆时，多依照水与水泥的重量比例配制不同浓度的浆液，帷幕灌浆的水灰比一般多为5∶1～0.5∶1，固结灌浆的水灰比多为3∶1～0.5∶1，隧洞回填灌浆的水灰比一般采用0.5∶1或0.6∶1，钢衬接触灌浆的水灰比一般采用0.8∶1、0.6∶1（或0.5∶1）两个比级。

纯水泥浆液的主要性能如下：

（1）材料来源广泛，成本较低，无毒性，施工工艺简单方便。

（2）黏度随水灰比而变，可小至16 s、大至139 s。

（3）凝结时间随水灰比的增加而延长，从数小时到数十小时。

（4）抗压强度可达20 MPa以上。

（5）结石率可达99%。

（6）稳定性差，易沉淀析水，在地下水流速较大的条件下灌浆时，浆液易受水的冲刷和稀释。

为了改善水泥浆液的性能，可考虑掺入黏性土、水玻璃、粉煤灰等掺合料。

（二）水泥黏土浆液

水泥黏土浆液是由水泥、黏土及水按一定比例混合而成的。作为加固灌浆时，黏土掺量一般为5%～15%。由于黏土的分散性高、亲水性好，因而浆液沉淀析水性较小。与水泥浆液相比，水泥黏土浆液的稳定性大大提高。

水泥黏土浆具有如下主要性能：

（1）黏度随水灰比及黏土用量而变。

（2）凝结时间较长。

（3）结石率比纯水泥浆液高，可达100%。

（4）抗压强度可达13 MPa之多。

（三）黏土浆液

黏土来源广泛，成本低廉。多用于病险土石坝、堤防的防渗灌浆工程。为改善黏土类浆液的性能，常在其中掺入水玻璃形成黏土水玻璃浆液。一般黏土用量为40%～60%，水玻璃为黏土的10%～15%，熟石灰为黏土重量的1%～3%，其余为水。浆液的主要性能为：凝结时间为几十秒至几十分钟，黏度一般为20～30 s，渗透系数为10^{-5}～10^{-6} cm/s。

(四)水泥水玻璃浆液

水泥水玻璃浆液亦称 CS 浆液,是以水泥和水玻璃为主剂,两者按一定的比例采用双液方式流入,必要时加入速凝剂或缓凝剂所组成的灌浆材料。它克服了单液水泥浆液的凝结时间长且不易控制、结石率低等缺点,提高了水泥灌浆的效果,扩大了水泥灌浆的适用范围。

水泥水玻璃浆液的特点主要有:

(1)可用于裂隙为 0.2 mm 以上的岩体或粒径为 1 mm 以上的砂层中的灌浆。

(2)浆液凝结时间与水玻璃的浓度和掺量密切相关,可控制在几秒到几十分钟范围内。水玻璃的波美度越小,凝结越快;在水灰比一定的水泥浆液中加入水玻璃,最初浆液凝结时间随着加入水玻璃量的增加而逐渐缩短,当超过一定的掺量以后,则浆液凝结时间随着加入水玻璃量的增加逐渐加长,凝结时间最短时的水玻璃占水泥浆液体积的百分数称为凝结转点比值,该比值的大小因使用水泥的品种、水泥浆液的浓度、水玻璃的模数、水玻璃溶液的浓度不同而异,无一定值,主要应通过试验而定,一般多在 10% ~20% 。

(3)结石率可达 95% 以上,结石体抗压强度较高,可达 10 ~20 MPa。

(4)对环境及地下水无毒性污染,但有 NaOH 溶出,对皮肤有腐蚀性。

(5)结石体易粉化,有碱溶出,化学结构不稳定。

(五)微细水泥浆液

对小于 0.2 mm 宽度的微细裂隙,用一般水泥灌浆是没有显著效果的,若需进行水泥灌浆,则应采用磨细水泥配制成微细水泥浆液。

微细水泥浆液又称 MC 浆液,其平均粒径为 4 μm,最大粒径为 10 μm。这个特性使 MC 浆液能够渗入到渗透系数为 10^{-4} ~ 10^{-3} cm/s 的细砂层和岩石的细裂隙中。

微细水泥浆液及结石体的主要性能特点有:

(1)可灌性强,能注入粒径 0.1 ~0.2 mm 的砂层中。

(2)对于水灰比 1∶1的浆液,2 h 的析水率小于 5% ,浆液稳定性大大提高。

(3)浆液的凝结时间可以用水玻璃在 20 s 至几分钟的范围内调节。

(4)结石体抗压强度高,可达 25 MPa。

(5)固砂体的渗透系数可达 10^{-6} cm/s 级。

(6)具有良好的工作环境,无毒,对裂隙的湿度不敏感。结石具有较高的耐久性,对裂缝中的钢筋无腐蚀。

第三节　真溶液型灌浆材料

在采用固体颗粒灌浆材料进行灌浆的过程中,经常会遇到以下情况:灌浆地层的裂隙与孔隙较小,颗粒材料不能灌入;灌浆地层的防渗或加固要求较高,颗粒材料不能满足工程要求;渗透水量较大,其他颗粒材料灌浆不能封堵;混凝土建筑物内部缺陷修复,颗粒材料灌浆不能满足工程要求。此时,应改用真溶液型浆材进行灌注,即化学灌浆。

一、真溶液型浆材的特性

真溶液型浆材即化学灌浆材料,主要有水玻璃类、木质素类、丙烯酰胺类(丙凝)、丙

烯酸盐类、聚氨酯类(氰凝)、甲基丙烯酸酯类(甲凝)、环氧树脂、脲醛树脂类等,选用时应考虑以下特性要求:

(1)黏度低。在一定时间内保持较好的流动性,有利于灌入微细裂缝中。

(2)可控制凝固时间。能根据实际情况人为控制浆液的凝结时间。

(3)胶体强度。胶体具有一定的抗压、抗渗、抗挤压变形等性能。

(4)易购易制。浆材容易购买,价格较为低廉,运输方便,配制容易,操作方便。

(5)无毒或低毒。灌浆施工时不得造成工作人员中毒,浆材灌注后不得对环境(建筑物和水源等)造成污染。

二、常用的真溶液型浆材

(一)水玻璃类浆液

水玻璃(常用的为硅酸钠)是化学灌浆中最早使用的一种材料,水玻璃类浆液是由水玻璃溶液和相应的胶凝剂组成的。无机胶凝剂有氯化钙、铝酸钠、氟硅酸、磷酸、草酸、硫酸铝、混合钠剂等;有机胶凝剂有醋酸、酸性有机盐、有机酸酯、醛类(乙二醛类)、聚乙烯醇等。二氧化碳亦可与水玻璃溶液在被灌体内生成硅酸凝胶。

化学灌浆用水玻璃的硅酸盐模数以在2.4~3.4为宜,水玻璃溶液的浓度以35~45波美度为宜。水玻璃类浆液的主要特点及性能如下:

(1)可灌性好,可灌入0.1 mm以上的土层,灌后渗透系数可达$10^{-6}\sim10^{-5}$ cm/s。

(2)胶凝时间从瞬间到24 h不等。

(3)固砂体强度可达6 MPa。

(4)毒副作用小,造价低。

(二)木质素类浆液

木质素类浆液由纸浆废液、胶凝剂和促凝剂等组成。木质素类浆液包括铬木素和硫木素浆液两种。

铬木素浆液的固化剂是重铬酸钠,但重铬酸钠毒性大,难以大规模使用。

硫木素浆液是在铬木素浆液的基础上发展起来的,是采用过硫酸铵完全代替重铬酸钠,使之成为低毒、无毒的木质素浆液,是一种很有发展前途的灌浆材料。浆液及胶凝体具有如下主要性能特点:

(1)浆液的黏度较小($(2\sim5)\times10^{-3}$ Pa·s),可灌性好,渗透系数为$10^{-4}\sim10^{-3}$ cm/s的基础均可采用它灌注。

(2)防渗性能好,用铬木质素浆液处理后的基础,其渗透系数可达$10^{-8}\sim10^{-7}$ cm/s。

(3)浆液的胶凝时间可在几十秒至几十分钟之间调节。

(4)固砂体强度在0.4 MPa以上。

(5)原料来源广,价格低廉。

(三)丙烯酰胺类浆液(丙凝)

丙烯酰胺类浆液,国内又称丙凝浆液,是以丙烯酰胺为主剂,与其他交联剂、引发剂和促凝剂等材料所组成的。常用的交联剂有N-N′-亚甲基双丙烯酰胺,引发剂为过硫酸铵,常用的促凝剂有β-二甲基丙腈和三乙醇胺,缓凝剂一般用铁氰化钾。

丙凝浆液及凝胶体的主要特点为：

(1)浆液黏度小。与水接近，常温标准浓度下的黏度为 1.2×10^{-3} Pa·s。

(2)可灌性良好，浆液能渗入到粒径小于 0.01 mm 的土层或渗透系数大于 10^{-4} cm/s 的被灌体中。

(3)胶凝时间可准确地控制在几秒至数十分钟。因此，既可用于堵住大流量的集中涌水部位，也可用于微细裂隙的防渗处理中。

(4)凝胶体的渗透系数可达 $10^{-10}\sim10^{-9}$ cm/s，固砂体的渗透系数可达 10^{-8} cm/s，可以认为是不透水的。

(5)凝胶体的抗压强度较低，为 0.2～0.8 MPa，在较大裂隙内的凝胶体易被挤出，因此工程中仅用于防渗灌浆。

(6)浆液及凝胶体耐久性较差，且有一定毒性。

(7)丙凝浆液价格较贵，材料来源也较小。

(8)丙凝浆液与铁质易起化学作用，具有腐蚀性。

(四)丙烯酸盐类浆液

丙烯酸盐是由丙烯酸和金属组成的有机电解质，加入交联剂后就生成不溶于水的聚合物。丙烯酸盐浆液是由一定浓度的单体、交联剂、引发剂、缓凝剂等组成的水溶液。常用的交联剂多为 N－N′－亚甲基双丙烯酰胺等，丙烯酸盐常采用氧化还原引发体系，通过游离基聚合反应生成不溶于水的含水凝胶。

丙烯酸盐类浆液和凝胶体主要性能有：

(1)浆液可灌性好。丙烯酸盐浆液易浸润土粒，对地基内的微细孔隙有较好的可灌性。

(2)浆液胶凝时间可在数秒到数小时内控制。

(3)聚合反应开始前，丙烯酸盐浆液黏度基本保持不变，聚合反应一旦开始，黏度急剧变化，具有很快达到最终凝胶的性能。

(4)凝胶体的渗透系数为 $10^{-10}\sim10^{-7}$ cm/s，固砂体的渗透系数为 $10^{-8}\sim10^{-5}$ cm/s。

(5)固砂体抗压强度为 0.3～1 MPa。

(五)聚氨酯类浆液(氰凝)

聚氨酯类浆液又称氰凝材料，是一种新型的灌浆堵漏材料，具有防渗、堵漏能力强，固结体强度较高的优点。

聚氨酯类浆液分为非水溶性聚氨酯类浆液(简称 PM)和水溶性聚氨酯类浆液(简称 SPM)。

1. 非水溶性聚氨酯类浆液

非水溶性聚氨酯类浆液是由多异氰酸酯和多羟基化合物聚合而成的。不溶于水，只溶于有机溶剂中。其浆液和凝胶体主要性能如下：

(1)是非水溶性的，因此不易被地下水冲稀，可用于动水条件下堵漏，封堵各种形式的地下、地面及管道漏水，止水效果好。

(2)浆液遇水反应时，放出 CO_2 气体，使浆液产生膨胀，向四周渗透扩散，直到反应结束。由于膨胀而产生了二次扩散现象，因而有较大的扩散半径和凝固体积比。